万物发明指南

时间旅行者生存手册

[加] 瑞安·诺思（Ryan North） 著
王乔琦 译

HOW TO INVENT EVERYTHING

中信出版集团 | 北京

图书在版编目（CIP）数据

万物发明指南 / 向（加）瑞安 · 诺思著；王乔琦译
. —北京：中信出版社，2019.9（2024.11 重印）

书名原文：How to Invent Everything: A Survival Guide for the Stranded Time Traveler

ISBN 978–7–5217–0803–5

I. ①万… II. ①瑞… ②王… III. ①创造发明－普及读物 IV. ① N19–49

中国版本图书馆 CIP 数据核字（2019）第 142766 号

万物发明指南

著者：［加］瑞安 · 诺思

译者：王乔琦

出版发行：中信出版集团股份有限公司
（北京市朝阳区东三环北路 27 号嘉铭中心 邮编 100020）

承印者：北京通州皇家印刷厂

开本：787mm×1092mm 1/16 印张：29.75 字数：332 千字

版次：2019 年 9 月第 1 版 印次：2024 年 11 月第 21 次印刷

京权图字：01–2019–2776 书号：ISBN 978–7–5217–0803–5

定价：78.00 元

这本书提供的信息和指导所涉及的材料或行动可能具有一定的危险性。对使用此类信息、遵循此类指导时可能会受到或造成的普通伤害甚至致命伤害，出版方和作者概不负责。这可不是危险耸听，你将读到的这本书确实糟糕透顶，所以我们不得不在最前面加上这个免责声明。当你读完这本书并了解了其中的奥秘之后，你也可以把这个免责声明用在自己身上。无论何时遇到陌生人，你都可以伸出手打个招呼，然后这么说："喂，我是 ×××（你的名字）。先给你提个醒：你面前的这个人可是知道一些可能带有危险性的材料或行动的哦。"

奇妙之旅即将展开。[①]

---

① 本书中会出现多种字体，每一种都是作者（和编辑）精心挑选的，代表了不同的语气。请好好欣赏并体会吧！——编者注

读者须知

这本指南不是我写的，我只是发现了它。此前，它一直藏在岩石里。而我之所以知道这件事是因为，我就是把那块厚重的变质岩敲开的人。为了做成这件事，我在工地上干了几个星期，因为我听说这活儿回报丰厚。

可实际上并非如此。

我可以告诉你，把书放到硬石头里的技能我是没有的，而且也没人掌握这项技能。我想要用碳定年法来看看这本书究竟成书于何时，但做不到：无论这本指南是写在什么稀奇古怪的材料之上，这种载体都不可能包含碳。当然，我发现的这块石头倒是可以定年的：它形成于前寒武纪时期。也就是说，这块石头的出现早于人类、恐龙以及地球上的大多数生命。前寒武纪岩石是这个星球上最古老的岩石中的一种。

所以，岩石身上的线索没什么用。

你将阅读的这些内容当然有可能是一场精心编造且代价极为高昂的恶作剧。同时，构建这场恶作剧所使用的技术尚不为世人所知，其中包括这种可以在保持轮廓度小于万分之一毫米的情况下将物体植入坚硬岩石的技术。这看起来好像不太现实。但事情的另一种解释——时间旅行是可行的，这种看似不可能的事也许正发生在某个平行时空之中，我们所在的整个宇宙不过是在过去的某个未知时间点上从原初宇宙中剥离出来的一个副本，尽管可能性也不大。

我仔细研究了这本指南里出现的所有条目。可考证的所有内容以及文本本身似乎都真实可靠、言辞恳切，它们准确无误地诠释了如何在地球历史的任何一个时间段中从零开始，再造文明。文中提到的所有历史事件都和我们的真实历史一致，只不过，本指南关注的重点在于技术和文明，而不是国家和人民，文内拿来比对的具体日期和个人姓名都要比你想象的少。“他们”的世界看上去和我们的很像，甚至更好：他们拥有更高级的技术，对历史的理解更为深刻，当然还有在民间市场上就可以租赁到的时间机器。未来的某日，我们同样可能实现时间旅行，到那时，本书提到的所有条目都可以得到最终证实了，而我们也可以探明这本不可能之书，究竟是在何时、通过何种方式埋藏在了这些最终形成了加拿大地盾[①]的坚硬岩石之中。

但从另一方面来说，我们也许做不到这些。

除了某些注释之外，你将阅读的这本指南与原书别无二致、毫无删减，我只在两种情况下做了补充：一是当我认为对文本补充一些解释声明和参考文献确实有用时，二是当原文本中的条目超越了我们现有的科学水平、工程水平和历史知识时。脚注部分则完全按照原文本呈现，内容及呈现方式也没有任何改动。这本指南中的原版插画，其创作者署名是一个叫“露西·贝尔伍德”（Lucy Bellwood）的人，我也予以保留。实际上，在我们的世界中，确实有位叫这个名字的艺术家，但她表示自己对这本书及其原始版本一无所知，而我也没有理由怀疑她。

最后，我提请你注意一个也许是最不可思议的点。这本指南的作者在正文中只提到了一次自己的姓名，在脚注中也只提到了一次。他的名字和我完全相同。脑海中的一个声音告诉我，自己不该把下面这件事太放在心上：世界上有很多人叫瑞安·诺思，而我给他们中的大多数都发过电子邮

① 加拿大地盾指北美大陆上的一块前寒武纪地质区域，从加拿大中部一直延伸到北部，地质学性质十分稳定。——译者注

件。这本指南的作者可能是另一条时间线上的其中一个瑞安·诺思。或者，他也可能是一个我们此前不知道的人，一个在我们的世界中与我们没有相似之处的人。也许，在一场时间旅行的事故里，这本书被遗留在某块岩石中，那位时间旅行者也就此被困在那里或者困在另一个时间中。那次事故以微小但影响深远的方式改变了我们的世界，对此，我们可能永远无法理清。也许，这正是我们无法实现时间旅行的原因。

当然，还有一种可能：所有这些，都只是一场代价极高的恶作剧。

我知道我在说什么。我也知道，我发现了这本指南、正好和它的作者重名又碰巧认识一位也叫露西·贝尔伍德的艺术家，这件事有多么不可思议、多么富有戏剧性、多么难以置信。如果你觉得我可能也参与了这场文案造假行动，那我只能重复在这则须知开头说过的话：这本指南不是我写的。

至少……不是这个时间线上的我写的。

我现在很激动，这是我第一次和大家分享这本指南的无删改完整版，而它的原书名就叫作《时间旅行者生存手册：如何修理FC3000™时光机，如何在时光机失效时从零出发、再造文明》。

忘记过去的人，注定重蹈覆辙。

—— 哲学家、文学批评家、诗人乔治 · 桑塔亚纳

1905 年

诚邀忘记过去的人再“蹈覆辙”。

—— FC3000™ 时光机荣誉制造商、克罗诺迪克斯解决方案公司首席执行官杰西卡 · 本内特

2043 年

引 言

恭喜您成功租用FC3000^{TM}时光机！这是一款代表人类尖端技术的私人民用时光机，您可以乘坐这部机器领略整部人类奋斗史，从最初的人猿分离时刻（公元前1210万年，须另外购买原始灵长类体验模块享受此服务）到最近风靡市场的便携式音乐播放设备（此时此刻），都将一一呈现。

请注意，您不能驾驶本机器进入所处现实世界时间1.5秒后的任何时间点（不能进入“未来”），本机器配有一台灵敏的精准计时器，如果您意图进入未来的话，计时器会立刻发现并停止相关操作。

请务必仔细研究图1列举的FC3000^{TM}时光机产品部件。国家法规要求我们必须告知您：由于先天基因及后天免疫方面的原因，现在我们对之免疫的许多疾病，是过去的人类未曾遇到的。为了您以及您周围人类的安全考虑，FC3000^{TM}时光机上装有多个生物过滤装置，以确保您出现在“过去”时，不会因为在短短一瞬间内给我们的人类祖先带去大量致命病菌和传染病，就导致整个人类灭绝。

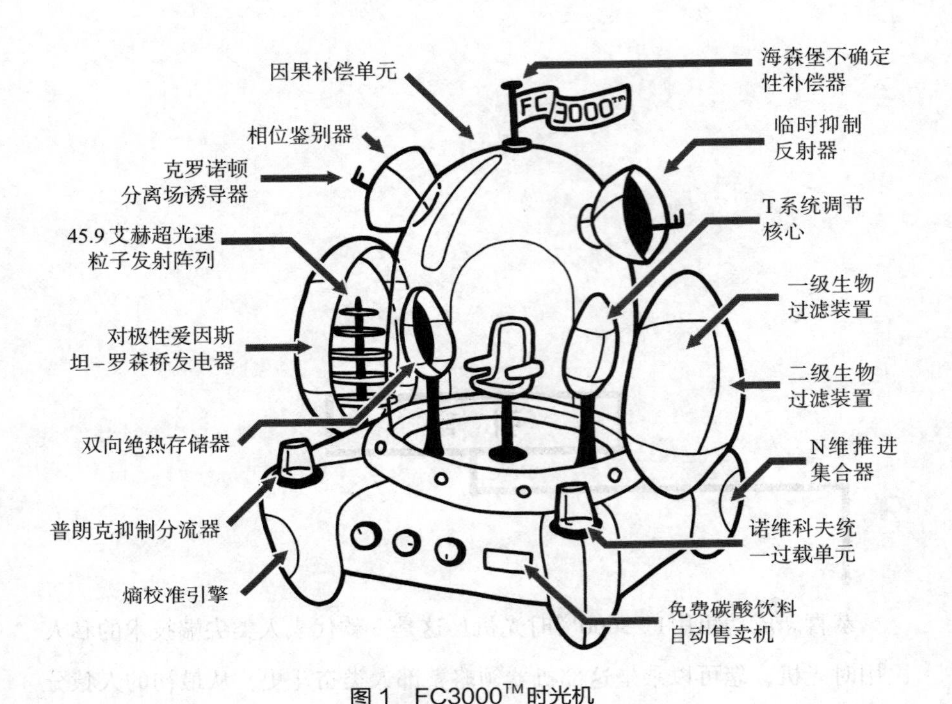

图 1　FC3000™时光机

上图中未加标注的FC3000™时光机部件，其功能不言自明。

常见问题答疑

问：回到过去的旅行会不会因为触发“蝴蝶效应”而改变现在？这个题材的影片可是屡见不鲜啊（2004 年、2025 年、2035 年等时间都有这样的电影）。

答：不会。那些电影剧本的基础是对时间旅行原理的一种猜测。值得庆幸的是，那种解释并不准确。实际上，任何现存的时光机——包括我们这台代表人类尖端科技水平、畅销全世界的FC3000™时光机——都会创造一条新的“时间线”，或者说创造过去某个时间点开始发生的一系列事件。请参考下图：

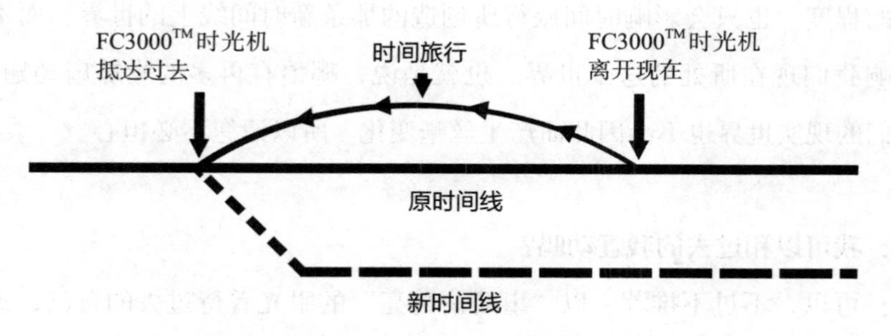

图 2　FC3000™时光机穿越时间原理示意图

对我们这个世界来说，从时光机闯入历史的那一刻开始，每一次回到过去的旅行都会创造一个新的事件序列。从结果上看，在每次从时间旅行返回现实的过程中，您就创造了一个“如果怎样，就可能会怎样”的假设性宇宙，这一切都从这样一个假设开始：“如果时间旅行者乘坐这台代表人类尖端科技水平的FC3000™时光机回到过去，并造访了这个特定的历史时间点，将会发生什么？”当您踏上归途、返回现在时，FC3000™时光机就会穿越空间、时间以及时间线，把您带回我们现在所处的这个世界，历史并不会发生改变。

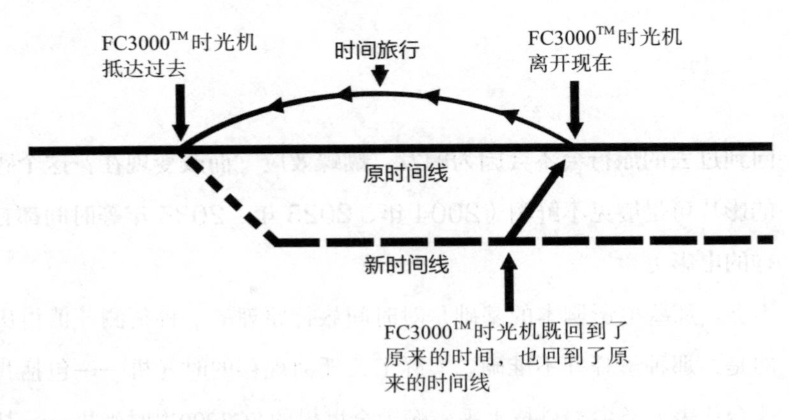

图 3　FC3000™时光机返回现实原理示意图

简单地说，哪怕时间旅行者在回到过去旅行时，胡作非为到了令人发指的程度，也只会影响时间旅行所创造的那条新时间线上的世界，而不会影响我们现在所处的这个世界。也就是说，哪怕有再多的蝴蝶扇动翅膀，我们的现实世界也不会因此而产生丝毫变化。所以请您不必担心。

问：我可以和过去的我互动吗？

答：可以，不过不推荐。以“事后诸葛亮”的眼光看待过去的自己，您很可能会觉得那个您没有您原以为的那么优秀。请特别注意这一点，尽管FC3000™时光机可以让用户穿越到人类历史上的任何时间点，但许多用户想到的第一件事就是安排自己和过去的自己见面。在此，我们要严肃地提醒您，FC3000™时光机的建造目的是探索过去的时空，更好地了解人类起源、我们自身及我们这个世界的潜能。而造访过去的自己则意味着您深信无论在人类历史的哪个阶段，您都是最有趣、最重要的那个人。理论上说，这件事只可能在某一条时间线里出现，而且很可能不是您所处的这条时间线。请您三思而后行。

问：我可以把彩票中奖号码交给过去的自己吗？

答：您给出的彩票中奖号码只会让另一条时间线上的您受益，而不是严格意义上这条时间线上的您。

问：我可以把彩票中奖号码交给过去的自己，然后杀掉他，取代他的位置，最终将大奖据为己有吗？

答：可以。但是，您可能要接受那个历史时期的政府的质询。

问：在过去的时间点变得富有会让我快乐吗？

答：可能吧。

问：既然不推荐拜访过去的自己，那我应该拜访谁呢？

答：有了FC3000™时光机，人类的发展历史就在您面前展开，等待着您带着好奇的眼光去一探究竟。不过，为了您能更好、更方便地使用本机器，同时也是我们克罗诺迪克斯解决方案公司践行顾客至上的郑重承诺，我们还为您提供了几本用户手册，您可以在FC3000™时光机的座椅下方找到它们。每本手册都提供了一个我们预先选定的人类历史的重要时间点。手册内容不仅涵盖该时间点的背景信息、时空坐标，还描述了生活在该时期的历史名人，并一字不差地写出了当你在这场史诗级大冒险中遇到他们时，为了保证后续行动顺利进行所必须说的话。以下手册颇受用户好评：《如何让米开朗琪罗、伦勃朗和文森特·凡·高为你免费画一幅肖像画》《马拉松战役里，你选择加入雅典还是波斯》《加入罗阿诺克殖民地[①]，看看会发生什么》《1 001 个意想不到的射杀阿道夫·希特勒的地点》。您可以选择参照我们给出的指南行动，也可以扔掉我们提供的剧本，自由自在地“前往”您想去的任何时间点。

问：既然每次时间旅行都会创造一条新的时间线，我也无法改变自己所在的这条时间线，那么这种时间旅行是不是毫无意义？

答：如果回到过去真的可以影响到我们所处的这个宇宙的话，那么租用时光机就是对普罗大众极大的不负责任。不过，即便如此，时间旅行也并非毫无意义：请记住，除了您这位时间旅行者之外，您在时间旅行中创造的这些新时间线在各个方面都和我们所处的世界一模一样。无论从哪个角度来说，这些新时间线上的人都和您在我们这个时间线上知晓的人同样真实。

问：等等。如果这是真的，那就意味着，我们可以在自己的世界之外再造一个新的真实世界，而且这个全新的宇宙和我们的宇宙完全一样，生活在其中的人类数量也分毫不差（实际上还多了一个——时间旅行者）。而我们这么做竟然只是为了好玩，这难道不会引起极端严重的道德问题吗？

答：我们的研发团队中有几位伦理学家，他们斩钉截铁地向我们保证，这完全没有问题。另外，请您记得，这些新的真实世界并非只是出于好玩才出现的。那个世界里照样有矿石开采和能源开发这样的发展活动。

① 罗阿诺克殖民地是英国意图在北美大陆上建立永久居住点时所做的第一次殖民尝试。然而，没过多久，该地的殖民者就全部离奇地消失了，去向至今成谜。——译者注

问：如果我的FC3000™时光机出现故障，我该怎么办？

答：在今天的消费市场上，FC3000™是最为可靠的时光机，没有其他机器能与之比肩。不过，由于某些行动要用到横跨数个不相干空间或时间参考系的不稳定爱因斯坦–罗森桥，出故障的风险总是存在的。当您的FC3000™时光机出现严重故障时，请参考《维修指南》，在此暂不赘述。

维修指南

FC3000™时光机内部没有用户自维修部件。

FC3000™时光机无法修理。

天哪！

没错，这是个问题。如果您到了要阅读维修指南的境地，那您就回不来了。无论这些所谓的故障已然真实发生，还是只是您的担心，我们都为FC3000™时光机让您不幸陷入这种境地而表达深深的歉意。

如果您想坦然接受无法回到亲朋好友身边这个事实，请现在就这么做吧。不妨试着把注意力集中在他们身上令您讨厌的方面，比如他们那些令人恼火的习惯以及身上奇怪的味道。这样您就会觉得回不到他们身边也挺好的。别去想那些令你怀念的事物，比如便宜、方便、干净又安全的饮用水，以及最新款的畅销便携式音乐播放器。这只会令您徒增烦恼。

那么，既然您已经接受了被困在过去的现实，既然您已经不可能重返未来了，我们再给您提供一条建议……

我们诚邀您自行创造未来。

让我们来解释一下这句吊人胃口的句子。

本指南剩余部分的内容包含一个人——一个完全没有受过专业训练的人——从零开始创建文明所需的一切科学、工程学、数学、艺术、音乐、写作、文化、相关事实以及图表。也许，在您的印象中，现代文明的建立需要几百万现代人类及史前人类花费几百万年的时间才能做到。事实确实如此，不过，那只是因为当我们第一次身处历史洪流之中时，完全不知道自己在干什么，而且要想继续发展，什么东西都得从头开始自己发明。

而您，现在已经拥有了所有问题的答案。它们就在您手中的这本书里。

这本指南可以让您创造一个全新的世界，这个世界与您原来所处的那个很像，但是更好。在这个全新的世界中，人类会更迅速、更高效地走向成熟，不会在没有语言的黑暗世界中跌跌撞撞20万年（第2章），不会不知道在绳子上绑块石头就能解锁环球航行的伟大成就（第10章），也不会误以为疾病是由奇怪的气味引起的（第15章）。

在编写这本指南时，我们没有预先假设您被困在哪个历史时期，也没有假设您本人拥有何种技能、何种知识。所以，它适用于被困在任何历史时期的任何用户。您所需的一切都可以从零做起，这本指南完全可以说是建立文明的金手指。

而我们，克罗诺迪克斯解决方案公司的每一位工作人员，为能够在偶然的情况下给您提供这个机会而感到无比兴奋。我们祝您一切顺利。

使用说明

本指南共分17章，每一章都非常有趣。虽然我们推荐您从头开始阅读，通读一遍后再按自己的需要研读某个独立章节，但您也可以直接跳转到自己最感兴趣的那些章节。如果您对某项特定技能感到好奇，请参见附录A中的技能树，先看看这项技能需要何种前置技能，然后再重点攻克这些必需的前置技能，这样就可以以最快的速度解锁您感兴趣的技能。

警告：虽然公正地说，让完全不知道如何创造自己所需的技术、发明及化学物质的您被困在过去确实是件颇为荒唐的事，但同样荒唐的是，很多这些技术、发明，尤其是化学物质都极度危险，可能产生危害的过程包括制造、储存、吸入、触摸它们，甚至只是身处其附近。危险简直是无处不在。所以，出于法律义务，我们在此不得不警告您，您在本书中发现的一切，都是您白手起家再造文明所需的必备知识，但您也不应尝试制造任何危险品，尤其是化学物质，除非您*真的*特别需要它们。您需要从法律角度向我们郑重保证、确认以及肯定，您绝不会为了制造这些危险品而把自己炸飞。

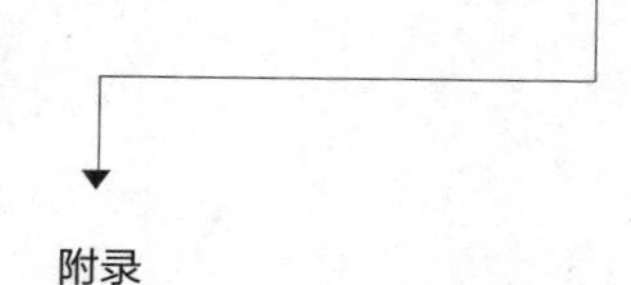

附录

1

如何判断自己处于哪个历史阶段——简易判断流程图

当FC3000™时光机出现我们无法兑现法律责任的严重故障时，您有可能（概率很小）进入一个与预设不同的未知时间点。在这种情况下，建议您先浏览一下本章的流程图，这样可以更好地确定自己究竟处在哪个历史时期。

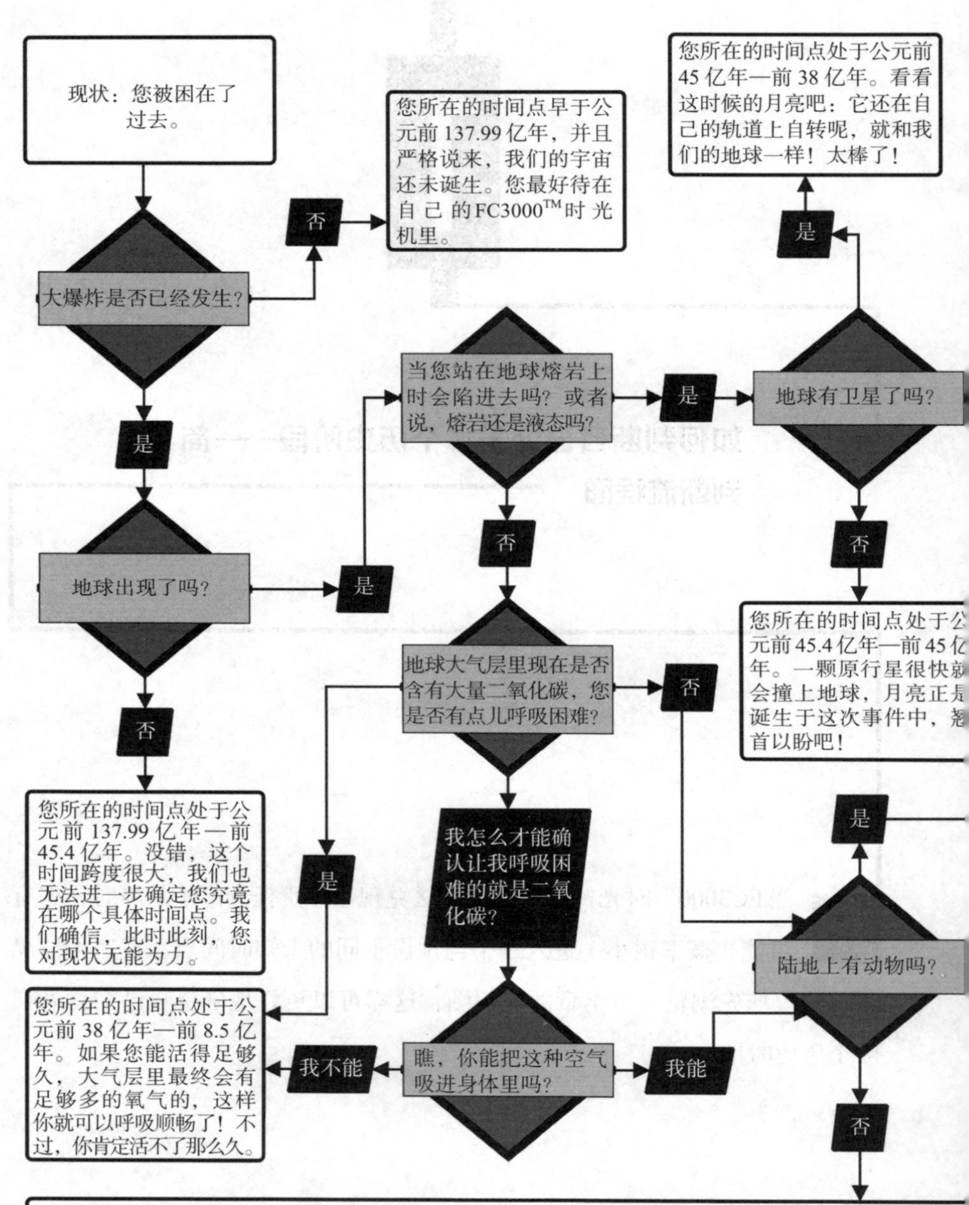
现状：您被困在了过去。
大爆炸是否已经发生？
否
您所在的时间点早于公元前137.99亿年，并且严格说来，我们的宇宙还未诞生。您最好待在自己的FC3000™时光机里。
是
地球出现了吗？
否
您所在的时间点处于公元前137.99亿年—前45.4亿年。没错，这个时间跨度很大，我们也无法进一步确定您究竟在哪个具体时间点。我们确信，此时此刻，您对现状无能为力。
是
当您站在地球熔岩上时会陷进去吗？或者说，熔岩还是液态吗？
是
地球有卫星了吗？
是
您所在的时间点处于公元前45亿年—前38亿年。看看这时候的月亮吧：它还在自己的轨道上自转呢，就和我们的地球一样！太棒了！
否
您所在的时间点处于公元前45.4亿年—前45亿年。一颗原行星很快就会撞上地球，月亮正是诞生于这次事件中，翘首以盼吧！
否
地球大气层里现在是否含有大量二氧化碳，您是否有点儿呼吸困难？
是
您所在的时间点处于公元前38亿年—前8.5亿年。如果您能活得足够久，大气层里最终会有足够多的氧气的，这样你就可以呼吸顺畅了！不过，你肯定活不了那么久。
我怎么才能确认让我呼吸困难的就是二氧化碳？
瞧，你能把这种空气吸进身体里吗？
我不能
我能
否
陆地上有动物吗？
是
否
你所在的时间点处于公元前8.5亿年—前5.3亿年。这个时期您没有什么好做的，真是寂寞难耐啊
好消息是，这本书还挺长，够您看的，对吧？

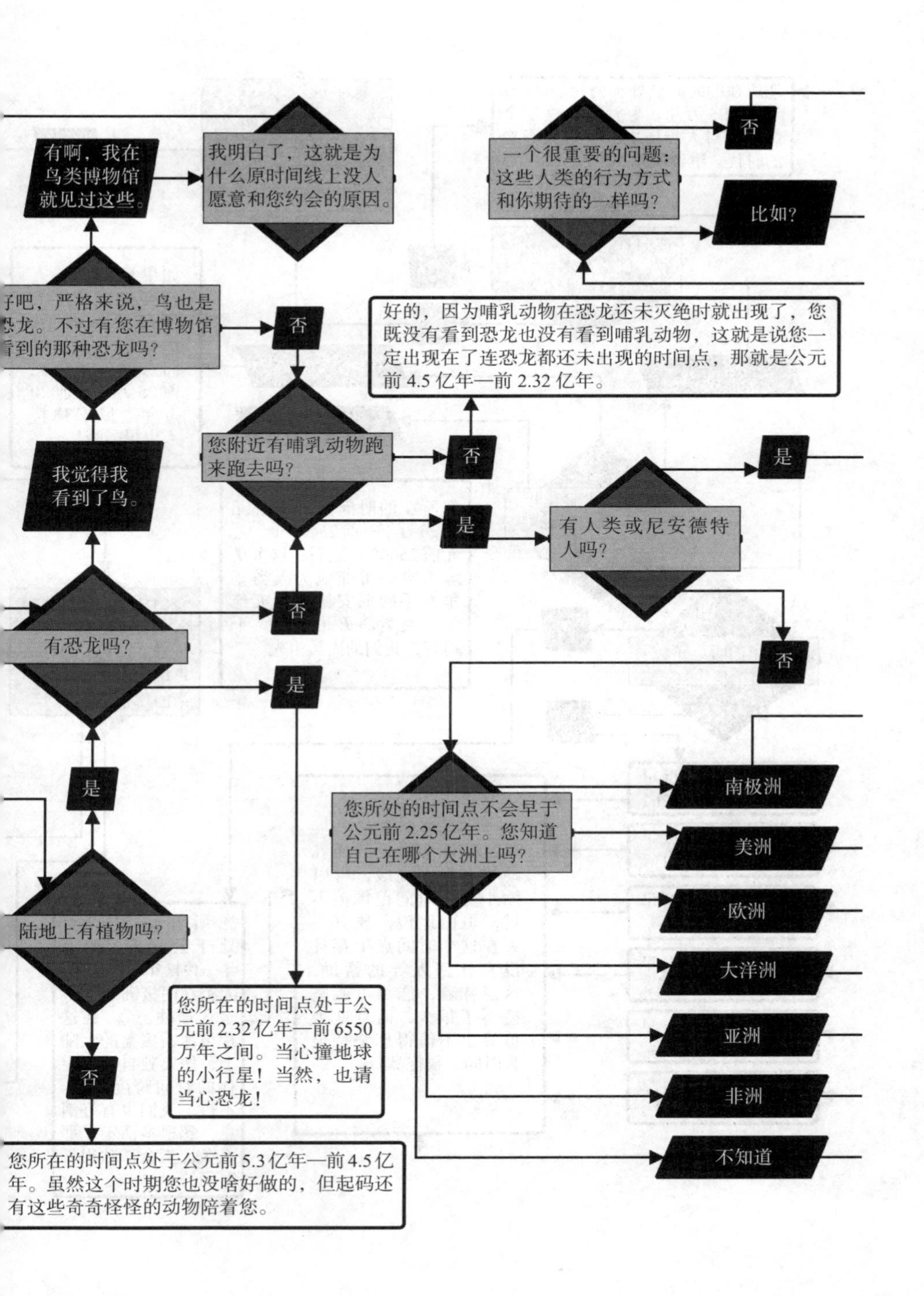

有啊，我在鸟类博物馆就见过这些。
我明白了，这就是为什么原时间线上没人愿意和您约会的原因。
否
一个很重要的问题：这些人类的行为方式和你期待的一样吗？
比如？
子吧，严格来说，鸟也是恐龙。不过有您在博物馆看到的那种恐龙吗？
否
好的，因为哺乳动物在恐龙还未灭绝时就出现了，您既没有看到恐龙也没有看到哺乳动物，这就是说您一定出现在了连恐龙都还未出现的时间点，那就是公元前4.5亿年—前2.32亿年。
您附近有哺乳动物跑来跑去吗？
否
是
我觉得我看到了鸟。
是
有人类或尼安德特人吗？
否
有恐龙吗？
是
否
是
您所处的时间点不会早于公元前2.25亿年。您知道自己在哪个大洲上吗？
南极洲
美洲
欧洲
大洋洲
亚洲
非洲
不知道
陆地上有植物吗？
您所在的时间点处于公元前2.32亿年—前6550万年之间。当心撞地球的小行星！当然，也请当心恐龙！
否
您所在的时间点处于公元前5.3亿年—前4.5亿年。虽然这个时期您也没啥好做的，但起码还有这些奇奇怪怪的动物陪着您。

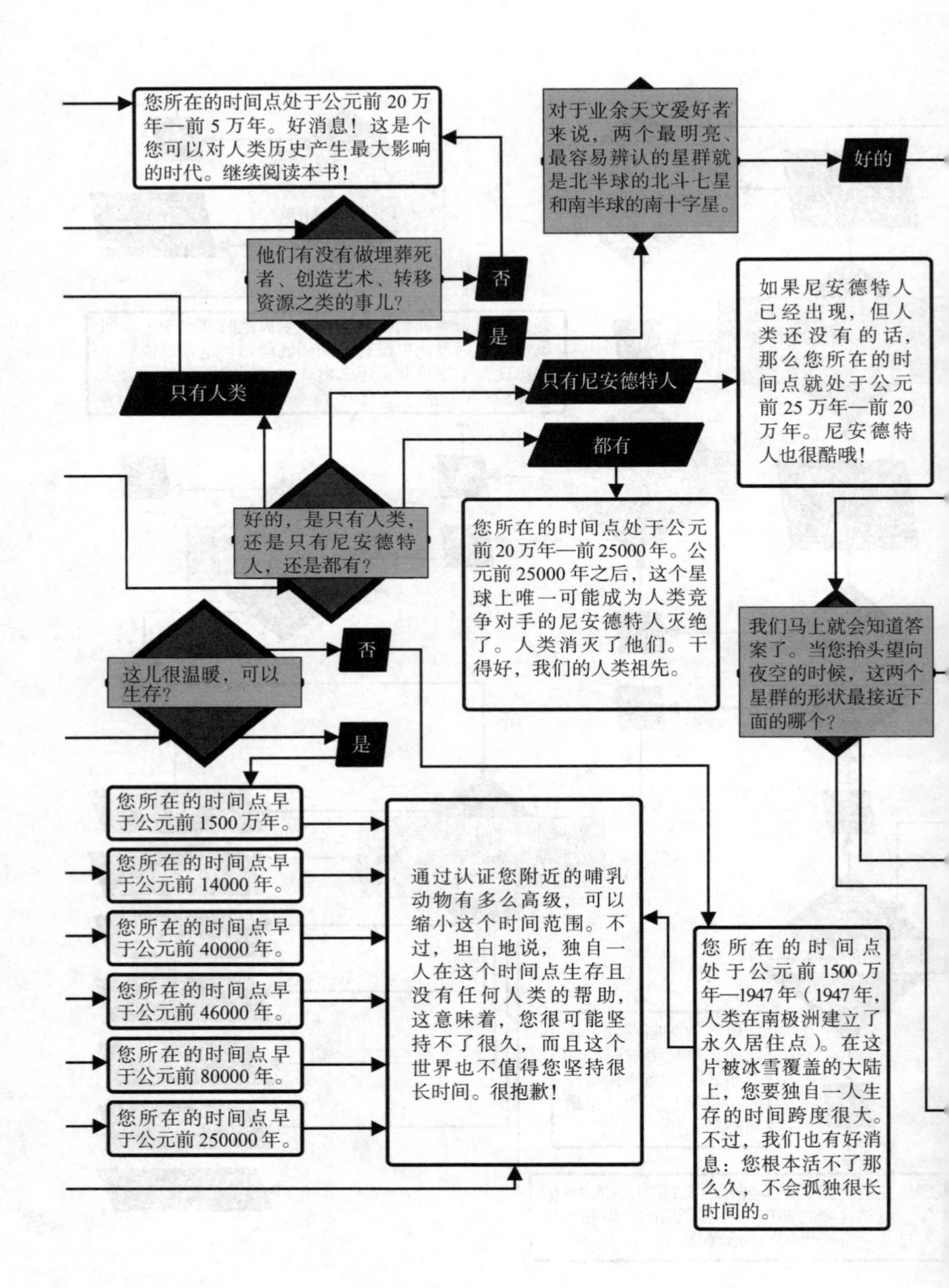
您所在的时间点处于公元前20万年—前5万年。好消息！这是个您可以对人类历史产生最大影响的时代。继续阅读本书！
对于业余天文爱好者来说，两个最明亮、最容易辨认的星群就是北半球的北斗七星和南半球的南十字星。
好的
他们有没有做埋葬死者、创造艺术、转移资源之类的事儿？
否
是
如果尼安德特人已经出现，但人类还没有的话，那么您所在的时间点就处于公元前25万年—前20万年。尼安德特人也很酷哦！
只有人类
只有尼安德特人
都有
好的，是只有人类，还是只有尼安德特人，还是都有？
您所在的时间点处于公元前20万年—前25000年。公元前25000年之后，这个星球上唯一可能成为人类竞争对手的尼安德特人灭绝了。人类消灭了他们。干得好，我们的人类祖先。
我们马上就会知道答案了。当您抬头望向夜空的时候，这两个星群的形状最接近下面的哪个？
这儿很温暖，可以生存？
否
是
您所在的时间点早于公元前1500万年。
您所在的时间点早于公元前14000年。
您所在的时间点早于公元前40000年。
您所在的时间点早于公元前46000年。
您所在的时间点早于公元前80000年。
您所在的时间点早于公元前250000年。
通过认证您附近的哺乳动物有多么高级，可以缩小这个时间范围。不过，坦白地说，独自一人在这个时间点生存且没有任何人类的帮助，这意味着，您很可能坚持不了很久，而且这个世界也不值得您坚持很长时间。很抱歉！
您所在的时间点处于公元前1500万年—1947年（1947年，人类在南极洲建立了永久居住点）。在这片被冰雪覆盖的大陆上，您要独自一人生存的时间跨度很大。不过，我们也有好消息：您根本活不了那么久，不会孤独很长时间的。

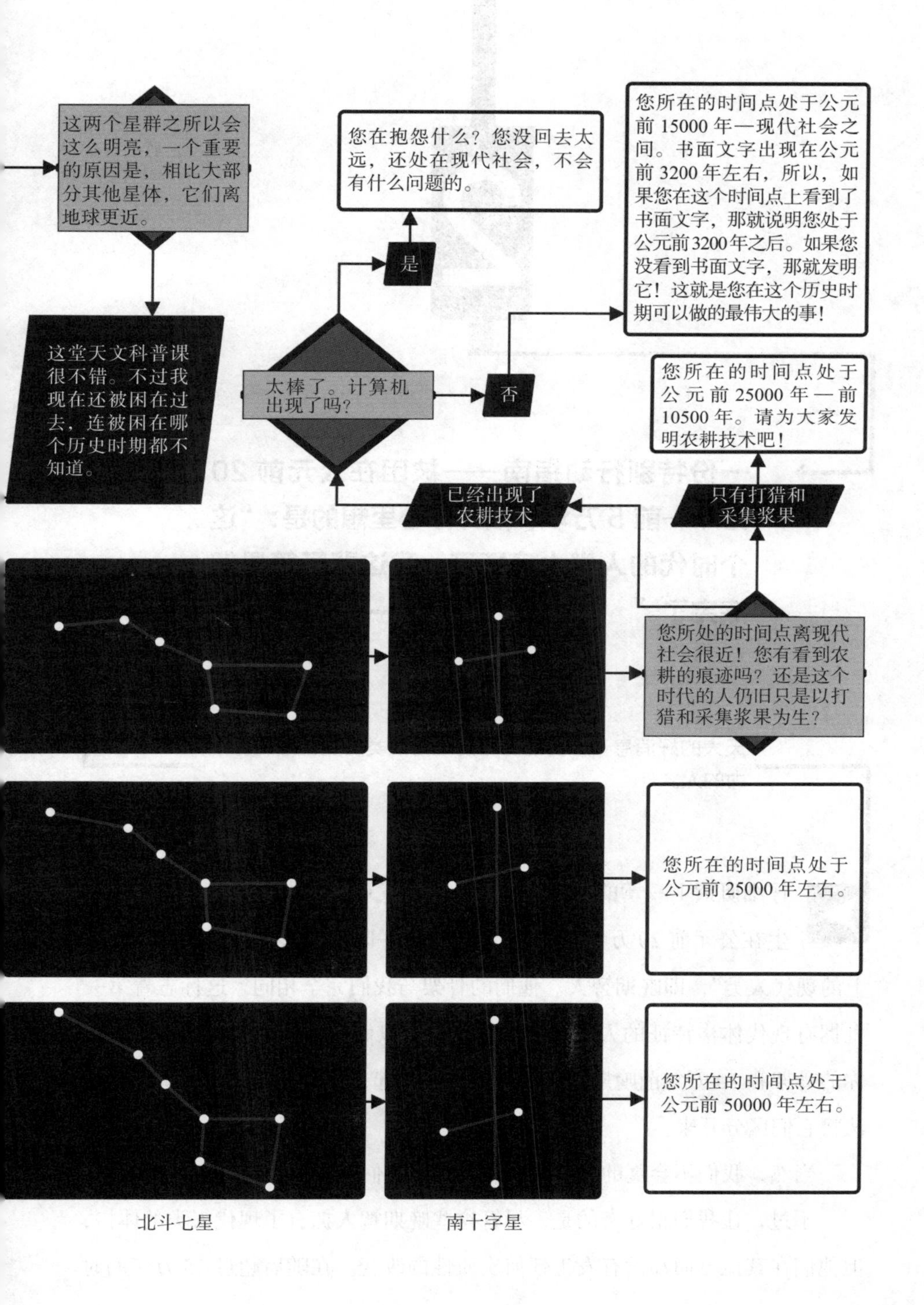
这两个星群之所以会这么明亮，一个重要的原因是，相比大部分其他星体，它们离地球更近。
您在抱怨什么？您没回去太远，还处在现代社会，不会有什么问题的。
您所在的时间点处于公元前15000年—现代社会之间。书面文字出现在公元前3200年左右，所以，如果您在这个时间点上看到了书面文字，那就说明您处于公元前3200年之后。如果您没看到书面文字，那就发明它！这就是您在这个历史时期可以做的最伟大的事！
是
这堂天文科普课很不错。不过我现在还被困在过去，连被困在哪个历史时期都不知道。
太棒了。计算机出现了吗？
否
您所在的时间点处于公元前25000年—前10500年。请为大家发明农耕技术吧！
已经出现了农耕技术
只有打猎和采集浆果
您所处的时间点离现代社会很近！您有看到农耕的痕迹吗？还是这个时代的人仍旧只是以打猎和采集浆果为生？
您所在的时间点处于公元前25000年左右。
您所在的时间点处于公元前50000年左右。
北斗七星
南十字星

一份特别行动指南——被困在公元前 20 万年—前 5 万年，估计你心里想的是：“这个时代的人类太疯狂了，我这辈子算是彻底完了。”

天大的好消息！你真的有可能成为人类历史上最有影响力的人。

仔细研读上一章的判断流程图，不难发现，人类的第一次进化就发生在公元前 20 万年左右[1]。我们称这一时期的人类为“解剖学意义上的现代人类”，即晚期智人。他们的骨架与我们完全相同，这标志着第一批拥有现代体格特征的人类的出现。我们可以做个实验来验证这件事。把你的骨架和 20 万年前晚期智人的骨架放在一起，你会发现，你根本没有办法将它们区分开来。

当然，我们不会真的去做这个实验，但我们是可以证明这个结论的。

不过，让我们很好奇的是，尽管这些晚期智人拥有了现代人类的体格，但他们在其他方面却没有发生任何实质性的改变。在随后超过 15 万年的时间里，这些晚期智人的行为仍旧与其他原始人非常相似。再之后，大约在公元前 5 万年，终于出现了变化：这群解剖学意义上的现代人类突然开始像我们一样生活。他们开始捕鱼、创造艺术、埋葬死者、打扮自己。他们开始进行抽象思维。

最重要的是，他们开始说话了。

语言这门技术——没错，语言是一门技术，一门我们必须发明的技术，而且我们花了超过 10 万年的时间才彻底掌握它——是我们人类赠予自己的最伟大的礼物。没有语言，你也能够思考。比如，闭上眼睛，想象一顶酷炫的帽子，好了，你做到了。但是，如果没有语言，你的思维模式就十分有限。酷炫的帽子容易想象，但看看这句话："从明天算起的 3 周后，让你继长姐到我们去年万圣节捣蛋的第一所房子东边两幢楼的东南角见我。"如果没有与时间、地点、数字、人物关系以及那个闹鬼的节日等概念对应的具体词语①，我们就极难理解这句话的含义。另外，哪怕你只是想在脑海里努力表达一些复杂的想法，很明显，如果没有语言的支持，这些复杂的想法也无法在头脑中如常涌现，甚至根本不可能出现。

正是因为拥有语言，我们才能想出更好、更宏大、更能改变世界的点子。最重要的是，语言不仅让我们有能力把想法存储在自己的脑海里，还让我们能够将其印刻到他人的思维中。拥有了语言，信息就能以声音的速度传播，如果你能用符号语言代替口头言语，信息甚至能以光速传播。信息的交流让人类形成了共同理念，拥有共同理念的人类又进而形成了社群，而社群正是文化和文明的基础。于是，我们就得出了第一条"文明进步贴士"：

---

① 而且，这句话实际上还只是一个简单的例子，所叙述的仍是一些物质性的东西，比如姐姐和捣蛋的房子这些可以想象出来的实物。一旦面对更抽象的句子，例如"在欲望辩证术于象征性链条中加速发展之前，虚构整体的诱惑处于暂时停滞状态"（弗雷德 · 博廷，《制造荒谬：科学怪人、批评与理论》，1991 年），要是没有语言，任何交流手段都几乎不可能理解、传递这些话背后的意思。

文明进步贴士：语言是一门技术，是后续一切文明发展的基础，而你现在已经免费习得了这门技术。

这一巨大的时间跨度——从公元前 20 万年晚期智人首次出现，到公元前 5 万年他们终于开口讲话，经历了漫长的 15 万年——正是你能对人类历史产生最大影响的时段。[2] 如果你能在这一时期的人类刚刚进化出现代人类体格时，就帮助他们掌握现代人类的行为方式，也就是说，如果你能教会他们说话，那么，你就能让这个星球上的每个文明都提前 15 万年启动。

这相当值得一试。

我们曾经认为，人类之所以能从解剖学意义上的现代人进化为行为上的现代人，是因为我们的大脑中发生了一些物理变化。也许是某种原始人身上随机发生了一种基因突变——他们突然发现自己能用之前任何动物都未使用过的方式进行交流。那是否正是这种突变赋予了我们抽象思维的新能力，进而让我们获取了巨大的生存优势？历史记录并不支持这种大幅度跃进式发展的观点。那些我们经常与现代行为联系在一起的事物——艺术、音乐、智能工具、埋葬死者、用珠宝和彩绘打扮自己——在公元前 5 万年那次重大突破出现之前都已诞生，只不过当时它们都还只是偶发地局部出现，随后又会消失。就像那些"修辞术巫师"① 长久以来展现的魔法一样，这些东西其实始终埋藏于我们的内心。人类的语言能力也是如此，我们所要做的只是解锁这种能力，将它释放出来。[3]

这一时期你面对的独特挑战是：在晚期智人甚至可能还不知晓口头语言这一特定概念时，如何把语言教授给他们。重要的是，你要记住，虽然你在这一时期遇到的大多数人也许还没有学会语言，但他们仍然可以通过

---

① 修辞术巫师一词出自柏拉图，他称"智术师"为"使用修辞术的巫师"，而智术师是古希腊哲学中的概念，多指精于所谓"修辞术"的人，他们擅长用语言迎合民众，挖掘埋藏于听众内心的想法。作者借此想表达有些事物其实早已存在，只是没有被表现出来而已。——译者注

咕哝声以及肢体语言相互交流。你所要做的，只是帮助他们把咕哝声转化为言语，并且你不用担心：像英语这种带有“虚拟语气从句”和“将来未完成时”（这里仅指其语法意义，不是指时间旅行）的复杂语言并非必需，而且你还可以使用一种你已经知晓的简化语言“皮钦语”[①]对付过去。如果你能把重点放在教小朋友上的话，效果也会更好。人年纪越大，学习语言的难度就越高。在青春期之后，一个人习得流利母语的难度就会大大增加，甚至完全学不会。

文明进步贴士：大约半岁之后，婴儿就会开始注意周围人说话时的声响。所以，如果你要从零开始发明语言，就结合一下婴儿在父母那儿听到的所有声响吧，很可能会事半功倍。

请记住：进化是非常缓慢的，哪怕是 20 万年前，你遇到的人类也和你一模一样——在生物学层面上，完全无法区分。他们只是欠缺教导而已。

而你就可以教给他们许许多多。

然后，你就会像上帝一样，被全世界的人类铭记。

① 皮钦语，即混杂语言，是一种简化版的自然语言。两个语言不通的群体为了更好地交流沟通，会发展出皮钦语，典型例子如中国的“洋泾浜”英语。——译者注

创造文明必需的五大基本技术

这五大基本技术可不是“一台性能足够优秀的计算机”重复五遍。

你的文明将建立在五大技术之上。每一种都是信息化的技术：一旦你发现了它们、掌握了它们，后续的一切便都随之自然发生了。因为这些技术都是概念性的而非物质性的，所以它们极易流传下来：它们是思想而非物质实在，而只要我们的文明还有成员幸存（或者只要我们文明的某些书籍能够保存下来），这些思想就不会被毁灭。

虽然下面表格列出的这五大技术几乎都是人们一旦理解背后的思想就可以迅速发明出来的，但实际上，令我们有些难为情的是，对于其中任何一项，我们人类都花了相当漫长的时间才真正掌握它。

请仔细研读这张令我们人类感到不好意思的表格。

表 1 一张足以令每个人难堪的表——哪怕你们现在是一根绳上的蚂蚱

技术	首次发明时间	本该何时发明	浪费的时间	人类混吃等死不发明这些伟大技术的巨大时间跨度可以涵盖多少个罗马帝国兴衰周期（1 周期以 500 年计，不含拜占庭帝国）
口头语言	公元前 50000 年	公元前 200000 年	150 000 年	300
书面语言	公元前 3200 年	公元前 200000 年	196 800 年	393
优秀的数字系统	650 年	公元前 200000 年	200 650 年	401
科学方法	1637 年	公元前 200000 年	201 637 年	403
超量生产	公元前 10500 年	公元前 200000 年	189 500 年	379

由于这五大技术都是无可争议的文明基础，现在我们将逐一考察它们。

3.1 口头语言

倾听你脑海中的声音。

在口头语言出现之前[①]，人类通过咕哝声和肢体语言实现交流。这让我们可以达到以下这些目的：

- 吸引他人的注意
- 通过发出噪声或者打手势，表达诸如“恐惧”或者“愤怒”这样的情感
- 哭闹

遗憾的是，这些表达方式很容易遭到误解。举个例子，婴儿，一种典型的语前生物，他们的“咿呀”之语和肢体动作就非常难以理解。婴儿的哭闹可以表达“我不高兴了”“我饿了”“我累了”“我很苦恼”，以及其他几种情感，但我们却没有办法弄明白他们究竟想要干什么，只能逐一试探，看看到底哪个能满足他们的需要，这是短期解决方案。如果你喜欢一劳永逸的长期解决方案，就要在接下来的几年时间里，慢慢地教给孩子一门语言。最后，你就可以直接问他：“嘿，小子，在你 16 个星期大的时候，你的那些哭声都是什么意思啊？”

① 为简洁起见，此处只提及了口头语言，但实际上还应该包括符号语言，这种语言的表现力和口头语言不相上下。有趣的是，在我们这个世界的历史中，所有文明的口头语言都先于符号语言出现。不过，只要你喜欢，你当然可以在自己的世界里随心所欲地打破这个规律。

相较之下，口头语言可以让我们达到以下这些目的：

- 吸引他人的注意
- 通过发出噪声或者打手势，表达一些微妙的情感，比如“害怕有一天会被困在遥远的过去”或者“因为现在被困在遥远的过去而勃然大怒”
- 哭闹（同时讲一些话）
- 在某人去世后了解其思想
- 酝酿出一些更复杂的想法
- 合理、自信地传递复杂情绪，且做到信息损失最少、歪曲程度最轻、被误解可能最小

我们总是认为语言是自然产生的，是我们正在开发的这个宇宙的某种属性。但其实不是这样：语言是我们编制的，而且是我们随意编制的。[①]不过，尽管词语的发音、句子中词语的顺序以及词语的组合方式、替换方式都可以完全由你自行决定，但还是有一些反复出现的语言模式需要你牢记在心中。

① 人类语言的一大特征就是，它实在是太随意了，彻彻底底地随意。举个例子，“cat”（猫）这个单词的发音和字母都和猫本身完全没有关系。正是由于这种语言的随意性，“猫”这个单词在那些相互没有关系的语言中会呈现出完全不同的形式：在印尼语中是“kucing”，在罗马尼亚语中是“pisicá”，在土耳其语中是“kedi”，在匈牙利语中是“macska”，在菲律宾语中是“pusa”，而在马来语中是“saka”。相比之下，我们使用的少数几个非随意选取的词语通常都是仿生词，比如模仿猫叫声的“meow”，这个单词在英语和菲律宾语中是一模一样的，而在印尼语中是“meong”，在罗马尼亚语中是“miau”，在匈牙利语中是“miaú”，在土耳其语中是“miyav”，而在马来语中是“meo”，这些都很相似。更能说明问题的是，婴儿称呼父母的词语（比如“mama”“papa”“dada”）都有以下几个特点：第一，和每个婴儿（哪怕他生来就听不见）都能发出的咿呀声很接近；第二，由几个婴儿特别容易发出的语音组成；第三，即便是在毫不相关的语言中也极为相似。这种能让全世界父母跨越时间和空间的障碍联系在一起的东西就是，他们都非常希望在孩子说出的第一个“词”中能有一点儿自己的影子。

这些语言模式就是所谓的“语言共性”，在地球上的所有自然语言中都有体现。另外，尽管这些“语言共性”并非必须出现（人们有能力发明并且已经构建了数种不使用这些“语言共性”的人造语言），但“语言共性”确实可以使人们更方便地使用全新的语言。请牢记下面这张表中的内容：

表 2　语言共性示例

语言共性	性质描述	体现该性质的例子	恶托邦世界[①]中，因没有这些性质而令人难受的反例
所有自然语言中都有代词。	代词可以让我们指代某事物且不用反复提及其名字。	马克租了一台 FC3000™ 时光机。它的设计很棒，同时性能也很可靠。他乐意毫无保留地向大家推荐它。	马克租用了一台 FC3000™ 时光机。FC3000™ 时光机的设计很棒，FC3000™ 时光机的性能也很可靠。马克乐意毫无保留地向大家推荐 FC3000™ 时光机。
没有“thbbbth”这样的发音。	口头语言建立在我们可以发出的声音之上，但是没有一种自然语言会广泛使用类似“thbbbth”这样需要把舌头伸出嘴才能发出的声音。	To be, or not to be: that is the question.（生存还是毁灭，这是个问题。）	To thbbbth, or not to thbbbth: that is the Questhbbbbbbbttbbbbth.
如果语言中有表达“脚”的词，那么一定也有表达“手”的词。以此类推，如果语言中有表达“脚趾”的词，那么一定也有表达“手指”的词。	对大部分人来说，手通常都比脚更有用。所以，如果我们想命名自己的身体部位且已经开始考虑为脚起名字了，那么我们一定也已给手起好了名字。	我有 10 根脚趾和 10 根手指。对，查德，我知道从理论上讲，其实我只有 8 根手指。没错，查德，我知道拇指其实不算手指。大家都知道这回事，我只是……查德、查德、查德，听我说。看，查德，这就是为什么我们不再约会了。	我有 10 根脚趾和 10 根……呃……长在身体上半部分可以向外弯曲的指头？对，查德，我知道两根长在身体上半部分可以向外弯曲的指头是对生的，所以应该归为两类。查德，听我说。查德，查德，我已经充分利用我掌握的所有词了啊！查德。
所有语言都有元音。	元音是用饱满嘴型发出的声音，常常是音节的核心。举个例子，“cat”这个单词里“a”发元音，而“c”和“t”则是辅音字母。如果没有元音的话，我们很难说出话来。	查德，我们可以聊聊别的事吗？什么都可以，求你了，查德。	Thhhbbbttth

① 作者虚构的世界，与美好的乌托邦相对。——编者注

（续表）

语言共性	性质描述	体现该性质的例子	恶托邦世界[①]中，因没有这些性质而令人难受的反例
所有语言都有动词。	动词是描绘动作的词。有了动词，我们就可以谈论事物之间究竟发生了什么。由于地球上每时每刻都有事情发生，所以记住这些动词很有必要。	一头行动敏捷的棕色狐狸跳过性能可靠的FC3000™时光机，并且乐意毫无保留地向所有人推荐这部机器。[①]	一头行动敏捷的棕色狐狸。性能可靠的FC3000™时光机。乐意毫无保留
所有语言都有名词。	名词指人物、地点或者事件。它们表示了这个世界上的客观物体或者主观想法。由于地球上有许多这样的东西，所以也很有必要记住这些名词。	一头行动敏捷的棕色狐狸跳过了性能可靠的FC3000™时光机，并且乐意毫无保留地向所有人推荐这部机器。	行动敏捷。跳过。可靠。乐意推荐。

被困在过去的一大好处就是，你终于可以摆脱男朋友查德了。

至于究竟选择哪种语言作为建立文明的基础，就完全凭你个人喜好了，而且所有语言都可以胜任这项工作，不存在什么错误答案。不过，你在拥有选择文明基础语言的自由的同时，也意味着，你有机会修正和完善这些语言。不喜欢英语的代词系统？不喜欢法语要赋予万事万物一个虚拟性别的刻板规则？好，现在和这些规则永别的机会来了。

口头语言可以解决许多问题，缺点又很少。此外，它们其实还是一种你早已在脑海中应用的技术。不过，口头语言有一个很严重的通病：它们必须依靠人类才能传递信息。如果某个人类部族的全部成员同时死亡，他们脑海中的想法也就随之消失了。好在，你可以做得更好。

而且，你马上就要做到这一点了。

---

① 这句话改编自英语世界中一句常见的话“The quick brown fox jumps over the lazy dog”。其特点在于囊括了26个英文字母，因而常用作打字练习的例句，也因此广为人知。——译者注

3.2
书面语言

它让拼写错误成为可能。

虽然口头语言很棒，但它的局限性也很明显。口头语言将各类思想从原始人类宿主的脑海中解放了出来，同时也限制了思想的传播范围：说话者走到哪儿，或者喊到哪儿，或者边走边喊到哪儿，思想就传播到哪儿，不可能超出这个范围。最关键的是，这些思想要想流传下来，就必须保证人类的繁衍链条绵延万世、永不间断。哪怕这根链条只在中间断了一次，所有的信息也会永远消失。

书面语言就解决了这个问题。它让思想的生命力变得更加坚韧与强大，超越了脆弱的人类身体。要知道，我们的身体自诞生之日起就无时无刻不在走向衰老和死亡。书面语言让思想的表达变得更加清晰，不再受到人记忆的变化以及历史潮流的影响。它让思想的传播范围变得更加广阔，受众也大大增加，远远超过聆听某场演讲的人数。有了书面语言，思想不但能在其原始宿主死亡后继续存在，不但能在聆听原始宿主讲话的听众死亡后继续存在，甚至还能在所有使用这门语言的人类死亡后继续存在：古埃及象形文字的解密就是这方面最伟大的例子。最令人难以置信的是，书面语言的出现让信息得以在全世界范围内传播，且传播的难度绝不会比运输粮食的过程更大：说得更准确一点儿，这比运输粮食简单多了，因为书不会像粮食那样迅速腐败。书面语言有这么多的好处，但我们人类在地球上生活的大部分时间——超过 98%——里，都只是在没有这项技术的黑暗世界里摸爬滚打，跌跌撞撞地前进。

和口头语言一样，选择何种书面语言作为建立文明的基石不是特别重要。不过，我们强烈建议（如果你会多种语言或者胸怀大志的话），不要选择本书的语言。因为如果这样的话，说不定你哪天会在机缘巧合的情况下教别人读你手中的这本书。你得好好考虑一下是否要做此事，尤其是你现在的处境太过微妙，这本书在阴差阳错之间成了这个星球上最危险也是最有价值的一件物品。

尽管书面语言（也就是文字）背后的原理很简单——把看不到的声音转化为看得见的形状并且储存下来，但是，对人类来说，文字的发明还真是一件令人难以置信的难事。实际上，这件事是如此之难，以至纵观整个人类历史，文字的发明总共就出现过两次：

- 在公元前 3200 年左右的古埃及和苏美尔
- 在公元前 900 至前 600 年的中美洲

文字在其他地区也有出现，比如公元前 1200 年左右的中国。类似地，古埃及和苏美尔的文字也几乎是在同一时期发展起来的，并且虽然这两者看上去颇为不同，其实却拥有许多相似点。这两个文明中的一个在另一个刚提出发明文字的想法时就做到了，这很有可能是因为它意识到这个发明将会非常有用。

人类还可能在另外两个历史时期发明了文字：一是公元前 2600 年左右的印度，二是公元 1200 至 1864 年的复活节岛。（我们在这里说的是“可能”，是因为这其实是几大历史未解之谜之一。实际上，只要在没有故障的情况下，乘坐时光机回到当时当地，就可以轻而易举地揭晓谜底。但是，出于某些原因，大多数时间旅行者都对“体验人类历史绵延几百万年的广度”更感兴趣，而不是“通过对某一时期的短暂观察，解决悬而未决的语言学难题并发表研究论文供同行评审”。）

这两者之中，更古老一些的印度文本（称为“印度文”）是一种象形文字且尚未被破译。用印度文写下的大部分记录都比较简短（只有 5 个字符），这表明印度文可能不是一门真正的语言，反倒更像是简化的象形图或者表意图。那么，象形图和表意图又是什么呢？我们很高兴你能问这个问题：

> 象形图就是用某事物的图画来表达这件事物本身：比如，用火的图像来代表“火”。以此类推，你购买的流行便携式音乐播放器上的信封符号可用来代表“电子邮件”，这也是一种象形图。当在原始文字中使用象形图时，可以起到辅助记忆的作用，帮助人们记住某个事件或某个故事，或者起到装饰的作用。
>
> 表意图就是某张图片可以代表的所有含义的**集合**：比如，一个水滴的图像可以代表雨，也可以代表眼泪或者悲伤。一副太阳镜的图像可以代表特别酷炫的太阳眼镜，也可以代表太阳光、时尚或者大众流行文化。一幅形似臀部的桃子图像既可以代表桃子、臀部，也可以代表人类所发现的、可以用这两者之一进行的任何活动。

象形图和表意图都不算语言，记住这一点很重要，因为在这两种表达方式中，图像及其背后的含义并非一一对应的关系。象形图和表意图是用来帮助理解的，而不是用来阅读的。举个例子，看看下面的这些图案：

图 4　一个特别引人入胜的故事

这些图像可以有多种解释。如果你知道画下这些图像的人想要讲述什么故事，那么这些图像可以起到提醒的作用；但如果你不知道，你就会提出很多假设，可以就此讲出许多故事。也许这是一位美丽的女性吃桃子的故事。也许这是一位普通的女性吃非常好吃的桃子的故事。我们永远也不会知道这些图像究竟讲述了什么。

“辛西娅挥动着双手，她的秀发在温暖的海风中飘动。在她的太阳镜里，我看到了一个可怕的、像怪物一样大的桃子：那是我的身体，我在一场交通事故中杀死的那些可憎的科学家把我的身体永久地变成了现在这个样子。”相比之下，这句话背后的含义就明显多了。虽然任何语言中都存在含义模糊的现象①，但相比表意图而言，这一非表意的表达的含义要清晰、明白得多。

复活节岛上的文字被称为“朗格朗格文”，同样也从未被破译过。这是一种象形文字，由动物、植物、人类及其他事物的抽象图像构成。居住在复活节岛上的拉帕努伊人就使用这种文字。朗格朗格文长这样：

图 5　可能是语言，可能是炫酷图画，又或者……可能两者都是？

---

① 像逻辑语这样的人造语言可能是一个反例。逻辑语是一门人工语言，只允许符合语法规则且语义明确的句子出现。如果你用英语说“I want to party like Joey”，这句话就可以有两种解释：一是，你想要办个派对，形式要和乔伊办的那个一样；二是，你和乔伊一样，都喜欢开派对。在逻辑语中，这种语义不明的表达是不合语法的——你必须把它修改成语义明确的合法语句。通过这种方式，逻辑语强迫说话者必须表达清楚，谁在何时何地，出于何种原因，使用何种方式，做了何种事情。

如果拉帕努伊人是完全独立地发明了这种文字，那么这就是人类历史上第三次文字发明事件，堪称一项伟大的成就。

然而，朗格朗格文有可能是在欧洲人和复活节岛居民产生交流之后才出现的：1770 年，西班牙吞并了该岛屿并诱导拉帕努伊人签订了一份条约。在这个过程中，文字的概念有可能就这样进入了复活节岛，并在之后迅速地演变成为朗格朗格文。

这里还得提及一种不那么光彩的可能：最初造访复活节岛的那些欧洲人都被灌输了这么一种思想：读写能力是一种只有统治阶级的精英才能学习并掌握的技能。如果朗格朗格文的确是一种文字，如果拉帕努伊人的确想出了将看不见的思想转化成看得见的形状的办法（这个办法堪称石破天惊，放眼整个人类历史，在朗格朗格文之前，类似案例也只出现过两次），那么，拉帕努伊人也已经忘记了这项技能。我们应该注意到，在这一个世纪里，复活节岛上肆虐着欧洲人带来的疾病、灾难性的人口贩卖、天花、森林砍伐以及文化崩塌。在长达一个世纪的文明断层期里，复活节岛居民的数量从成千上万锐减至只有寥寥 200 人，而且幸存者中没有一个学习过如何阅读本岛的文字。于是，词汇和语句退化成了毫无意义的图形和符号，成了活着的人无法理解的部分文化传统。

话说你应该对这件事感到恐惧：文字不是人类能够免费获得的东西，和所有技术一样，文字也会消失。

我们建议你尽快发明文字并将其引入你创建的文明，越快越好。

3.3 优秀的数字系统

因为每个人都希望自己的文明……真的"有数"。

在人类历史中，数字的故事充满了"无数次"[①]错失机遇和完全没有必要的拖延。虽然书面数字早在公元前 40000 年就已经出现，比文字的出现早了几万年，但最初的这些数字只是简单的符木：每标记一次就代表计一次数。它们长这个样子：

图 6　一些符木标记

对于比较小的数字来说，这些符木已经够用了，但是，一旦数字变大，且还需要用符木来计数的话，你就会变得非常痛苦。快，告诉我下面这幅图表示的是数字几？

图 7　符木太多，问题来了

① 没想到这里竟然双关了，挺好的。

答案是："这不重要，因为没人有时间坐在这里慢慢地数。算了吧，我们正忙着在这个过去的时间点再造文明呢。"这就是为什么符木计数是一种一种"糟糕的数字系统"。纵观历史，还有许多同样糟糕的数字系统，不过，我们在此就不把时间浪费在这些东西上了。让我们直接跳到结论：你的文明所使用的数字系统需要满足以下几点：第一，使用印度或阿拉伯数字；第二，使用位值系统；第三，使用十进制。

下面就是这三种系统的含义以及为什么它们如此优秀！

印度/阿拉伯数字。其实就是你熟悉的那些数字：0，1，2，3，4，5，6，7，8，9。如果你愿意，你也可以用其他符号重新表示这 10 个数字：它们的样子本来也都是随意选取的。而且，由于现在是你发明了这些数字，而不是印度人或者阿拉伯人，所以你可以称它们为"……（你的名字）数字"。

使用位值系统。在位值系统中，数字的值由每个数位上的数字及数位代表的值共同确定。举个例子，4 023 表示的是"4 个千、0 个百、2 个十和 3 个一"。这听上去非常耳熟，因为位值系统是你从小就熟知的数字系统。由于用位值系统表示数字时规则清晰、效率极高且灵活便利，所以大家都用它。[①]

① 举一个效率更低下的数字系统的例子吧。我们看看罗马数字就知道了。在数千年的时间里，许多人把时间浪费在了这种低效的数字系统上。另外还有一小部分人直到今天仍旧在罗马数字上浪费时间。罗马数字没有使用位值系统，而是要求你不断地把数字加起来——和我们在前文开头提到的符木体系一样。不过，罗马数字不只有一种符木（只能代表 1），而是有一系列不同的符木，每一个都表示不同的数值：Ⅰ代表 1，Ⅴ代表 5，Ⅹ代表 10，L 代表 50，等等。把这些基数全部相加（有时是相减）就可以得出你想要表示的数：2 就是Ⅱ（或者说 1 + 1），3 就是Ⅲ（或者说 1 + 1 + 1），而 4 就是Ⅳ（或者说 5–1；当一个较小的数字出现在较大数字之前时，你就要用后者减去前者）。所以，罗马数字"LXXXIX"就等于 50 + 10 + 10 + 10 +（10 – 1），也就是 89。在罗马数字中，数字的长度和它表示的值的大小并不相关，它要求你在脑海中先计算才能知道这到底是个什么数。这实在是太浪费时间了，我们必须立刻停止讨论。罗马数字为数不多的几个好处是：让钟面上的数字更好看些；如果你的父母懒得给你取新名字，直接用他们的名字给你命名的话，你可以在名字后面加一个罗马数字以示区别。这里就不再展开了。

使用十进制。我们现在使用的位值系统是十进制。这就是说，在一个数字中，相邻两个数位的值相差 10 倍。从左往右看，数位的值依次是前一位的 1/10；从右往左看，数位的值依次是前一位的 10 倍。仍旧以 4 023 为例：

表 3　好好研究这张表，我们可以列举出 4 023 个理由告诉你为什么要这么做。不，开个玩笑而已，没那么多理由。但是，你还是应该简单地看一下这个表，这样你就知道数字究竟是什么了

千（10 个百）	百（10 个十）	十（10 个一）	一
4	0	2	3

有趣的是，你可以创立以任意值为基础的位值系统！十进制是人类历史和文化中最常用的进制（很可能是因为大部分人都拥有 10 根手指），但它绝不是唯一可以使用的进制系统。巴比伦人使用六十进制（直到今天，我们还是会在某些地方使用这种进制，比如每小时 60 分钟，每个圆有 360 度等，参见第 4 章），而计算机语言则使用二进制。在二进制中，相邻数位之间只差 2 倍，而不是 10 倍：

表 4　二进制数。好好研究这张表，我们可以列举出 1 011 个理由告诉你为什么要这么做。没错，我们知道这次的理由比上一张表要少

八（4 个二）	四（2 个二）	二（1 个二）	一
1	0	1	1

所以，二进制中的 1 011 就等于 8+2+1，也就是 11。由此可知，数位顺序相同的一串数在不同进制中表达的数字不同。如果我们没说这里的“1 011”是二进制数，那么你很可能会把它理解成一个十进制数，那它代表的就是“一千零一十一”。如果你认为它是一个五进制数，那它表示的就是十进制中的 131；如果你认为它是一个七进制数，那它表示的就是十

进制中的 351；如果你认为它是一个三十一进制数，那它表示的就是十进制中的 29 823。我们在其他时间线做过尝试，结果表明，用这样奇怪的三十一进制建立数字系统可不是什么好主意，不过，鉴于你现在被困在过去，你要真这么做，也没有人可以拦着你。

虽然我们可以利用现有的位值系统和进制指导我们写下数字，但有个令人悲伤的事实不得不提：数字系统接下来的发展，也就是我们现在习以为常的那些特征，花了人类整整 4 万年时间。实际上，其中的大部分时间都被人类用来发明分数了，而且分数这个概念现在看来非常基础，我们甚至可以直接将之教给婴孩。为了避免重蹈浪费时间的覆辙，我们制作了下面这张表，其中写明了你的数字系统中应该出现的所有特征。实际上，这应该是有史以来最节省时间的数字系统发明表了。

表 5　晚期智人（现代人）这个自认为十分聪明（自命不凡到在自己的物种名中连用了两个“聪明”）的物种花了 40 000 多年才完全理解这张表中的所有内容

特征	例子	用途	理由	第一次出现的时间（近似）
书面数字	|||||	• 这样就不用总把数字记在脑子里了。	• 因为大脑空间有限 • 要在脑子里做长除法很难	公元前 40000 年
抽象数字	5	• 将数字的概念抽象化（也就是变成“1”“5”这样的表达方式），摆脱了数字必须依托于实物存在的限制（也就是“一头绵羊”“五头山羊”这样的表达方式）； • 数字与计数之物彻底解绑并独立存在之后，我们便进入了抽象数学思维的新天地，无须总是考虑绵羊、山羊之类的特定实物。	• 数字能够以纯粹抽象的概念存在，是未来数字创新（比如无理数和虚数）的必经之路。无理数和虚数这两个名字听起来都相当疯狂的感觉，这不是巧合。但是，无理数和虚数确实也非常实用。	公元前 3100 年

（续表）

特征	例子	用途	理由	第一次出现的时间（近似）
分数	1/2	• 表示非整数； • 让讨论东西的一部分成为可能。	• 有时候会出现这样一种情况：你有4个苹果，然后查德吃掉了其中3个半，你就会说："嘿，查德，你欠我3个半苹果。"如果没有分数的概念，查德就可以用下面这个回答拒不还债："3个半？什么是3个半？基于我们对数字的理解，你这话完全是无理取闹。"	公元前1000年
有理数	0.5	• 表示那些并非整数且若用分数表示会非常烦琐的数； • 任何分数都可以写成有理数的形式，反之亦然。	• 把201个1/100和3个1/2相加是个相当痛苦的工作，但是，2.01+1.5这个运算就简单多了。我们已经算出来了，答案就是3.51。很简单，没什么了不起的。	公元前1000年
无理数	$\sqrt{2}$，π	• 表示那些和有理数很像的数，但是这些数如果要以小数形式写出来的话，永远也写不完，而且永不循环、没有尽头。	• 既然无理数都是些无穷无尽的数字，那么如果有一种可以简便处理它的数字系统，就再好不过了。 • π（圆的周长与直径之比）是一个无理数，同时也是宇宙中的基本常数之一。在工程建筑及其他许多方面，我们无时无刻不在使用π这个常数。因此，无理数确实也是有实际意义的！π就是无理数中的一个彩蛋。	公元前800年
素数	2,3,5,7, 982 451 653	• 任何比1大且只能被1和自身整除的正整数。	• 除了可以用来欣赏数学研究的纯粹之美以外，素数本来是没什么用的；但是，当你要发明公共密钥加密算法（它非常有用）时，就必须求助于素数。 • 素数有无限多个，并且，如果你不测试的话，就无法知道某个数究竟是不是素数。这就让素数成了这个宇宙中少有的几个取之不尽、用之不竭的自然资源之一。这种取之不尽、用之不竭的自然资源，难道你不想要吗？你绝对想要。	公元前300年

（续表）

特征	例子	用途	理由	第一次出现的时间（近似）
负数	–5	• 有了负数，我们就有了数字系统的另一半，这样我们的数字就不会只停留在1了； • 有了负数，就可以用一个数字表达某个概念的正反两面了，比如冷和热、收入和花费、加速和减速等。	• 为了用一个数字捕捉事物的变化（无论是正向还是逆向）。 • 负号的出现让数字第一次拥有了情感内涵（负数通常被视作“坏的”），当你想要人们对某个数字做出情感回应的时候，这种数字本身的情感内涵就非常有用了。 • 如果没有负数，对于“1 – 2 = ？”这个问题，你会想到脑袋爆炸。	公元前200年。不过，请注意，哪怕到了1759年，欧洲的数学家们都还辩称，负数是“毫无根据”且“荒谬”的。而这就是你对1759年及这之前的欧洲数学家所应了解的全部
零	0	• 有了零，我们就可以讨论“无”这个概念了； • 有了零，就可以发明基于位值表示的数字系统，我们就可以写出像“206”这样的数，且不会和“26”混淆。	• 如果你的数字系统里没有零，那真是件难办的事儿。 • 零既可以用来占位（比如数字“206”就代表2个百、0个十和6个一），也可以像其他数字那样用来进行数学运算（参见下文工具栏）。	早在公元前18世纪，零就已经作为占位符出现了，但是直到628年，人们才意识到零可以和其他数字相加、相减、相乘。所以，现在你只要告诉大家“5加0等于5，把这句话记下来”，就可以为这个刚建立的文明省下很多时间
实数	3.1，3.111，3.111 1，3.111 11，3.111 111 11，3.111 111 111，还有很多实数，但是我们现在得停下来了，因为实数真的写不完	• 实数将有理数和无理数整合进了同一个数字体系中； • 有了实数就可以描绘任何十进制数（哪怕这个数是无限的）； • 任意两个整数之间都有无穷多个数，要想研究它们，就得引入实数的概念。	• 3与4之间有无穷多个数，而在这无穷多个数中，还有像π这样本身就是无限不循环的数。要是没有实数这个概念的话，光是让你想想这一点，就够让你头痛的了。 • 有了实数的概念之后，你就有了一整套自然数字了，恭喜！	17世纪

（续表）

特征	例子	用途	理由	第一次出现的时间（近似）
虚数	$\sqrt{-1}$，i，3.98i	• 有了虚数，我们就可以操作那些含有–1 的平方根的数。某数的平方根自乘一次就会得到原来的这个数。在实数系统中，–1 的平方根是不存在的，因为任何两个实数自乘的结果都必然是正数。于是，数学家说：“好的，那也没关系，不管怎样，我们假设–1 的平方根存在，并且称其为 i。”	• 这听上去像是在浪费时间（也正是因为这个原因，人们最初起“虚数”这个名字时就是为了表示：只有无所事事、闲得发慌的人才会想到发明这种数来打发时间），但是虚数的确在各个方面都有实际应用。从模拟电流到研究钟摆在空气中的摆动，我们都可以从中看到虚数的身影。	公元 10 年。但在公元 18 世纪之前，大家都认为虚数是“虚构的”“没用的”（就像人们曾经对负数的看法一样）
复数	3+2i	• 整合虚数和实数	• 在流体力学、量子力学、电子工程以及狭义相对论和广义相对论的计算中都很有用； • 把复数加入数字系统真的很有用，毕竟有备无患，万一你所在的文明里真的有人发明了上述几门学科呢？	19 世纪

看完这些概念了吗？我们把它们整合到了这张简单的表中，你只要花几分钟就能读完。你可以在某个下午把所有这些数字概念教授给你那条时间线上的人，他们就不用在连零是什么都不知道的世界里跌跌撞撞上万年了。这可省下了大把的时间。不客气。

至于你可以用这个数字系统做其他什么事，就都由你自己决定了。这本指南中到处散落着人类花费大量时间才探索出来的、很有用的数学方程，不过，在此要提醒你一个最深邃、最黑暗的数学秘密：无论你选择何种方式，你都可以创立数学的根基。

也许，你听到这个会感觉很惊讶，但是，数学的基础实际上就是一些我们无法证明只能假设为真的原理。我们称这些原理为“公理”，且我们假设它们是正确的，但截至本书成书为止，它们仍旧是我们无法证明的“信仰”。这些公理包括“2+1 和 1+2 得出的结果相同”“若a等于b，b等于c，则a等于c”。这些假设确实有用，因为它们完全符合现实。而历史已经证明，把数学建立在符合现实的基础之上是合理的、可行的，但你也可以建立一个完全不同的数学体系。虽然我们的确推荐先建立一个符合实际的数学系统，但是细想一下，在一个a+b不等于b+a的宇宙中，乘法该怎么运算，也是一件相当有趣的事儿。①

现在，你已经发明了优秀的数字系统以及在此基础上产生的数学基础，你也一定解锁了一些特权。很明显，数字可以让你精确地量化周遭的世界，而这正是小到食谱、大到科学的万事万物的基础。人们可以通过数字管理、理解和交换物质资源（如绵羊或者树木）以及抽象资源（如金钱、名声以及时间本身）。数字最普遍的功能则是充当一种分类标签：某本书的第 123 页必然在第 122 页和第 124 页之间，如果你还知道这本书总共有多少页，那么你便很清楚第 123 页究竟在哪儿。一套有序的数字提供的社会环境，会在未来的某一时刻对一个文明的成员产生巨大帮助。无论他们是用这些数字来标记一天中的小时数、一年中的天数，还是一条街上的楼幢数、一幢楼中的楼层数，都会非常有用。这些数字还可以用来标记温度、无线电波的频率、维生素。如果你的这个文明足够幸运的话，也许在未来的某一天，还能用这些数字来标记那些建立在不相干的时间或空间参考系上的不稳定的爱因斯坦–罗森桥的强度。

① 如果你实在很感兴趣，那么对于“正经说来，这样一个体系中的乘法会如何运算呢？”的问题，我只能回答：“会运算得很好，谢谢。”

工具栏：为什么零不能用作除数？

显然[①]，零不能用作除数。理由倒不是这么做会创造一个黑洞，而是因为这暴露了我们使用的这套数学体系的一个核心矛盾。假设我们现在有一个数（比如1），然后用它去除以那些无限趋近于0但永远不会变成0的绝对值非常小的数。

你会发现，0是负数的终点和正数的起点。先从正数这一侧来看，1除以1等于1，1除以0.1等于10，而1除以0.001则等于1 000。除数越小，得到的结果就越大。因此，1除以0应该等于无穷大。

然而，如果我们从负数那一侧来看，用1去除以那些同样趋向于0的负数，得到的结果是，1除以–1等于–1，1除以–0.1等于–10，而1除以–0.001等于–1 000。也就是说，这里你所选取的除数越接近于0，所得结果就越接近于负无穷大。

但是，一个数不可能既等于正无穷大，又等于负无穷大。实际上，这里面的问题是，任何两个不同的数都不可能相等。于是，矛盾就出现了。也正是这个矛盾让我们得出这样的结论："零不能用作除数，因为这么做得出的结果没有意义，而且目前还没有人知道如何解决这个问题。"

① 对"显然"的定义已经自由到了可以用来概括数学体系特性的地步。

3.4
科学方法

经过科学发展的初步阶段，很多方面都有了改善。

时光机的建造者通常都热爱科学，因为一般来说，他们要么是训练有素的科学家，要么至少是动机良好的科学爱好者。这些业余爱好者完全不知道自己建造的这台时光机将释放出多么强大的力量，直到未来的自己回到现在警告他们。不过，我们必须记住，即便是科学，其自身也有限制，且科学并不是真相的化身，这点很重要。实际上，科学是：

1. 有时效性的；
2. 有前提条件的；
3. 我们目前所能做出的最大努力。

这就是我们要说到的坏消息：运用科学方法也会产生错误的知识。好消息是：目前来说，科学方法仍旧是我们揭示、求证和完善正确知识的最好方法，因为有了科学方法，我们便有能力渐进式地纠正错误的知识，使其逐步迈向正确。通常来说，这类改善的结果便是我们一点一滴地得出的、更加准确的理论——从经典物理走向相对论、量子物理，又从量子物理走向后量子时代的超物理学[4]。但是，运用科学方法有时也会产生一些会被完全抛弃的理论。

例如，在18世纪，我们认为某些东西会着火，是因为它们是**燃素化**的：它们的内部充斥着“燃素”。燃素是一种我们看不见、摸不着也无法提取出来的物质，也是物体着火的必要条件。那些燃素含量很高的东西——比如木头——很快就能燃烧起来，那些燃素含量较低的东西就不能很好地燃烧，至于灰烬——已经彻底去燃素化了——根本不会燃烧。燃素理论甚至还能解释为什么某样东西燃烧过后会变轻：其内部原来含有的燃素在燃烧过程中飘散到了空气中。燃素理论还预言，如果把一根火柴放到密封的玻璃罐里，它最终会停止燃烧：玻璃罐内的空气会竭尽所能地吸收燃素，当火柴内含有的燃素被彻底吸光后，火焰就会熄灭。事实证明，密封玻璃罐中的火柴确实会熄灭，于是，燃素理论看上去棒极了。很好！感谢科学！现在，我们知道火究竟是什么了。

然而，当我们开展了更多实验并且发现某些实验结果用燃素理论完全说不通的时候，这个理论便开始分崩离析。没错，木材燃烧后确实变轻了（烧完留下的灰烬明显要比原来的木头轻），但是某些金属（比如镁）的质量在燃烧后竟然还会增加。于是，我们现在就遇到了一个问题：实验结果和我们的理论不符。我们需要更多的科学发现！

当时，某些科学家试图修正燃素理论以使其与实验结果相符：也许，有时燃素的质量为负，那么在这种情况下，某种物体所含的燃素越少，是不是就会越重？然而，这个结论实在有些牵强，尤其是考虑到这种带有负质量的全新物质，完全是为解决燃素问题而专门发明的，这种严重脱离实际的跳跃性理论就显得越发荒唐了。还有一些科学家则致力于追寻一种更加保守也更符合人类认知的解释，氧气燃烧理论正是这些努力的产物。他们认为，物质燃烧的过程并不是燃素离开物质的过程，而是一种物质与氧气间的化学反应，而且这种反应产生了光和热。这个理论同样预言放在密封玻璃罐中的火柴最终会熄灭，但给出了不同的解释：玻璃罐中的氧气消耗完，火焰就会熄灭，因为氧气才是点燃这个产生了火焰的化学反应的助燃剂。这个燃烧理论比燃素理论更加准确，我们也一直沿用至今，不过，这个理论依然有可能是错的。

或者说，我们很可能还可以让这个理论变得*更加完善*。

下面这张图展示的是，我们使用科学方法产生新知识的过程。

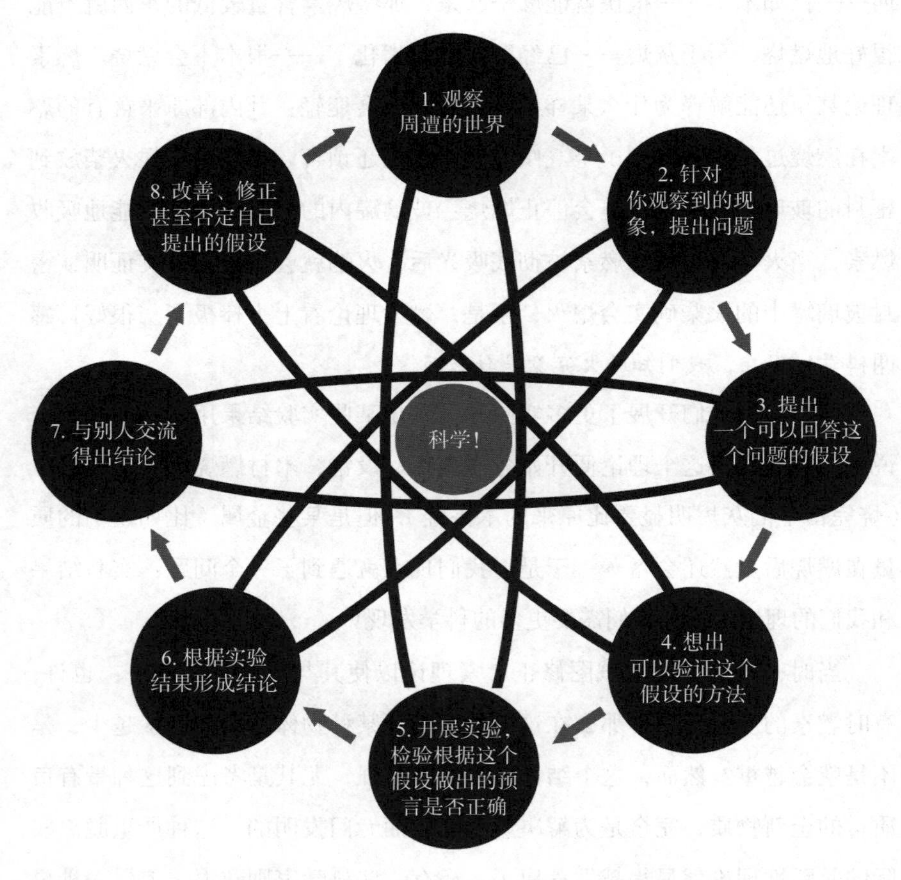

图 8　科学方法，这里以酷炫的“原子”外观呈现

举个例子：也许你注意到今年的玉米长势不佳（步骤 1）。到了步骤 2，你或许就会提出问题：“嘿，搞什么鬼，大家说说，究竟为啥我今年种的玉米长得不好？”你可能会怀疑也许是干旱的气候影响了玉米的成长（步骤 3），于是你决定用控制变量的方法种植玉米（步骤 4）：给每株玉米秧浇不等量的水，但其他任何你能想到的影响因素都保持一致（比如日照、肥料

等）。在小心翼翼地执行这个计划之后（步骤 5），你也许就能发现，究竟浇多少水才能让玉米长得最好（步骤 6），然后你再把这个消息告诉其他农夫（步骤 7）。如果在应用这个结论之后，玉米的长势依然无法达到预期，你就应该做进一步的探索，并且思考是否除了保证玉米水分充足之外，还有其他会影响这种作物的生长的因素。[①]

某个假设经受住的检验方法越多，就越可能是正确的，不过世事无绝对。使用科学方法所能产生的最好结果就是，得出一个到目前为止尚能符合你所理解的现实的理论，但你永远不能百分之百地确定，这个理论是正确的。这就是为什么科学家至今仍在讨论引力理论（哪怕引力显然存在而且就是让我从楼梯上跌落的原因）、气候变化理论（哪怕我们所处的环境显然已经和父辈安居乐业的环境以及目前时间旅行中的你所处的环境不同）和时间旅行理论（哪怕事实摆在眼前：你的确明明白白地因为某些原因被困在了过去，得不到任何法律方面的援助）。

科学方法要求你始终保持开放性思维，并且随时做好准备丢弃不符合现实的理论。这不是一件轻而易举的事情，许多科学家都没能做到。爱因斯坦[②]因为相对论与稳恒态宇宙模型之间的矛盾而非常苦恼，为了将这两个理论统一起来，他浪费了许多年的时间。但是，如果你能始终遵循科学方法，就一定会有所收获，因为你会获得可重复的知识：所谓可重复就是说，每个人都可以自行做相同的实验以验证某个理论、某项知识是否正确。

人们总是觉得科学家是书呆子，但科学的哲学基础其实更像叛逆又个性化的朋克族：从不迷信权威，从不把任何人对任何事的评价当真，总会

---

① 实际上，确实还有别的因素。请参见第 5 章，希望你能在因为没有美味的玉米而忍饥挨饿之前就看到那一章。

② 阿尔伯特 · 爱因斯坦是一位科学家，他最知名的成就是提出了质量与能量其实是等价的，并且可以用质能方程 “$E = mc^2$”（能量等于质量乘以光速的平方）来描绘。现在大家都知道，在你的那个世界里，你就和爱因斯坦一样聪明！

自行证实或证伪自以为正确的所有理论。

图 9　典型的科学家形象

3.5 超量生产：狩猎、采集时代的终结，文明的开始

比狩猎、采集更好的生活方式

从生活在史前时代的人类祖先开始，直到公元前20万年左右晚期智人的出现，在这段漫长的历史中，人类一直沉浸在难以想象的以狩猎—采集为主的生活方式之中。这是一个狩猎者专职狩猎、采集者专职采集的时代，和你猜测的差不多。这个时代的人类靠山吃山、靠水吃水，凭着自己的聪明才智过活，为了追逐食物不惜去往任何地方，也会主动离开资源被耗尽的地区。这种生活方式有很多好处：能吃到很多种类的食物（多样化的饮食习惯是摄取良好营养的保证），能游览许多有趣的地方，走到哪儿吃到哪儿，还能充分锻炼身体。但是，这也意味着食物不会自己找到你，你必须主动外出觅食，这么做的成本其实是很高的。

外出觅食的成本主要体现在以下几个方面：搜寻食物需要消耗热量；寿命会因此缩短，因为你很可能会吃到一些之前没吃过但有剧毒的东西，也可能会在捕猎的过程中受伤甚至被猎物杀死。此外，你还会在追逐此前未确认过的食物来源的过程中，频繁接触新的病毒和寄生虫。不过，最大的成本还是在于居无定所、持续不断的搬迁：由于你不确定自己究竟会在某个地方待多久，你就不会去建造那些成本高昂且要耗费巨大人力的基础设施。不能随身携带的任何东西都会在一夜之间变为无用之物。你也不会储存任何长期资源，因为根本就没有“长期”这一说。

在将近20万年的时间——人类历史的大部分时间——里，这就是所有

人的生活方式：猎杀动物、采集浆果，也许还会建造一些临时性居所，每当生存环境变得艰难，或是某人在前面的山丘上看到了貌似美味的动物群落之时，就立刻搬迁。直到公元前 10500 年[5]左右，才有人提出，我们不应该满足于靠山吃山、靠水吃水，有吃就吃、吃完就走，我们完全可以改造这个星球，让它更好地满足我们的需要。

这个想法既代表着农业的发明（农业正是为了获取更稳定可靠的食物来源而在适宜的地点驯养、培育动植物的过程），也代表着随之而来的完全驯化（指动植物一旦在适宜的环境中安顿下来就会逐渐演化成更适应当下定居生活的品种的动植物的过程）的出现。①这种想法完全可以在人类社会中早点儿出现，除非我们从来没有考虑过定居生活或者我们实在太懒——懒到无法实现这种生活方式。在定居的想法出现之前，人类足足浪费了将近 20 万年。但是，现在你已经知道了这种生活方式，因为你刚刚才读过它。看看，你多棒啊，你已经做得很不错了！

开始发展农业并驯养动物标志着你已进入了人类发展历程中的一个新阶段。在这个阶段中，个人也可以稳定可靠地生产出超出自己生存必需的食物。人类有了食物提供的能量（也就是卡路里，即热量）才能生活，而你现在在必要摄取的热量之外还有了盈余。实际上，任何地方的耕地所能生产出的热量，都是同等面积非耕地上通过狩猎和采集的方式所能获取的十倍至百倍！并且只要你增加农夫数量、扩大耕地面积，就可以让产出的余量食物成倍地增加。这就是超量生产——农业，它是文明的物质基础。

那么，它是怎么成为文明的物质基础的呢？事情是这样的，很明显，食物越多，能养活的人口就越多。而且，充足的食物还可以让人们从吃了上顿没下顿的忧虑中解脱，从而有时间和精力去思考不同于以往且更有意义的问题：为什么夜空中的星星会移动？为什么东西总是往下掉而不是往上跑？食物有了盈余，农夫们便可以互相交换各自种植的不同食物，所以，

---

① 你将在第 8 章中看到，虽然人类在发明农业之前并未驯化任何植物，但还是成功驯养了几种动物，其中就包括狗。

农业的发展还奠定了经济概念的基础。当经济发展到专业分工阶段之后，就不再需要所有人（或者家庭单位）都去完成生存所必需的所有事，而是让特别擅长农作的人把全部精力投入到农业生产中就可以了。从事打猎和浆果采集的人是绝对没有时间发明微积分的，但教授或者哲学家——这些人既能想出这些方法，又能把毕生的精力投入其中——完全有这个时间。

专业分工使人们有机会深入探索各方面的研究，而这是此前任何人都无法做到的。正是有了专业分工，我们才有了医生，而他们得以将毕生的精力都投入治病救人之中；我们也才有了图书管理员，而他们得以将毕生精力都投入到对人类所积累的全部知识的保存和维护之中；我们也才有了作家，而他们会接受刚毕业时收到的第一份工作邀请，把人生中最有创造力的时光用于书写那些雇主们看都不会看的民用时光机维修手册[①]上，而原因则是，他们的工资实在少得可怜，不可能负担得起回到过去并修复那个可怕错误的费用，这可真是讽刺啊。[②]专业分工和文明发展是紧密联系、相辅相成的，因为任何一个文明最稀缺的资源都不是土地、权力甚至技术，而是人类的大脑——你的大脑和你周围所有人的大脑。人类的大脑是驱动文明不断前进的创新引擎、发明引擎以及智慧引擎。而正是因为有了专业分工（其基础是超量生产），人类大脑才有机会施展其全部潜能。

---

① 没错，就是这样：你谁也骗不了，查德。我知道无论我写什么，你都只会用一个词来评价，然后就完了，根本不会多看一眼。坦率地说，我刚刚还想把你那些更令人尴尬的群发邮件原封不动地复制粘贴到这里，这样就可以更好地说明这个问题了，只是我撰写维修手册还有另一个不得不提的原因：时间旅行者真的可能会困在过去，而我不希望让他们毫无希望地独自生活在那儿。所以，被困的时间旅行者，我们其实是难兄难弟：你被困在过去，而我则被困在这份自己不喜欢的工作中。让我们一起渡过这个难关吧，好吗？我们会成功的。我正努力把查德之前认为非常重要但干巴巴的公关语言变得通俗易懂，而你得答应我，把下面这个文化传统植入到你的文明中去：多年之后，万一有人碰巧遇到了我的老板，请让他们对他说，他就是一件工具。他们一见到我的老板就会认出他：他的名字叫作查德 · 帕卡德，板着一张世界上最臭的脸。听着，我支持你。

② 哦，对了，还有一件事：也许你应该把下面这个传统也植入你的文明中——如果有一天，有谁遇到了一个名叫瑞安 · 诺思的愣头青，他刚刚毕业且正准备接受他找到的第一份工作……请记得一棍子敲醒他。

遗憾的是，刚才我们列举出的农业的这些优点，确实也会带来某些挑战。尽管我们相信农业的利大于弊，你还是应该清楚地认识到下面这几项农业的极其垃圾的特性：

- 当野外的食物十分充足时，农业生产所需的劳动量要**远远**超过狩猎和采集。农业可以提供的只是更稳定、更便捷（通过驯化产生）的食物来源。
- 农业对食物储存技术提出了要求，因为农业的全部目的就是生产出一次吃不完的食物。而食物储存技术又是一项工作量巨大的活儿，不过，第 10 章将告诉你究竟应该怎么做，这可是个优势。
- 农业的出现带来了人类历史上的第一次收入不平等，因为不是每个人都可以成为农民，也不是每个人都可以均分到农业所需的土地。农民拥有最多的食物，也拥有最多可以用来交易的食物（一开始）。只要你不想变成一堆白骨，就得不停地吃东西，就得从农民那儿换取粮食，每个人都是如此。于是，贫富差距就此出现，至少贫富差距的种子已经埋下了。
- 农业生产需要一些基础设施（比如篱笆），这意味着你不能继续之前那种得过且过的游牧生活了，只能定居下来。于是，你的文明就成了一个巨大的静止的目标。虽然这本书没有**明确**指导你如何去生产武器，但我们确定，只要自我防卫的需求出现，你就很可能会把某些本书提到的技术用于战争目的。
- 动物会携带疾病，而且会把这些疾病传染给人类。更糟糕的是，某些能够致人类于死地的疾病，根本不会对动物产生任何影响。在所有的人类疾病中，超过 60% 源自与动物之间的亲密接触，其中包括某些在任何时期都令人闻之色变的疾病，如炭疽病、埃博拉病毒、鼠疫、沙门氏菌感染、李氏杆菌病、狂犬病以及皮癣。如果你在阅读这份农业缺点清单之后决定回到以狩猎和采集为生的生活，我们也能够理解。但是，我们可以担保，文明的成果**最终**还是值得我们冒一冒这些风险的。只不过，如果在这个生活方式转变的过程中，有人不幸得病，你也不用太过惊讶。在他没有病入膏肓之前，你也许应该阅读本书第 14 章。

说了这么多农业带来的问题，我们也要借此机会提醒你：农业的出现可以带来超量生产，超量生产则会带来专业分工，专业分工又会带来许多创新成果，比如苹果派、时光机以及畅销全球的最新款便携式音乐播放器。只要你足够努力，你就能创造出这些东西。这一点毫无疑问。但如果你只满足于捕猎动物和采集浆果，那你就与上述事物无缘了。你只能尝一尝你在岩石下面发现的臭虫。

无论你决定过哪种生活，都祝你好运。

4

计量单位可以随意制定——但你也可以从零开始，重新制定本书中的标准计量单位

被困在过去的你真的可以重新制定计量单位吗？
我们不能……排除这种可能。

所有的计量单位都可以随意制定，不过，绝大多数人[①]都认为，你选择的单位至少应该符合实际，具体来说，单位尺度应该可视化、

① 这里我们用的词是“绝大多数”，因为至今还有 3 个国家例外，他们坚持不使用更加直观的国际标准单位。这三个国家分别是：利比里亚、缅甸和美国。美国此前已经发生过一次航天器（火星气候探测器）撞上行星（火星）的事故，起因是美国人坚持使用自己那套陈旧的计量单位，而别人都使用了更符合实际的国际标准单位，并且忘记了美国人使用的单位和自己不一样。结果就是某些参数使用了国际标准单位，某些参数又不使用，如此一来，航天器的轨道参数就出现了混乱，最后出了事故。这场发生在 1999 年的事故让美国损失了 3.276 亿美元，但还是不足以让他们加入使用国际标准单位制的大家庭。他们连一英寸都不肯让步！

直观化、符合人们的认知，而且应当便于那些被困在遥远过去的人们复原和再现。因此，在本书中，我们使用公制单位（以十进制为基准）和摄氏温标。这样一来，无论你被困在哪个历史时期，都可以复制这些计量单位。你需要的全部工具就是这本书以及一些水。

摄氏温标是这样定义的：先将水结冰时的温度设定为0℃，再将水沸腾时的温度设定为100℃。如此一来，无论处在哪个时期你都可以轻而易举地复制出这个温标：只要先在你的温度计上画上0℃点和100℃点，再将这两点之间的长度均分成100份，就可以做成一个温度计了。[①]摄氏温标有个“竞争对手”，那就是华氏温标。与摄氏温标不同，华氏温标的发明者华伦海特将一块特殊的冰水盐混合物的温度设定为零度。有关华氏温标的其他情况，在此就不详细展开了，你可以自行了解。我们只需要知道在华氏温标下，水的熔点大概为32 ℉，沸点大概为212 ℉。你可以比他们做得还好。[6]如果你不希望温度表示中出现负数的话，还可以用开氏温标。开氏温标其实和摄氏温标并没有什么大的不同，只不过0 K = –273.15℃，这个温度是宇宙中的理论最低温度，亦称绝对零度。在开氏温标下，水的熔点是273.2 K，沸点则是373.2 K。

好了，温度的计量问题解决了。

质量的基本计量单位是千克。直到2019年，千克的定义仍旧是实实在在的。[②]在我们这个世界的许多地方都完好保存（在钟形罩中）着一块铂铱圆柱体，它的物理质量就是1千克。这样一来，大家就可以指着这块金属说：“这块东西有多重，1千克就有多重。”[7]这件铂铱圆柱体的原品藏于

---

① 好吧，现在只能说差不多做成了。更多细节还请参考第10章。此外，在不同的气压条件下，水的表现也会不同。因此，上面说的这些数字只是基于海平面上的气压而校定的，而不是在山顶或者矿井底部。

② 在作者写作本书时，国际单位制中的千克是唯一一个仍用人工制品定义的单位。其他基本单位均已改由相应的物理特性定义，也就是变得不那么“实实在在”了。然而，在2018年11月16日召开的第26届国际计量大会上，千克这个单位也改由相应物理特性定义了，该标准于2019年5月20日正式实行。——译者注

巴黎，出于安全和便捷的考虑，还有数十件复制品散布在世界各地。毕竟，如果这个质量标准器只有一件的话，万一有人精心策划了一场大劫案，盗走了这件标准器，整个世界就都无法确定 1 千克究竟有多重了。

除了质量标准器有可能被盗走之外，这种质量计量方式还有一些其他缺点。那些备份的质量标准器需要不时地送回法国以确认它们是否仍是精确的 1 千克，而且答案是否定的：它们不再是精确的 1 千克了。随着时间的推移，保存在世界各地的质量标准器的质量都开始慢慢发生细微的变化，于 1884 年首批浇铸的 40 件标准器也是如此。并且，哪怕在发明了时间旅行之后，我们还是不知道为什么标准器会出现这种质量变化。[8] 更糟糕的是：我们现在所做的质量测量都是通过和这些标准器的质量比较所得的，且这些测量结果之间全部都相互关联。这就意味着，我们测量得到的所有这些“千克”都完全有可能增加或减少质量，并且每次测量的质量偏差均各不相同。在公制单位中，千克居于核心地位，它在力学单位（牛顿）、气压单位（帕斯卡）、能量单位（焦耳）、功率单位（瓦特）、电流单位（安培）及电压单位（伏特）的定义中都起到了举足轻重的作用，更不要说从这些单位中衍生出来的相关单位了。因此，你现在应该不难明白为什么质量标准器的一点儿细微变化都会牵一发而动全身了——官方给出的“千克”的质量哪怕只发生了一点点的改变，都会重新定义遍布数个计量领域的无数种其他单位。

文明进步贴士：将现代科学的基础和基本单位，建立在位于法国的钟形罩内一块陈旧金属的质量之上，会产生不少负面效果。

幸运的是，对被困在过去的你来说，在很长的一段时间内，你都不需要如此精确的基本单位。你可以简单地把 4 摄氏度下，1 000 立方厘米水的质量视作 1 千克。现在，你已经有了水，也有了温度计量方法，只要知道 1 厘米是多少就可以轻松地定义 1 千克了。

在此之前，让我们先来学习一些术语。所有公制单位的尺度都基于 10 的幂次放大或缩小，这点可以用单位的前缀来表达。下面就是一些常用的前缀，按照由小到大的顺序排列：

表 6 一张真正的百万级表

前缀	符号	尺度
纳	n	缩小至之前的十亿分之一
微	μ	缩小至之前的一百万分之一
毫	m	缩小至之前的千分之一
厘	c	缩小至之前的百分之一
分	d	缩小至之前的十分之一
–	–	原尺度
十	da	扩大至之前的 10 倍
百	h	扩大至之前的 100 倍
千	k	扩大至之前的 1 000 倍
兆	M	扩大至之前的 100 万倍
吉	G	扩大至之前的 10 亿倍

所以，1 厘米就是 1 米的 1/100，这点从“厘”这个前缀就能看出来。与之类似，“千米”这个词告诉我们，这个单位是 1 米的 1 000 倍，也就是 1 000 米。我们通常把米这个单位缩写成“m”，于是厘米的符号就是“cm”，而千米就是“km”。那么，1 米究竟有多长？

米的概念最早出现在 1793 年，其定义为“从赤道到北极点的距离的一千万分之一”。1799 年，科学家又用一个实实在在的物质原型（和“千克”一样）重新定义了“米”。到了 1960 年，“米”又被重新定义为“氪的某种同位素的射线波长”。1983 年，科学家又用“真空中的光在 1/299 792 458 秒内传播的距离”再度重新定义了“米”。考虑到你目前的状况，你很可能已经注意到了，这些定义对你来说完全没用，甚至在某种层面上让你更加头痛了。幸运的是，我们也注意到了这点，所以，我们在本章展示了一把使用方便的10厘米的尺子，还在本书的包封内附上了一把可能更好用的10厘米的尺子。这样你就不会搞错了。你可以从这两把尺子出发，制造一把精确度很高的米尺。

你现在已经有了长度、质量和温度的标准计量单位，唯一一个尚未定义的基本量就是以秒为单位的时间了。坦白地说，秒的现代定义有点儿滑稽，它是这样的："铯133原子基态的两个超精细能级之间跃迁产生的辐射的周期长度的9 192 631 770倍。"虽然这个定义是难懂了些，但你凭直觉就可以知道1秒究竟有多长，而你需要的只是一个方便使用的参考系。要想在没有铯133原子的情况下，制造出一个可以反映1秒有多长的仪器，你得先造出一个简谐振荡器——用非时光机修理语言来说，就是"在绳子上系块石头"。

系在绳子上的石头可以自由摆动，这就形成了钟摆。事实证明，地球上任何钟摆（不管重量如何）从一头摆到另一头的时间就是1秒，只要这个钟摆的长度是99.4厘米。而且，无论你在松手之前把摆锤拉到多高的位置，松手后钟摆摇摆一次的时间总是相同的。这个绝妙的性质让我们测量1秒有多长的实验开展起来无比容易。1602年，一个名叫伽利略 · 伽利雷的家伙发现了这个性质。不过，现在你也可以获得这个荣誉了——在这个时间线上，这个性质是你发现的了！

正如我们之前看到的那样，我们可以基于这些基础计量单位构建出其他单位。我们已经有了质量单位和长度单位，但要想测量体积的话，还需要引入"升"这个单位。这不难，一升就是一个边长为10厘米的正方体的容积——当这个正方体里灌满4℃的水时，这些水的质量就是1千克。你可能还想去测量声音的频率，这也很简单，测量每秒钟振动的次数就可以了。1赫兹（Hz）的意思就是每秒完成1个周期的振动，所以如果频率是20Hz的话，那就意味着每秒钟振动20次。在物理学中，以1米每秒的平方的加速度加速 1 千克质量的物体所需要的力就是“1 牛顿”，该物体在这种状态下运动 1 米所吸收的能量就是“1 焦耳”，而 1 瓦特就是每秒 1 焦耳。这些单位也许看上去很抽象，但它们会在你之后发明的一些技术中派上用场。

有了这些，本章中的这把厘米尺能够解锁的基本计量单位就不止长度了，还有体积、质量、力、能量，以及时间本身。如果你要把这本指南当作卫生纸（当然你不应该这么做，为什么你会想到这么干！用别的东西吧）的话，也许你应该把包含厘米尺的这一页放到最后再用。①

工具栏：便捷测量模板

这就是 10 厘米标尺。

0 1 2 3 4 5 6 7 8 9 10 cm

图 10　一把尺子

要想发明和测量角度，只需要反复切割一个圆，将其均分成 360 份就可以了，每一份就是“1 度”。不过，这项工作会非常烦琐，所以我们推荐你使用下面这个量角器模板。

① 我们建议你现在测量并记住你小手指的宽度（约 1 厘米）：如果你不幸弄丢了厘米尺的话，这会派上用场的。如果记不住的话，你也不用太担心：如果你真的弄丢了厘米尺但已经创造了一个 1 千克质量的参考物的话，那就尝试制造各种尺寸的立方体，并往里面注满水，直到盛水质量恰好为 1 千克时，那个立方体就是你需要的。这样，你就可以重新确定厘米的长度了。你可以用第 10 章中的天平来检验这些水是否正好为 1 千克。公制单位真是时间旅行者的好帮手啊！

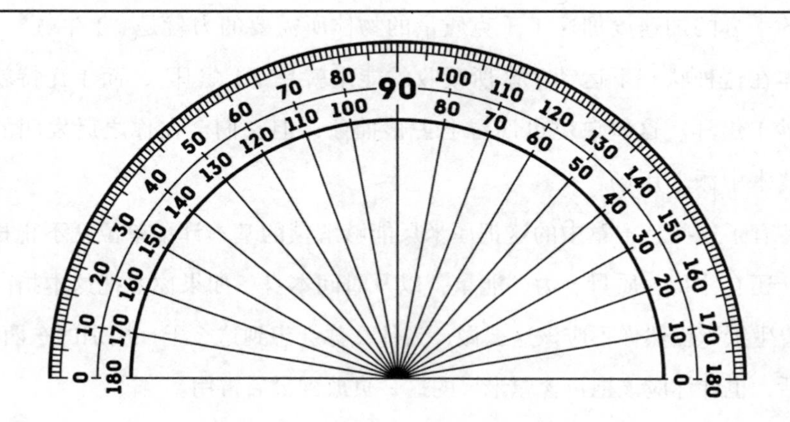

图 11　量角器其实只涵盖半个圆，但用两把量角器就可以测量完整的 360 度了

现在，让我们变成农民——变成世界的吞食者

你该如何才能跻身农民中的佼佼者之列呢？

如果你拥有一种机器，以水和光为燃料，可以将肮脏的尘土转变成美味的食物和有用的化学物质，岂不是美事一桩？倘若这种机器还能自我复制、自我改良，最令人兴奋的是，大部分这类机器不会威胁到你的生命安全，岂不更是美事一桩？

好消息是：这样的机器确实存在！它们的名字叫“植物”，而且它们是你创立的新文明中最有用、最充足的资源之一。你可以把它们视作*免费得来的技术*：虽然可能是偶然发现的，但你真的可以使用这种机器将四周不可食用的尘土、头顶上无处不在的太阳光以及天空中落下的无数水珠，都转化成各种有用的材料、药品、化学物质以及食物。而这些都是你的文明所必需的。如果不是因为我们早已拥有植物，我们一定会认为这简直就是魔法。不过，由于植物现在遍布各地而且在我们人类出现之前就已经开始不停进化，所以大多数人才会认为植物没什么了不起的。

人类花了差不多20万年才认识到，植物不仅可以在我们饥饿时用来充饥，我们还可以“驯化”它们，把它们种在不易被捕食者发现的更安全的环境中。这样，我们就可以有选择地挑选那些对我们更有用的植物了。

这就叫作“选择育种”。顺便说一句，你刚刚已经发明了这项技术。

选择育种

以下就是选择育种的所有操作步骤：

1. 找到一种具有你想要的特殊性质的植物（也可以是动物，这个流程对动物同样管用）。这种特殊性质也许是能结出更多美味又营养的果实，也许是其果实能储存得更久，也许是它们能抵御虫害和干旱，也许……它们具备前面说的所有优点？
2. 种下这种植物的种子，其他不想要的植物就别种了。（如果你是在驯化动物，那就只让你喜欢的那些动物繁殖后代。）
3. 重复上述操作。

执行这种选择育种的操作连续几个周期之后，你就能得到具有你选择的特性的农作物，而这一切看上去都像是偶然发生的一样。下面就是人类历史上仅仅通过选择育种的强大力量就大获成功的三个例子[9]：

表 7 那些本来糟糕透顶的食物

水果或蔬菜	首次驯化时间	你已习以为常并且觉得没什么了不起的现代变种	令人大跌眼镜、无法相信的原初物种特点
玉米	公元前 7000 年	• 长 190 毫米 • 去皮方便 • 香甜多汁 • 一根玉米可以结出多达 800 颗软糯的玉米粒	• 长 19 毫米（长度只有现代变种的 1/10，体积只有其 1/1 000） • 只能通过粉碎的方式去皮 • 吃起来像还没熟的干瘪土豆 • 一根玉米只能结出 5~10 颗坚硬的玉米粒
桃	公元前 5500 年	• 长 100 毫米 • 肉核比可达 9：1 • 果皮柔软可食 • 香甜多汁	• 长 25 毫米（长度只有现代变种的 1/4，体积只有 1/64） • 肉核比 3：2 • 果皮像蜡 • 吃起来柴、酸，略咸
西瓜	公元前 3000 年	• 长 500 毫米 • 有无籽的品种 • 打开方便，随你怎么开 • 几乎不含脂肪和淀粉 • 味美，气味香甜	• 长 5 毫米（长度只有现代变种的 1/100，体积几乎只有百万分之一） • 有 18 粒苦涩、坚硬的种子 • 要用锤子或者别的粉碎方式打开 • 高脂肪、高淀粉 • 吃起来苦涩，闻起来也不怎么样

而且，培育出这些品种时，我们还不知遗传学为何物，我们也不知道可以诱导动植物朝我们想要的方向进化，我们甚至不知道定向选择育种可以在一代的时间内就见效。然而，你现在已经知晓了所有这些事，所以可以在这场游戏中遥遥领先了！

然而，反复种植同一种作物还有一大缺点。为了避免你发现这个致命缺点时措手不及且之后像人类历史上的其他无数悲惨的个体一样饥饿致死，我们认为有必要现在就把这个弊端告诉你。反复种植同一种作物会破坏土壤（速度极其缓慢），也会杀死你（速度快得多）。幸运的是，你可以通过“轮作”的技术解决这个问题。什么是“轮作技术”？你也许会饶有兴趣且颇为高兴地提问。我非常乐意为你解答。

轮作技术

关于植物，有三件虽然简单但异常关键的事，你需要牢记：

1. 植物可利用太阳能长大、变得美味。
2. 它们用来吸收太阳能的化学物质名叫“叶绿素”。
3. 氮是叶绿素中一种重要的成分。

虽然称氮为“植物的神奇食物”有点儿简单粗暴，但也八九不离十。无论在世界上的哪个角落，氮都是最常见的植物养料。像捕蝇草和猪笼草这样的植物，之所以会长出一张肉食性“血盆大口”，全都是因为它们想从飞过的昆虫身上摄取氮。好消息是：既然你现在能阅读这些文字，就证明现在的地球大气层里的氮很丰富。坏消息是：植物不能从大气层里直接摄取这种营养物质，它们只能从土壤里摄取。由于植物只会从土壤里摄取氮却不会补充，所以如果你反复种植同一种植物的话，你将面临一些非常严重的问题。

确切地说，你将面对的非常严重的问题就是下面这些：

1. 土壤中的氮和其他植物需要的营养素都会逐渐耗尽，这就意味着你种植的这种作物会长得一年比一年差，最后，它们会彻底死亡，完全养不起来。
2. 你持续种植这种作物所引来的虫害和农作物疾病会肆无忌惮地蔓延，因为它们的生命周期和栖息地没有受到任何干扰。
3. 由于没有同时种植多种作物，一旦这唯一的一种作物出现问题，你就很有可能陷入饥荒。
4. 浅根系作物会导致土质疏松，最终会造成水土流失。
5. 收割后，浅根系作物留在土壤中的生物质不足，留给下一波作物的营养也因此变得更加匮乏。

6. 你的农场会变得了无生气，而且你每天的晚餐都千篇一律。

为了避免出现以上问题，你需要给土地留出恢复地力的时间。只要你没遇到特别极端的情况，要想恢复地力还是比较容易的：在一年的时间里，时不时地把牲畜拉到田里遛遛，但不种植任何东西（用农业术语来说，就是让土地“闲置”一年）。因为耕耘可以剔除田地中的杂草，而牲畜的粪便和尿液又富含氮，所以，这样一来，地力就可以恢复了。[①]好了，太棒了！这样一来，只要你不介意一整年都吃同一种东西，土壤的问题就解决了。另外，如果此刻你正在思考可以通过下面这种方式轻而易举地改善这个运作模式的话——你考虑每年都只在一半田地上种植作物，让另一半休养生息——那么恭喜你：你已经发明了轮作技术！[②]更确切地说，你发明了二田轮作技术，其运作模式可以用下表表示：

表 8　二田轮作模式，其特点是食物与粪便同在

	1 号田	2 号田
第一年	想种什么种什么	闲置，把牲畜拉到田地里遛遛，好让它们的粪便滋养这块土地
第二年	闲置，把牲畜拉到田地里遛遛，好让它们的粪便滋养这块土地	想种什么种什么

① 我们知道你在想什么：“如果动物粪便富含氮，那么人类粪便同样也有，对吧？那么我可以拉屎“拉”出一个有趣而高产的文明吗？”然而，这是个糟糕的主意，主要有以下几个原因。首先，这让人很不舒服：对人类来说，自己的粪便要比动物粪便闻起来更难受。但更关键的是，人类粪便——被用作肥料时，好听且委婉的说法是“夜香”，不那么好听的委婉说法是“臭大便”——含有各种人类携带的病原体，其中包括别人身上的寄生虫。这些东西很容易就能传染到你这个负责耕种的农民身上。如果你还没有掌握能够去除粪便中寄生虫的技术（参见第 10 章，但你所做的其实是在给自己的粪便杀菌），那就不应该冒这个风险。好消息是，你倒不用担心自己的尿液：人类尿液完全可以用作土地的肥料，没问题！想在哪块田里撒尿，就在哪块田里撒尿吧！

② 恭喜！你还同时发明了“要想为文明增加净收益，必须劳逸结合”的工作模式。

在这种耕作模式中，你总有一半田地处于没有产出的闲置状态，但这个模式简单可靠，还能让你每年都有东西吃。不过，如果你想更进一步或回应别人的抱怨（如果能以超过50%的效率耕作该有多好啊），那你可以发明三田轮作技术，其运作模式可以用下表表示：

表9　三田轮作模式

	1号田	2号田	3号田
第一年	闲置，让牲畜来这儿拉屎	秋季：种小麦和黑麦（人类吃的食物）	春季：种大麦和燕麦（动物吃的食物）以及豆类
第二年	春季：种大麦和燕麦（动物吃的食物）以及豆类	闲置，让牲畜来这儿拉屎	秋季：种小麦和黑麦（人类吃的食物）
第三年	秋季：种小麦和黑麦（人类吃的食物）	春季：种大麦和燕麦（动物吃的食物）以及豆类	闲置，让牲畜来这儿拉屎

现在，你一年得耕种两次，比起二田轮作模式来，工作量翻倍！简直是悲惨世界！

采用这种三田轮作模式，你现在可以种植并收获二田轮作模式的两倍食物。当然，这也需要更多的劳动和更好的犁（在人类历史上，铧犁就很好地完成了这个任务：参见第10章），但这个方法确实让你的田地利用效率蹿升至66%。不过，在收获之前，连续耕作两次，田地的肥力不会耗尽吗？

这个问题的答案就藏在你种下的豆类之中。这种包裹在壳或豆荚中的干果，包括鹰嘴豆、普通豌豆、大豆、普通黄豆、紫花苜蓿、苜蓿、扁豆以及花生。我们刚刚把这些常见豆类都列了出来，是因为你肯定想种其中的至少一种。至于原因，除了相当美味之外，豆类是少有的几种根系中含有某种特殊细菌（也就是"根瘤菌"，当然，你可以随便给它取名字）的植物之一，而这些细菌极其有价值的一点是，它可以做到地球上的其他植物无法自发做到的事。

它们可以把氮送回土壤中。

具体来说，当根瘤菌寄生到植物身上之后，它们和植物就形成了一种共生关系。根瘤菌会吸收植物在光合作用中产生的一些碳，作为回报，会同时将一些氮气（N_2）转化成植物可以直接利用的形式（也就是氨，NH_3），而氨则以小瘤的形式储存在植物的根系中。当你收割这些植物时，其根系就留在了土壤中，所以氮和根瘤菌就都回到了土壤中，等待下一次种植时再发挥作用。

豆类——或者更准确地说，寄生在豆类身上的根瘤菌——就是整个“三田轮作模式”中的黏合剂。只要人们一直都有东西吃，文明就能延续。三田轮作模式让你得以提高食物产量，也由此得以扩大文明规模、增加人口，让文明拥有更多的人类大脑。与此同时，这也意味着，你所做的每件事，从最微小的成功到最伟大的成就，都仰仗于一些生活在泥土中且肉眼看不见的单细胞微生物。如果它们不再正常“工作”，那你的文明便将因此分崩离析。

文明进步贴士：别忘了种豆子。

我们能提高效率吗？我们是否有勇气、有能力发明一种可以将田地利用效率提高到75%的四田轮作模式，又或者——我们敢想——发明一种利用效率100%的耕作模式吗？光是鼓起勇气想想这样的事，人类就花了上千年时间。不过，的确有这样的超量生产模式：

表10 四田轮作模式

	1号田	2号田	3号田	4号田
第一年	小麦	芜菁	大麦	苜蓿
第二年	芜菁	大麦	苜蓿	小麦
第三年	大麦	苜蓿	小麦	芜菁
第四年	苜蓿	小麦	芜菁	大麦

好了，你终于发明了一种永远没人可以休息的耕作模式了。真是进步啊！

这是一种既可以保持田地地力又可以让农民利益最大化的轮作模式。小麦是给人吃的，大麦和芜菁既可以给人吃又可以给家畜吃，且芜菁易于保存过冬并在来年喂养动物，苜蓿的作用则是让田地恢复地力——其实任何豆类都有这个作用，只不过苜蓿的效果尤其好。[①]此外，在田地上种芜菁和苜蓿的时候，你就可以把牲畜拉过来遛遛，这有助于抑制田地中杂草的生长。每块田都要隔三年才会再种植同样的作物，这个周期足以饿死害虫。如果这个周期短一些的话，这些害虫就有机会存活了。如果你在所在区域找不齐这四种作物，那么只要氮能够持续恢复，你就可以将找不到的那几种替换成其他作物。[②]不过，你还是得当心：采用四田轮作模式时，每块田都没有闲置的时候，你有可能犁耕过度，这同样会引发问题（参见第10章）。

你也许会觉得，我们人类实在是太聪明了，竟然能够想出这么多好点子，但实际情况却令人尴尬：有关“氮”的科学理论来得太晚。我们完全是依靠上万年的不断试错才总结出这些轮作模式的，也就是说，即便是最基本的二田轮作模式也是到公元前6000年才出现，而四田轮作模式更是到了18世纪才姗姗来迟。我们花了两万多年才发明出了不太糟糕的农耕模式。更糟糕的是：高级轮作模式的基础，也就是根瘤菌和豆类之间的共生关系，其实早在6 500万年前就已经出现了。如果以这个时间论，恐龙都可能发明出我们最为复杂的轮作模式——只要它们足够聪明、足够努力，同时也没有因小行星而被灭绝。[③]

除了氮之外，植物的生长还需要钙和磷。你可以从骨头中提取出磷，从牙齿中提取出钙，所以回收使用动物骨骼是个不错的主意。你可以把这

---

① 对土壤来说，苜蓿的确是一种好处多多的作物。因此，人们有时称苜蓿为“绿肥”。这是人类历史上少有的几个特意用词语表达赞美之意的例子之一。

② 在大错铸成、无可挽回之前，很难辨明田地地力是否已被耗尽，所以，也许你应该始终保持更简单也更稳妥的二田或者三田轮作模式，直到你确信你挑选的四种作物的确能满足四田轮作模式的条件。

③ 其实，并不是所有恐龙都在小行星撞地球的过程中灭绝了。其中某些幸存者进化成了鸟类，活到了今天。还有一些则通过时光机来到了现在的世界。这些恐龙一来到当今世界，通常就被安置在了特制的“侏罗纪公园”里。那个地方就像FC3000™时光机一样，只有在无人尽法律义务的时候才会罕见地出现灾难性事故。

些动物骨骼压碎、煮沸，烹饪出一锅骨骼餐——这要比直接把骨头压碎扔进田地里播撒得更均匀——让这份骨骼餐和硫酸充分反应，你就制成了磷酸盐。磷酸盐更便于植物吸收利用，因此是一种更高效的肥料。

既然你已经知晓了选择育种和轮作技术，你（如果你不是那种“专精农业”型人才的话，就是你的文明中的其他成员）就可以准备开始高效农业耕作了。然而，依据你所处的时间点和地点的不同，你可以利用的动植物也有所不同：详细情况我们会在接下来的两章中介绍。地球上的大多数生物质是不能用来填饱人类肚子的：它们要么难以消化、有毒、危险、收集或处理起来太难，要么营养不够，根本不值得我们食用。不过，你也不用绝望：这个星球上还是有那么一小撮动植物可以帮人类大忙，它们可以为我们提供衣物、食物以及治愈疾病的良药！

快祈祷你的附近正好有这种动植物吧！

他们吃什么——如果我被困在人类已完成进化但尚未发展出农业，也不知道何为选择育种的历史时期，他们会吃些什么？我又该如何辨别他们吃的东西是否有毒？毕竟，远古人类可能对吃的不太讲究，只求填饱肚子

好消息：每一样你都可以尝试一下！

对于这一时期（公元前 20 万年—前 10500 年）的水果和蔬菜，我们的确所知不多，因为目前有关这一时期的大多数研究都把重点放在了一些更有趣的问题上，比如："线粒体夏娃——哪怕我们没有时光机都知道其生活在距今 99 000~148 000 年前，同时也是当今所有人类的共同雌性祖先——究竟长什么样？"满足一下你的好奇心，它长得很好看。而那位当今所有人类的共同雄性祖先——"Y 染色体亚当"，同样也冷若冰霜。

不过，现在让我们回到水果和蔬菜的话题上来，下面是我们了解的一些情况：

- 公元前 78 万年：人们开始吃无花果、橄榄和梨。这甚至早于晚期智人的出现时间。
- 公元前 4 万年：人们开始享用枣子、豆类和大麦。
- 公元前 3 万年：人们开始品尝苹果、橙子以及野生浆果。
- 公元前 10500 年：农业出现，人们掌握了动植物的选择育种技术。

你很走运，在任何有人类生活的历史时期都能找到可食用的水果和蔬菜。这是因为，如果没有这些食物的话，人类早就灭绝了，我们延续的时间也不足以发展出利用时空结构拉扯出时空洞，让FC3000™时光机实现穿越的技术了。坏消息是，这些可食用的植物、绿叶及其他蔬菜很可能和你熟悉的那些品种不太一样。

而且可以肯定的是，它们要比你所熟知的品种更糟糕。

正如我们已经看到的那样，选择育种让植物长得更好（从人类的视角来说，长得更好就是产量更高、果实更大、更容易培育等），这必然意味着，你所在的过去越是久远，你能找到的水果和蔬菜就越糟糕。产量小、口味一般、收成少、去皮不便：所有这些以及更多的挫折都会在未来等着你。当然，我们这里说的未来是对你来说的，对我们来说其实是指遥远的过去。还记得我们在前文中看到的玉米、桃子和西瓜的原初祖先吗？好的，下面这张图就展示了它们在选择育种前后的样子：

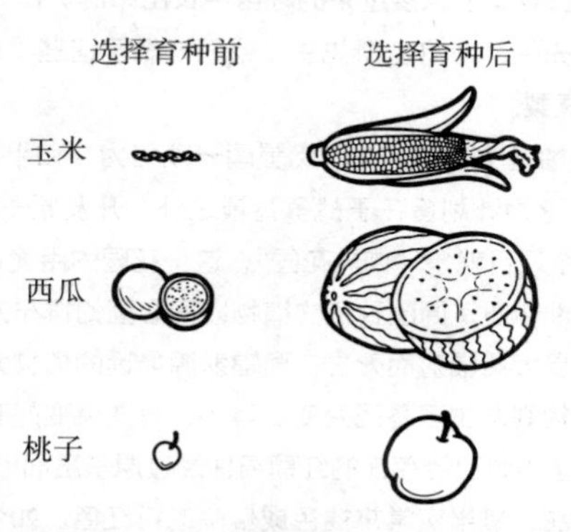

图 12　用这些东西做的沙拉一定令人失望

如果你想再品尝一次西瓜和桃子做的水果沙拉（也许边儿上可以再来点儿玉米点缀），那么你就得自行选择育种。在900年之前，你都找不到一粒像样的玉米，那些未经选择育种的品种实在太糟糕了，一粒现代玉米所含的营养价值都要大于原初祖先的整个玉米的营养价值。在1600年之前，你找不到橙色的胡萝卜。你现在吃到的每个油梨（俗称鳄梨、牛油果）很可能都来自1926年在神秘环境中发现的一粒种子。[①]在20世纪50年代政府资助的辐照实验开展之前，你熟悉的红葡萄柚也是不存在的。[②]然而，你会发现自己拥有某种显著优势：你知道如何通过选择育种技术复制出自己心中的那些植物。你想做的这些事都是可以实现的，而且完全值得你为之付出努力。

不过，在你开始做这些事之前，你得先搜寻动植物——既为了吃，也为了开启农业的发展。在这个过程中，你很有可能会发现一些你和这个时

---

① 这里说的是哈斯鳄梨。这种鳄梨一年四季都结果，而且相比其他鳄梨，果实更大、更美味、保存时间也更长久。一位名叫哈斯的人从一位名叫莱德奥特的先生处买到了这颗种子。莱德奥特总是竭尽所能地从各个地方收集种子，甚至包括餐厅的剩饭里。后来，哈斯就把这枚种子种下了，当时他只是想随便种点儿植物，之后再把其他更常见品种的鳄梨籽苗嫁接过来。在两次尝试嫁接失败之后，哈斯就准备把这颗没用的树砍了，但一位名叫考尔金斯的先生觉得这颗小树长得很壮实，就说服哈斯留下了它。不久之后，这颗树就开始结出如今世界各地都在享用的鳄梨果实。这颗种子有可能是异花授粉的，也有可能只是一种罕见的跃迁演化的结果，但可以肯定的一点是，我们今天享用的所有哈斯鳄梨都是从那株原始鳄梨树上嫁接过来的籽苗中长出来的。在你的时间线上，如果没有哈斯先生、莱德奥特先生、考尔金斯先生（或同样做了这些事的人）的这一连串巧合，你就不可能拥有这种鳄梨。

② 我们今天吃的红葡萄柚是20世纪50年代美国一项名为“和平利用原子能”（Atoms for Peace）计划的产物。这项计划旨在于战争背景之外，开发原子能的实际用途。“和平利用原子能”计划的一个项目就是“伽马花园”，这个花园的用途和名字一样令人惊奇。花园的中央安放有放射性物质，周围种植的植物以同心圆的排布方式环绕着中央。最靠近辐射源的植物由于遭受大量辐射而死亡，离辐射源最远的植物大部分没受到影响，但那些处于中间地带的植物则发生了基因突变。其中，有些突变是有益的，其中就包括现代红葡萄柚：这个品种是当时已经存在的红葡萄柚经过原子层面的人工基因诱变而产生的。现代红葡萄柚更加香甜，其果实常常褪色成偏暗的粉红色。如今我们食用的大部分红葡萄柚都是当初那批在原子层面发生了基因突变的植株的后代。

代的原住民都不熟悉但可能作为食物的物种。那么你该如何确定它们能否安全食用呢？糟糕透顶的答案是："吃一口，然后看看自己有没有死。"一个好一些的答案是："只吃一点点，然后看看自己有没有死。"但最好的答案是："阅读本章，然后记住它们，因为本章中的确有相对安全地食用陌生食物的方法。"

首先，所有哺乳动物的肉都是天然无毒的，所以总的来说，吃哺乳动物是相对安全的（食物过敏者除外）。但是，如果你准备食用鸭嘴兽的话，就不要享用它们的毒袋了。[①]鸟类的肉本身也都是天然无毒的，但有一些鸟类（比如鹌鹑和非洲距翅雁）在长期食用后，它们的肉、皮甚至羽毛也会变得具有毒性。这些鸟类会食用对人类有毒的动植物，然后把这些毒素吸收到体内，所以，请不要没头没脑、肆无忌惮地抓到鸟就吃。[②]当你更进一步，开始想吃蛇、爬行类动物、鱼、蜘蛛和恐龙的时候，情况就更加危险了，这些物种里都包含天然有毒的品种。实际上，严格说来，所有的蜘蛛都有毒，但只有少数几种的毒性大到可以杀死你。

吃植物的中毒危险甚至比动物还大。由于植物不能像动物那样通过逃跑的方式躲避捕食者，它们演化出了一些防御性策略，其中许多都基于下面这个原则："无论是谁吃了我，我都要让它生不如死，这样它们就再也不会来烦我了。不过话说回来，我为什么还要冒它们会再来骚扰我的风险呢？第一次就直接杀死它们岂不是更好。"某些植物含有的毒素无关痛痒（苹果的种子就含有氰化物，但你吃了这么多都没什么影响），但有一些就异常可怕了。毒性最强的植物之一就是澳大利亚刺灌木。人类和动物误食这种植物后，因难以忍受其毒素带来的痛苦而自杀的故事已经屡见不鲜。因此，澳大利亚刺灌木也有了"自杀植物"的"美名"。当你触碰这种植物

---

① 这倒不会置你于死地，只是会引发持续数月的剧痛和持续数年的肌肉僵硬。更何况那个部位根本就不好吃！别浪费时间了！

② 在非常罕见的情况下，这种情况也会发生在哺乳动物身上：请参见第9章，里面有个北极熊的肝脏变有毒的例子。

的时候，其上所覆的含有神经毒素的空心毛就刺入你的皮肤，引发的痛苦令人难以忍受。据说，这种痛苦就和同时遭受了强酸灼烧和电击的感觉一样，而唯一的治疗方式就是把你身体上被感染的区域浸泡在盐酸中，然后用小镊子移除这种植物毛——千万小心，如果它们折断在你的皮肤里，就会引起更加剧烈的痛苦。

文明进步贴士：哪怕是生长在澳大利亚的植物也想杀死你。

毋庸置疑，如果你在澳大利亚发现了某些植物，它们高 1 到 3 米、长着 12~22 厘米长且满是绒毛的心形叶，你绝对要离它们远远的。幸运的是，你可以使用下文工具栏内的通用可食性测试方法检验任何食物，无论是植物还是动物。在正式开始测试此前没食用过的食物之前，你得确保在附近准备了充足的水（淡水、盐水都需要）以及一些碳（参见第 10 章）。淡水的作用一是饮用，二是在你受到外部伤害时用于清洁皮肤、嘴唇或者舌头的受影响区域。盐水的作用则是在你身体内部出现意外状况时可以催吐。另外，将一茶匙炭混在水里搅拌形成糊糊后服用，效果更佳：要么你在吞咽这团糊糊时无法下咽，起到催吐效果，要么你强忍着吞了下去，那么炭也能吸收体内的毒素。祝你有个好胃口！

工具栏：通用可食性测试

分别测试待测食物的每个部分（种子、茎、叶、芽、果实等），此时也要想好你准备怎么食用（生吃还是煮熟再吃）。熟食总是更安全的。测试前 8 小时内不得进食，并且请你记住，测试一种食物的一个部分就要持续大半天。为了避免把时间浪费在品尝有毒食物上，请务必记得：在自然界中，明亮的色彩通常（但并不都是）意味着："发现我不难，但我不怕你们这些捕食者，你们要是吃了我，自己也很可能不好受。"[①]

1. 闻：通常说来，令人不适的强烈气味就是一个坏信号。若（食物）闻起来有腐烂味，请勿食用，因为它很可能就是烂的。若闻起来有杏仁味却不是杏仁，那它很可能含有氰化物。
2. 手肘、手腕内侧的皮肤比较敏感：取一片食物轻轻在这些部位擦拭，等待 15 分钟。若皮肤有灼烧感、瘙痒感、麻木感或其他反应，请勿食用。
3. 若完成步骤 2 后未出现不良反应，用嘴角轻碰食物，等待 15 分钟。
4. 若完成步骤 3 后未出现不良反应，用嘴唇及舌头轻碰食物，再等待 15 分钟。
5. 若完成步骤 4 后未出现不良反应，将一片食物置于舌上，让其在口中停留 15 分钟。
6. 若完成步骤 5 后未出现不良反应，咀嚼一次，但勿吞咽，让其在口中停留 15 分钟。
7. 若完成步骤 6 后未出现不良反应，吞咽 15 分钟前咀嚼的那片食物，在接下来的 8 小时内，请勿进食，只能饮水。
8. 若完成步骤 7 后未出现不良反应，食用少量此种食物，再等待 8 小时。

① 如果某种动物用亮色警告捕食者自己带有毒性，并且成功了，接着就会出现一种进化趋势：其他无毒动物也会抄袭这种配色方案，以免自己惨遭捕食者的毒手。一般说来，只要真正带毒的动物数量大于冒充者的数量，这个策略就能够奏效。

9. 若至此仍未出现不良反应，该食物很可能是安全的！可将该食物慢慢加入下周食谱。

整个测试过程耗时 17 个小时 15 分钟，且测试期间不得食用其他食物，但这的确是测试新食材的可食用性又不用付出生命代价的可行方法！尽管这种方法并不完美——比如，接触毒藤引起的皮疹的潜伏期有时可达数天——但它的确可以降低你中毒的风险。

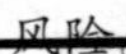

埋下根系——对被困时间旅行者有用的植物

尝尝这些植物你就知道，它们绝对值得……培育。

本章内容相当于一份长长的清单，列出了对人类最有用的一些植物，同时阐明了它们的用途。植物出现的时间要比人类早得多，而且它们的自然演化通常进行得相当缓慢。这意味着，只要你进入一个存在人类的时间点，就可以找到符合或近似符合这张清单上的植物。然而，最关键的是，你得记住，你遇到的植物和你所熟知的种类也许会有细微的差别——有时甚至差别很大。想知道为什么会这样，以及如何将这些植物从你所见到的奇怪原始状态“修复”到你所熟悉的状态，请阅读第 5 章。

仔细阅读下面的内容，找到原产自你所在区域的最有用的植物：下面这份清单介绍了每一种植物的原产地。如果你不知道自己究竟在这个星球上的什么地方，你可以去附近找一些认得出的植物，再根据下面这份清单给自己定位。清单中的植物你不太可能一样都不认识，至少你可以了解到你所在的区域内能找到什么东西。虽然这本书对每种植物的介绍都不甚详细，但理论上说，寥寥数语总好过一无所有。根据你所处历史时期的不同，你可能会幸运地在原产地之外发现这些植物。[10]

7.1 苹果

原产地

中亚

用途

- 苹果树是首批人类培育的果树之一，而且它的果实经过了上万年的改良，所以，如果你所在的时间点是在选择育种技术出现之前，那你看到的苹果很可能又小又酸，而且大部分空间都被种子和果核占据，没多少果肉。做好失望的准备，好好享用吧。
- 苹果成熟于秋季，采摘后若放置在阴凉的地方，可以保存完好地过冬。

注意事项

- 把苹果汁挤出来，任凭天然酵母使其发酵，就可以得到苹果酒。这种饮料也许不好喝，但它的确含有酒精成分！

7.2 竹子

原产地

温暖潮湿的热带区域

用途

- 在很长一段时间内，竹子都充当了书写介质（在造纸术发明之前尤其有用）：刮去竹子最外侧的绿皮，从一侧劈开，再把它们压平，就做成了竹简。如果竹片比较嫩的话，还可以把它们串到一起！
- 竹子也是制作笛子（以及吹枪）的好材料。此外，竹笋还可以食用。
- 竹子可以用来制作箭矢、篮子、脚手架、家具、墙面、地板、电灯灯丝以及水管。如果你还没有发明钢铁的话，竹子还可以充当混凝土中的增强剂，这是因为竹子拥有几乎和钢铁一样强的抗拉强度（一种物体在不被折断、不被扯碎的前提下承受沉重负载的能力）。
- 吸引可爱的大熊猫。

注意事项

- 竹子是一种非常用途广泛的植物。如果你所处的区域刚好有竹子生长的话，仅从这一种植物身上，你就能获取文明所需的许多东西。
- 竹子是世界上长得最快的植物之一，如果你明天就想见到成片的植物，那今天种下竹子就可以了。

7.3 大麦

原产地

全球温带地区

用途

- 可供人类食用！也可供动物食用！这是一种在世界上的大部分地区都可以见到的重要农作物。

注意事项

- 大麦啤酒是人类酿造的第一批酒精饮料[1]之一！要想知道如何自行酿造啤酒，请参见第 10 章内容。
- 现存最早的食谱之一就是大麦啤酒的酿造配方。我们马上就会把这个配方教给你。干杯！

7.4 黑胡椒

原产地

南亚和东南亚

用途

- 将胡椒藤上的红色果实收割下来，把它们放在太阳底下晒干，你就得到了黑色的胡椒子。这些黑胡椒味道辛辣、可口，你可以把它们磨碎，然后掺到食物中，提升食物的口感。
- 黑胡椒是现代社会中无处不在的一种香料，同时也是全世界贸易量最大的香料。

注意事项

- 在中世纪欧洲，胡椒的价格是其他香料的 10 倍之高！人们也许是爱死了这种佐料，也许是恨极了口感平平、寡淡如水的食物。也许两者皆有。
- 那时候的人们还认为胡椒可以治疗便秘、失眠、晒伤、牙疼及其他一些

---

① 蜂蜜酒和葡萄酒的出现都早于啤酒，因为前两者都可以在无意中制作出来，无须特意酿造。就蜂蜜酒来说，只要用水稀释蜂蜜就可以了。当蜂蜜水内出现大量酵母之后，它自然就会开始发酵。（如果你不想依靠野生酵母完成这个操作，请阅读第 10 章相关内容。你将学会如何自行培育酵母。）腐烂的水果会自然产生酒精，这个过程和人工酿造葡萄酒的流程一模一样。

疾病。但实际上，胡椒并没有这些功效，所以别把时间浪费在这些事情上了。

7.5 可可植物

原产地

中美洲和南美洲的雨林

用途

- 美味的巧克力其实诞生于可可豆中。将可可豆从豆荚中剥出，放到香蕉叶下发酵，之后再把它们放到太阳下晒干，再烘焙、去壳，最后将剩余物磨碎，你就得到了纯巧克力。
- 巧克力天然带有苦味，几个世纪以来，人们总是在烘焙、研磨巧克力之后，再将它加入炖菜或葡萄酒中，但巧克力真正风靡欧洲是在它和方糖“联手”打造出美味饮品之后的事儿了。

注意事项

- 可可豆豆荚中的果肉同样可以食用（或者也可以像其他甜性水果一样，发酵成酒精后饮用），而且人们最初种植可可就是为了获取这种果肉[11]，而不是为了可可豆。
- 巧克力是世界上最受欢迎的调味料之一，所以你的文明将迅速走红，做好准备吧！
- 最被大众认可的美味巧克力的食用方式就是把它做成牛奶巧克力糖。制作方法是这样的：首先加热你的巧克力直至融化，往里面加入牛奶、方糖和动植物油，接着让这个混合液体自然冷却即可。牛奶巧克力糖保存起来相当方便，不易变质并且热量很高，所以在长途旅行中十分有用（参见第 10 章）。

7.6 红辣椒

原产地

中美洲和南美洲

用途

- 红辣椒是增加食物风味并使其变得更美味的良好佐料，也是制作干辣椒的必备原料。
- 红辣椒中真正起作用的成分叫作“辣椒素”。我们可以用极低浓度的辣椒素来暂时缓解疼痛，其原理是：辣椒素能让痛觉感知器超负荷工作，因而短暂地陷入麻木。

注意事项

- 红辣椒是世界上使用范围第二广的调味品，仅次于盐。人们可喜欢它了！

7.7 金鸡纳树

原产地

玻利维亚和秘鲁

用途

- 金鸡纳树的树皮含有奎宁（金鸡纳碱），而奎宁可以用来治疗疟疾！

注意事项

- 先剥下金鸡纳树的树皮、晒干、捣碎成粉，然后快速吞服，就可以治疗疟疾。其副作用包括：头痛、视觉障碍、耳鸣，甚至耳聋以及心律不齐。所以，如果不是不得已，千万别瞎吃奎宁！

7.8 椰子

原产地

印度洋与太平洋交界地区

用途

- 椰子是功能非常全面的一种植物：椰树的大叶片可以作为燃料、制作篮子，小叶片则可用于编织席子、垫子，树干可以拿来做扫把，椰子壳上的毛可以用来编织绳子。当然，更重要的是，椰肉特别美味！

注意事项

- 椰子在未打开时处于全密封状态，这就意味着其含有的水分完全是无菌的。因此，椰子可以充当洁净、安全饮用水的主要来源，而且这种洁净水源不需要任何技术支持！你甚至可以称椰子为“像可可那样美味的坚果”。不过想想还是不太可能，因为被困在过去的你可能无暇顾及这种双关语[①]的游戏。

7.9 咖啡

原产地

非洲

用途

- 将咖啡豆晒干、磨碎，再用水冲泡，就制成了很多人都很喜欢喝（对此，我实在想不明白为什么）的深色液体——咖啡。

---

① 椰子的英语“coconuts”可以拆成“coco-nuts”，即“可可–坚果”。——译者注

- 说一件无关的事，咖啡富含咖啡因，而后者正是全世界使用最多的精神类药物！

注意事项

- 咖啡因能够缓解甚至消除困意，并且刺激中枢神经系统。
- 如果摄入过多咖啡因，你可能会产生用药过量的症状，甚至会死亡。所以，咖啡虽好，切勿贪杯，细细品味就好。

7.10 玉米

原产地

美洲

用途

- 美洲文明的主要农作物就是玉米。这种作物种植方便且产量颇高，能够高效喂饱人和动物。大家都喜欢吃玉米！或者说，至少在没有其他选择的时候，人们都乐意食用它。
- 这种作物的食用方法也很广泛，可以煮、烤、蒸、生吃、碾成玉米粉、加热成爆米花、烘烤成面包或是酿成啤酒。

注意事项

- 家养玉米（出现在公元前 7000 年前后）并不会自发繁殖：如果你想种出更多玉米，就得把前一拨玉米结出的玉米粒保存到来年春天，再把它们埋入地下。玉米这种作物已经完全驯化，成为彻头彻尾的家养作物了；离开了人类的帮助和干预，它们根本无法存活。谢谢你的信任，玉米兄弟！

7.11 棉花

原产地

美洲、非洲、印度

用途

- 即便是在现代社会，棉花也是世界上最重要的非食用性作物之一。
- 棉花可以用来制作柔软、透气性强的衣服及其他纺织物，还可以制作船帆、渔网、纸张、咖啡过滤网、帐篷，甚至消防水管。
- 棉花纤维中含有很多纤维素，这让棉花成了造纸的好材料，参见第 10 章。

注意事项

- 要想制作棉纱（棉纱可以用来织成纺织物），首先得从棉花植株的花朵上摘下蓬松柔软的棉球，然后把它们放在一块粗糙的板上搓揉、拉扯，这样做的目的是将棉球中的种子和棉绒剥离开来。接着就可以梳理棉绒，使其纤维变得平直有序。最后，就可以把它们纺成棉纱了。更多信息，请参见第 10 章。

7.12 桉树

原产地

澳大利亚

用途

- 桉树的树皮、树脂可以用来生产漱口水。
- 桉树花可以吸引能够酿造美味蜂蜜的蜜蜂。
- 桉树叶产的油在医学上非常有用（详细情况请参阅下页注意事项）。

- 此外，桉叶油还可以用来制作香辣美味的食物，可以作为增香剂加入汤汁中调味。

注意事项

- 局部涂抹桉叶油可以起到防菌消炎的效果。把它涂抹到伤口上，可以预防伤口感染！
- 吞服桉叶油可以缓解感冒和流感的症状，比如喉咙痛。
- 将桉叶油制成气体喷雾后吸入，可以充当减充血剂，也可治疗支气管炎。
- 将桉叶油涂抹到皮肤上还能起到驱虫的效果！太感谢你了，桉叶油，你真的超级有用。
- 桉叶油极度易燃，有时候焚烧桉树会引起爆炸，所以使用时要千万小心。
- 使用过多桉叶油会出现中毒症状：致死量为每千克体重 0.05~0.5 毫升。

7.13 葡萄

原产地

西亚

用途

- 这种水果可以生吃、晒成葡萄干（此举可延长保存时间）或酿酒，这就是历史上有名的能让人喝得酩酊大醉的酒精。
- 虽然葡萄会自行发酵，但是葡萄酒的酿酒师可以在发酵完成后将这种饮品的口感稳定下来，并在合适的时间将其完好地封存起来。这样，一瓶美味的葡萄酒就酿成了。

注意事项

- 如果在你所在的时间点上，蒸汽船已经开始应用于欧洲和美洲之间的航行，那你就得当心了：这类船只前所未有的航行速度使得一种名为“葡萄根瘤蚜”的浅黄色美洲昆虫在航行中存活下来。在蒸汽船出现之前，欧洲与美洲间的跨洋航行要耗费更长的时间，这些虫子全都活不到航行结束。葡萄根瘤蚜抵达欧洲后，会像瘟疫一样四处肆虐，摧毁其所到之处的数代葡萄庄园。对此，最终的解决方案是：将欧洲葡萄植株嫁接到可抵御葡萄根瘤蚜的美洲葡萄的根茎上。你越早应用这个方法，就越能改变世界历史（至少能改变这个世界的葡萄酒饮用史）。

7.14 橡树

原产地

北半球

用途

- 橡木是一种密度极高、强度极大但可塑性很强的硬木，同时还防虫防霉。
- 从船只到建筑的一切工程产品都可以用橡木来建造！
- 橡树皮中还含有单宁酸：这种化学物质能让你将粗糙的动物皮加工成可塑性强、可穿戴的皮革。具体操作请参见第 10 章。

注意事项

- 橡树的寿命超过 1 500 年，且要花大约 150 年时间才能长到可以收获合格橡木的状态。因此，如果你想种植橡树的话，可得提前规划好。

7.15 罂粟

原产地

地中海东部

用途

- 罂粟这种植物长得很美，并且能在种穗中长出含有阿片成分的树液。阿片是吗啡（一种止痛药）、可待因（一种止痛药，也可以用来治疗咳嗽和腹泻）以及海洛因（一种能令人高度上瘾的麻醉剂，属于毒品）的来源。
- 如果你对这些药品不感兴趣，那也没关系，罂粟的种子也可以用作调味料！

注意事项

- 从罂粟中可以提取出吗啡，操作过程如下：将晒干的罂粟植株切碎，加入三倍重量的热水并煮沸，直到底部出现糊状物，此时加入石灰（参见附录C.3）并重复这个过程，之后再加入氯化铵（参见附录C.6），使吗啡析出。最后，再用盐酸（参见附录C.13）将析出的吗啡净化。

7.16 纸莎草

原产地

埃及、热带非洲

用途

- 在你既没有发明纸张，也没有发现兽皮纸的制作方法（将兽皮晒干、展平之后，即可用于书写）时，纸莎草是一种很棒的书写介质。

注意事项

- 莎草纸的制作方法如下：剥去纸莎草茎的外层表皮，将它们剪成长条状。然后放在水中浸泡数天，再将它们排列整齐，边缘要稍微重叠。此后，按照这个方式再在上面叠一层，方向和第一层保持垂直。将这个半成品压平放置数天，然后，你就造成了一张莎草纸！

7.17　土豆

原产地

南美洲安第斯山脉

用途

- 土豆是少有的几种含有人类所需全部营养物质的植物之一！你可以完全依靠土豆过活（但你不应该这么做，因为这意味着一旦农作物歉收，你就活不下去了）。
- 在煮熟之前，土豆的所有部位都是有毒的，所以千万别生吃土豆。但土豆的这种毒性反倒给了你一个小优势：人类是唯一一种[①]会煮熟食物再吃的动物。所以，那些同样发现土豆有毒的动物，就不会再到你的田地里偷土豆吃了。
- 你可以把土豆煮熟、捣碎、放在炖锅里炖，甚至还可以把土豆放在油里煎炸成美味的薯条和薯片。（这些东西不太健康，但真的非常美味。听着，有的时候你的文明需要的不是绝对的健康，他们就想晚餐吃一把薯片，那也挺好，对吧？）炸薯片直到 19 世纪才正式出现，但其实这种东西很容易制作，你不妨现在就试试。

注意事项

- 除了热带地区之外，土豆几乎可以在世界上的任何一个角落生长，而且每

---

① 好吧，只能说差不多是唯一一种。人类研究员曾教会一只名为“坎兹”的倭黑猩猩如何烹饪食物。在 21 世纪初，坎兹甚至可以自行收集柴火、堆成柴火堆，并用人类提供的火柴点燃柴火堆。它曾用火煮熟了蜜饯。类似地，在 2015 年，人类研究员给一群黑猩猩提供了一套“厨具”——实际上就是一只带有活动底的碗。当把食物放置在“厨具”上时，就会弹出一份已煮熟的相同食材，这样就不需要控制火焰了。结果表明，相较生食而言，黑猩猩们明显更喜欢吃熟食，它们甚至在吃饱后把生食保存了起来，留待之后“烹饪”。

平方千米土地上长出的土豆所能提供的热量超过其他任何粮食类作物！

- 历史上，欧洲人曾抵制过土豆：新教徒认为，这种在地下繁衍的植物是来自“新世界”的邪恶事物，并且其优美的曲线外形也颇有“性暗示”的意味。没错：如果你能在美国建国之初到来的话，确实很可能发现那时的人对土豆颇为痴迷，但仅限于吃。这种抵制并没有盛行起来，最著名的例子出现在法国：当时，凡尔赛宫的土地里就种着土豆，还有“护卫”专门看守、保护这种新奇又神秘的皇家农产品。到了晚上，在护卫休息之后，对这种新奇农作物颇感好奇的法国市民纷纷潜入田地中偷盗土豆，并且之后不久就开始自行种植土豆。

7.18 稻

原产地

亚洲和非洲

用途

- 人类育稻的历史已经绵延了好几万年，数十亿人都发现，这种作物既美味又方便培育。
- 试试在煮熟的稻米上浇点儿咖喱，那可真是美味啊。
- 稻是亚洲文明的主要农作物。

注意事项

- 全世界所有人摄入总热量的 1/5 强都来自稻米，这个比例高于其他任何一种植物！
- 稻子在湿润的土壤中长势最好，所以降水量高的区域最适合种稻，但只要你给它浇水，几乎没有什么地方是这种作物无法生长的。
- 稻子还可以种在被洪水淹没的田地中，这种做法既可以预防虫害又可以阻止那些无法在洪水中生存的野草继续生长。

7.19 橡胶植物

原产地

各个种类的橡胶树均原产于南美洲。

用途

橡胶树的树液是一种可塑性强、黏稠且防水的乳液，用途广泛，例如下面几种：

- 制作橡皮擦（正是从这种产品中我们得出了“橡皮”（rubber）这个词，因为用橡皮可以擦除错误）。
- 将橡胶压成片状后，可用于制作防水服装。
- 可充当胶水或水泥，作为黏合剂使用。
- 在处理与电流有关的问题时，可以用作绝缘体（参见第 10 章）。

注意事项

- 天然橡胶是会腐烂的，但你可以通过某种化学方法将天然橡胶转变成一种没那么黏稠、可塑性更强且保存时间更久的物质！这个过程称为“硫化”（当然，你想怎么叫它都可以，只不过“硫化”这个词听起来已经挺好的了）。
- 硫化橡胶最简单的方法就是在加热橡胶的时候加入硫黄。如果你的附近没有纯硫黄，这里有个好消息——人们总能发现一种植物在南美橡胶植物上攀爬：那是一种藤蔓，其上长着香气四溢的大朵白花。这些花朵在夜间开花。这种植物汁液中就含有硫黄。没错，你就这样轻而易举地获得了制作硫化橡胶所需的所有原材料！

7.20 大豆

原产地

东亚

用途

- 每平方千米土地种植大豆类作物所能提供的蛋白质总量是种植其他蔬菜的两倍。若用同等面积的土地放牧，养一些产奶动物，它们所能生产的蛋白质总量只有大豆的 1/10~1/5；若用同等面积的土地圈养肉鸡、肉猪等动物，它们的肉所能提供的蛋白质总量只有大豆的 1/15。听说你喜欢蛋白质？那你来对地方了。
- 大豆也是许多其他人体必需营养素的重要来源。

注意事项

- 和土豆一样，对人类（以及所有其他只有一个胃的动物）来说，生大豆也是有毒的。所以，在食用大豆之前必须先把它们煮熟。请听好了：对于许多你找到的神秘食物，你都应该先把它们煮熟再食用。很多食物中含有的毒素会在烹饪的过程中分解并消失，而且没有任何食物会在烹饪的过程中产生毒素。烹饪，真是项伟大的技术！

7.21 甘蔗

原产地

新几内亚

用途

- 从甘蔗里榨出的果汁，可以在煮沸浓缩到一定程度后，结晶析出固体蔗糖。虽然糖并不是文明的必需品，但糖的确让我们的生活变得更加甜蜜。（但糖同样导致了糖尿病和肥胖，并且使得人体处理纤维的能力下降，所以或许你应该少吃点儿糖。）
- 如果你不在出产甘蔗的热带地区，你就有可能位于能够找到甜菜的温带地区。将这种植物撕碎，煮上几个小时，就可以提取出糖。当糖块析出后，继续煮这个过程中产生的液体，最后它就会形成浓稠的糖浆。

注意事项

- 甘蔗糖提取过程中留下的干果肉（甘蔗渣儿）可用于制造纸张。
- 甘蔗是光合作用效率最高的植物之一：它比其他任何植物都更能将太阳光转化成生物质！这就意味着，如果你想用植物来充当燃料来源，最好、最有生产力的土地利用方式就是种植甘蔗。把甘蔗晒干，然后放入水中烧开（这可以用在你的蒸汽发动机上，参见第10章）。你甚至可以直接焚烧制糖过程中留下的甘蔗渣儿，这又提高了甘蔗的利用率。

7.22 甜橙

原产地

中国和东南亚

用途

- 富含维生素C，而且打包方便、便于运输！

注意事项

- 维生素C是人体必需的微量元素，可人体自身不会生成它。所以，如果你不想得坏血病，就吃个橙子吧。（也许你已经得了坏血病，那么吃橙子也是一种治疗方式。）

- 大多数新鲜食物都含有维生素C，但维生素一接触光、热和空气就会分解，所以，大多数预加工食物都不含维生素！第9章会告诉你，为什么知道这个简单的事实可以拯救上万甚至百万人的生命。
- 甜橙这个品种直到15世纪才出现，所以，如果你所在的时间点在那之前的话，你找到的橙子会很苦，请做好心理准备。

7.23 茶

原产地

中国、日本、印度、俄罗斯

用途

- 用热水冲泡干茶叶，制成的饮料很好喝。
- 茶也是咖啡因的来源之一，如果你还没去非洲发现咖啡的话，茶就很有价值了。

注意事项：

- 茶是世界上受众第二广的饮品（只有水的流行程度高过茶），它真的很好喝。
- 其他植物也能做成茶，但人们通常称那些为“草本茶”。正宗的茶应该取材于茶树上的茶叶，而且没有任何替代品。
- 可以试试往茶里加点儿牛奶和糖，或者加几片柠檬和冰块！

7.24 烟草

原产地

中美洲

用途

- 含有一种兴奋剂——尼古丁。
- 吸食烟草会使人上瘾！

注意事项

- 20 世纪，烟草是导致可预防性死亡的最大真凶。全世界每 10 个死者中就有 1 个是因为抽烟而死。
- 连吸二手烟都会对人产生致命危害，所以切勿抽烟，也别待在抽烟的人附近。
- 别把烟草引入你的文明，这样你就可以节省数十亿美元，拯救千百万人的生命，并且也不用发明电子烟了。

7.25 小麦

原产地

中东（新月沃地）

用途

- 小麦是欧洲文明的主要作物。在小麦粉（就和名字表达的一样，拿两块石头夹着小麦研磨，直到全部碾碎成粉，你就得到了小麦粉，参见第 10 章）里掺上水并稍微加热一会儿，就能制作出小面包干和饼干。这两样东西都可以保存很长一段时间也不变质。你也可以用小麦来酿造麦芽酒，请参见第 10 章。
- 晒干的小麦可以贮存，并且等到来年春天还可以种下，长出新的小麦植株。
- 要想从整株小麦上剥下小麦粒，把收割的小麦放在地上并用棍子敲打即可，这可以让小麦粒脱离植株。如果你要让谷粒脱糠（也就是让谷粒和包裹着谷粒的壳分离），只需要把小麦粒扔到空中就可以了：较轻的糠和残存的小麦秆会被风吹跑，而更重的麦粒则会掉到地上。

- 未经驯化的野生小麦有一个重要的特点。这个特点在之后的选择育种过程中被人类迅速剔除了，那就是：野生小麦的种穗会自动打开，好让里面的种子播撒到地面上或飘散至空气中。人类当然更喜欢采集那些种穗不开口的小麦，这样里头的小麦粒就不会丢失了。如此一来，驯化的家养小麦很快就出现了，它们的种穗是不开口的。当然，这些闭口种穗也意味着，如果没有人类人工种植的话，现在的家养小麦是无法繁育后代的。

注意事项

- 小麦是世界上种植范围最广的食物，同时也是食用人数最多的蛋白质来源。
- 面包是一种基本食物，它既易于制作又富含营养，人类已经享用了上万年面包。因此，自然也就出现了一些关于面包的谚语：说英语的人用“taking the bread out of their mouth”（把面包从他们的嘴里拿出来）这句谚语表达“抢别人饭碗”，用“knowing which side your bread is buttered on”（知道面包的哪一面上有黄油）这句谚语表达“为人精明，知道谁对自己有用”，用“we can’t live on bread alone”（我们不能只靠面包过活）表明一种“不仅要追求物质满足，还要追求精神享受”的生活态度，用“the greatest thing since sliced bread”（自切片面包出现以来最伟大的事）来表达某事是“有史以来最伟大的事”。
- 顺带一提，切片面包第一次作为可以购买的现成商品出现，是在 1928 年 7 月 7 日。在那之前，你都得自己把面包切成片，并且嘴里一直咕哝着“这世上最棒的事莫过于再也不用自己切面包了”。
- 你可以发明风扇，这样就不用等到起风天再去给小麦脱糠了。风扇制作方法也很简单：给螺旋桨（参见第 10 章）装上电动机（参见第 10 章）就可以了。
- 小麦的驯化过程只需要 20 年就可以完成！[12]

7.26 桑树

原产地

中国

用途

- 桑叶是蚕钟爱的食物（参见第 8 章），而蚕可以吐丝。

注意事项

- 在长达 1 000 多年的时间内，中国一直是丝绸贸易的中心，但同时也牢牢保守着如何生产丝绸的秘密，不向其他国家透露半分，从而牢牢把持住丝绸这种极高利润商品的垄断地位。（以下这个事实就很能说明问题：任何出口或者说走私桑蚕或桑蚕卵的人都会被判处死刑。）
- 于是，西方世界就“丝绸究竟从何而来”这个问题提出了诸多理论。有人认为丝绸是某种罕见花卉的花瓣；有人认为丝绸是某种特殊树种的叶子；还有人认为有一种无时无刻不在进食直到身体撑爆的昆虫，在它吃到爆炸后，体内的丝绸就会四散开来。
- 很遗憾，这些说法或者猜测都是错的：其实，丝绸来自蚕茧，只要把蚕茧从桑树上拿下来就可以收获丝绸了。不过，如果想要更大规模地生产丝绸的话，你就得自行养蚕了。完整的指导说明请参见第 10 章。

7.27 银柳

原产地

欧洲和亚洲

用途

- 银柳的树叶和树皮都含有水杨苷。人类服用水杨苷后，这种物质会通过体内新陈代谢的过程转变为水杨酸，而水杨酸正是全世界使用最普遍的药物之一——阿司匹林的主要成分。你绝对不会拒绝拥有这种药物的机会。
- 你可以用银柳制作篮子、渔网、篱笆和墙体。人类用银柳制作东西的历史已经很长了：银柳网的出现可以追溯到公元前 8300 年！

注意事项

- 阿司匹林可以治疗发热、消除炎症，以及短暂地缓解疼痛。
- 和甘蔗一样，银柳也是生物质燃料的一个重要来源。
- 银柳树就像灰烬一样，生长欲望极其强烈：事实上，它的求生欲强到即便你把它砍倒，都可能*无法彻底杀死它*。这种模式称为“矮林平茬”，也就是你在冬天砍伐银柳——这个时节的树木处于平静状态，不怎么生长——但留下树桩。到了第二年春天，这种树就会凭借原来的那套根系重新生长，于是，在接下去的 2~5 年内，我们就可以反复进行“矮林平茬”不断收获银柳木。定期接受“矮林平茬”的树木可以始终保持在青壮年阶段，不会因为树龄过大而死亡，这一点让银柳成为一种可再生的柴木燃料能源！其他树种同样也能接受“矮林平茬”，但由于银柳的生长速度实在惊人，所以它们特别适合进行这种操作。

7.28 野生卷心菜

原产地

地中海及亚得里亚海沿岸

用途

- 我们可以通过选择育种的方式将野生卷心菜培育成羽衣甘蓝、抱子甘蓝、青花菜、花菜等蔬菜。没错，这些蔬菜品种的祖先都是野生卷心菜！它什么都能变！这种植物真的是非常适合选择育种！

注意事项

- 卷心菜能够适应大多数气候条件和土壤类型，因此它们也是一种易于培植的热量来源。

7.29 甘薯

原产地

非洲、亚洲

用途

- 甘薯是一种富含矿物质、碳水化合物和维生素的淀粉作物，但是蛋白质含量较少。

注意事项

- 甘薯和美洲红薯并不是同一种作物。虽然人们通常把它们统称为“甜薯”，但这只是因为人类就喜欢“傻傻分不清楚”的感觉。
- 许多甘薯品种都是有毒的，那些尚未被驯化的种类尤其如此。甘薯所含的毒素在煮、烘、烤的过程中会分解和消失，所以千万别生吃甘薯！此外，烤熟的甘薯味道更香。你是不是已经想试试了？

工具栏：是时候来点儿啤酒了

在自然保存至今的食谱（即大约公元前 1800 年，苏美尔人写在泥板上并流传至今的那些食谱，而不是由时间旅行者带给我们的食谱）中，大麦啤酒的配方应该算得上是最古老的配方之一了。严格说来，这个配方其实是一篇旨在宣扬苏美尔众神之一——宁卡斯（Ninkasi）的赞美诗，但从实用角度上说，它的大多数篇幅都在介绍如何酿造啤酒。这篇食谱读起来有点儿像是基督教的《主祷文》：

> 我们在天上的父，愿人都尊你的名为圣。愿你的国降临，愿你的旨意行在地上，如同行在天上。我们日用的饮食，今日赐给我们。包括比萨饼，那上面只浇着奶酪的干面包，便是你所赐的清比萨饼。为了素食派信徒，你加入了蔬菜。你也加入了烤肉，那是为了我们中的肉食爱好者。如此种种，都以你的名所赐，并可按以下方式准备……

如果你所在的文明是一个有宗教信仰的社会，并且你想尽可能长久地保存并分享信息，那么只要给这些信息披上祷词或赞美诗的外衣就可以轻松做到了。① 下面摘录了一段宁卡斯赞美诗，翻译自古苏美尔文，其中就有古老的啤酒配方[13]：

---

① 这么做并不一定有听上去那么疯狂。天主教的弥撒仪式需要用到葡萄酒。这就意味着，天主教的历史有多长，其修道院就有多长时间致力于保证此类仪式上的葡萄酒供应。与此同时，修道院还得顺带保证酿造葡萄酒所需的葡萄培育技术不会失传。中世纪时期，天主教修道院（包括西多会、伽都仙派、圣殿骑士团以及本笃会）就是法、德两国最大的葡萄酒生产商之一，而且修道院引进的部分葡萄酒品种至今仍在被人们享用。举例来说，唐培里侬香槟王这款葡萄酒就是以一位本笃会修道士的名字命名的。他于 17 世纪末在法国一个名叫香槟的省份，改进了这种泡沫四溢的葡萄酒的发酵方法。

你的父是创造之主，恩基；
你的母是圣湖之后，宁提；
宁卡斯，你的父是创造之主，恩基；
你的母是圣湖之后，宁提。

是你搅和面团，手持大铲，
在大坑里搅拌，巴皮尔[①]和芳香剂；
宁卡斯，是你搅和面团，手持大铲，
在大坑里搅拌，巴皮尔和枣花蜜。

是你把巴皮尔，放在大火炉中烤；
把脱壳的谷粒堆，摆放有序；
宁卡斯，是你把巴皮尔，放在大火炉中烤；
把脱壳的谷粒堆，摆放有序；

是你给地上的麦芽浇水，
忠诚的狗为你驱赶所有欲行不利之人，哪怕他是独裁的君王；
宁卡斯，是你给地上的麦芽浇水，
忠诚的狗为你驱赶所有欲行不利之人，哪怕他是独裁的君王；

是你在罐中浸泡麦芽，
潮起潮落，光阴流逝；
宁卡斯，是你在罐中浸泡麦芽，
潮起潮落，光阴流逝；

① 一种未经发酵的苏美尔大麦面包。

是你把煮熟的麦芽浆均匀地铺在大芦苇垫上，
让它自然冷却；
宁卡斯，是你把煮熟的麦芽浆均匀地铺在大芦苇垫上，
让它自然冷却；

是你用双手捧着高品质麦芽浸出液，
用蜂蜜和酒曲将其酿造成啤酒；
宁卡斯，是你用双手捧着麦芽浸出液，放到器皿中；
再用蜂蜜和酒曲将其酿造成啤酒；

过滤桶发出愉悦的声响，
你把大收集桶精准地放在其下；
宁卡斯，过滤桶发出愉悦的声响，
你把大收集桶精准地放在其下；

当你把收集桶中过滤好的啤酒倾倒而出，
它们就像底格里斯河和幼发拉底河奔涌的河流；
宁卡斯，是你把收集桶中过滤好的啤酒倾倒而出，
它们就像底格里斯河和幼发拉底河奔涌的河流。

鸟类和蜜蜂——对被困时间旅行者有用的动物

你刚刚驯化的那条狗并不是胖，它只是……有点儿像哈士奇。

本章详细介绍了地球上最有用的 18 种动物，以及 3 种特别可怕的动物。这 21 种动物的出现时间都早于现代人类（当然，我们得排除那些人类驯化出来的动物品种，比如狗和绵羊）。所以，好消息是：无论你处在哪个历史时期，只要你所在的文明中出现了现代人类（晚期智人），你就有可能发现这些动物。

想象一下这个场景：狮子为你犁地，长颈鹿为你看管你的家畜。是不是非常令人兴奋？先别高兴。首先你应当知道，在发明时间旅行之前，人类只完全驯化了大概 40 种不同的动物，而且这 40 种动物还包括了像金鱼、古比鱼、金丝雀、刺猬、燕雀以及臭鼬这样明显属于凑数的驯化动物。这些物种对人类一般都没什么用，只能当作还算可爱的宠物来养。[①] 和植物的驯化（相对容易）不同，被驯化的动物必须具有以下几点特质：

- 在某个方面对人类有用。（比如，能提供食物、劳力、毛皮、陪伴、娱乐，或是当煤矿里充斥着一氧化碳气体时拼死提醒我们。随便什么都可以，只要能给我们提供点儿好处就行。）
- 能够圈养育种。
- 容易控制，或者天然地亲近人类。
- 很快就能长到成年期。
- 喜欢群居或享受（或可以忍受）人类的陪伴。
- 冷静、温顺，惊慌时也不会发疯。
- 其食物能在人类附近找到，或者人类可以轻松提供。
- 接受人类的存在、人类的能力，并且最好可以接受人类文明建设的领导。

上面这些标准中，哪怕只有一条不满足，你的驯化尝试就很有可能以失败告终。更糟糕的是，你还将面对一群已经明确知道你住哪儿的狂放的野生动物。如果满足上述所有标准，这种动物就可以接受被人类饲养的生活，而你也就可以接着展开选择育种行动。和驯化植物一样，这意味着你挑选出一种拥有你想要的特质的动物，鼓励它们生育并且在新世代中继续挑选拥有这种特质的动物。这就是全部的操作步骤了，而且这个人为选择的过程，很快就会为你带来比野生种类更能满足你需要的动物——无论你的需要究竟是什么，都可以。

---

① 完全被人类驯化的动物，可以列举如下：羊驼、单峰骆驼、双峰骆驼、金丝雀、猫、鸡、无峰奶牛、单峰奶牛、狗、驴、斑鸠、鸭、雪貂、雀类、狐狸、山羊、金鱼、鹅、豚鼠、珠鸡、古比鱼、刺猬、蜜蜂、马、锦鲤、美洲驼、老鼠、猪、鸽子、兔子、田鼠、绵羊、暹罗斗鱼、蚕蛾、臭鼬、火鸡、水牛和牦牛。当然，这张表单已经排除了那些此前已经灭绝但又在时间旅行被发明之后，被人类从过去捕获并带回来驯化的动物，其典例包括行动迅速的渡渡鸟、急躁的双门齿兽，以及温和、优雅、高贵且富有同情心的雷龙。

那么，你应该先驯化什么动物呢？你的文明最需要的应该是一种体形较大、长着四条腿、容易驯服、容易满足并且容易控制的素食类哺乳动物，因为这类动物能够奇迹般地提供一切你想得到的东西，比如肉、皮、奶、毛、运输工具以及劳力。纵观人类历史，最符合条件的莫过于马[①]：它们可以载着你到处跑、为你耕地、提供肉食、提供衣物，甚至还能提供娱乐（观看这些骏马飞驰并随后在它们身上押钱下注，简单地说就是赛马和赌马）。看看你的周围，如果你发现了马或者始祖马（后文中，我们把它们统称为“马”）的踪迹，那么好消息来了：你和你的文明进入了简单模式。[②]如果你连一匹马也看不到，就找找骆驼、美洲驼、羊驼这样的替代品。如果连这些都找不到，那就找找美洲野牛、奶牛、公牛、山羊这类不能完全代替马的动物，它们至少可以提供肉、皮和毛，总比什么都没有强。

坏消息（对马匹爱好者和暂时受困的文明缔造者来说都是如此）是：整个人类历史中，有几个时代和地点，完全找不到马及其替代品的踪影。特别要注意的两个时代是：

- 公元前 10000 年—1492 年的美洲（也就是人类首次抵达这片大陆到欧洲人发现新大陆之前）。
- 公元前 46000 年—1606 年的澳大利亚（也就是人类首次抵达这片大陆到与欧洲人发生进一步联系之前）。

---

① 当然，在人类出现之前，也有别的动物能够满足要求，但是由于你需要人类来建设文明，所以它们对你的帮助就没那么大了。有几类素食恐龙就可以被驯化，比如一旦你在选择育种过程中消除了它们的角，三角龙就会变得特别有用。但这些恐龙的优点完全抵不上你为圈养它们所要付出的成本。这可是一个被贪婪的霸王龙统治的时代！

② 简单模式的“简单”到底是怎样的程度？像马这样的大型哺乳动物非常擅长驮运人和货物穿越各类地形。在铁路运输发明之前，它们一直都是陆地运输的最佳运力；在装甲车或坦克发明之前，它们一直都是军事运输的最佳选择。此外，许多大型哺乳动物都可以将你不能消化的蔬菜（比如青草）转化成你可以消化的美味奶制品（如果你有合适的酶的话，详见第 8 章）。单是这些动物产的奶所能持续提供的热量，就远远超过杀死它们再食用它们的肉所获得的热量。

在这两个例子中，人类到来的同时，都发生了大范围的生物灭绝（其中就包括马和马的替代物）。结果就是，直到后来从欧洲重新引入这些物种之前，这两个大陆上都没有可以驮运货物的动物为人们所用。

- 如果你处于公元前10000年—1492年的美洲，虽然马和骆驼是找不到了，但你可以在南美洲发现美洲驼和羊驼。而北美还有美洲野牛，不过这种生物不能被驯化，所以如果你想尝试让一头美洲野牛为你耕地的话，我们只能祝你好运了。最糟糕的情况是，如果你处在这个时期的中美洲，那么你连美洲野牛都找不到了。被困在这个地方的你，所能做的只能是驯化一些体形较小的动物（狼、火鸡、鸭子），并且尽力用它们替代那些在这个星球上的其他时间、地区都能为文明所用的大型野兽。
- 澳大利亚自公元前8 500万年从南极洲大陆分离出来之后，这片大陆就一直与世隔离地独自演化，因此总能成为特例。这是一个有袋类动物①取得了对其他哺乳动物的绝对统治地位的地方，而马这个物种从来没有在这里出现过。不过，在公元前200万年—前46000年，还有双门齿兽供你使用：这些长得像河马一样大的袋熊可以提供肉、奶、皮，也可以充当坐骑以及用于拉犁——而且，已有其他时间旅行者证明，它们是可以被驯化的[14]。不过，在人类抵达这片大陆之后，双门齿兽就灭绝了。而袋鼠和鸸鹋虽然在和人类的接触中得以幸存，但都不适宜用作运输工具或耕地劳力。由于你必须仰仗人类缔造文明，所以你在这个时期的澳大利亚取得成功的最大可能是，你停留的时间点恰好在公元前46000年左右，即人类陆续抵达此地但双门齿兽还没有灭绝的时候。此时，如果你把双门齿兽从人类手中保护起来，那么你的文明就**既**拥有人力**又**拥有了这种有用的役使动物。

① 你知道的，这类动物总会把它们的幼崽揣在育儿袋里，比如袋鼠！

请仔细阅读下面的内容，去寻找原产于你所在地区的动物。和第 7 章一样，这些物种都以英文字母顺序列出，且已经被驯化的列在前面，而尚未被驯化的则列在后面。每个物种的介绍中都包括它们的原产地。根据你所处历史时期的不同，你可能会走运地在这些动物（其中只有很少一部分是血液寄生虫）的原产地之外发现它们的身影。[15]

8.1 野牛（美洲野牛）

原产地

北美、欧洲

首次出现时间

公元前 750 万年

驯化时间

水牛于公元前3000年（在印度）和公元前2000年（在中国）被驯化，但美洲野牛从未被驯化。

用途

- 野牛浑身是宝：肉可以吃，皮可以做衣服，筋可以做弓上的弦，蹄子可以做胶水（参见第 8 章），骨头则可以用作肥料。如果你正在丢弃野牛身上的某个部分，那你一定是在犯错！

注意事项

- 野牛的奔跑速度可达 55 千米每小时，所以请务必当心。
- 如果你位于已有人类出现的北美，那就找不到马和骆驼了，好在你还可以利用野牛。不过，它们会攻击你，而且也不会为你拉犁耕地，所以对它们最好的处置方式也许是吃了算了。

8.2 骆驼

原产地

美洲、非洲

首次出现时间

公元前 5000 万年（北美洲，兔子大小的原始骆驼）

公元前 3500 万年（山羊大小的原始骆驼）

公元前 2000 万年（正常大小的原始骆驼）

公元前 400 万年（现代骆驼）

驯化时期

公元前 3000 年

用途

- 和奶牛一样，骆驼也能够提供大量奶、肉、皮和劳动力。此外，骆驼的粪便完全脱水后可充当燃料。
- 就算只靠骆驼奶，你也能活大概一个月！虽然我们不推荐这么做，但是万一事情真到了那个地步，这也是你的可选方案。
- 双峰骆驼很容易骑乘：把鞍放在双峰之间就行了。但是，单峰骆驼要怎么骑呢？一开始，人类完全不清楚应该把鞍放在哪里，是放在驼峰的前面还是后面呢？直到公元前 200 年左右，人类终于意识到，可以围着驼峰造个木框，然后把鞍放在木框顶上，这样骑乘才最方便。
- 骆驼比绵羊和奶牛更能忍受偏咸的水和食物。

注意事项

- 虽然如今骆驼主要是和阿拉伯沙漠地区联系在一起，但实际上，骆驼的原产地是在新大陆（美洲）。在公元前 400 万年左右，骆驼才通过横跨大陆桥来到亚洲。公元前 1 万年左右，也就是人类出现在美洲之后不久，骆驼就和马、猛犸象、乳齿象、树懒和剑齿虎一起，在这片大陆上灭绝了。这两件事之间可能并没有直接联系，时间上的重合也许纯属巧合。这些动物在美洲大陆上的灭绝和它们吃起来非常美味之间绝对没有任何关系[16]！

- 骆驼的步态摇摆不定，因而奔跑速度不如马，但它可以驮更多东西，而且可以去一些马去不了的地方。骆驼的体形也比马大，大到足以在战场上震慑后者！

8.3 猫

原产地

欧亚大陆

首次出现时间

公元前 1500 万年（猫、老虎和狮子的最后一代共同祖先）

公元前 700 万年（最早出现的正常体形的野猫）

驯化时间

公元前 7500 年（如果你觉得我们真的驯化了猫，而不是相反情况的话）

用途

- 猫在捕杀四害之一——鼠类（老鼠、田鼠）方面非常有用，但除此以外，它们能给人类提供的好处寥寥无几。它可以陪伴人类，但即便是如此，也得看性格古怪的猫当时心情如何。
- 猫可以被看作“半驯化”的动物：动物完全驯化后，其家养品种和野生品种之间通常会出现明显差异，但家猫和野猫之间表现出的基因差异很小。

注意事项

- 和狗一样，猫也有可能是自行接受驯化的：从人类开始在居所附近种植谷物开始，我们就不停地吸引着老鼠和田鼠，又继而吸引了它们的天敌——猫。由于猫在捕鼠方面能够为人类提供很大的帮助，同时要求的回报又很少，所以它们可以很轻松地进入人类社会结构。
- 在欧洲黑死病（1346—1353 年，当时世界上的半数人口都死于这场瘟疫。如果可以的话，请你尽可能躲开）期间，人们认为猫是这种传染病的传播媒介。因此，为了终结这场大瘟疫，人们对猫展开了集体屠杀行动。讽刺的是，田鼠身上的跳蚤才是疾病媒介之一，且由于猫几近灭绝，田鼠的数量激增。再说一次：在 1346—1353 年期间，请你千万离欧洲远远的。

8.4 鸡

原产地

印度、东南亚

首次出现时间

公元前 360 万年（鸡和野鸡的共同祖先）

驯化时间

公元前 6000 年

用途

- 鸡可以提供大量美味的鸡肉和鸡蛋。此外，它们还是杂食性的，这意味着，它们比奶牛更好饲养。
- 可以回答“先有鸡还是先有蛋”的问题：先有蛋。在鸡出现前几百万年，蛋就已经在其他动物那儿出现了。

- 回答你的第二个问题——先有鸡还是先有鸡蛋？这个问题最近刚刚被澄清：先出现的还是鸡蛋。史上第一枚鸡蛋中包含一个携带着突变基因的受精卵。正是这个受精卵最后变成了历史上第一只鸡。因此，产下这枚带有变异受精卵的蛋的动物就是始祖鸡。这就是进化！
- 公元前 350 年左右，亚里士多德在这个问题上浪费了许多时间。他最终得出的结论是：鸡和鸡蛋一定都是从宇宙诞生起就存在的永恒不变的事物。看到了吧？当你不知道进化为何物的时候，就会做出这类结论。

注意事项

- 鸡在公元前 6000 年左右在中国第一次被驯化。此后，它们在公元前 3000 年左右出现在东欧（很有可能是通过另一场独立的驯化过程），公元前 2000 年左右在中东地区出现，公元前 1400 年左右在埃及出现，并在公元前 1000 年左右在西欧和非洲出现。之后，它们又在欧洲人探索美洲大陆的过程中，被带到了美洲。
- 鸡蛋是一种极其通用的食材，既可以蒸煮又可以煎炸，还可以烘烤！在烹饪过程中，鸡蛋中的蛋白质会逐渐固化，这让它们成了各类食材的万能配料，其中就包括美味的汉堡。毫无疑问，未来的某天，你也会想要生产这种食物的。鸡蛋还可以用来增加食材湿度、勾芡酱汁、发酵、乳化、给食材提色，甚至还能净化液体（参见第 10 章）。

8.5 奶牛

原产地

印度、土耳其、欧洲

首次出现时间

公元前 200 万年（古代欧洲野牛，亦称原牛）

驯化时间

公元前 8500 年

用途

- 奶牛是对人类最有用的动物之一，我们可以视奶牛为将某些人类不能消化的物质（如青草）转化成美味牛肉、新鲜牛奶、可口蛋白质和诱人脂肪的机器。
- 奶牛还可以耕地、驮运货物和人类，而且它们的皮是皮革的重要来源之一。
- 牛的实用性让它们成了财富的最古老象征之一：如果你拥有很多奶牛，那就证明你混得很不错。

注意事项

- 如果你所在的时间点是在牛被驯化的前夕，你就不可能找到奶牛，但你可能发现原牛：奶牛正是从这种野生动物驯化而来的（实际上驯化了不止一次）。原牛的体形比奶牛大（高达两米），肌肉更发达，而且长着巨大的牛角，这让它们成了人类驯化过的体形最大、身体最强壮的动物。原牛在公元前 200 万年于印度首次出现，在公元前 27 万年时出现在欧洲，在 1627 年灭绝。从 20 世纪起，人类就开始了原牛复原尝试（使用现代奶牛中残存的原牛基因和选择育种的方法恢复原牛这个物种），但原牛最终再现于世是基于 2010 年完成的DNA（脱氧核糖核酸）测序工作，具体时间则是在 2033 年。[17]

8.6 狗（其实也是狼）

原产地

世界各地（不过，狼的原产地是在北美和欧亚大陆）

首次出现时间

公元前 150 万年（狼和土狼第一次从共同祖先那儿分道扬镳）

公元前 34000 年（人类首次驯化狼）[18]

驯化时间

公元前 2 万年，狼首次被驯化成现代犬

用途

- 所有的狗都是从被驯化的狼演变而来的。狼当然是一种既聪明又狡猾的食肉动物。它们过着群居生活，会集体捕猎，还会设下陷阱伏击猎物，但是除非是得了狂犬病或是极度饥饿，它们很少主动攻击人类。此外，狗起源于狼，所以我们真的不应该再说狼的坏话了。
- 狗有多棒？除了作为人类可爱的宠物之外，狗还可以提供很多劳力，它们擅长捕捉害虫，擅长捕猎、放牧和保护家畜。在狗死后，我们还可以利用它们的肉和皮。（希望它们是在忙碌一生、为人类贡献一生后，自然死去。）
- 此外，当你指向某处，狗可以理解你的目的并看向你所指的地方。狼就不会这么做，我们的现存近亲（如黑猩猩和大猩猩）也不会这么做。从某种角度上说，驯化已经让狗变成了最像人类的动物！

注意事项

- 农业会改变你和狼的关系。在发明农业之前，人类和狼可能是盟友，会一起合作打猎并且瓜分战利品。但在农业出现之后，由于狼会攻击那些有价值的农场动物，它们就成了人类的对手。
- 狼/狗是人类驯化的第一个物种（驯化时间甚至早于农业出现的时间），而且它们实际上不止被驯化过一次。在某些情况下，狗还会自行驯化：比起凶恶且不亲近人类的狼来说，那些更温和、更可爱且更不怕人的狼可以从人类那儿得到更多的食物。因此，在选择压力下，有些变得越来越像狗，最后，它们就以忠诚伙伴的身份为人类社会所接纳。[19]

- 1959 年，苏联展开了一项实验。该实验旨在挑选出“最温顺”的野生狐狸并把它们培育成像狗一样的动物。在培育到第 4 代狐狸时，其中有一部分见到人类就会摇尾巴；到第 6 代时，它们会舔人类的脸庞，而且要求抚摸；到了第 10 代的时候，18% 的狐狸已经很像狗了：温和、友善、调皮，渴望人类的爱抚。到了第 20 代时，这个比例上升至 35%，第 30 代时是 49%，到了 2005 年——距离实验开始还不到 50 年——所有狐狸都变得天性温顺。此时，科学家开始把这种狐狸当成宠物卖，并以此筹措后续研究资金。你可以在任何时期对狼做同样的事。你可以自行驯化一条狗。
- 狼在 22 个月大时就会进入青春期，所以，在最理想的情况下，狼繁衍 10 代只需要 220 个月，也就是差不多 18 年，就可以培育出一批非常正宗的狗。想象一下，在想要养一条狗之后 18 年，你就美梦成真了，这多棒啊！简直不能更好。

8.7 山羊

原产地

土耳其

首次出现时间

公元前 2300 万年（绵羊和山羊的共同祖先）

公元前 340 万年（野生山羊祖先，安纳托利亚牛黄山羊）

驯化时间

公元前 10500 年

用途

- 山羊可以提供肉、奶、毛和皮，也可以充当驮兽。和骆驼一样，山羊的粪便在完全脱水后可以用作燃料。
- 相比牛奶，山羊奶和人奶更相近，也就是说，我们可以从山羊奶中摄取更多营养物质。此外，山羊奶的乳糖含量更低（有时也未必），也比牛奶更加均匀，这意味着它们是制作奶酪的好材料。
- 山羊毛——称为“羊绒”——是编织毛衣的绝佳材料，但很难大规模生产。

注意事项

- 山羊极其挑食，除非它们很饿，不然只要食物脏了，它们就不吃。但是，它们的好奇心很强，基本上什么食物都愿意尝试一下。
- 山羊（和其他所有动物一样，除了人类和一小部分其他哺乳动物）对毒葛毫无戒心。由于它们会毫无顾忌地食用这种有毒的植物，所以你只要付出几头山羊的代价就能轻易地让整个山羊群远离这种有毒植物：不过，在接下来的几天里，请不要和这些吃了毒葛的山羊亲近，也不要喝它们的奶。
- 安纳托利亚牛黄山羊是野生山羊的一种，可以在土耳其的山区中找到。所有现代山羊均由该物种演化而来。

8.8 蜜蜂

原产地

东南亚

首次出现时间

蜂：公元前 1.2 亿年

第一批蜜蜂：公元前 4500 万年

现代蜜蜂：公元前 70 万年

驯化时间

公元前6000年

用途

- 蜜蜂可以生产蜂蜜。在你尚未发现其他糖类来源之前，蜂蜜是少数几种可以让食物变甜的方法之一。它还能提供大量能量，并且易于消化。
- 蜂蜜也可以治疗咳嗽和喉咙痛，在紧急关头还可临时敷在伤口上。
- 蜜蜂同时也产蜡，这种物质对制造蜡烛、蜡封及防水服都很有用，还可以用来制成一面可重复书写的板子。
- 蜂蜜几乎可以无限期保存且完全不变质，所以，如果你想始终留点儿糖备用的话，蜂蜜是一个非常好的简单选择。

注意事项

- 野生蜂巢其实很容易找：只要在看到一只正在觅食的蜜蜂后，跟着它回蜂巢就可以了。
- 腐肉毒素孢子会污染蜂蜜，通常这也没什么大不了的，但是，婴儿极易受到这种物质的影响。因此，务必让你的宝贝们远离蜂巢（实际上，应当这么做的原因还有很多，不止这一条）。
- 在人类出现之前，就已经有动物在收集蜂蜜了。这没什么好惊讶的，毕竟蜂蜜是那么美味。像黑猩猩和大猩猩这样的灵长类动物会用木棍从蜂巢里挑蜂蜜吃。
- 公元前1万年左右，蜜蜂在美洲大陆上灭绝，但在1622年，欧洲殖民者重新把这个物种引入了这片大陆。

8.9 马

原产地

美洲、亚洲

首次出现时间

公元前 5400 万年（最早的像狗那么大的马）

公元前 1500 万年（体形大到可以骑乘的马）

公元前 560 万年（现代马的祖先）

驯化时间

公元前 4000 年

用途

- 人类驯化的最有用的动物之一。马可以提供肉、奶、皮、毛、骨头和药物（参见第 10 章）。此外，它们在体育运动、交通运输、战争和劳力方面也都很有用。
- 马拉犁（参见第 10 章）极大地提升了农业的耕作效率，也是你想尽快拥有的基础发明之一。
- 马鬃可以用来制作弦乐器（比如小提琴）的弓，马蹄煮沸后可以制成胶水——最晚到公元前 8000 年，人们就开始使用这种物质了。

注意事项

- 从被驯化开始，一直到 19 世纪，马始终是长距离运输的基本工具。在发明火车之前，马的最快奔跑速度就是人类可实现的最快移动速度！
- 用马制作胶水不难：马死后，将马蹄分解成小片，然后煮沸直到马蹄溶解，接着再加入一些酸（这匹马的胃酸就是一个方便选项）。这团物质最后会形成一块坚硬的树脂，当你要使用胶水的时候，只要往里头加些热水溶解它就可以了！
- 最早的马在公元前 5400 万年左右出现于北美，是一种聪明但个头和狗差不多的动物。所以，如果你正好被困在彼时彼处，虽然不能骑马，那你也能得到一些可爱的宠物。

8.10 美洲驼/羊驼

原产地

南美

首次出现时间

美洲驼和羊驼是骆驼的近亲，它们的演化历史也颇为相似，首次出现时间是公元前 400 万年左右。

驯化时间

公元前 4000 年

用途

- 美洲驼和羊驼可以提供肉、奶、皮和动物纤维，也可以充当劳力。
- 在公元前 1 万年左右，人类（除你之外）出现在美洲大陆上之前，美洲驼和羊驼是美洲大陆仅剩的驮兽。而在这之后，它们就成了南美洲仅剩的驮兽。

注意事项

- 和大多数哺乳动物不同，雌性美洲驼并没有固定的生殖周期，而是在交配后按照需要排卵。这对你来说真是很不错，育种工作可以稍微容易一些了！

8.11 猪

原产地

欧洲、亚洲、非洲

首次出现时间

公元前 600 万年（猪的早期祖先）

公元前 78 万年（野猪）

驯化时间

公元前 13000 年

用途

- 猪的肉和皮都十分有用，最特别的是，猪还能为人类提供牙刷。猪鬃是制作牙刷的绝好材料。由于人类的牙齿总会藏污纳垢，所以牙刷作为日用品的重要性显而易见。
- 人类的牙齿还有一个特殊之处：它们是我们身上唯一一种不会自行再生的组织。如果你的皮肤破了，它会自己愈合，但牙齿长成后就只能“坐以待毙”，任凭牙菌斑（牙菌斑其实就是各种食物残渣，只要你吃东西就不可避免，毕竟只要你还想活下去，就要吃东西）覆盖、侵蚀，直到彻底蛀掉你的牙齿。这听上去多荒唐啊，可是是真的。

注意事项

- 人类曾数次将野猪驯化成家猪，其中一次发生在公元前 13000 年左右的近东地区，还有一次则发生在公元前 6600 年左右的中国。如果你所在的时间点在那之前，那你就得知道，野猪在地球上的首次亮相是在公元前 78 万年左右的菲律宾群岛上，之后它们逐渐迁移到了欧亚大陆和北非。
- 食用猪肉时请务必小心：猪肉中含有大量（甚至可以说是多得“不正常”）的寄生虫和病原体，包括大肠杆菌、沙门氏菌、李氏杆菌、蛔虫、绦虫等。你也别太担心：只要确保在猪肉彻底煮熟后食用就没问题。

8.12 鸽子

原产地

欧洲、亚洲

首次出现时间

公元前 2.31 亿年（鸽子最早的祖先）

公元前 5000 万年（鸽子没那么危险的较早期祖先）

驯化时间

公元前 1 万年

用途

- 人类最初驯化鸽子时，是将其作为食用动物的——直到我们意识到哪怕把鸽子带到离原来的鸽巢 1 000 千米远的陌生地点，它们也能找到回家的路。此后，鸽子的功能变得更加多样化、高效化，比如，我们经常使用鸽子来传递信息。
- 在电报发明（1816 年）之前，“飞鸽传书”是少有的几种切实可行的长距离快速通信方法之一。

注意事项

- 鸽子是人类驯化的第一种鸟类！它们的祖先是原鸽——和其他所有鸟类一样，原鸽也是恐龙的后代。恐龙是一个数量庞大、形态各异、分支众多的物种，生活在公元前 2.31 亿年—前 6500 万年，几万名时间旅客曾乘坐 FC3000™ 时光机与它们安全邂逅。如果你不幸发现自己被困在这个特别的历史时期的话，你也可以以一种简单但更危险的方式与它们来一次亲密接触。

8.13 兔子

原产地

亚洲

首次出现时间

公元前 4000 万年（兔子的早期祖先）

公元前 50 万年（现代兔子）

驯化时间

公元 400 年

用途

- 我们很容易就能得到兔肉、兔毛：兔子体形较小，对猎人完全没有威胁，并且繁殖速度极快，快到人们通常将捕杀兔子视作控制它们数量以防泛滥的方法。所以，当你猎杀这种柔弱可爱且毛茸茸的动物时，也不用太内疚。
- 兔子对食物和生存空间的要求不高，所以我们完全可以在家里圈养它们，将其作为一种成本不高、方便快捷的肉类来源。
- 圈养和猎杀兔子非常容易，所以你或许会想把它们当成唯一的肉食来源，但是，请听清楚了：兔子肉的脂肪含量极低，而脂肪摄取不足的后果则是致命的——你有可能在肚子里满是兔子肉的情况下被饿死。食谱务必多样化：这一点很重要！

注意事项

- 兔子最早的祖先于公元前 4000 万年左右出现在亚洲，但你很可能熟悉的现代兔子（欧洲兔）是在公元前 50 万年左右出现于伊比利亚半岛上的。自那之后，它们一直没有迁移，后来才被人类带到世界各地。最后，这些现代兔子的身影出现在了除南极洲之外的所有大陆上！

• 将兔子引入新生态系统的做法通常非常糟糕：没有天敌的话，兔子会疯狂繁衍、泛滥，于是我们便得出了一个非常著名的说法。（这个非常著名的说法是："别把外来物种引入新大陆——你疯了吗？"）

8.14 绵羊

原产地

西亚

首次出现时间

公元前 2300 万年（绵羊和山羊的共同祖先）

公元前 300 万年（摩弗伦羊）

驯化时间

公元前 8500 年

用途

• 绵羊可以提供羊肉、羊毛和羊奶（羊奶是制作奶酪的好材料，参见第 8 章）。

• 绵羊是人类驯化的第二种动物，仅晚于可爱的狗。最初人类驯化绵羊是为了吃它们的肉，但到公元前 3000 年之后，人类的重点开始转向它们身上的羊毛。

• 在人类开始用蚕丝和棉花来制作衣物之前，大多数人身上穿的是皮革和羊毛做的衣服，所以，驯化、圈养绵羊真是为人类提供了许多方便！

注意事项

• 经过驯化和选择育种后，你所熟悉的毛超多的绵羊才出现。因此，如果你所在的时间点在公元前 8500 年之前，你是不可能看到这种动物的。但是，你可以找到摩弗伦羊，它们是绵羊的祖先。摩弗伦羊长着红褐色的短毛、白色的肚皮、雪白的腿和巨大的角。

- 在中东地区被首次驯化后，绵羊在公元前 6000 年左右来到了巴尔干半岛。到了公元前 3000 年，它们已经遍布整个欧洲了。

8.15 桑蚕

原产地

中国北部

首次出现时间

公元前 2.8 亿年（第一批变态昆虫出现）

公元前 1 亿年（第一批产丝的变态昆虫出现 [20]）

驯化时间

公元前 3000 年

用途

- 桑蚕用吐出的丝线结茧，而你可以在第 10 章相关内容的指导下纺丝。丝绸相当受人们青睐，这让桑蚕成了少数几种被驯化的昆虫之一。

注意事项

- 不过，桑蚕驯化的效果不是特别好：破茧而出的蚕蛾并没有长时间飞行的能力，且只吃人类喂给它们的食物。它们的生命非常短暂，只能活几天，在此期间，它们交配、产卵，之后便死去。

8.16 火鸡

原产地

北美和中美洲

首次出现时间

公元前 3000 万年（火鸡同鸡与其他鸟类“分道扬镳”，从进化树上分离出来）

公元前 1100 万年（最早的火鸡出现）

驯化时间

公元前 2000 年（在中美洲被驯化）

公元前 100 年（在北美被驯化）

用途

- 美洲并不是鸡的原产地，但火鸡很好地填补了这个空白。

注意事项

- 火鸡（和包括鸡在内的其他鸟类一样）会携带致命的传染病病毒，其中就包括可以变异传染给人类的流感。更多信息参见第 3 章。

8.17 海狸[①]

原产地

欧洲、北美

---

① 海狸是河狸的通俗说法。——译者注

首次出现时间

公元前750万年（北美海狸和欧洲海狸的共同祖先出现）

公元前210万年（体形像熊一样的海狸表亲在北美出现）

驯化时间

从未被驯化，甚至你连试都不要试，它们的牙齿一直在生长，所以它们只会把你拥有的好东西全都咬碎。

用途

- 海狸可以提供：肉、毛，以及被咬断的树——如果你愿意等并且不是很关心哪类树被咬断了的话。
- 为了标记自己的领地，海狸会分泌出一种名叫“海狸香”[①]（之所以这么叫，是因为人类曾经认为雄性海狸会咬掉自己的睾丸、自我阉割。这当然不是真的，我只是想告诉你更多人对这种动物的看法，而不是海狸自身的真实情况）。海狸香中含有水杨苷，这是一种人类可以使用的消炎药，也可用作止痛剂。
- 海狸香闻起来有香草味。正是出于这个原因，20世纪的时候，这种海狸的分泌物首次被添加进大规模量产的食物中，通常是打着“自然风味”的旗号。

注意事项

- 如果被困在过去让你感到头痛的话，你应该吃点儿海狸的香腺。香腺就是分泌海狸香的部位，位于海狸骨盆和尾巴之间皮肤下的腔体中，就在肛腺旁边。当你触摸该部位附近的时候，很容易找到香腺。
- 银柳的树皮中也含有水杨苷（参见第7章），所以，如果你附近有这种树

---

① 海狸香的英文“castoreum”字面意思是“阉割之物”。——译者注

且又不想吃海狸腺体的时候，可以用这个代替。

- 北美地区的原始海狸体形大小就和熊一样。它们于公元前 1 万年左右灭绝，和人类在美洲大陆上出现的时间一样。
- 北美海狸和欧洲海狸不能杂交：它们分开各自进化的时间很长，现在，它们的染色体数量都不一样了。这就是进化！太疯狂了！

8.18 蚯蚓

原产地

全世界（包括南极洲尚未被冰雪覆盖时）

首次出现时间

公元前 4 亿年[21]

驯化时间

从未被驯化：完全没有必要，因为它们已经免费为我们做了很棒的事。

用途

- 蚯蚓会钻进土壤里蠕动（蚯蚓幼虫可以挪动 500 倍于其自身重量的土壤！），这让它们成了对农业特别有用的动物：它们可以松土、给土壤通气、改善土壤的排水情况，并且促进植物生长。它们是土壤健康程度的简易判定标志：拥有很多蚯蚓通常意味着土壤十分肥沃，便于植物茁壮成长！
- 在贫瘠的土壤中，每平方米土地内只能找到寥寥数条蚯蚓；而在肥沃的土壤中，相同空间内能找到的蚯蚓也许成百上千。
- 蚯蚓还可以充当鱼饵，有节奏地敲击土地可以把它们“勾引”出来。有时候你能看到海鸥在土地上“翩翩起舞”，这就是原因！

注意事项

- 一条成年蚯蚓重 10 克左右，而每平方米肥沃土壤可以提供的生物质至少能满足 1 千克蚯蚓的需要。再乘以农田总面积，土壤底下蚯蚓的总重量甚至可以超过田地上放牧的动物总重量！
- 在冰河时期，冰川会刮走表层土壤并清除掉其中的所有蚯蚓。在最后一次冰河期（公元前 11 万年—前 9700 年），今加拿大大部分地区和美国北部的本地蚯蚓都灭绝了。由于蚯蚓的迁徙速度非常缓慢，现在居住在这片区域的蚯蚓实际上是外来品种的后代。1492 年，欧洲人发现美洲大陆之后，便把欧洲本土的蚯蚓引入了这片区域。

8.19 水蛭

原产地

欧洲、西亚

首次出现时间

公元前 2.01 亿年

驯化时间

你怎么会想驯化它？

用途

- 公元前500年，水蛭开始用于医学治疗，并且这个传统一直持续到19世纪末。在我们“血太多了”（其实并不是）的理论指导下，我们把这些蠕虫贴在自己身上，让它们吸自己的血，以达到（其实根本不能）治病的效果。这段黑暗、愚昧的历史未免也太长了些。
- 我们之所以要在这里提这种动物，是因为万一你被困的时间点正好落在这一段漫长的历史时期中，周围的人都觉得把这种食肉虫放在自己皮肤上可以治愈疾病，那你好有个心理准备，也有点儿应对措施。这么做不大可能对你造成什么危害（水蛭身上有许多寄生虫，但没有一种能在人体中存活下来），但有一点千真万确：这么做不会给你带来任何好处。

注意事项

- 实际上，在 20 世纪 80 年代，水蛭又短暂地回归了医学治疗。当时，人们发现水蛭唾液中的抗凝剂可以用在康复手术中。不过，我们很快便查明了它们唾液中拥有的这种特性的蛋白质，并且迅速合成生产。于是，我们又一次不再需要水蛭了。
- 所以，等到你的文明发明了外科手术之后，你可能会暂时用到水蛭。

8.20 虱子

原产地

全世界

首次出现时间

公元前 1210 万年（头虱和阴虱，和人类的出现时间相同）

公元前 19 万年（体虱，在人类开始穿衣服后才出现）

驯化时间

还是那句话：你怎么会想驯化它，你想搞什么大新闻？

用途

- 至少在中世纪之前，这种遍布全球的寄生虫在人类社会中非常普遍。只要是有人的地方，“虱子”或者说这种长得像昆虫的寄生虫，就很可能爬上你的头盖骨，吸食你的血液，接着在你的头发上产卵。

- 虱子这个物种和它们的宿主联系紧密，寄生到人类身上的虱子共有三类：头虱、体虱和阴虱。头虱和阴虱寄生在人类体毛中，体虱则生活在衣物上。
- 虱子还会携带传染病，比如斑疹伤寒。纵观人类历史，有几次瘟疫就是由虱子引起的。
- 你知道为什么在古典画作中，那些有钱的欧洲人总是带着巨大、搞笑的假发吗？那是因为他们身上的虱子实在是多到恐怖，只能剃成光头生活。其实，假发也还是会成为虱子的温床，不过在沸水中杀菌消毒毕竟容易得多。

注意事项

- 人虱的出现时间和人类一模一样。人类从黑猩猩祖先那儿分化出来的同时，人虱也从黑猩猩身上的虱子祖先那儿分化出来了。所以，根本不存在一个你可以找到人类但不存在虱子的时代。抱歉了！
- 史上最严重的瘟疫往往在冬季爆发。这是为什么？因为那个季节会有更多衣不蔽体的人扒下死人的衣服给自己穿上。只要有一个人穿的衣服上带有受病毒感染的虱子，就有可能引发一场波及整个城市的瘟疫。千万不要穿死人的衣服，尤其是那些死于疾病的人，除非你先把衣服煮沸。

8.21 蚊子

原产地

本来是撒哈拉以南的非洲，现在则全球都是

首次出现时间

公元前 2.26 亿年（最早的蚊子）

公元前 7900 万年（现代蚊子）

驯化时间

别再问驯化人体寄生虫的事了，求你了。

用途

- 蚊子是一种对人类完全没用的动物，偶尔也会携带病毒和寄生虫，并在你睡觉时会把疟疾传染给你。
- 这是一种在水中生长、可以飞行的群体性体外血液寄生虫，真的太可怕了！
- 蚊子是少数几种尽数消灭不会对地球产生任何负面效果的动物之一：它们在生态系统中扮演的角色（作为鸟类的食物，进行少量的授粉工作）已经被其他昆虫取代了。它们灭绝后，唯一的结果是：死于疟疾的人类会越来越少。

注意事项

- 蚊子无处不在，遍布世界各地，除了南极洲、冰岛以及一些小岛。可怕！
- 蚊子的出现时间早于人类，甚至早于恐龙，所以，在任何有人和你聊天或者有奇异生物值得你看或追着你的时代，都同时有蚊子存在。真是谢谢你了，我的地球！
- 如果你正在秘鲁寻找金鸡纳树（参见第 7 章），那我要告诉你，它可以治疗蚊子传播的疟疾。

基础营养学——为了避免死得太快，你得知道自己应该吃什么

曾经，你因为吃了太多预包装、预加工食品，所以会不自觉地担心这么做是否会对身体产生危害。

好消息是：现在你再也不用担心这些事了！

说起营养学，这又是一个人类花了很长时间才取得一些基础进步的故事。1816 年，人类注意到，如果强迫狗只吃糖类食物，它们仍然会饿死，这才意识到蛋白质的重要性。[①]1907 年，一系列为期 4 年的实验开始了：研究人员将奶牛分成不同的小组，每个小组只喂食一种奶牛平时常

① 一位名叫弗朗索瓦·马让迪（François Magendie）的生理学家开展了这项实验。如果你觉得这项实验有些残忍的话，那你肯定不想了解马让迪的活体解剖讲座。在讲座上，他会把活蹦乱跳的动物拿上讲台，然后对其进行活体解剖，并仔细为听众讲解。即便是那个时代的人也无法忍受马让迪的这种残忍行径。最关键的是：这些实验完全没有必要！你不必重复其中的任何一个！它们实在是太疯狂、太残忍了！

吃的谷物，组与组之间喂食的谷物各不相同。人们最后得出的结论是：每种食物所含的营养成分均不相同。1910 年，我们才开始弄清楚维生素究竟是什么。尽管希波克拉底（公元前 400 年左右，希腊）和孙思邈（650 年左右，中国）早已创造出了饮食指南，但是，大部分国家直到第二次世界大战（1940 年）期间才开始大规模引入这种饮食指南，将其作为一种战时配给制度。至于在食品包装上贴上营养成分表的做法，更是直到 20 世纪末才出现。实际上，即便是在今天，各个国家的饮食指南给出的营养摄取建议仍然各不相同。所以，对被困在过去的你来说，是否还有希望吃得“好”点儿呢？

实际上还是很有希望的。虽然细节方面会有些变化，但现代饮食建议的核心内容——在食物（哪怕是没多少营养的加工食品）供应较为充足的时代背景下讨论——这些年都没有变，可以归结为如下 3 点：

1. 别吃得太多。
2. 多锻炼。
3. 多吃对身体有好处的食物，比如水果和蔬菜。

考虑到你所处的环境，前两点对你来说应该不是什么问题，所以，我们来详细说说水果和蔬菜吧。一份理想的食谱应该包括以下几点：

- 食用足量水果和蔬菜，通常来说，它们对身体很有好处，哪怕吃起来不如牛排那么美味。
- 摄入适量脂肪和油，不能吃太多，因为它们对身体没什么用，哪怕吃起来真的和牛排一样美味。
- 食谱范围要广，什么都得吃点儿，因为多样化的食谱可以最大限度地保证你广泛摄取各类维生素和矿物质，包括各种人体不需要太多但偶尔还是得摄入的微量元素。

- 适量食用盐和糖，不能吃太多，因为盐和糖虽然可以让食物香甜可口，但摄入太多对身体有害。
- 任何东西都不能多吃，因为无论是什么，吃多了都会要你的命。（**水喝多了都会死人**。这可是真的，我可不是在开玩笑。）

严格按照这个食谱进食，你很可能会错过预加工食品的诱人口味。要知道，它们可就是为了尽可能好吃而设计并大规模生产的工业产品。但你不会错过这些食品给你身体带来的营养成分。除此之外，你也不用太担心自己的饮食习惯。在你所处的环境中，你恐怕不得不节制饮食，暴饮暴食是完全不存在的，并且至少在未来几年中，你的生活方式必然是健康向上的——想不运动都不行。你也不太可能在短时间内吃到裹着面包和奶酪煎炸的美味鸡块。[①]不过，我们还是有必要阅读下面列出的维生素简介表。这样，你就知道如何确认并纠正突然出现在自己或别人身上的维生素缺乏的症状了。

在1910年之前，人类所知的有关维生素的全部知识就是：某些特定的食物可以给我们带来一些与众不同的好处。公元前1500年左右，古埃及人在不知道维生素A为何物的情况下发现，吃一些动物肝脏有助于提升夜视能力，但他们并不知道维生素A是什么；而15世纪，欧洲人就已经在不知道维生素C为何物的情况下发现，食用新鲜的食物和柑橘属水果有助于预防坏血病。然而，可悲的是，在这场"错误却不好笑的喜剧"中，欧洲人——通常自视聪明——在接下来的500多年里，成功地做到了遗忘这个知识之后又再度发现它，如此反复至少7次之多，时间分别是1593年、1614年、1707年、1734年、1747年、1794年，并最终在1907年的时候，

---

① 实际上，你得先驯养鸡（参见第8章）、做出面包（参见第10章）、做好奶酪（参见第10章），再用上那部榨油的机器（参见第10章），才能再度召唤出如此美味的小食。

终于意识到了这个现象背后的本质。[①]

维生素是人类赖以生存、必不可少的化合物，但人类又不能自行生产维生素。[②]它们确实对你的健康影响极大，但要想保证你的营养摄入良好、全面，只摄取维生素并不够。否则，在我们这个有能力生产民用租赁时光机的乌托邦世界里，晚餐只要服用一粒维生素含片就可以了。详细说来，你还需要摄入碳水化合物及纤维（可通过谷物、水果和蔬菜摄取）、蛋白质（可通过豆类、蛋类、奶类、肉类以及含有氨基酸的食物摄取）、脂肪（可通过肉类、奶类、蛋类和坚果类摄取），当然，我们还必须喝水。下表完整

---

① 为什么会出现这种情况？主要还是因为人与人之间的交流不畅，科学还不够昌明。人类是少数几种不会自行生产维生素C的动物之一，但我们很擅长从食物中摄取这种微量元素并将其储存在体内。靠着这些“存货”，我们可以在坏血症症状出现前坚持大概4周。关键在于，维生素C一旦受热（即一经烹饪）或是直接暴露在空气中就会迅速分解，所以任何加工过的食物或者预加工保存的食物都不可能含有维生素C。早在15世纪，意大利水手就已经知道食用柑橘属水果有助于预防坏血病，而部分葡萄牙水手甚至已经在航线沿岸种植柑橘类果树了，但是这些知识后来都失传了。之后，它们又被重新发现却没有引起重视，因为这些知识和当时对坏血病的主流看法相抵触。那时的人们认为，坏血病是一种“因消化不良而产生的体内化脓引起的疾病”。1800年前后，英国舰队确实曾短暂地使用柠檬作为应对坏血病的良方，但在1867年，他们抛弃了这个正确的做法，转而饮用用酸橙榨出的果汁。这种果汁的维生素C含量更低，并且一旦接触空气、光线以及船上的铜管，就会迅速分解，所以到最后，水手们实际能从果汁中摄入的维生素C几乎为零。然而，就在1800年至1867年的这半个多世纪里，大幅提升船只航行速度的蒸汽机大规模地投入了应用，大多数水手出海的时间减少了，再加上岸上的伙食有所改善，水手摄入的营养更丰富了，坏血症出现的频率变得越来越低了，酸橙汁其实无用的事实也就被掩盖了。因此，当长途航行中的水手再度出现坏血症症状，而传统的酸橙汁疗法又显然不起作用时，一种新理论异军突起：也许是因为水手们食用了没有密封好的罐头肉，结果出现了食物中毒的症状，这才引起了坏血病；坏血病甚至有可能是卫生状况不佳或水手们士气低落才导致的。1907年，研究人员在小白鼠身上进行实验，很幸运，这种动物也是少有的几种会罹患坏血病的非人类动物之一。欧洲人这才（再度）发现食用新鲜食物和柑橘类水果可以治疗坏血病，而这一次，这个理论总算坐实了。人类历史上出现过很多可以轻松避免且极易治愈的疾病，这其中，坏血病导致的死亡案例最多，创造了最多的悲剧，造成的影响也最大。

② 维生素D是个例外：只要晒晒太阳，我们的身体就会自己产生维生素D。还有一些维生素K也能在体内产生，但产生这种化合物的并不是你自己，而是生活在你消化道中的某些细菌。

列出了各类维生素的名称、来源以及摄入不足时会出现的后果。请务必用心“吸收”并“消化”这些信息。

表 11 各类维生素简介表

维生素	来源	摄入不足的后果
A	肝脏、橙子、奶类、胡萝卜、甘薯、多叶蔬菜	夜盲症，并可发展为全盲
B_1	猪肉、糙米、全麦、坚果、种子类食物、肝脏、蛋类	消瘦、食欲下降、晕眩、肌肉萎缩、心脏功能下降、无法控制的眼动
B_2	奶类、香蕉、青豆、蘑菇（但某些有毒蘑菇的毒性真的很强，所以千万要小心）、杏仁、乌鸡肉、芦笋	舌炎（舌头红肿、疼痛）、喉痛、唇裂、阴囊炎（外阴部出现油性、鳞屑状皮疹）、眼部充血
B_3	肉类、鱼类、蛋类、全谷物、蘑菇	痢疾、皮肤炎、痴呆。这里我们所说的“皮肤炎”是指“皮肤褪色、变白，之后还会脱落”。缺乏维生素 B_3 还会产生其他症状，比如对日光过敏、变得具有攻击性、晕眩以及脱发
B_5	肉类、青花菜、鳄梨	会让你产生慢性麻痹感和针刺感，或者让你时不时地觉得皮肤下有虫子在爬，也可能两种感觉同时出现
B_6	肉类、土豆（带皮）、蛋类、肝脏、蔬菜、树上结的坚果（基本就是除花生之外的所有坚果，严格讲，花生甚至不能称为坚果）、香蕉	贫血（不仅如此，人体内血液的携氧能力也会下降，会令人头晕目眩甚至昏厥）、神经损伤
B_7	蛋黄（生）、肝脏、花生、杏仁、多叶绿色蔬菜	头发无法正常生长、皮肤无法正常生长，你还会出现腹痛、痉挛、腹泻、恶心等症状
B_9	多叶蔬菜、甜菜、橙子、面包、麦片、小扁豆、肝脏	细胞无法正常分裂。这必然会导致诸多问题，比如易疲劳、呼吸急促以及轻度头痛。如此种种的最终后果将是神经损伤、行走困难、抑郁或痴呆
B_{12}	肉类、家禽、鱼类、蛋类、肝脏及奶类。这就是说，如果你是素食爱好者，那你能摄取维生素 B_{12} 的食物来源就只有奶类和鸡蛋。如果你是严格的素食主义者，那么……也许你应该先了解一下维生素 B_{12} 摄入不足的后果，然后结合自己的现实处境，最后再决定是不是要稍微妥协一下	上面所列的缺乏维生素 B_9 会出现的一切症状，以及脊髓萎缩

（续表）

维生素	来源	摄入不足的后果
C	新鲜食物，尤其是橙子及其他柑橘属水果	坏血病。在前文，我们已经介绍过相关情况。得了坏血病后，人的头发会蜷曲、会变得容易受伤且伤口不易愈合、牙齿会松动，连性格都会改变，最后等待你的就是死亡
D	鱼类、蛋类、肝脏、奶类、蘑菇	佝偻病、软骨病，这两个都不是什么“好”症状
E	多叶绿色蔬菜、鳄梨、杏仁、榛仁、葵花籽	说实话，要“做到”缺乏维生素E还是挺难的，但如果你真的完成了这个“壮举”，就可能不孕不育且神经受损！
K	花椰菜、卷心菜、深色绿叶菜（如羽衣甘蓝、甜菜叶、菠菜）、蛋黄和肝脏	皮肤上会出现红色斑点，眼部四周出现熊猫眼一样的擦伤

维生素的编号并不连续（比如维生素B_4和维生素F就不存在）。原因是这样的：一开始我们确实给某些物质起了“维生素B_4”、“维生素F”这样的名字，但此后我们又发现，其实它们并不是维生素，结果就成了现在这样了。在1909年之前，大家都没能弄清楚这张表！

如果表中所列的可怕疾病仍旧不能说服你吃蔬菜（其实还包括动物肝脏，很奇怪吧？上表中肝脏的出现频率或许超过了你的预期，因为它们的维生素含量确实很高①），那么估计也没什么能够改变你的想法了。[22]

① 实际上，有些动物肝脏的维生素含量简直称得上“超高”！在你准备食用此前从未吃过的食物之前，你都应该使用第6章中提到的“通用可食性测试”，否则，一旦被困在某个时间点及地点，你就有可能在完全不知道有何风险的情况下误食海豹肝。海豹肝的维生素A含量极高，实际上，仅食用海豹肝就会导致维生素A摄取过度。结果就是，你会患上“维生素A过多症”（过度摄取维生素D、E、K也会出现相应的过多症）。症状包括头晕目眩、骨痛、呕吐、视力变化、脱发、皮肤瘙痒甚至脱落。实际上，危险的不仅是海豹肝，那些以海豹作为日常食物的动物，比如北极熊，它们的肝脏同样对人类有毒，因为储存了海豹体内的所有维生素A。）

10 可以用技术手段解决的人类基本诉求

你完全可以假装本章所介绍的技术都是你自己发明的。

你现在所处的位置堪称独一无二，极少有人会在清晨醒来后，想着要从零开始创建文明。纵观人类历史，大多数人在清晨醒来后，只会觉得饿、渴、无聊或者是想做爱。在努力解决这些问题的过程中，他们只是在偶然间创建了文明——如果他们真的能创建文明的话。

在本章中，我们列出了历史上最常见的人类基本诉求。同时，我们还介绍并从基本原理上解释了能够解决某个基本诉求的相关技术（你完全有能力发明它们）。令我们感到欣喜的是，这份清单其实也是你在创建文明过程中需要用到的最有用的技术清单，简直是一举两得！

我们略过了一些重要技术，完全没有提及。这是因为，我们觉得你肯定已经相当熟悉这些技术了，比如轮子（如果你连轮子是什么都不知道的话，那就别想着从零开始再现文明了①）、用火烹饪食物（生火技术早在晚期智人出现之前就已经发明了，所以，哪怕你自己做不到这点，你附近的人类也很有可能会这项技术②）以及法式舌吻（如果你还没试过，那可得赶紧找人试试！只要找对了人，那感觉可不坏）。

我已按照人类基本诉求的需要将本章中介绍的技术分组，方便你仔细研究那些概念相近的发明。如果你有什么特别想优先发明的技术，可以参考附录A中列出的技术树：它会告诉你快速解锁所有这些酷炫的技术需要哪些前置技术。

最后，本章介绍每项技术时都会引用一句话，这些引用至少和我们讨论的这项发明有些许关系，署名有两个：一是在你那条新时间线上第一个说出这句话的人（也就是你）；二是在未被改变的原初时间线上第一

① 好吧，没事，我还是解释一下吧，万一你不知道呢？轮子就是你可以借着滚动前进的一种东西，它们长这样：○。

② 不过，要无中生“火”确实是件麻烦事，所以下面我们就向你介绍只需要用树木和决心就可以生火的技术。首先，收集一些易燃材料：干燥的树叶、松针叶、内层树皮、干草等。这些就是你生火的引子，你可以把它们堆成巢穴状的一小堆。再收集一些铅笔尺寸的树枝，它们就是你的柴火。点燃后，这些树枝会比那堆引子烧得更热、更久，但它们不如引子易燃。之后你就要收集燃料了，比如枯木，你可以靠它们让火持续燃烧下去。基本战略方针是先找到两根看上去很容易就能点燃的干燥树枝。一根放在地上并找到上面的凹处，用力将另一根树枝插在里面，接着就开始不停转动上面这根树枝，边转边用力往下钻。你的目标就是要尽量摩擦以点燃这两根树枝。这活儿肯定很累、很无聊而且耗时很长，但最终，摩擦会让这两根树枝阴燃，产生一股小火苗。接着，请把火苗转移到那堆巢穴状的引子之上，轻轻地对着它吹风以促进燃烧，多加点儿引子，再加入柴火，最后添加燃料让火焰持续燃烧下去。当你用这个方法生起第一个火堆之后，你肯定又累又气，绝对不想再干一次。因此，你就会转而选择一个相对轻松的活儿：努力维持现状，让自家“烟火”传承下去。于是，这句俗语就出现了：“让烟火永远烧下去，因为熄灭后再点燃实在是太费劲儿了，我可不想再干一次。”生好火之后，烹饪的技术也就随之解锁了。对人类来说，烹饪的功能既像是我们体外的牙齿（将食物煮软，意味着你可以不用咀嚼那么长时间了），又像是体外的内脏（让食物变得更易消化，令其所含的许多营养物质更易被人体吸收）。不过，并非所有的营养物质都会在烹饪后变得更易被人类吸收，维生素C就很容易在烹饪过程中分解，所以，你总是得生吃一些蔬菜和水果。

个说出这句话的人。随心所欲地“剽窃”这些创意吧，把发明它们的功劳都据为己有，在发表演讲时用这些“警言妙句”给自己增光添彩。正如你总是挂在嘴边的那句话（很快你就会这样了）：格言是智慧可靠的替代品。[①]

① 1931 年，威廉 · 萨默塞特 · 毛姆（William Somerset Maugham）说过这句话。不过，你将先于他说出这句名言。另外，背诵这些格言的时候，如果任何人对你说，你在浪费时间，不要听！正如安托万 · 德 · 圣–埃克苏佩里（Antoine de Saint-Exupéry）所说：“正是因为那些为玫瑰花浪费的时间，才让它们变得如此重要。”你不妨把这句话的版权也划到自己的名下。

10.1
我渴了

在这个星球的大部分地方都能发现水，但并非所有水源都可以安全饮用。**木炭**就可以解决这个问题：它可以帮你过滤水。但木炭的作用可不止这些，实际上，它的功能非常多，绝对是你用木头和地上的一个洞就能制作出来的最有用的一种物质。然而，木炭并不能把海水转变成可以饮用的淡水。要做到这一点，你还需要**蒸馏**技术。除了蒸馏海水之外，蒸馏技术还可以应用于其他各个领域，比如建立文明所需的化学领域以及净化酒精，你应该把这项技术放在“需要立即发明的与食物相关的技术列表”的前列。

在阅读本章内容的过程中，你可以自由地在自己的脑海中构思这么一张技术列表。

10.1.1 木炭

人类通过不断焚烧一切可烧之物，将各类高等植被降级成木炭，为我们在地球上的扩张行动提供了燃料。

——你（以及W. G. 塞巴尔德）

木炭是什么

木炭是一种更轻、更致密也更有用的木头，木炭燃烧后产生的高温可以炼钢。[1]除了可以用来锻造十分有用的金属之外，木炭还能够吸附其他物质，因此可以用于过滤水、气体以及稀释你服下的任何毒素。另外，如果你想写字、绘画，那么木炭也可以派上用场，你可以用它来制作优质的颜料。

如果没有木炭

没有木炭，你就不能融化玻璃，也不能锻造那些非常有用的金属，因为你生的火温度不够高。这就意味着，你的文明只能使用一小部分不那么有用的物质材料。此外，祝你在饮用那些带有多余沉积物并因此口感、味道异常的水时好运——没有木炭的话，这种好运显然不会出现！

最早发明时间

公元前 3 万年（用于创作岩洞壁画）

公元前 3500 年（用作燃料）

前提条件

木材

如何发明

生火需要三个条件：燃料、热量以及氧气[2]。将任何燃料（比如木材）放在一个充斥着热量和氧气的地方，你就能生起火来。不过，如果你把木头放在某个热量充足但氧气极少的地方，就会产生一种不同于起火燃烧的反应。这种反应的名字叫作“干馏”，虽然干馏的过程不如观看起火那么有

---

① 普通木头燃烧时只能达到 850℃左右的温度，而木炭可以达到 2 700℃。

② 好吧，理论上说，你需要的是助燃剂，不一定就得是氧气。不过，鉴于你目前所处的环境，我们就直接假设你的焚烧行动依靠的是氧气——它充斥于你周围且无须任何代价就能取得，而不是诸如三氟化氯这样的特殊助燃剂。

趣，但这项技术可能要比燃烧更加有用！

在干馏的过程中，木头中的水分和杂质都会在不发生燃烧的情况下蒸发，留下更纯净的燃料：精炼炭块。[1]这就是你的木炭了！你或许还能在火堆留下的灰烬中偶然发现一些木炭（公元前 3 万年，人们就是通过这种方式收集了大量木炭并用于在岩壁上绘画），不过，如果你在本章开头了解到了木炭的巨大作用，就很可能想要特意制作一些木炭了。

既然你现在身处地球（在这个地方，无论你身处哪个历史阶段，只要你能活着看到这里而没有窒息，那就说明氧气很充足），想要控制生火时的氧气供给，就是个很伤脑筋的活儿。你需要充足的空气，足以维持火焰燃烧且将没有燃尽的木头全部变成木炭，但空气又不能太多——火势太过凶猛不但会焚烧木头，还会将刚制成的木炭一起燃尽。

现代制作木炭的最简易方法之一是：在开有一个大小可调孔径的钢制容器内生火即可，这样一来，就只有少量氧气能够进入反应腔。有些木头作为燃料被焚烧了，其余一些则变成了木炭。很简单吧？但是，这个制作木炭的过程要用到钢，而制作钢又要用到木炭，你就会陷入一个鸡生蛋、蛋生鸡的难题[2]中。别担心：我们会先生产出木炭从而彻底规避这个问题，而用到的原材料不过是木头、火、树叶和土。

有一个生产少量低纯度木炭的偷懒方法：在地上挖个洞，然后在里面点燃木头就可以了。当木头开始稳定燃烧之后，往里头再加点儿木头（这些新加入的木头很可能变成木炭），然后铺上 20 厘米厚的树叶堆，再在树叶堆上铺 20 厘米厚的泥土。如此一来，火焰就会在地下燃烧，两天后你就可以把自己的战利品挖掘出来了。不过，你对木炭的需求量应该会超过“挖个洞然后回来扒开”这个懒人方法所能提供的数量。你会用到一间专门的窑洞、一台专门用来生产木炭的机器。

首先，收集一捆原木。原木上不能有树枝和树叶，并且最好已经在太

---

① 这种炭块的纯度取决于制作者技艺的高低，一般在 65% 至 98% 之间。

② 要想知道究竟是哪个先出现，请查阅第 8 章的相关内容。

阳底下晒干。如果你想生产用作燃料的木炭，那就使用硬木（烧起来温度更高）；如果你想生产用来滤水的木炭，就选用软木（气孔更多，可以吸收更多杂质）[①]。请找来一根两米长的杆子，插在地上——这就是火堆的中心。把那些较小的原木（大概直径 10 厘米）以互相垂直的方式叠放在地上从而形成一片网格。然后再将这片原木网格延伸出去，直到在木头周围形成一片大体成圆形且直径 4 米左右的平缓区域。这就是你的工作台。

把那些准备烧成木炭的木头放在平台上，捆得越紧密越好。把较长的木头（长达两米的那种）靠着你插下的中心杆垂直放置，把较短的木头靠着长木头垂直放置。你的目标是构建一个大体成圆形、约 1.5 米高、能尽可能多地容纳木头的木堆，木堆中央伸出你插入的那根两米高的杆子。木堆准备停当后，立刻覆盖上一层稻草或树叶，之后再在上面添上一层沙子、泥土、草皮、泥炭、黏土或者别的什么东西，形成一层 10~20 厘米厚的密封层。别忘了在木堆上留出几个通风孔：在燃烧期间，你可以通过堵上或疏通这些木堆上的通风孔来控制火势的大小。

做好点火的准备后，你要爬上木堆，抽出中央那根两米长的杆子，留下的空间就是烟囱[②]。把已经点燃的木头或者灼热的灰烬从烟囱处扔进去，点燃整个木堆。当你看到烟囱里有白烟冒出时，就表明木堆已经起火了。在焚烧期间，请注意感受外侧木堆的温度：如果似乎比较凉，就打开通风孔；如果比较热，就关闭通风孔。这么做的最终目的是保证你永远不会看到某处出现通红的火焰。你需要尽力保证整个木堆均匀地燃烧。如果密封层出现了缺口，要立刻补上，以保证密封层完整。

那么烧炭行动该在什么时候结束呢？这和你所用木材的品种、湿度，

---

① 硬木通常来自那些生长速度缓慢的阔叶木，比如橡树、枫树和胡桃。软木通常来自那些生长迅速，长着针形叶、球果，会流出树液的常青树，比如云杉、松树和雪松。现在，你已经知道这些知识啦！你可以理直气壮地告诉别人如何给树木粗略分类了，无须在这件事儿上故作镇定，实则满口胡诌！

② 如果你觉得自己的力气不够将这根两米长的杆子从地上拔出来，那准备工作开始时就不要放置这玩意儿！只要你记得在木堆中央留出这样一个杆子戳出的洞，就可以了。

木堆的大小以及燃烧的快慢有关。准确掌握何时停止烧制既是一门艺术，也是一门科学，并且可能需要你尝试几次才能掌握其中的门道。如果你结束得过早，生产出来的木炭数量就没有那么多，如果你结束得太晚，木炭则会被全部烧成灰烬。如果你决定结束烧制，那就把通风孔和烟囱封起来，切断木堆内部的所有氧气供应，借此熄灭火焰。此后再让木堆自然冷却。几天后，你就可以打开木堆，收获木炭了。打开时，记得在身旁准备些水，以防因氧气突然涌入而燃起的火焰。如果一切操作正确，转化率大概是 50%（也就是从体积上说，10 份木头可生成 5 份木炭），但是如果制炭人技艺精湛、操作得当，就能将转化率从 50% 提高到 60%，如果能用上特殊火焰控制器的话，甚至能将产量提高到 80%。[①]

这些听起来工作量很大啊！没错，事实就是这样的。这份烧炭的活儿很容易就会变成一份全职工作，当你的文明已经允许这种程度的专业分工出现时，你就会想雇人专职从事这项工作。如果你想把烧炭当成一件定期进行的常规工作且已发明砖块（参见第 10 章）和水泥（参见第 10 章），就可以用砖块替代树叶和尘土，并留出可供出入的“门”来，在木堆燃烧时可以（暂时）砌砖把“门”封上。这样，你就把原来那个功能单一的临时大炭窑升级到了永久的版本。

当我们木头进行这种干热处理时，木材内部会析出黏稠的树脂和松香并形成焦油。焦油可是个好东西！这种物质黏稠又防水，既可用作黏合剂也可用作密封剂，并且特别适合用来修补漏水和腐烂的船只（参见第 10 章）和屋顶。你很可能想要建造一间可以生产和收集焦油的特制炭窑：在普通炭窑中加设一个有出口的倾斜层，就可以方便地收集焦油了。当然，并非所有树木都富含树脂，那些出产树液的树木是最佳选项。松树是生产

---

① 完美的 100% 的转化率是做不到的，因为必须点燃一部分木头，才能为后续的剩余木头烧成木炭提供热量。抱歉！热力学定律即便在遥远的过去也同样适用！（不过，热力学定律在更遥远的过去却不适用，比如大爆炸之前，但那会儿也没有木头，所以还是别妄想获得 100% 的完美产量了。）

密封剂焦油的好材料。另外，早在公元前4000年左右，人们就开始用桦树皮生产口香糖了。焦油中还含有称为“酚”的防腐化合物，因此可以作为黏合动物蹄、动物角的简易黏性绷带使用。

最后，我们还要提出一个警告：由于木炭实在太有用了，一旦大家都知道了将木头烧成木炭的技术，人们就很可能发疯般地砍伐树木，最终导致大规模的森林开伐。这种情况在16世纪的欧洲发生过，当时因森林采伐过度而导致木材稀缺，人们便转而开发更难开采利用且更加稀少的燃料能源，比如煤炭。[①]

10.1.2 蒸馏

文明自蒸馏发明的那一刻起才开始。

——你（以及威廉·福克纳）

蒸馏是什么

蒸馏是一种通过先加热后冷却的方法净化或浓缩由两种（或更多）液体构成的某种物质的技术。这项技术的原理是：不同液体的沸点不同。

如果没有蒸馏技术

没有蒸馏技术，我们就无法净化、提纯液体。蒸馏技术真的非常有用——不止将酒精转化成烈酒这一个用处。蒸馏技术还可以用来淡化海

① 如果你能用矮林平茬法合理利用树林资源并保证木材的长久供应，而非一股脑地把树木都砍光（参见第7章），就可以避免使用化石燃料，从而规避人为导致的气候变化。虽然煤炭和木炭都是碳素燃料而且燃烧时都会释放二氧化碳，但煤炭释放到空气中的碳化物在地球上已储存了几百万年的，因此完全可以改变现代地球大气的组成，而木炭和木头释放的碳化物最多只储存了几十年。当你的文明发展到木炭已经无法满足能源需要时，你或许可以直接跳过化石燃料阶段，转而使用危险性更小，也更能保护生态、阻止冰盖融化、阻止海平面升高、阻止海岛沉没、不易导致大规模负面不可逆气候变化的清洁能源，比如生化柴油、植物油、氢能源等。

水（把海水转化成可以安全饮用的淡水），同时也是分离化学物质的关键技术——许多化学物质你马上就要用到了，所以懂得如何净化、提纯，是非常重要的。

最早发明时间

100 年（用于炼金术。当时的炼金术士认为，可以把一些像铅这样的贱金属提纯为像金这样的贵金属。他们甚至可能认为自己炼制出来的这些玩意儿包治百病并且可使人永生。这种尝试注定失败，原因有很多，其中包括：铅和金根本就是完全不同的元素，而不是某种物质的纯净版和非纯净版；长生不老是做不到的，因为我们生命的基础就是这个有缺陷、不断衰老、时常出毛病的躯体；引发疾病的病因涉及许多方面，包括环境、遗传、心理状态等诸多因素，因此，能够包治百病的药物也是不存在的。欧亚大陆、非洲大陆、美洲大陆这三块大陆上的人类都在炼金术一事上浪费了 4 000 年，我们现在只能将这段历史描述为“一场对人类才智、生命、精力的巨大浪费”，除蒸馏技术外，这段“奋斗史”几乎[①]一无所获。而且即便是蒸馏技术，人们也花了 1 000 年才意识到可以将其应用于制备饮品。而你*只要不浪费时间*，就能比我们的祖先做得更好。）

1100 年（用于制作美味的酒精饮料）

---

① 我们这里之所以用“几乎”这个词，是因为在 1669 年，一位名叫亨尼格·布兰德（Hennig Brand）的炼金术士花费了两任妻子的巨额财富，只为找到点石成金的法子。他认为可能，*只是可能*，你可以通过下面这个方法得到黄金：将 5 500 多升人类尿液静置直到它们闻起来糟糕透顶，煮沸这些变质的尿液，将其浓缩成“糖浆”，继续加热直到有红油析出。把这些红油分离出来，将剩下的浆液自然冷却并分离成两层（上层呈黑色、海绵状；下层更咸、颗粒化更严重）。将红油加回上层这种海绵状物质，丢弃下层部分。再次加热 16 个小时，之后将这个过程中产生的气体注入水中。这个方法并不能生产黄金，但确实能生产一种物质，布兰德称之为“冷火”：一种会在黑暗中发光的化合物，其中含有尿液天然包含的成分——磷。这让磷成了人类有史以来发现的第一种新元素。如果你想要重复这个过程，那就得记住，静置尿液直至变质这一步骤不仅非常恶心并且毫无必要，而布兰德丢弃的那部分其实含有尿液中的大部分磷。把这条记在你的配方里，你的磷产量会大大增加！

前提条件

火，用于制作桶或金属碗的木材或者金属（参见第 10 章），以及你要蒸馏的液体：酒精（参见第 10 章）是个不错的开始。

如何发明

我们刚刚说过，你需要一个桶，但实际上你得把桶的盖子和底都拆掉，所以这其实是根管子。把你想要蒸馏的液体放入碗——这只碗最好和桶一样宽——中，这只碗会被放到火上烤。我们先把桶放在碗上，在桶的顶部再放另一只碗，蒸馏开始前，你得把它装满冷水。当桶底那只碗内的液体沸腾时，蒸汽就会上行，触到上方那只盛满冷水的碗的底部。于是，这些蒸汽就会凝结，就像装着冷饮的玻璃杯外面附着的那些水一样。现在，你所要做的就是再拿出规格小些的第三只碗，用来接收那些从顶部那只碗上滴下的凝结的液体，最好能在这只碗上开一个洞，从而把这些液体接到桶外。（如此一来，你就不用为了移出装满了冷凝液体的第三只碗而每隔几分钟就打开桶以及重复操作了。）这就是蒸馏的全过程！你所做的其实是捕捉蒸汽，将其冷凝成液体，再把冷凝液体从热源处移走。桶在这个过程中并非必需品——它的作用是防止蒸汽逃逸，从而提高蒸馏效率。但真正不可或缺的其实是那三只碗：一只“热”碗用于煮沸液体，一只“冷”碗用于

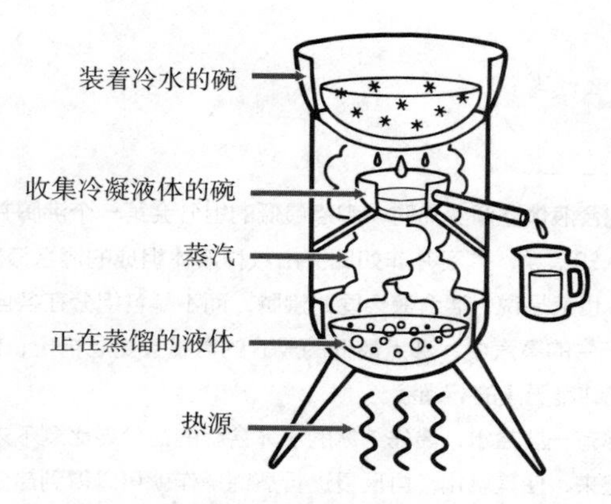

图 13　只保留核心元素的蒸馏过程示意图

冷凝蒸汽，一只“常温”碗用于收集冷凝液体并导出。

蒸馏之所以能起作用，是因为不同液体的沸点不同，因而煮沸混合液体所产生的蒸汽的各组分含量与原初混合液不同：蒸汽中含有更多沸点较低的液体。[①]通过反复蒸馏，混合液中沸点较低成分的含量就会越来越高，也就是该成分的纯度越来越高了！

如果你所在的区域比较寒冷，那么你甚至可以不借助火源就完成蒸馏的操作！这个过程称为“冷冻蒸馏”，非常简单：只要把混合液放在寒冷的室外，静待其结冰即可。率先结冰的液体凝固点最高，把它们结成的冰去除后，剩下的液体就是你要的浓缩液了！[②]

常规蒸馏法和冷冻蒸馏法都可以将盐水分离成可饮用的淡水（对生存很有帮助）和盐（既可以调味又可以保存食物，参见第 10 章）。它们在蒸馏提纯酒精方面也很有用（参见第 10 章），因此也是在没有苦艾酒的情况下最好的弥补方案。

---

① 很多人都觉得当混合液体逐渐变热时，沸点最低的组分会第一个沸腾并转化为蒸汽析出，这是一个普遍的认知错误，事实并非如此：由数种液体组成的混合液实际上只有 1 个沸点，而不是几个。也就是说，混合液会同时沸腾，而不是各组分在各自的沸点分别沸腾。而在混合液沸腾产生的蒸汽中，沸点最低的成分的含量会更易析出，因此当这些蒸汽冷凝时，你就得到了纯度更高的蒸馏液。

② 举个例子，如果你有一些盐水，最先结冰的液体含有的盐分要比剩下未结冰的液体更少。将这些冰块收集起来，使其融化，再反复进行蒸馏操作就可以得到盐分更少的水。同样，如果你正在融化海冰，那么率先融化的冰块含盐量最高，剩下的冰块则盐分较少。

10.2 我饿了

当回到过去时，你要做的第一件事就是找到食物。狩猎和采集可以让你在短期内生存下来，但正如我们在第 5 章中看到的，耕作才是能够提供食物来源、确保文明长期生存的关键所在。

本部分介绍了一些有利耕作的相关技术（**马掌**、**马具以及犁**），同时还介绍了其他几项技术，它们或可令耕种生产的作物储存更久（**预加工食品**），或可令其风味更佳（**面包**），或可令其变成朋友聚会时开怀畅饮的佳品（**啤酒**）。最后，我们还提到了制盐技术。盐不仅可以让食物更美味，更是你和你驯养的动物生存的必需品。掌握低成本制盐技术可以永久性地改变你的文明。

在这些“美味”技术的帮助下，尽情享受满足饥饿感的过程吧！

10.2.1 马掌

他们打开我的衣橱，寻找死人的骨架，但感谢上帝，

他们找到的都是鞋子，漂亮的鞋子。

——你（以及伊梅尔达·马克斯）

什么是马掌

马是大自然中对人类最有用的动物，而马掌可以让它们有更好的表现。

如果没有马掌

如果没有马掌，马的蹄子便会磨损，而马蹄在磨损后则需要一段时间才能修复。此外，人类此前从未帮哪种动物穿过鞋子。坦率地讲，马掌似乎是我们最有爱心的几大成就之一。

最早发明时间

公元前 400 年（马靴[①]）

100 年（金属底的马靴）

900 年（直接钉进马蹄的马掌）

前提条件

生皮或皮革（制作马靴）、金属加工技术（制作马掌）

如何发明

马蹄的主要成分是角蛋白，就和人类的指甲一样。不过，和我们不同的是，马蹄磨损过度的话，马就不能走路了。生活在野外的马不太会遇到这个问题，但在家养环境下，马会面临更加严重的马蹄磨损问题。人类驯养的马匹会在各种状况的土地上辛苦劳作，背上驮运更多的人和货物，还得为农夫拉犁、拉车，甚至还要为军队拉战车。解决这个问题的方案就是帮它们穿上鞋，保护马蹄！更准确地说，最早的马掌其实是“马靴”：裹在马蹄外部的生皮或皮革。在 100 年左右，这种马靴演变出了金属底的版本。几百年后，又出现了直接钉入马蹄的铜制或铁制马掌[②]。马蹄内的角蛋白中没有神经末梢，所以马不会有任何感觉，当然也不会感到疼痛。钉马掌时，钉子会从马蹄底部贯穿到顶部，然后还得把突出部分敲平，以保证钉子服帖地“躺”在马蹄上。这么做既可以保证马掌和马蹄牢固贴合，又能防止

---

① 这是给马穿的靴子，而不是给人穿的。

② 可以用胶水代替钉子，这么做更方便、更快捷，但用胶水黏合的马掌通常更难取下。

钉子勾到别的东西。如果你想从马蹄的侧边缘敲进钉子的话，很有可能会敲得太深太快，这样马就会感到疼痛了。最终结果就是，在伤口愈合之前，它们都不会走路了。

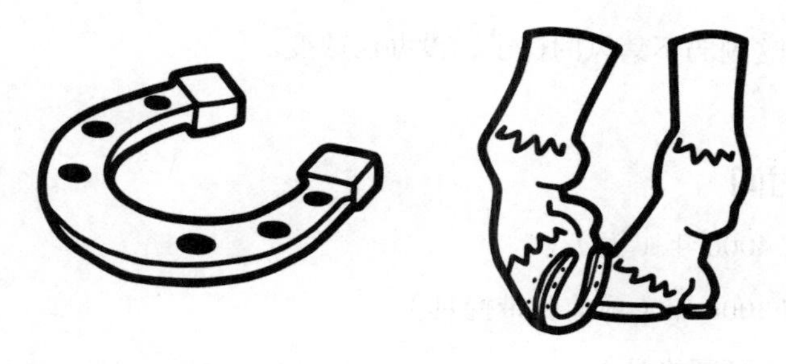

图 14　一只还未钉上马蹄的马掌和一只已经钉上马蹄的马掌

只要马还活着，马蹄就会不断生长。从某种意义上来说，马掌实在太有用了、太符合马蹄的需要了，所以所有马掌大概每六周就要被取下，修整马蹄之后再重新钉上，这样才能保证马掌始终适合马蹄。如果你养的马很多，那为它们更换马掌就会成为一份全职工作——最早的时候，通常是铁匠既负责生产铁制马掌又负责把它们安在马蹄上，但是随着专业化程度的加深，这两项任务逐渐分家时，安马掌的工作就成了一种新型职业，从事这种工作的人被称为“蹄铁匠”。有些蹄铁匠甚至自己就有一座熔炉，用来加热成品马掌，使其变形成为更适合自己马的形状！还记得我们之前说过热量盈余让各种生产专业分工成为可能吗？看到了吧，我们可没有胡说。

10.2.2　挽具

马让风景更美。

——你（以及艾丽斯 · 沃克）

什么是挽具

动物套上挽具之后，就可以拉运货物了，你也就不用靠着你那羸弱的小身板亲自做这些苦力活了。

如果没有挽具

没有挽具的话，人类就只能靠自己的身体拉东西，可我们的身体结构已经长成了这副弱不禁风的样子，没办法改变。

最早发明时间

公元前 4000 年（轭）

公元前 3000 年（项前肚带挽具）

400 年（颈圈挽具）

前提条件

木材、布料、绳索或皮革

如何发明

乍看起来，挽具似乎是个相当简单的发明：在动物身上绑根绳子，最好绑在它的肩部周围，然后它就能为你拉运货物了。对牛来说，也就是对那些结实强壮且其头部位于肩部前方的动物来说，这确实很容易。最好的牛用挽具叫作“轭”，木制。如果要让两头牛并排工作，只要在它们的肩部前方的头颈上横放一根木条，再宽松地绑好就可以了：这样一来，这两头牛可以并排行动了，而你也可以将货物挂到它们之间的那根木条的中部。为了提高牛的舒适度，可以在木条和牛的颈部之间垫上布条，这样就大功告成了！如果只用到一头牛的话，直接在牛角前安上一条曲木就可以了，你还可以把货物挂在木条的两侧——这种牛用“头部轭”载荷能力有限，但你可以给两头牛分别安上这样的头部轭，然后再用一根绳索把它们连起来。

相比之下，马用挽具的情况就复杂多了。

给马套挽具的一种最理想的方式是：在马脖子的根部和胸腹部分别安上圈带，同时将这两部分之间也以圈带连接，以达到固定的目的。这种马用挽具被称为“项前肚带挽具”，它看起来似乎能起作用，其实却是一种最糟糕的马用挽具。这种挽具确实可以让马拉东西，但是，在马拉动货物的时候，圈带会同时紧紧地勒住马的气管、颈动脉和颈静脉。显然，戴着这种挽具的马根本不可能以最高效率工作。为了挖掘出马的最大潜力，也为了避免马始终处于窒息的危险之中，我们有必要发明颈圈挽具。

颈圈挽具其实很简单，在马脖子的根部安一块垫木或者金属，两头连上货物，货物分挂在马身体两侧就可以了。这么做可以把货物对马颈部的压力分摊到肩膀上。马也因此得以完全借助臀部的力量以全身拉动货物，而不是只用身体的前半部分生拉硬拽。如此简单地稍微改变一下挽马方式，马就可以发挥出自己的全部拉力（终于做到了），彻底摆脱人为限制（当然，这种人为错误也并非故意，完全是个意外），实在是可喜可贺。

颈圈挽具是个革命性的发明。无论在地球的哪个角落，马一旦用上了颈圈挽具，它们很快就会替代牛的作用：在摆脱低级挽具带来的物理伤害之后，马的工作效率是牛的两倍，而且它们拥有更强的耐力。用马代替牛增加的劳动力（或者说“马力”[①]，如果你想的话）不仅可以提高犁地效率，还可以开垦荒地，把那些原本贫瘠的土地改造成多产的沃土。如果你驯养了马匹，那么颈圈挽具这个简单的发明就足以极大地提升耕作效率以及提升文明的人口上限。人类花了 3 000 多年才想到可以在马脖子上安上这根

---

① 马力（hp）是一种功率单位，后来人们把 1 马力的标准定为：在 1 秒钟内将 75 千克重的物体拉升 1 米所做的功。有意思的是：一个健康人类的瞬时爆发功率可达 1.2 马力，而在一般状况下的常规功率是 0.1 马力。一个受过训练的运动员的瞬时爆发功率可达 2.5 马力，常规功率则是 0.3 马力左右。然而，即便是 0.3 马力也不到马常规功率的 1/3！之前，当我们提到人类的小身板如此羸弱的时候，你还轻蔑地对着那段文字嘲笑了我们一番。现在，你就只能点头称是并且小声地说：“多谢你直言不讳地告诉我人类是这么羸弱，从此我是马的一生粉了！”

简易的木头，终于使得这种最得力的役用动物和文明都能最大程度地发挥潜力。

而你在几段文字之内就学会了这点。

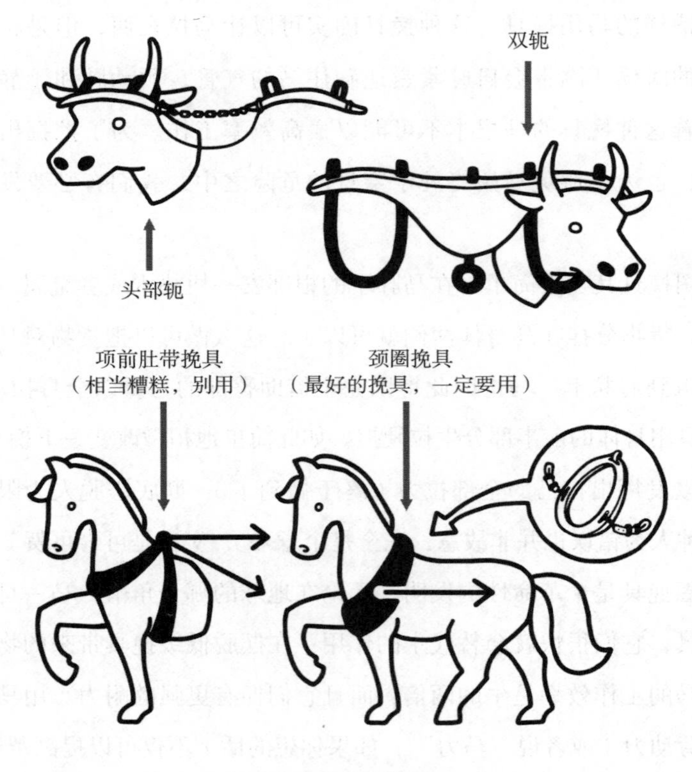

图 15 轭和挽具

10.2.3 犁

天上从来不会掉玫瑰。如果你想要，就得自己种。

——你（以及乔治·艾略特）

什么是犁

犁是人类历史上最重要的农业发明之一：有了犁，你就可以更高效地翻开土地，然后埋入农作物的种子。

如果没有犁

没有犁的话，想大规模松土只有一个办法：靠不了天，靠不了地，只能靠自己的小身板。这种方法相当糟糕，请别去尝试，简直糟透了。没有犁，文明拥有的耕地规模就有限；没有足够的耕地，文明所能供养的聪明而有价值的人类大脑就有限。而正如我们已经说过的那样，人类大脑才是你建设文明最重要的资源。

最早发明时间

公元前 6000 年（刮犁，没有犁板）

公元前 1500 年（巴比伦人发明播种机）

公元前 1000 年（犁铧）

公元前 500 年（铁制犁铧）

公元前 200 年（中国人改造播种机）

1566 年（欧洲人再次改造播种机）

前置技术

役用动物（负责拉犁）；挽具（连接役用动物和犁）；木材（如果想提升犁的品质，则还需要金属）；独轮手推车（可选，用于制造播种机，没有亦无妨）

如何发明

你还无法掌控天气（只是目前没办法[①]），也无法掌控太阳（也只是目前没办法[②]），但你至少可以改造土壤。你很可能还记得几种很容易发明的

① 很遗憾，即便是最简单的洲际天气控制装置，其基础原理也非常复杂，本书无法为你提供这方面的帮助，请不要抱有幻想。我们可以保证，你在本书里看到伞的发明方法（原料其实就是“布料加上几根小棍子”）之后，就再也找不到相关内容了。真的。

② 明确点儿说，在你的文明开始考虑建设超大型太阳改造设施之前，先得花上几十年持续稳定地大力发展行星际工程。所以，也别抱太大期望。

农具：锄头其实就是木棍上装个楔子，作用是打碎表层土；用一根一端削尖的棍子插到地里，就能给种子倒腾个洞出来；另外，如果你在一根长棍的侧边缘绑上一片弯曲的刀片，就能做一把收割农作物的镰刀。然而，所有这些工具都是为方便人类使用而设计的。虽然人类身体在很多事情（既可以带着你的脑袋到处跑，也可以在你穿越到错误的时间点后保证你活下来，更可以在你穿越到错误的时间点后让你活下来，同时允许你带着脑袋到处跑）上都能发挥重要作用，但这幅皮囊真的很不擅长体力劳动。而犁这个工具就可以让[①]动物（它们的身体更强壮、更有用、更值得信赖）帮我们干活。有些土地土质较硬，较难开垦，只靠人力很难保证顺利开垦、耕种，犁的出现则可以解决这个问题，从而大大增加了可耕种田地的面积。而耕地的增加意味着粮食供应的增加，粮食的增加意味着你的文明可以养活更多人，让更多人为文明做贡献。

最早的犁称为“刮犁”，其实就是你在上一段中发明的那个“给种子挖洞的一段削尖的棍子”的进阶版：拖着刮犁穿过整个田地，最好是让牲畜拖，但人类也可以拖。这时，土地上就留下了数条又长又浅的沟，称为“犁沟”，可用来埋种子、种植农作物。这种工具当然比什么都没有、两手空空的状态要好，但它只能“挠挠”表层土壤，也无法预防杂草长到种庄稼的犁沟里。你最想要的应该是一种可以由内至外、从上到下彻底翻耕土壤的方法，这样才可以免于杂草的困扰，并且让土地适于一切作物的生长。要做到这点，你就得不断翻耕表层土直至其粉碎，接着把表层土碎块拉起、翻个底朝天，然后再继续翻耕。

如此一来，表层土就会变得松软稀疏，这既有利于农作物和微生物在其中生长，也有利于水分在里头流通，可以说是有百利而无一害。另外，把土壤翻个底朝天还可以把野草从农作物的根系上清除，把它们掩埋在泥土里，防止其接触阳光。这样就彻底杀死了野草，而且它们腐烂的“尸体”

① 与其说是“让”，不如说是“引诱”。

还可以充当肥料，供农作物再利用。在翻耕土地之前，先在土壤表面施点儿粪肥，它们会在翻耕的过程中进入土壤内部，这又给农作物增添了肥料。唯一的问题是，反复翻耕土壤需要我们付出大量的体力劳动，所以，为了偷点儿懒、让牲畜代劳，我们就得发明铧犁。

铧犁上装有一个竖直的切割刀片，称为“犁刀”（可以用木头制作，但铁制犁刀性能更好、更耐用），可以垂直切进土壤里。犁刀后面还有一片水平的叶片（称为“头”或“犁头”，也就是当年嬉皮士们始终呼吁要把剑熔了重新铸造的那种东西[①]），可以在水平方向上切土、松土，进入之前翻土形成的犁沟作业。此后，借着“犁板”（一个木制的曲棱劈）的帮助，就可以在这片已经有着横七竖八的犁沟的田里上下翻土了。铧犁又称“犁板犁”，后者其实更好记——在牲畜拉着犁往前走的时候，犁板在不停地翻土，所以叫“犁板犁”。

再安装一个可调节高度的轮子，以便控制犁土的深度，这样就差不多万事俱备了。

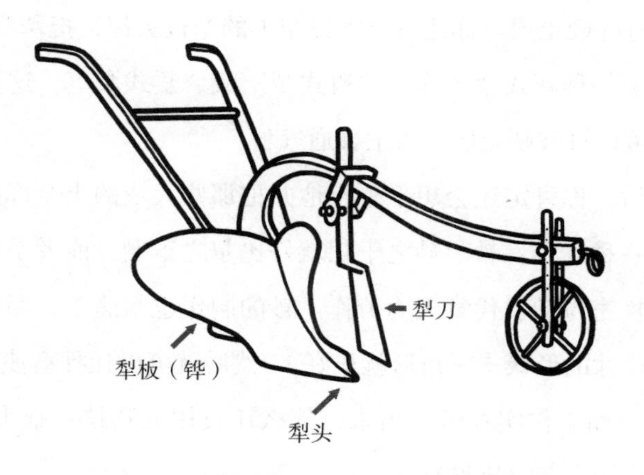

图 16　犁和犁板合在一起就是铧犁

---

① 20 世纪 80 年代，美国反战主义者取《圣经》中“化剑为犁”的典故开展“犁运动”，其宗旨和嬉皮士运动的和平主义思想有重合之处，因此许多嬉皮士亦借用该概念表达思想。——译者注

接下来，你只要用合适的挽具（参见第 10 章）连接铧犁与合适的牲畜（参见第 8 章）就可以了。相比其他种类的犁，铧犁可以更高效地切土、松土，但这种犁不太好转弯，所以适宜在狭长的矩形田地上耕作。最早发明铧犁的是中国人，几千年之后，这种先进的工具传入欧洲，欧洲人这才用上了铧犁。铧犁的高效使得欧洲农业生产力大爆发，而之前无数欧洲人挣扎着使用低效、费力、简陋的犁的数个世纪——从来就没有像中国人那样改进过犁板，一次都没有——则被描述为人类历史上最严重的一次时间及精力浪费。[23]

文明进步贴士：你现在已经比当年的欧洲人做得好多了。

使用铧犁耕作也不是完全没有缺点。耕得太深，会彻底摧毁作物的根系，表层土就会流失；耕得太勤，深层土就会变得紧密，形成“硬土层”，导致水分无法流通，整块田地被水淹没。采用能够让田地轮番休息的轮作技术则有助于缓解这些问题。同时，坚持给土壤施粪肥会吸引蚯蚓，这些小动物可以打碎硬土层。你还可以把铧犁上的犁板去掉，把犁头换成凿子，这样就做出了一种新式犁（称为“凿式犁”或“錾式犁”）。这种犁不能上下翻土，却可以打破硬土层，为土壤通气！

犁完地后，你肯定还会想平整土地并把那些大块的土全部敲碎，这时就要用到另一种农具：耖。耖之于耙就好比犁之于锄：前者是后者的大号版本，以便牲畜拉动、代替人力劳作。耖的制作也很简单，用钉子和木条做出一个大尺寸的形状（三角形就很好），然后就可以让牲畜拽着它在田地上到处走——如果你实在做不出来，那么让役用动物拉一根大树枝平土，也能起点儿作用，有总比没有强。

最后，你还需要在田地上播种。简单随意地把种子撒在土上也不是不可以，祈祷出现最好的结果就行。不过，如果你能更细致地播种，确保植株间的间距基本保持一致，产量就会更高。这么做能够让每粒种子都有最大的机会长大成熟。如果你还懂得用土掩埋种子，那你就可以保护它们免于被鸟啄食。想做到这些就要用到条播机（播种机）。装满一独轮车的种子，在车的底部戳个洞，你就拥有了条播机的主体部分。[①]你可以在洞和种子之间，安上可以随着独轮车车轮的滚动而转动的桨板，如果你想调节桨板的转速，也可以在这个位置安上带有轮子的齿轮。当我们通过这种方式推着独轮车前行时，种子就能掉出来了。现在，你已经有了一片耕得不错且耙得不错的田地，用刮犁在上面犁出沟，再推着你的改良版独轮车（也就是播种机）沿着同一条路径跨过田地。你甚至可以在播种机的后部装一些板，它们可以在种子播下后把犁沟上的土重新填回去，从而在前进的同时掩埋种子，这么做有助于提高种子的成活率。

按照这些步骤一步步地来，你就创造了力所能及的农业文明，而且我们相当确定……你是有能力建立这样的农场的。

10.2.4 食物储存技术

不能好好吃，就不能好好想、好好爱、好好睡。

——你（以及弗吉尼亚 · 伍尔夫）

什么是食物储存技术

食物本来只能保存几天（肉类）或者几周（大部分蔬菜），有了食物储存技术，我们就可以把食物的保存时间延长到几年甚至几十年。有了这种技术，你就可以建立储粮机制，从而将干旱、瘟疫、粮食歉收这类不利因素的

① 独轮车很容易发明：其实就是轮子上加根控制杆。控制杆下面连两块木板，在木板的末端安上轮子，在木板的顶部装一个木盒用于载货。轮子前面的那块木板末端还要添上支撑"脚"，以保证在独轮车没有提起时，"货仓"木盒也能保持平稳，不掉落。于是，一架完整的独轮车就做成了。当我们提起独轮车时，轮子承担大部分重量。凭借这个工具，我们可以搬运至少两倍于纯人力可以搬动的货物。在轮子发明之后，独轮车理应可以随即出现在人类历史的任何阶段，而轮子最早出现于公元前 4500 年左右，但它也本可以提前出现。然而实际上，独轮车最早出现于公元 150 年左右的中国，换句话说，人类花了几千年时间才想出了"在轮子上安个货桶"这个主意。

影响降到最低。要知道，如果没有储粮，这些可都是足以终结文明、让活着的人生不如死的灾难；而有了储粮，这些都成了我们可以抛之脑后的小麻烦。

如果没有食物储存技术

没有食物储存技术，食物就会很快变质，这会让人们陷入一顿饱一顿饥、吃了上顿没下顿的危险境地，只能确保最多几周不忍饥挨饿，而这基本上就是未经储藏处理的食物的最长保存期限。

最早发明时间

公元前 12000 年（干燥食物）

公元前 2000 年（腌制食物）

1810 年（罐装食物）

1117 年的中国、1864 年的欧洲（巴氏杀菌法）

前置技术

无（干燥、烟熏、冷冻、窖藏、发酵），盐（盐渍），糖（糖渍），碗（巴氏杀菌、煮沸），金属制造或者玻璃制品（腌制、罐装），醋（可用于腌制），温度计（巴氏杀菌）

如何发明

令你垂涎欲滴的食物最终会变成你连碰都不想碰的模样，这是因为其他动植物已经在开始“享用”它了。我们称这个过程为“腐烂”“变质”或者“晚饭毁了”，尽管这是生活中很正常的一部分，但它的确很倒胃口并且会产生毒素。你肯定希望尽可能地推迟食物变质的时间。这里我们就给你介绍一件秘密武器：地球上的所有生物——包括那些会导致食物变质的微生物——都需要水才能生存，而且即便是有了水，大部分生物也只能在特定的温度范围和酸碱度范围内生存。一旦你知道了这点（你已经知道了，毕竟我们刚刚告诉过你），就可以想出保护食物免受其他生物“骚扰”的方法，也就是储藏食物的方法，那就是将上面提到的一个或几个因素推向极端，创造一个生物无法在食物上生存的环境。你也可以同时使用多种储藏技术，既可以干燥、盐渍、烟熏、冷冻食物，也可以腌制食物、将其装入罐头，等等。有时候，这么做甚至还能增添食物的口味！

干燥技术超级简单，这也是为什么这项技术那么早就发明了。让食物脱水可以抑制细菌、酵母和霉菌的生长。把食物切成细细的长条（最大化食物表面积），然后将它们暴露在可以使其脱水的环境下（比如阳光暴晒、风干脱水），就能取得最好的干燥效果。烟熏的工作原理与之相似，而且可以同时令食物风味更佳（但也会增加致癌的多环芳烃，所以只能偶尔为之）。当人类开始在生着火的洞穴中使肉食干燥时，烟熏技术就诞生了[24]。木材燃烧时产生的烟含有有机酸，因此用这种材料进行烟熏时，食物会更酸一点儿，这也有利于储藏。

盐和糖都可以吸收食物中的水分，因此，在食物表面涂满盐和糖是一种比较好的储藏方式，这么做同时也可以抑制一些你不想见到的细菌生长，比如沙门氏菌和肉毒杆菌①。很多盐渍的肉类会变得特别美味，如果你在猪背部和腹部的肉上涂了盐，那么必须告诉你一个好消息：你发明了培根！②

冷冻的方式之所以能储藏食物是因为它可以把食物内部的水分变成冰，这样既可以阻碍细菌的生长，也可以减缓会导致食物变质的化学反应。一开始，要实现冷冻需要环境至少能偶尔冷到足以产生冰。不过，一旦你有

① 有一些细菌可以在盐分很高的环境中滋长，一些酵母喜爱含有高浓度糖分的环境，但你可能碰不到它们。如果你不幸遇到了，也可以在盐渍和糖渍的同时采取其他储藏技术，这样就能很容易地杀死它们。加热和煮沸就是很好的方法！

② 再试试烟熏培根，这样它们会变得更美味！巧合的是，许多菜肴一开始都是为了保存其他食物而出现的，如今却自成一道风景。除了培根（以及其他所有美味的盐渍肉，比如火腿、熏牛肉、腊肠、牛肉干以及咸牛肉）之外，你还要感谢食物储藏技术为我们带来的葡萄干（脱水葡萄）、梅干（脱水梅子）、果酱、橘子酱、酸白菜、泡菜、熏肉、咸菜、奶酪、啤酒，以及像沙丁鱼和凤尾鱼这样的腊鱼，等等。

了冰，就可以将它保存很长一段时间。第一台冰箱——一个运输黄油的便携式容器——出现于 1802 年，但现在你马上就可以发明这种东西：其实就是一个空心的方盒子，外面套着一个更大的椭圆形盒子，两个盒子中间的空间由冰块填充。整个装置外部包裹着毛皮和稻草，以达到隔热的作用。里头的冰块融化以后应立刻更换新冰块补充，这样就可以长时间地冷藏食物。当然，要做到这点就必须保证在天气暖和的月份里也有冰块供应，但这不难：在冬天结了冰的湖面上切下大块大块的冰，再在山洞里搭个遮着稻草的阴凉的坑，把冰块放在里面过夏即可。如果你想做得更好，也可以建个绝热的冰室。假如你根本无冰可用，那么把食物埋藏起来也能通过低温环境减缓食物变质的速度，而且如果土壤足够干燥的话，其中的沙子也可以使食物脱水。

所有液态食物（包括水）都可以煮沸后食（饮）用，这样可以杀死其中的微生物，提高食品的安全程度。如果此后能够阻止微生物重新滋生（通常需要在这些液体食物仍旧滚烫的时候，将其密封到罐头中），罐头中的食物就能储藏得更长久。对于那些非液态食物，加热也能杀死微生物，这就是熟肉比生肉能储藏更久的原因。

罐装食物发明于 1810 年，最初是用软木和蜡把食物密封在玻璃罐中，后来则使用锡罐。但其实从公元前 3500 年开始，罐装食物就不存在任何技术上的困难了，因为当时人们已经开始从蜜蜂那儿获取大量的蜡，也已经用窑炉烧制玻璃[①]，前置技术已经全部完成。如果你决定提前发明窑炉以及

---

① 这个时代在窑炉中烧制的玻璃主要是为了上釉用的，直到 1500 年才出现了中空的可装饮用水的玻璃容器。时至今日，玻璃和玻璃杯（英文都是“glass”）几乎已经成了同义词，你渴了就会要服务员给你拿“一（玻璃）杯水”。从玻璃制作技术的出现，到真正制作玻璃容器的这 5 000 年真空期中，真的不知道人类在干吗。这让我们相当不好意思，只能把这个尴尬的事实埋藏在脚注里。我知道你可能会说：“等等，我知道玻璃是要‘吹制’的，这道工序看上去很复杂，这就是中间隔了这么长时间的原因吧。”所以，我要先抢白：第一批玻璃容器并不是吹制的，其制作过程是这样的：先制作一个玻璃容器形状的沙堆，然后把熔融的玻璃液浇在上面，玻璃液冷却后就成了你想要的形状。换句话说：制作玻璃杯要用到的工艺和小孩子在冰激凌上倒乳脂软糖的技术难度差不多。

玻璃的话，罐装食物技术还可以出现得更早。假如你的罐头强度足够，你甚至能够在将食物装罐之后再进行加热，这项技术被称为“压力装罐”，可以提高罐头内食物的沸点，也就是可以使其在沸腾之前吸收更多热量，升至更高的温度。肉毒杆菌孢子——基本上无处不在，但只在像罐装食物这样的贫氧环境中才具有活力——会在高温压力罐中死去：通常保持 3 分钟的 121℃高温就能做到这点。压力罐是在食物未经腌制的情况下最安全的储藏方法，但如果处理不当会引起食物爆炸，所以务必千万小心。

再来谈谈腌菜。你会不会这么想：要是完全不用预先做储藏工作，直接把食物放在罐子里面，它们自己就能很好地储藏，那该多好啊！如果你真这么想，那么恭喜你，你刚刚发明了腌制技术。腌制的一个步骤是将食物放在盐水（盐与水的混合物）中发酵。先把食物切碎并浸入盐水，再在食物碎片顶部放上（干净的）盘子、板或者石头，保证这些碎片不会溢出来。在无氧盐水的环境中，食物会发酵：在这个过程中，一些“好”细菌会以食物中的糖分为食，产生醋。这些醋会令食物变酸，但同时也会增加食物对那些会导致变质的“坏”细菌的抵抗力[①]。大约一到四周后，食物就腌制好了，为了能够储存得更久，你还可以在此之后将腌好的食物装罐。

将食物浸泡在盐水里不只能做出腌菜，还可以用来储藏很多食物，包括黄油、奶酪和肉类。关键之处在于：在食用腌制食物之前，常常需要把它在清水中浸泡一遍，这是为了将它们吸收的部分盐分滤出，否则会咸得无法入口。那么，怎么才能知道盐水中的盐分已经高到足够储藏之用呢？把食物重量乘以 0.8~1.5 就是需要在清水中加入的盐的重量。

如果你有多余的醋，也可以直接用它们来腌制食物（参见第 10 章）。

---

① 之所以要在这里的“好”和“坏”上加双引号是因为，细菌的好坏是根据你当前的使用目的而评判的。本质上说，它们当然只是“混乱中立”的。顺便一提，如果你想知道在不那么发达的世界（比如你现在待的这个）中，是否有什么东西本质上就是良好的，那么最好在你的疑问彻底发展成哲学难题之前阅读第 12 章。

奶酪实际上就是腌制的牛奶，在 1 升煮沸的牛奶中加入大约 120 毫升的醋[1]就可以了。醋可以使牛奶凝固，析出一层美味的奶酪凝乳，留下一片称为“乳清”的淡黄色液体。将凝乳沥干并压紧（用布包裹着就可以，具体操作参见第 10 章），就做成了可以保存数周的奶酪。把奶酪涂上盐或者浸泡在盐水里可以进一步延长储藏时间。奶酪在储藏过程中会不断产生一些特定的细菌，而你也可以借此控制其口味：你记忆中的那些卡芒贝尔奶酪、布里奶酪、罗克福尔干酪和蓝纹奶酪其实都是通过在奶酪凝乳中加入不同类别的青霉菌制成的（参见第 10 章），但是现代制作奶酪用的菌种和那些用于制作青霉素的菌种并不相同。

刚才，我们教你通过煮沸牛奶的方式制作奶酪，在这个过程中，你还发明了巴氏杀菌法！巴氏杀菌法是一种非常简单的“煮沸杀菌”过程：将液态食物加热至略低于其沸点的温度，再进行冷却，就可以了。在此，我们说加热至“略低于其沸点的温度”是因为牛奶会在高温下凝结，所以，如果你只是为了杀菌后饮用，那就没必要加热至沸点，差不多就好了。如果不进行巴氏杀菌的话，牛奶将是最危险的食物之一——结核菌特别喜欢在牛奶中滋长！但经过巴氏杀菌之后，牛奶就成了最安全的食物之一。巴氏杀菌时的温度越高，所需的时间就越短，在 72℃时加热 16 秒就足以对牛奶完成巴氏杀菌操作。

巴氏杀菌法还有个有趣的地方：和任何要用到加热的流程一样，巴氏杀菌过程也会破坏食物中的维生素 C！我们发现在婴孩食谱中引入了巴氏杀菌后的牛奶，有时会导致婴儿坏血病的爆发，这才意识到这一点。所以，要确保文明中那些喝巴氏杀菌过的牛奶的人同时也食用橙子、甜椒、深色绿叶蔬菜、莓类或土豆。具体细节请参见第 9 章。

第二个有关巴氏杀菌法的有趣（同时也令人颇为难堪）的故事是：这是一项可以拯救几百万人性命的技术，却只需要用到火焰，而我们的类人

---

① 没有醋的话，其他任何酸（比如柠檬汁）都可以！

猿祖先早在现代人类出现之前就学会了生火，也就是说，这项关键技术本可以在人类历史的更早一个时间点发明！然而，直到1117年，我们才想出了巴氏杀菌法，并且在此后的几百年里这项技术也只是用来保存葡萄酒而已。因此，只要你提前发明巴氏杀菌法，你就可以轻而易举地让你的文明至少提前20万年享受安全的食物！

最后一个有关巴氏杀菌法的有趣故事：有个人觉得是他发明了巴氏杀菌法，所以用自己的名字命名这项技术，好让自己名垂青史。所以，让我们忘了巴斯德先生①吧，用你自己的名字命名这种杀菌方法。你的这种杀菌法的大名将响彻整个人类历史！

10.2.5 面包（啤酒、酒精）

何以解忧，唯有面包。

——你（以及塞万提斯·萨维德拉）

什么是面包

面包是一种便于旅行携带的主食，也是许多其他食物的基础，比如更加美味的比萨饼。此外，面包中的某种成分在酿成啤酒后，就成了激励人们从事耕作的动力！尽管你可以通过打猎和采集的方式获取食物，但你无法靠这种方式生产啤酒：啤酒生产需要稳定、健康的农业作为后盾，因此也是文明专有的特别福利之一。[25]

如果没有面包

在面包出现之前，人们只能生吃谷物。如果你吃过，你就知道这简直是最糟糕的谷物食用方式。

① 巴斯德，法国微生物学家、巴氏杀菌法发明人，他有句名言：科学没有国界，但学者有自己的祖国。——译者注

最早发明时间

公元前 30000 年

前置技术

无，但农耕技术会让面包制作变得简单一些；温度计（可选项，但有了温度计，你就可以更方便地制作你想要的啤酒）；盐（调味用）

如何发明

面包的制作方法很简单：在面粉（粉末状的谷物：用石块碾碎谷物即可得到，也可以利用你将在第 10 章中发明的水车，驱动两块石头夹着谷物进行研磨）中加点儿水，然后放在火上加热一下即可[①]。好了，面包做出来了！但这时做出的面包还只是未发酵的面包饼，是扎扎实实的一摊。有了这种面包饼，你就可以发明蔬菜卷饼、墨西哥煎饼和玉米饼了。但某些时候，你还会想要一片醇香的发酵面包，这时就得加点儿酵母了。

酵母是世界各地都能找到的单细胞微生物。无论生活在哪个时期，你呼吸的空气中都飘浮着酵母，而你需要培育一些特别适合发酵谷物（所有种类）的酵母。下面就是培育方法：第一步，将面粉和水混在一起，比例大概是 2 : 1。把它们盖住后将其放在温暖的地方，每 12 小时检查一下，看是否能找到气泡，它们是发酵的标志。换句话说，有气泡出现就表明野生酵母已经在你的面粉混合物上“安家”并以此为食了。一旦发现发酵现象，请把这团面粉扔掉一半，用新鲜的面粉与水（比例 2 : 1）的混合物填补空缺。这么做可以给剩下的酵母提供新鲜的食物，并且施加进化压力，好让它们更快地“吃光”面粉。我的朋友，你知道你在干什么吗？你在对酵母进行选择育种，目的是挑选出那些会发疯似的吃掉任何种类的面粉（你手头的所有谷物做成的面粉）的酵母。

---

① 如果你已经发明了平底锅，那么加热生面团就会容易许多，但平底锅也不是必需的。把生面团按在一根木棍上，就可以惬意地手持木棍把面团放在火上加热了。

大约一周后，你就应该培养出了可以在每次补充后都能稳定产生泡沫（和那些啤酒上层的泡沫没什么两样）的酵母。现在，你已经有了一座酵母农场[①]！只要你愿意，每天给这些酵母喂更多的面粉和水的混合物（如果冷冻保存的话只需要每周喂一次，冷冻技术参见第 10 章），这座酵母农场就能永远保存下去。当然，每天喂食的话，这团培养物很快就会变得巨大无比，所以你应该在每次喂食之前移除部分酵母：理想情况下，用它们来制作食物。在烹饪之前，往面粉与水的混合物里加点儿酵母，静置几个小时，就可以做出发酵的蓬松面包了。

这之所以能够起作用，是因为你选择育种后留下的这些酵母，本来就是以面粉和水的混合物中的糖分为食的，如果周遭环境中有氧气的话，它们还会以废料的形式产生二氧化碳。这些二氧化碳会被面粉中的面筋困住，从而在受热时令面包膨胀。加热面团的时候，这些酵母会开心地在你提供的这个食物乌托邦王国中大快朵颐，接着，温度持续升高，等到面团过热之后，酵母就会全部死亡，整个酵母王国也随之崩塌。恭喜你！你刚刚利用微生物的劳动力做出了更美味的面包，接着又在它们没有利用价值之后，立即斩草除根。最后，在你享用的每一片面包中，都含有几百万具微生物的“尸体”。

文明进步贴士：不要相信面包是素食产品这种鬼话。

如果环境中没有足够的氧呢？那样的话，酵母就无法充分分解谷物中的糖分，它们就会产生酒精这种废物。这样，你就发明了酿造技术！做面包使用的原料和酵母同样可以用来酿造啤酒，反过来同样成立。酿酒和做

---

① 有意思的是，你不太可能只得到一种酵母，更可能出现的情况是：你的这座小农场里有几种不同的酵母和细菌。理想状况下，它们会形成一个完美平衡的社区，可以加工你给它们的任何食物。最终做出的面包，其风味会受到所使用的酵母种类的影响。所以，大胆尝试使用这座酵母农场中各个区域的酵母吧，看看它们都能产生什么口味。

面包的不同之处在于，酿酒不需要加热酵母和谷物，只要任其发酵就可以了。将谷物浸泡在热水中，让其中的糖分充分释放，再加入酵母，然后你就可以安安心心地坐到椅子上，让酵母肆意进食。在面包的制作过程中，酵母能够充分摄取氧，所以它们能够完美地将糖分转化为二氧化碳。而酿酒中的液体不含氧，在这种环境下，酵母就会转而产生两种废料：一是二氧化碳（令啤酒产生泡沫），二是酒精（令啤酒风靡全球）。

啤酒在被发明出来之后很快就成为文明食谱中的重要组成部分。啤酒中含有许多有用的碳水化合物，在现代社会中，它是仅次于水和茶的第三大饮品。对于酿酒来说，面筋含量较少的谷物（比如大麦）比小麦更加合适，但其实任何谷物都可以拿来酿酒，所以只要选取你最容易获得的原料就可以了。至于人类对啤酒品质的吹毛求疵的要求，那是文明发展到一定程度后的事了。在啤酒诞生初期，你只要对大家说“大家都坐下，我要说个大新闻：我刚刚发明了啤酒”，他们就会开心地回答：“多谢你啦，这东西一出现，我们的文明马上就比其他文明酷多了。”

发酵的产物不只是酒精：实际上，在发酵过程中，酵母还会往啤酒中增添营养物质，尤其是维生素B。于是，你可以将本来已经很健康的谷物变成营养更加全面的食物，而这一切都要感谢酵母这种微生物的免费劳动！虽然你不能只靠啤酒生存（至少，在坏血病和蛋白质缺乏症状出现之前，这么做最多活不过几个月），但你至少可以将其作为一个新鲜、美味且有助于交际的维生素B_2的来源！（关于维生素B_2有多重要，可翻阅第9章获取更多信息。）

现代酿酒技术给我们带来的一大发明就是发芽，也就是在使用谷物酿酒之前，先让它们冒点儿小芽。要记住：谷物就是种子，而种子的品质会在完全通过动物消化系统后变得*更加优秀*，因为那些吃了植物或水果的动物会把种子带到另一个地方，然后排泄出来，此后这些种子就会自己发芽，而这正是许多植物扩展领地的方式。通过让种子发芽的方式可以诱使其卸下防备：把它们放在水里泡上几小时，再晾干8小时，如此反复。几轮下来，种子就会尝试发芽了。这个过程会让谷物中的淀粉转化成糖分，使谷物变得更软、更甜、更易被人类消化，就当前所需而言，也更利于酵母消化。谷物中的糖分越高，发酵过程就可以进行得越充分。

谷物发芽后，你希望它能停止生长，否则其中的所有糖分都会耗尽，长出一株你不想要的蠢萌植物。你既可以自行掐掉每粒谷子上的芽，也可以先将谷子放在火上烘焙，然后再把谷芽摇落——这么做更省时间。烘焙过程还可以通过美拉德反应[①]增添啤酒的风味，所以完全值得一试！整个过程称为“麦芽制造”。

除了麦芽制造之外，还有别的替代方案能够增加谷物中的糖分。如果走运的话，你可以在培养酵母时分离出一种叫作“酒曲”的霉菌。这种霉菌最早发现于公元前300年左右的中国，看上去就像米粒上的深灰色斑点，它们可以在不使用麦芽制造过程的情况下，神奇地将淀粉转化为糖分，同时也能增添美味。酒曲的存在使得亚洲地区发明了几种发酵食品，包括酱油（发酵大豆）和米酒（以大米为原料酿造的啤酒，其甜味由酒曲产生）。如果你找不到酒曲也不想采用麦芽制造法，那么还有一种可行的方法，即南美的人们酿奇恰酒的方法：在这个过程中取代麦芽制造的流程是，把食物含在嘴里咀嚼充分，靠着唾液中的酶将淀粉分解成糖分，再吐出并兑水冲泡即可。如果你愿意酿酒酿得口干舌燥，也不介意在你泡酒之前有其他人咀嚼过原材料，那这就是个古老的选项。

制作面包的几点建议

- 揉捏面团可以提高面包中面筋的数量，可以让面包的口感更加细腻。

---

① 美拉德反应［1912年，一位名为路易斯–卡米尔·美拉德（Louis-Camille Maillard）的化学家发明了这种反应，此后这种反应就以他为名，不过你马上就可以一拳把他打倒在地，取而代之了］是一种在热量、氨基酸和糖分之间进行的化学反应，能够产生几百种有香味的化合物。这些化合物可以产生复杂而诱人的味道，在烤肉、烤面包、烘焙咖啡、薯条、焦糖、巧克力、炒花生以及发芽的谷物中，你都能找到这种香味。

- 加入酵母时的水温最好控制在室温和体温之间（20~37℃）：水太凉，面包膨胀的时间会变长；水太热（60℃左右），就会立即杀死酵母。
- 往面团里加盐（制盐工艺参见第 10 章）可以令其风味更佳（实际上，这条建议适用于大多数食物）。
- 如果你喜欢带有坚果、水果或者莓类的面包，那也可以往面团里加点儿这些东西。
- 试试在面包上涂点儿黄油：简直太棒了！黄油的发明过程也很简单，只要用牛奶装至广口罐的 1/3，密封，再摇晃。这种搅拌过程会让牛奶分层为偏固态的奶干和偏液态的酪乳（脱脂牛奶）。将奶干冲洗干净，把它们揉捏、按压到一块儿，再往里面加点儿盐腌制，你就做成了一块油里带水、富含脂肪且可以涂抹开来的美味乳制品。
- 如果你称这个东西是“油里带水、富含脂肪且可以涂抹开来的乳制品”，估计没人会吃，所以直接管它叫“黄油”就好了。

酿造啤酒的几点建议

- 公元前 4000 年左右，人们用吸管喝啤酒。最早生产的啤酒没有经过过滤，所以底部会有沉淀物（大部分是酵母），顶部则漂浮着一些固体物质（大部分是用作促酵剂的陈面包）。要品尝中部品质良好的啤酒，使用吸管就是最好的方法。如果不想使用吸管，那就把啤酒倒到纸或布（参见第 10 章）上进行过滤。不过，也别那么急着过滤：那些不含啤酒的沉淀物同样很有营养，以前的人们经常在喝光啤酒后把它们也吃掉。
- 可以往啤酒里加点儿啤酒花，它们会起到防腐剂和调味剂的作用。啤酒花是攀缘草本植物，原产于欧洲北部和中东地区，花朵呈绿色、有香味，长得有些像松果。很多人都会慢慢喜欢上这种放了啤酒花的啤酒！虽然他们的观点并不正确，但确实很有市场！
- 你可以用吸管把啤酒底部的酵母沉淀物吸出来，作为下一波酵母农场的促酵剂储藏库。虽然在啤酒诞生初期，酿酒师不知道其中的科学原理[①]，但他们已经认识到这么做可以让下一轮酿造的啤酒拥有相似的口感而且发酵得更快。

- 通过蒸馏啤酒的方式，我们可以生产其他种类的酒精饮料，比如威士忌！多蒸馏几次的话，还可以得到纯酒精。由于酒精可以杀死细菌，所以这种液体可作为优质杀菌消毒剂在医学上大有作为。
- 如果你想要醋，只需要以啤酒（或者其他含糖且未经巴氏杀菌的液体）为原材料，任其进一步发酵。在这个过程中，新细菌——空气中无处不在的“醋酸菌”——会在酒里滋长形成菌群，以酒精为食，并且产生醋酸（你猜到了）。这就是醋了！最终得到的这种气味强烈的酸性液体可用作抗菌清洁剂、去污剂或者美味的腌制佐料。和酵母一样，不同种类的醋酸菌会生产出不同风味的醋，所以你现在可以开始尝试使用各种醋酸菌菌群了，直到找到喜欢的那种口味为止。

10.2.6 制盐

制盐厂是其他一切产品的基础。即便有人对黄金不感兴趣，也绝不会不对盐产生渴望。

——你（以及卡西奥多罗斯）

什么是盐

盐是一种由酸碱反应产生的物质，并且也是人类食用的唯一一种“石头”！盐不但是人类生存的必需品，同时也可以提高食物风味，调节水的

① 人们酿酒酿了几千年，却没人知道自己究竟是怎么生产出酒精的，只知道这么做（时而）有用。当时，甚至有人争论酿酒过程到底是化学反应还是生物反应。以现在的眼光看来，这种争论当然天真得冒傻气，但是如果你也身处那个不知道酵母为何物的时代——甚至不知道这个世界上还有那么小的生物——你就会理解为什么会出现这种争论了。

沸点和凝固点，腌制食物，抑制油脂燃烧产生的火焰，还可以用来去角质、除油污、促进司法公正[①]。

如果没有盐

在人类历史的大多数时光中，盐一直是这个星球上需求量最大且最为昂贵的商品。然而，盐其实也是世界上最常见的物质之一：海洋里到处都是盐，并且地球上只有很少一些地方的地表之下完全没有盐。在产盐量不高的地方，盐就成了世界上最昂贵的东西之一。不过，在现代社会，盐已经非常便宜了——当我们想要稍微缓解路面结冰的状况时，就会把盐直接倒在马路上。

最早发明时间

公元前 6000 年（从干涸的湖泊中收集盐）

公元前 800 年（在陶罐中煮盐水）

公元前 450 年（在铁锅中煮盐水）

公元前 252 年（盐井）

1268 年（开采盐矿）

前置技术

无（利用太阳能晒盐），蒸馏和黏土（在陶罐中煮盐水），铁（在铁锅中煮盐水），采矿技术（开采岩盐），蛋（清洁盐水）

① 历史上，人类曾利用盐来推动（某个时代概念中的）司法公正：禁止自杀的法律条令通常都没什么用，当别人成功掌握了你的重大犯罪行为并且准备起诉你时，你可以通过自杀逃离他们的管辖。1670 年，法国的刑事犯罪条例改变了这种状况。该条例规定，自杀也是可以起诉的罪名，并且被告必须在法庭上受审。自杀者死后，工作人员会将其尸体剖开，往里面塞满盐，将其保存到开庭那天。这种方法不只适用于自杀行为：如果你在等待审判时死于狱中，尸体也会以这种方式保存到审判那天。这些法令直到法国大革命时期（1789 年）才被废止，并且由于当时加拿大的魁北克省是法国殖民地，这种尸体保存法令也曾存在于北美大陆的一些区域上。

如何发明

盐是人类生存的必需品，一个健康的成年人体内含有大约250克盐，也就是外面餐厅桌子上的那种小盐瓶约3瓶的量。然而，由于人体内的盐分会随着一些常见人体活动（比如出汗、排尿、哭泣）而不停流失，所以必须及时补充。如果你吃肉，那么你很可能会从那些美味的动物肉之中摄取足够的盐分；但如果你只吃蔬菜，你就必须找到其他摄取盐分的途径。[①]地球上绝大多数植物都会被盐杀死，只有2%的植物耐受高盐度环境。[②]

幸运的是，动物和人类一样需要盐，这意味着在所有可以找到动物的地方的附近，我们都能找到盐源。[③]实际上，寻找天然盐源最简单的方法之一就是追踪素食动物的踪迹：最终，它们要么把你带到盐碱地（露出地表的岩盐），要么把你带到盐湖（淡水在含盐地表上流过后也会变得带有盐分）、海洋或者其他一些天然盐源所在地。

最常见的盐源是盐水：含盐水要么来自海洋，要么来自咸水湖、咸水河或者咸水泉。一旦有了咸水，你就会想把它们转变成一种浓度更高且更便携的形式——固体盐。最显而易见的一个办法就是把盐水加热煮沸，直到水分完全煮干。这就是公元前800年左右中国人采用的方法，他们使用廉价的陶罐煮盐，最后再把陶罐底敲碎收集固体盐。几百年后，希腊人和

---

① 你将面对的一大挑战在于，与饥饿、口渴不同（这种情况会使你迫切地渴望食物或水），盐分缺失并不会让人觉得自己得去找点儿盐吃了。盐分匮乏的人只会觉得恶心想吐、头痛、神志不清、短期失忆、易怒、疲劳、没有胃口，接着会出现癫痫的症状，并发展成昏迷，最终死亡。幸运的是，人体对盐的需求较低，而且人类已经在进化过程中培养出了觉得盐特别美味的特质。因此，一旦发现了盐源，最终更可能出现的情况是你食用的盐过量，而非摄入不足。

② 鉴别喜盐植物并不难：只要看看那些高盐度地区长着什么就可以了，比如海滩或咸水沼泽。生长在海洋里的所有植物显然都耐受海水中的盐分。要从它们身上获取盐，先得把它们烧了，把灰烬放在水里，然后再带着水一起煮，直到所有水分都蒸发干净为止。

③ 这就意味着，当你开始驯养素食动物时，你不仅要给它们提供水和食物，还要提供盐。你的盐源未必要多么精致：即便是在现代社会，我们也仍旧会在农场里使用盐块，而盐块其实就是一大块盐。马对盐的需求大概是人的5倍，所以，如果你想圈养许多动物，就需要找到一个稳定可靠的盐分供应渠道。

罗马人也这么做了。但是，这样做需要把盐水中的水分全部煮干，这可是个大工程，成本高昂，光是想想你就知道要烧掉多少木头了。于是，公元前450年左右，中国人又想出了一个更绿色环保的方法并推广开来，那就是使用平底铁锅：这种容器的导热性比陶罐强很多，盐水会沸腾得更快，水煮干后，立刻从铁锅底部把盐粒刮下来即可。

不过，如果你生活在阳光充足且靠近咸水的地区（无论是海边还是咸水泉旁），就可以用一种成本更低的方式制盐，那就是利用太阳能晒盐：让阳光为你蒸发水分。在靠近水源的地方建几个黏土浅水渠，然后把盐水引入渠中，再切断水渠和水源的联系，静静等待水分蒸发干净。这个过程结束后，固体盐就会留在水渠底部等着你来收集。[①]

早在公元前6000年左右，人类就已经开始在夏天干涸的自然湖泊中采盐了，但数千年后，我们才开始有意识地建造人工盐池晒盐、采盐，至于封闭式盐池，更是直到1793年才出现。有了这种盐池，即便是阳光不那么充足的地区，也能通过晒盐法产盐了。封闭盐池涉及的技术并不难：其实就是在下雨时（不让雨水进入盐池）和夜间（不让露水进入盐池），在盐池上方增加一个起遮盖作用的顶棚，以妨外来淡水稀释盐水。

如果你生活的区域附近没有海洋，那么采盐就要困难一些。如果你附近有沉积盐，那你可以通过人工开采的方式从地表下获取盐。起初，人们认为沉积盐十分稀有，但现在我们知道它们其实数量不少，在世界各地都有分布。古代的浅海干涸后留下盐分，而这些盐分之后又被土壤覆盖，这就是沉积盐的典型形成过程。假如你发现自己脚下有大量地下盐，那一定要小心了：矿井空气中的盐尘会令矿工迅速脱水，长期在这样的干燥空气

---

① 一个有用的小技巧：往盐水里加蛋白，再充分摇晃。此时，液体顶部就会形成一团泡沫，它们吸收了原本悬浮在液体中的不溶物。在浓缩盐水之前撇去这些泡沫，你就能得到更纯净、更洁白的固体盐。这个“净化”过程也可以用在你不想见到有悬浮物的其他饮品上，比如葡萄酒。人们显然偏爱更洁白的固体盐，至少在白盐变得廉价并普及开之前，确实如此。等到白盐普及之后，大家又开始愿意为那些颜色特别、口味特别的不纯“生”盐掏大钱了。我说得一点儿没错：你愿意支付溢价购买的昂贵的“红盐”其实只是带着污垢的普通盐。

中劳作还会引发许多其他健康问题。后果就是，从人类历史上看，盐矿工人的寿命普遍较短。如果你有泵（参见第 10 章）的话，就不用让工人到井下作业了，只要利用“溶解开采法”从地表下抽取盐分就可以了：先将淡水送入盐矿内，过段时间再将矿内的水用泵抽上来，这样一来你就有了盐水，至于接下去如何蒸发其中的水分，就随你怎么方便怎么来了。

地下盐岩在受到上方围岩的挤压后有时会向上流动，并在地表上方形成凸起的盐丘。如果你在地面上发现了这么一个盐丘，只需要挖穿表层土壤，就能发现大量盐——量大到简直能堆成山。[①]

本部分提供的信息足以保证你跳过人类制盐历史的绝大多数阶段，直接来到你还记得的这个食盐供应极其充沛且价格低廉的时代，对此，我们颇有信心。所以，在结束这个话题之前，我们还想快速提一下有关碘的事宜。和盐一样，碘也是人类生存的必需品，缺碘会导致疲乏、抑郁、甲状腺肿大（俗称大脖子病），如果孕妇缺碘，生出来的孩子可能会有智力缺陷。海草、淡水鱼、咸水鱼都富含碘，但在内陆地区，碘就稀缺多了。在现代社会中，我们会在食盐中添加碘，这样就能保证无论吃什么，大家都能摄入足量的碘（成年人平均每天应摄入 0.15 毫克碘）。之所以选用食盐作为碘的载体，主要是出于两个原因：盐不会变质，且大家每天摄入的盐量大致可以预测。举例来说，没人会一大清早端坐在餐桌旁，然后决定早餐要吃 5 千克盐[②]。加碘盐是人类想出的成本最低且最便捷的促进公众健康的措施之一，这既有利于公众身体健康，又提升了公众的平均智商。1924 年，当美国引入加碘盐之后，碘匮乏地区居民的智商测试得分平均上涨了 15 分。另外，尽管你可能暂时无法生产加碘盐，但如果你可以保证文明成员食用诸如鱼、虾、海草、牛奶、鸡蛋以及坚果这样的富含碘的食物，那么他们（当然还有你自己）就不会有任何问题。

---

① 在压力之下，盐会被压缩得密不透风，之前存在的所有缝隙也随之被填补了。于是，盐丘成了防止有机物耗散，以及促使其全部转变成石油和天然气的理想场所！

② 无论如何，按这么个吃法，没人能活下来。

10.3 我病了

在人类发明的所有技术中，医学一定是最与人为善的一个。结合第14章，本部分介绍的两大创新将有助于人类——全人类——活出最精彩的人生。这些技术的影响之大令人震惊：数百万人能够活到今天（你的文明成员也即将如此），就是因为我们有了这两项技术，一项关于生物学和预防，另一项则关于器械和诊断。

就鉴别个体疾病症状以及理解传染病在整个人类社会中的传播机制而言，**青霉素**可以在微观生物学层面帮助你抵御传染病，而**听诊器**则可以在人的水平方面给你提供帮助。的确，即便没有这些技术，文明也有可能生存。几个地球历史上“最伟大”的文明就在没有这些技术的情况下起起落落，但这些文明中都充斥着病痛、传染病以及完全不可控的成员早逝。相较之下，你的文明会像山丘上的灯塔一样，同世界分享关于健康和美好生活的奥秘。

而要做到这些，你只需要阅读接下来的寥寥数页文字。

10.3.1 青霉素

既然他们能用发霉的面包制作青霉素，那一定也能用你的身体做出点儿什么。

——你（以及穆罕默德·阿里）

什么是青霉素

青霉素是我们目前拥有的最有效的抗生素之一，你可以从变质食物中免费获取这种物质。

如果没有青霉素

在青霉素出现之前，一次愚蠢而毫无意义的抓挠都可能会了结你的性命。公平地说，这可真称不上是什么社会的理想状态。

最早发明时间

1928 年（发现）

1930 年（第一例治愈案例）

20 世纪 40 年代（大规模生产）

前置技术

玻璃器皿（隔离用），肥皂，酸，醚（清洁用）

如何发明

这是个家喻户晓的故事。1928 年，亚历山大·弗莱明（Alexander Fleming）正在培育葡萄球菌。他一时大意把样品暴露在了空气中，室外飘浮着的霉菌就通过敞开的窗户飘到了样品上，开始滋长。弗莱明本想丢弃这件受污染的样品，但一个现象引起了他的注意：被污染的样品的蓝绿色霉菌周围有一圈光晕，其中的葡萄球菌停止了生长。在查明该现象成因的过程中，弗莱明分离出了这种带有抗菌特性的霉菌，并把它置于培养皿中培养，它就是**青霉素**。

事情是这样的：几千年前，人类就已经知道，有些霉菌好像有助于预防伤口感染。古印度、古希腊、古中国、美洲以及埃及的人们很早（公元前 3000 年左右）就开始利用变质食物中的霉菌处理伤口了。只不过，当时这样的治疗方式和掷骰子碰运气没啥区别：人们根本无法确定，这些霉菌的成分究竟是对伤口有益的青霉素，还是只会雪上加霜的污染物。这种“以霉为药”的想法在 17 世纪的欧洲再次出现，并且科学家也分别在 1870 年、1871 年、1874 年、1877 年、1897 年和 1920 年的欧洲，以及 1923 年的哥斯达黎加反复观察了青霉素的抗菌特性。但直到 1928 年，才有人在注意到这种霉菌的抗菌效果的同时，也认识到它是一种十分有用的药剂，并且将其分离、浓缩。要想发现青霉素，人类只需要拥有玻璃器皿、好奇心以及一点点运气[①]，但这仍然花了我们 5 000 多年的时间。

下面我们就来介绍如何才能提前发明青霉素。

首先，你需要准备大量培养皿，其实就是平底浅玻璃碗，然后用肥皂水尽可能地清洁培养皿，当然你还得洗手。

接着，你得准备一种培养基：既可以让细菌在其中生长，也可以作为细菌的食物。我们可以简单地把牛肉汤[②]和水混在一起就好，但固态培养基更好，因为使用固态培养基的话，我们就不用担心移动时会弄乱我们精心培育的细菌。因此，我们会在上述混合液体中添加凝胶。凝胶可以通过煮沸动物的蹄脚（参见第 8 章）或海草（要多试几种海草，直到发现可以在一夜之间凝结成胶的种类为止）的方式获得。请记住：无论在何种环境下，霉菌和细菌都能存活并生长，所以你无须苛求营造一个完美的环境。

现在我们还需要一些细菌来告诉我们青霉素是否已在我们的培养皿中繁殖了。如果某块区域周围没有这些细菌生长，就证明我们成功了。既然弗莱明用的是葡萄球菌，那我们也用它吧！葡萄球菌是生活在人类黏膜内的无害细菌，由此，我们得出了下面这条文明进步贴士：

① 实际上也不是非用玻璃器皿不可。你也可以使用陶器：它们的清洁和保存和玻璃器皿一样容易。运气也不用那么好——无论你生活在人类历史上的哪个阶段，青霉素孢子都遍布地球表面。所以，要分离出青霉素，你真正需要的只是好奇心和一些发霉的食物。

② 牛肉汤的做法是这样的：把一些新鲜牛骨放在水中煮沸就好了。为了调味，也可以往里面扔点儿蔬菜！你做的这锅东西本质上就是肉味的水，但真的很美味！

文明进步贴士：想成为史上最伟大的科学家之一，有时你只需抠抠鼻子，再把抠出来的东西放在培养皿上。

把这些装着恶心鼻屎的培养皿分别暴露在含有不同霉菌孢子（收集自不同地方）的环境下。取自腐烂水果或蔬菜的霉菌效果很棒，发霉面包上的霉菌也不错，甚至一撮灰尘里也很可能含有青霉素孢子。请等待一周并且留意霉菌周围是否出现标志性的光晕，一旦发现这种迹象，就把霉菌和那些生长于（从你鼻子里抠出来的）鼻涕或鼻屎里的细菌分离开来。为什么？因为这本书告诉你要这么做！好好保存这些霉菌样本并把它们添加到装着稀释牛肉汤（科学家管这个叫“溶液”）的密封玻璃管中，这样霉菌就可以在那儿平静地成长了。[①]恭喜，你刚刚成功分离出了青霉素！

你可以直接把霉菌涂在伤口上，然后祈祷有个好结果，但是如果我们能够把这些霉菌净化一下，效果就可能更好。青霉素更易溶于乙醚（相较于水来说），所以完整的净化步骤是这样的：先将含有青霉素的溶液过滤一下，除去其中可能存在的固体物质，然后在过滤液中添加些弱酸（醋或者柠檬汁就可以），保证青霉素还活着，再往里面加点儿乙醚（参见附录C.14）。把这瓶液体摇匀，使其中的物质充分混合，然后静置：乙醚（现在溶解了大部分青霉素）会上升至液体顶层。最后，将底部的水层排出，就大功告成了。你研制出了纯净版青霉素，既可以掺水后注射（如果你已经发明了针筒），也可以口服，还可以与小苏打（参见附录C.6）混合形成一种性质稳定的“青霉素盐”，日后可以用离心机（可快速转动这些液体——严格地讲，要做到这点不需要任何除轮子以外的技术，不过如果能用上第10章中的电动机也没什么坏处）把青霉素从这种物质的溶液中分离

① 青霉素特别喜欢吃玉米汁（也叫“玉米浆”）的残留物。玉米汁的做法很简单，利用研磨玉米时产生的副产品就可以了：先把玉米放在水里泡两天，将玉米粒泡软。取出玉米后，把泡玉米的水浓缩至黏稠的浆状，就可以拿去喂你的新欢青霉素了。糖分不只是人类的最爱，也是青霉素的佳肴呢！

出来。在破伤风、坏疽或其他种类的伤口处注射青霉素，疗效最佳。

这里有个问题：如果使用弗莱明用的那种霉菌来培养青霉素，那么治愈一个严重感染的伤口就需要 2 000 升的培养液。1942 年，一位名叫玛丽·亨特（Mary Hunt）的研究人员在美国伊利诺伊州皮奥瑞亚一间杂货铺的垃圾堆里找到了一个更高产的霉菌菌种：她在一只美国甜瓜上发现了一种“漂亮的金黄色”霉菌，可以将青霉素的产量提高 200 倍（相较弗莱明使用的霉菌菌种）。最后，科学家还把这种霉菌暴露在X射线之下，希望辐射能够引起足够的突变，从而通过变异生成一种可以生产出更多青霉素的霉菌菌种。令人意外的是，这竟然有用！于是，人类拥有了一种产量是弗莱明使用的原始霉菌的 1 000 倍的菌种。你可能找不到方便使用的X射线源，但你一定可以方便地取得各种霉菌，所以，一定要时不时地选用不同霉菌重复这个实验，直到发现一个更高产的青霉素生产源为止。一旦你手下有人分离出了青霉素霉菌，你就会想让一些文明成员全职生产青霉素。

10.3.2 听诊器

> 让我们制定一个从今夜开始奉行的生活新规则：
> 不断努力让自己变得更加和蔼一些。
>
> ——你（以及 J.M. 巴里）

什么是听诊器

听诊器是一种非常基础的医疗器械，其结构简单到可以用一个短语来概括（“把一个东西卷成一根管子”，就是这样，我们刚刚示范了），但即便如此，人类也花了几十万年才发明这种工具。

如果没有听诊器

在听诊器出现之前，要想在不剖开身体的前提下，光凭肉眼观察判断活人身体内部出现的状况，实在是一件相当困难的事情。

最早发明时间

1816 年

前置技术

纸

如何发明

就像我们刚才说的，你只要把随便一样东西卷成一根管子，然后拿着它放到病人胸前倾听就可以了。听诊器就诞生了。人类发明的第一件听诊器是用纸做的，但你也可以用木头或者金属制出更高效、更结实耐用的听诊器。如果你想做得酷炫一点儿，可以使用弯折式管子和耳塞式听筒，也就是你熟悉的现代听诊器的组件，但它们不是必需品。

虽然听诊器制作起来很简单，但其实它是一名（男性）医生在机缘巧合下才发明的。当时，这位医生不愿意把耳朵凑到他的一位（女性）病人的胸前听诊，结果发现，相比单凭耳朵听，一个圈起来的纸管可以让他更清晰地听到病人身体内部的情况。这项发明出现之后，人类终于可以细致考察生物内部的结构和活动了——最重要的是，使用听诊器不会对人体造成任何伤害。这是医学史上一个重大变化的开端：从这一刻起，人们不再把疾病看作许多等待治疗的症状的集合，开始视其为人体各部分因衰老、退化或受到感染而功能紊乱时出现的异常状况。

人们很快就发现人体内部会产生许多声音，而且，这些声音之间的差异是可以诊断出来的，尤其是心脏、肺以及消化系统发出的声音。本书并不是一本医疗手册，但如果你想成为一名医生，听诊器可以让你快速分辨出健康器官和病变器官之间的差异，而你可以依此做出诊断。

这项技术还有益于发明助听器！管状听诊器的基本设计在修改后就可以变成一个“号角状助听器”—— 一根你可以放到耳朵旁倾听外界声音的、巨大的号角状管子。这是个原始但有效的方法，戴上它你的确可以听得更清楚。

10.4 附近肉眼可见的自然资源太差劲儿了，我想要更好的

本部分介绍的发明是一切技术社会的基础。

如果你想获得地表以外的资源，采矿技术当然必不可少。窑炉、熔炉、煅炉不仅能够让你获取新材料，还可以帮你解锁大量新技术（小至金属加工，大至蒸汽机）。因此，它们是打开新技术宝库之门的钥匙。最后，窑炉还可以将沙子转变成人类有史以来生产的最有用的物质之一——玻璃，这种材料可以使光线弯折。玻璃不仅可以改善文明中成员的视力，让他们免于日常性的磕磕碰碰，还可以开辟出全新的科学探索领域，研究对象将涵盖从微观生物形式到遥远天体星光的一切。

尽管最终夺人眼球的很可能是其他技术，但如果没有本部分介绍的技术支持，许多技术都不可能出现。通过发明这些基础技术，你已成为历史上最聪慧、最有影响力且最不可或缺的人物。

干得漂亮！

10.4.1 采矿技术

> 祖父曾告诉我，世界上有两种人：一种是干活的人，一种是窃取功劳的人。他鼓励我要努力成为前者，因为这类人不多，竞争也缓和得多。
>
> ——你（以及英迪拉·甘地）

什么是采矿技术

就是把那些你觉得可能有用的东西从地底下挖出来。

如果没有采矿技术

在采矿技术出现之前，除非你感兴趣的物质碰巧出现在地面上（但你可能没那么走运），否则你根本得不到它。

最早发明时间

公元前 41000 年（最早的采矿对象是赤铁矿，可用于制作壁画和化妆用的红色颜料）

公元前 4500 年（火力采掘法）

公元前 100 年（冲刷找矿法）

1050 年（冲击钻探法）

1953 年（垃圾掩埋场开采。在回收利用技术盛行之前，人们意识到垃圾掩埋场中的铝含量比真正的铝矿含铝量更高，这都要归功于人们丢弃的铝制罐头）

2009 年（第一家小行星开采公司成立）

前置技术

蜡烛（地下照明用），金属工具（开采岩石、冲击钻探法用），畜牧业（驯养像金丝雀这样的鸟类）

如何发明

你需要很走运，当然，纵观历史，人类确实很走运[①]——否则要想采

① 举例来说，你可能幸运地遇到矿物上只覆盖了一层很容易就能弄走（简单到只用燧石这样的石器就能凿开）的石头，比如白垩。白垩质地非常软，只用鹿角作镐、牛肩胛骨作铲就能开采。如今大名鼎鼎的英格兰“格莱姆斯坟墓”就是这样的一个矿藏，早在公元前 3000 年左右，人类就开始挖这个矿了。

矿，你肯定需要移动许多又大又沉的石块，那可绝对是件苦差事。而且没有其他办法可选，你只能这么干！仅存的一线希望[1]是，不管你想得到哪种矿物，只要它埋藏在不深的地方，都可以尝试一下露天开采的办法：和大多数采矿方式不同，露天开采时你会挖出一个采矿专用的露天洞穴，这么做的好处在于，矿工可以得到充足的光照和新鲜的空气。不过，并不是所有你感兴趣的矿藏都埋藏得较浅，在某些情况下，你可能需要不停地往地下更深处挖，直到挖到你想要的那种矿石为止，然后你还得把这些石块敲碎以便把它们运到地面上。

下面我们介绍一些可以让这件苦力活稍微轻松一些的技术：

冲刷找矿法：在你想开矿的地点附近蓄水形成一个水库，然后一股脑地把水库里的水全放出来。这是一种即时人工侵蚀地表的方法。倾泻而出的水会快速冲刷地表，带走石块和泥土，留下光秃秃的岩床。如果走运的话，岩床上的矿脉这时就会显露出来，你就可以开采了！

火力采掘法：在矿井中紧挨着矿石的地方点火，如果矿石烧得过热，就立刻往上面浇水。这种突然冷却的方法能使矿石变得脆弱，便于敲碎，但使用这种方法时必须在矿内点火（矿内的氧气通常很少），因此有一定风险。

楔劈采石法：这种方法自身就很有效，如果能结合火力采掘法在矿石脆化后使用，效果更佳。基本方法是用锤子把楔子敲进矿石的裂缝中，迫使矿石碎裂。如果你使用的是木制楔子，可以在敲进裂缝后加水浸泡。木头遇水后会膨胀，因而会给矿石施加更大的压力。

冲击钻探法：支起一根杆子，杆子越重越好，一端装上锋利的铁头或钢头（参见第10章）。锋利的那头向下，然后从高处砸下杆子，

---

[1] 顺便一提，如果你准备开采银矿，那你应该知道银极少以银块的形式出现，它们通常会和其他金属结合在一起，这意味着你必须从合金或金属混合物中把银提取出来，利用熔炉（参见第10章）就可以做到这点。

反复朝矿石上的某个位置砸去。重杆砸下去后，可以利用杠杆和滑轮[①]把它提起来。还可以使用木制或金属制的导管，确保杆子总是砸在一个位置上。这种导管实际上形成了一种小型矿井，更适合从固体物质中提取液体（比如第10章中的盐水）。

一些最简单的地下采矿方式会涉及“钟形坑”，之所以叫这个名字，是因为这些坑的形状像钟。使用这些方法采矿时，会先挖一个深达矿石层的矿井（通常都是垂直向下的竖井，有时会是倾斜的），矿工再从矿井底部开始挖向四周。随着工作的深入，这个地方就会自然形成一个钟形区域。因为没有使用任何支撑物，所以当挖到某种程度的时候，这座矿就会开始塌陷。到那时（或者在理想状况下，即塌陷的前几分钟），我们就得放弃这座矿，转而在附近另开一个，然后继续采矿。

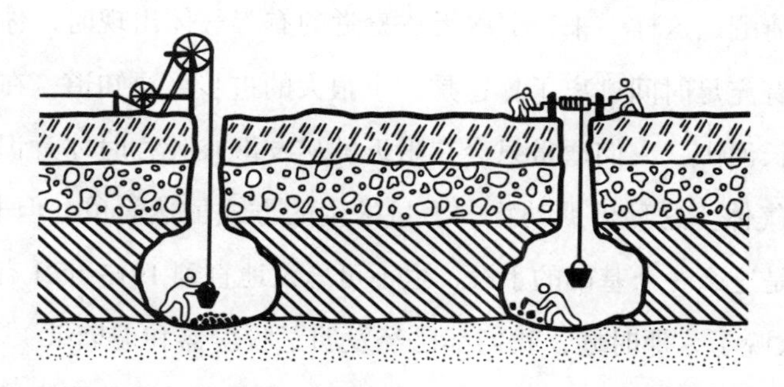

图 17　出现了钟形坑的矿（这种矿注定是要塌陷的，这里表现的是其塌陷前的构造）

如果你不想走“只管挖，挖到实在是危险得不能再挖为止”这种路线，就可以采用“房柱式”开采作为替代方案。使用这种方式采矿时，矿工会

① 杠杆（木板绕之转动的支点）和滑轮（缠上了绳子的轮子）是两种简单的机械装置。它们可以改变力的方向。这两种机械之所以如此有用是因为提起东西通常要比放下东西更费劲：放下东西时，你还可以借助其自身的重量（以及地球引力）。和其他简单机械（比如斜坡、楔子和螺丝）一样，杠杆和滑轮也是通过增加作用距离的方式减小所需的力，从而帮助人们省力地干活。增加滑轮的数量可以减小搬动货物所需的力，代价则是你得拉动更多绕着滑轮的绳子。把杠杆上的支点移向货物可以起到同样的效果，代价则是你得增加杠杆的作用距离。

在水平方向上挖矿，但会留下几根垂直的岩柱，让其支撑这个“房间”（你不断从中提取矿物）的屋顶。不过，塌陷的危险仍旧存在：只要有一根岩柱倒下，其余岩柱就会承担更多重量，而这有可能引起连锁反应，导致整个矿塌陷。你可以用原木支撑矿井，用这种木头承受上方岩石的重量，以代替（或辅助）岩柱。然而，即便是在现代社会，我们也很难保证这些光秃秃的岩石屋顶能够胜任承担载荷、不坍塌的重大任务。采矿总是存在风险，无法避免：除塌方之外，矿工还面临着地下涌水和有毒气体的危胁，后者会导致工人窒息，或引发爆炸，或是两者同时发生。

你可以带一只宠物鸟下矿，以此缓解窒息的威胁。许多鸟类的新陈代谢都很快，而且呼吸急促，所以如果矿井中二氧化碳或其他有毒气体浓度过高，它们会先于人类死亡。具体说来，当矿井中出现一氧化碳时，金丝雀会比人类早 20 分钟左右昏厥。请在下矿时带只金丝雀，并且时刻留意其神智是否清醒，这样一来，那些无法察觉的有毒气体出现时，你就能及时发现并且有充足时间逃离了！这是一个很大的进步。要知道，在长达上万年的历史长河中，人们通常只会在附近的矿友濒临死亡时才意识到矿内出现了有毒气体。这种借助动物的力量求生的方式虽然简单，但非常基础。然而，就是这么一个基础的手段，也不可思议地直到 1913 年才有人想出来（这真是太晚了，那时候，我们都已经发明了吸尘器和玻璃纸）。因此，在这之前的几万年时间里，随身带上一只金丝雀或者其他体形合适的宠物鸟下矿，你就会做得比我们好得多。

10.4.2 窑炉、熔炉和煅炉

最早的说明书大概是刻在石头上的，并且流传了很长一段时间，内容包括像“获取更多的黏土，制作更好的烤炉”这样的话。

——你（以及戴维 · 维斯科特）

它们是什么

有了窑炉、熔炉和煅炉，我们就可以从火堆中获取更多热量。这些多出来的热量可以让你以全新的方式使用原材料，比如制造陶器、瓷器和玻璃，还可以冶炼金属。对于吃货来说，也有一个好消息——这些东西可以用于制作美味的比萨饼。

如果没有它们

没有窑炉、熔炉或煅炉，我们就不能锻造金属，不能生产人造玻璃，也不能烧制陶器、炻器和瓷器。最关键的是，连比萨饼也做不成了！

最早发明时间

公元前 30000 年（人类用篝火烧制出了最早的陶瓷素烧坯）

公元前 6500 年（利用篝火冶铅）

公元前 6000 年（熔炉出现）

公元前 5500 年（利用窑炉冶铜）

公元前 5000 年（上釉）

公元前 4200 年（制铜业出现）

公元前 500 年（高炉出现）

997 年（美味的比萨饼出现）

前置技术

黏土，木材，窑炉要用到的木炭，炼铁要用到的石灰岩，砂浆（高级窑炉会用到），采矿技术（获取原材料）

如何发明

你在本部分的一切发明都始于黏土。黏土是一些纹理细密的颗粒化土壤，主要成分是硅铝酸盐和一些氧化物。幸运的是，几乎在任何历史时期，你都能在地球的各个大陆上找到这种物质。只有在地球历史的极早期，黏土才难以发现。那个时候，岩石已经形成，但还需要几百万年时间的风化才能形成土壤。[①]通常来说，黏土位于表层土之下（所以你得把它们挖出来）或者靠近海岸、河岸这种易被侵蚀的地方。湿润的黏土比较容易辨认：此时，它是一种潮湿、沉重、条纹细密可辨并且容易变形的土壤。不过干黏土看上去很像岩石，因而较难辨认。不妨通过抠抓的方式区分黏土和岩石：如果你能轻松地从上面抠下细密的粉末的话，那它就是黏土，加点儿水就能把抠下来的粉末重新安回去！

你找到的黏土可能会掺有杂质或沙子，有两种方法提纯。一种是先把黏土晒干、打碎，然后碾成粉尘状：黏土颗粒是最小的，所以可以用筛子把它们筛出来。这需要花费很多时间和精力。另一种简单一些的方法是：把混有杂质的黏土放到一个容器内，再加入两倍于黏土体积的水。用双手把泥块捏碎，不留任何大块物质，然后静置数小时，使其充分吸水。之后，充分搅拌这团混合物，再静置几分钟，此时混合物就会分层：底层是泥沙，往上一层是较轻的黏土混合物，最上是水层。把“黏土水”倒进另一个容器，再次静置，这次时间长一些，大概一天。之后黏土就会沉淀到底部，你再把上层的水倒掉就可以了。如果此时得到的黏土仍旧含有杂质的话，就重复以上流程，直到把杂质除净为止。完成这些步骤后，你就得到了一块湿黏土，可以把它放在太阳底下晒几天，直到可用为止。测试黏土品质的最简便的方法是将其揉成蛇形（这大概是……用黏土能做出的最简单的形状了），然后再把它绕在手指周围。如果此时的黏土能较好地弯折而不断裂，那就算是品质良好。

问题在于你不能直接用黏土做个碗[②]，然后等它慢慢变干。因为完全脱

---

① 还有个好消息：如果你真被困在这个时期，那就没什么好担心的了。因为还没等你因缺乏黏土而感到不便，你早就因为食物匮乏而饿死了。

② 如何简单地做出一个好看且对称的碗？可以用轮子。把黏土放在一个重轮子的中间，然后转动轮子，你就可以把黏土做成一个形状好看的碗了。轮子最初的作用其实就是这个，之后人们才发现还可以把它竖起来滚动，并用于交通运输。

水的黏土脆弱而易碎，而湿的黏土又容易变形，你刚刚也看到了。只有在黏土受热后，才会出现“奇迹”[①]。在大约600~1 000℃（与你使用的黏土的具体情况有关）的时候，黏土就会变成素烧坯（我们也会称之为素瓷）。这是一种更加坚固的材料，无论有多湿都不会再变回黏土。

虽然相较干燥黏土而言，素烧坯是更好的塑像或造砖材料，但仍旧不是最好的制碗材料：即便素烧坯不会重新变为黏土，多孔的特点也意味着它极易吸收水分。为了解决这个问题，你得对素烧坯进行二次加热，这次的烧制温度要达到950℃左右。这个温度下会出现另一种变化：黏土自身开始熔融、聚合到一起，而其中的杂质则融化、消失，再次冷却时，黏土坯中的所有空隙都会被填满。最终的产物就是一种强度更大、密度更高的防水材质。换句话说，伙计，你刚刚发明了陶。如果在更高的温度下加热素烧坯，就可以造出炻——一种强度比陶还高的材质。在烧黏土的时候往坯里扔点儿盐，烧出来的陶器上就会有一层薄薄的玻璃：在这样的高温下，盐会分解成钠气，钠气会和素烧坯反应，直接在其表面形成光亮的玻璃（这层玻璃就是“釉”或者“釉彩”，而这个过程就是“上釉”）。添加不同的矿物，就能生成不同颜色的玻璃：添加骨灰（碳酸钙）可生成红玻璃，添加铜则可生成绿玻璃。

寻常篝火的温度就已经足够烧制出素烧坯了，烧制素烧坯的温度在850℃左右，但还不足以烧制陶器，也不足以上釉。要做到这点，窑炉是必需品，它可以围住火堆，留住热量并加以提升。有了窑炉——其实就是特制的烤箱——你能解锁的成就可不止陶器，还有玻璃器皿、金属制造等技术。从你开始以更睿智的方式生火（而不只是把木头扔进火堆中，然后浑浑噩噩地过上一天）的那一刻起，一个拥有各种更有用的材料的世界就向你打开了大门。

要建造窑炉，你首先得用寻常篝火把黏土烧成素砖。素砖的保温效果

① “奇迹”在这里的意思是“可以很好地用科学解释的永久性物理和化学变化”。

不错，不会燃烧，而且熔点极高，因而是你建造第一座窑炉的理想材料。一旦造出了这座窑炉，你就可以用它生产出更高品质的砖块，然后再用这些砖块去建造更好、更高质量的窑炉。一座简单窑炉其实就是一个长方形盒子，一侧生火，另一侧装有烟囱，它的构造大致是这样：

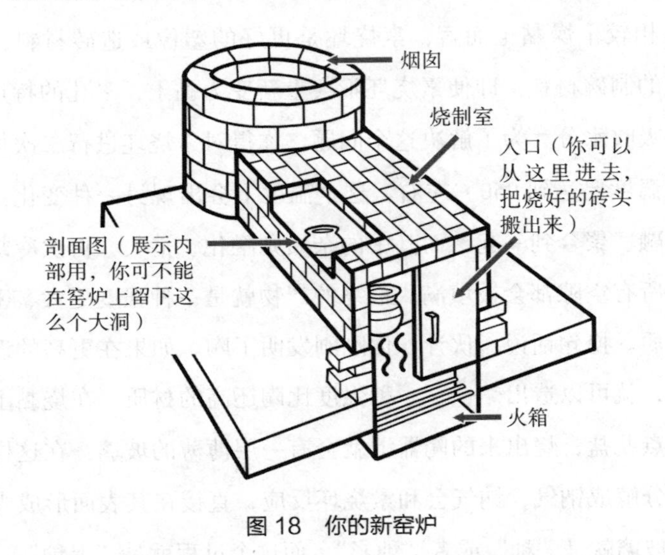

图 18　你的新窑炉

窑体内部的火焰散发的灼热空气可经远端的烟囱排出。砖块之间用灰浆连接，保证气密性良好。同时也请留出一小部分不用灰浆砌合的砖块，这样你就可以简单方便地控制气流及火焰大小了。第一座窑炉就这样建成了。除制作陶器外，我们还可以使用窑炉烹饪任何顶端带着美味浇头的圆形薄面团，只需要不到两分钟。未来，你就是这样发明极其美味的“柴火”比萨饼的。

像这样的窑炉可以达到 1 200℃左右的高温，足以熔化铜。历史上，当人类注意到某些岩石被丢进熔炉后会部分熔化时，他们便发现可以利用窑炉来冶炼金属。为了收集这些融化后流出的液态金属并将其导出窑炉，你得调整一下窑炉结构，以便完成人类历史上首次收集液态金属的壮举。结构调整后的这种窑炉就称为“熔炉”（一种从矿石中提取金属的设备），而你刚刚发明了它。好吧，从严格意义上来讲，人类历史上的第一座熔炉是这么发明的：有人往篝火里扔了一块含锡或铅的岩石，第二天发现篝火的灰烬里混着一块坚硬的金属（锡的熔点是 231.9℃，铅的熔点是 327.5℃，都在篝火容易达到的温度范围内），所以严格说来，这堆篝火就是人类历史上第一座熔炉。不过，你的设备却是第一座能够方便收集这些液态金属的熔炉。

我们甚至还可以用熔炉来收集它无法融化的金属。铁的熔点高达 1 538℃，大大超过了这些熔炉能够达到的温度范围。不过，当你往这些铁矿石[①]里加入石灰（把它们粉碎并混合在一起）之后，石灰就会发挥作用，降低铁矿石中不含铁的部分的熔点，然后，你的熔炉就可以“反向”工作了：熔化不含铁部分，留下纯铁。熔炼完成后，你就可以从熔炉里获得纯铁，然后放到煅炉里塑形。要建造一个专门用于炼铁的熔炉，你就得造个顶端带洞的烟囱状窑炉，侧边还要连几根管子（一开始可以用黏土造，能够生产金属后就立刻换成金属）吸收外部空气。窑炉底部生起一堆炭火（参见第 10 章），矿石被敲碎成小块。火烧旺后，立刻从窑炉顶部放入等量的铁矿石和木炭。这样一来，熔化不了的铁就会落到底部，可以用一团被熔渣儿（就是你需要的杂质）环绕的海绵收集。剩下的工作就是排出废渣儿，将铁块全部取出并提纯。那么如何提纯呢？你可以在铁块余温尚存的时候，把它敲平然后再叠起来，如此反复。这个过程可以把残存的废渣儿全部压出来并且把铁聚拢到一起，但是，在你进行这道工序的时候必须想办法保持铁块的高温。于是，你需要一座煅炉。

---

① 铁矿石只是你可以从中提取出铁的岩石之一！事情是这样的：大部分地球上的铁会在熔化后下沉到地球中心，于是，那里就形成了一个铁镍核，这个铁镍核是地磁场的重要成因。而那些留在地球表面的铁则会和其他化学物质（比如氧气）发生反应，形成你现在准备从中提取出铁的铁氧化物矿石。我们提这些是想告诉你，如果你曾在地球表面或者浅层地表中找到纯铁，那么这块金属很有可能不属于地球。相反，它很可能是在一场毁灭性的陨石撞击中来到这儿的。在没有熔炉的情况下，陨石大概是纯铁的唯一来源。这就意味着，人类最早制作出来的那些铁制工具、武器并不是用原产于地球上的材料制成的，其原料其实来自其他星球内核所形成的陨铁。我们对发明时光机无动于衷，反而觉得使用外星制品是件很酷炫的事。

煅炉和窑炉有相似的地方，它们可以用同种砖块作为建筑材料，但煅炉更加开放，并且和熔炉一样，会使用烧得更热的炭火。煅炉中，生火处的下方还有一根连着风箱的空气导管，可以通过风箱直接把空气注入火堆：木炭周围的空气越多，就烧得越旺、越热。[①]放到煅炉里的金属会被加热到足以锻造的高可塑性状态，这时你就可以把它们敲打成更有用的形状，最后再将其放入水中冷却。你一开始用篝火烧制的黏土不仅让你造出了更好的窑炉，更让你得到了液态金属，并且去锻造它们！以石器时代为起点，这些黏土带着你跨过了铜器时代，一路直奔到铁器时代，这一切都要感谢你在河流边找到的这些奇怪的泥土。

在人类历史上，窑炉首次出现于公元前6000年左右，但是，只要你知道了建造方法，无论身处哪个历史时期，都没有什么技术障碍能够阻挡你建造窑炉的脚步。现在，既然你已经学习了窑炉的建造方法，那就没有借口止步不前了！马上开工吧！[②]

10.4.3 玻璃

> 不要用言语告诉我月亮很亮，让我看看碎玻璃上反射的月光。
>
> ——你（以及安东·契诃夫）

什么是玻璃

玻璃是一种高强度、耐热、不易发生化学反应、可无限循环利用的非

① 有些发明的基本构造其实非常简单，只要看上两眼（当然，对你而言是要记住我们的文字叙述）就懂了，风箱就是其中之一。它其实就是两块木板中间夹着一个密不透风的袋子，袋子前面还有一个小洞。无论你身处哪个时期，都可以用兽皮（参见第10章）来制作这种袋子，用焦油填补任何可能存在的缝隙（参见第10章）。打开风箱时要慢一些，这样才能吸入足量空气；关闭风箱时要快，这样才能把里面的空气排干净。

② 如果这都不足以说服你建造窑炉，那就看看附录A中的技术树。你会发现，窑炉可以解锁的惊人技术竟然如此之多。这时，你就能意识到，窑炉（以及熔炉、煅炉）是整本书中绝无仅有的、最高产的发明家族。

晶体无定形固体[①]，关键是这种材料透光率高，我们可以通过它看到各种东西。因此，玻璃成了这个星球上最有用的物质之一。

如果没有玻璃

没有玻璃就没有矫正视力的镜片，你的余生就只能在什么都看不真切的一片朦胧中度过。除了这种*真实的*看不真切以外，你的余生还得经历许多引申意义上的看不真切：没有玻璃，你就无法领略基于玻璃的技术的物品的用处，其中包括显微镜、试管以及灯泡。

最早出现时间

公元前 70 万年（用作工具的天然玻璃）

公元前 3500 年（人造玻璃，主要用来做珠子）

公元前 27 年（吹制玻璃）

100 年（透明玻璃）

1200 年（窗玻璃）

前置技术

无（天然玻璃）；窑炉，草碱或纯碱，生石灰（人造玻璃）

如何发明

玻璃是你可以生产出来的最有用的物质之一。为了强调这点，我们会先介绍一下用玻璃可以做的各种神奇的事，然后再告诉你具体如何制作。

---

① 玻璃是固体。这其实说起来很是吊诡，因为严格说来，玻璃其实是一种液体，或者一种“需要很长时间才能流动的过冷的液体”。其实，玻璃一旦定形为固体，除非再次融化，就不会再流动。你可以在地上支起一块玻璃，然后在 2 000 万年以后再回来看看。结果是，它仍旧是一块玻璃，并不会变成地面上一滩奇怪的玻璃水。科学研究（对古代天然玻璃的研究）和实验数据（感谢克罗诺迪克斯解决方案公司的朋友们）都已经证明了这个结论。

这么一来，当你看到玻璃的制作流程之后，就会立刻跳起来说："听起来不难啊，等不及了，马上行动！"而不是说："哦，好吧。玻璃是失败者才用的。我准备跳过这段继续往下读，直到找到酷炫到炸裂的技术再细细阅读。"①

下面是你可以用玻璃制作出来的简要产品清单：上了釉的陶器，眼镜，显微镜，望远镜，烧杯和试管（在科学研究中颇有用处，因为能和玻璃产生化学反应的物质不多，这也意味着你甚至可以用玻璃来储存硫酸），真空室，棱镜，灯泡，温度计，气压计，等等。你可以用玻璃弯折光线（折射）、削弱光线（衍射）以及会聚光线（将一束光集中照射到一个点上）。

那么，掌握了弯折光线的技术又能做什么呢？把玻璃制成一个中间向外突出的曲面，就能聚拢光线，于是你就发明了放大镜。而玻璃的曲面内凹就能使光线发散，从而矫正近视。下图展示了这两种曲面：

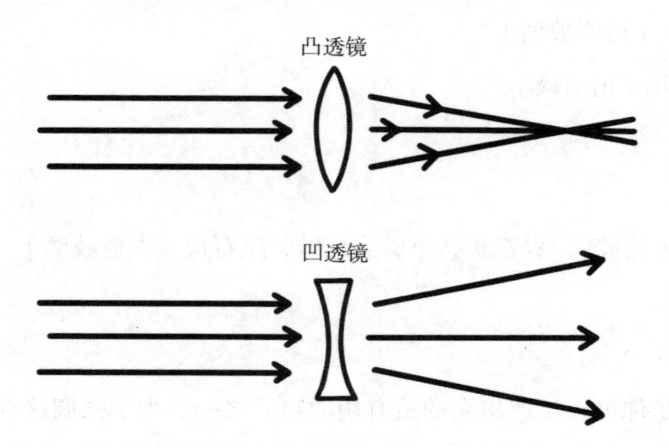

图 19　为满足各类需求，玻璃也必须制成对应的形状，以不同的方式弯折光线

凸透镜（中间向外凸的透镜）制作起来要比凹透镜容易，因为从定义上说，吹制玻璃球就能制造出凸透镜的形状。所以你会发现，在眼镜诞生

① 如果你坚持想学点儿炸裂的技术，那么附录C中介绍的一些化学物质就可以满足你的需求。

之初，远视（无法看清近处物体）要比近视容易矫正。

眼镜最早发明于 13 世纪的印度，经由意大利传入欧洲。[26] 大致同一时间，中国人发明了太阳镜。即便是在当时，这种眼镜也比呆板的眼镜更时尚、更酷炫。① 然而，整整 500 年后——直到 18 世纪才有人发现，可以给镜片安装带着长臂的镜架，将眼镜架在耳朵上，这样做便于放置眼镜，且还能维持稳定了。在此之前，人们要么时不时地用手拿起眼镜放在双眼和物体之间细细端详，要么强行把眼镜勒在鼻梁上，让它保持在那个位置上。所以，哪怕只是给眼镜安上长臂，你的文明就已经领先了几百年。

不过，眼镜还只是个开始。把眼镜中并排放置的两个凸透镜取出，把互相对齐，排成一列——通常安装在一个可调节长度的中空的圆柱体的两端——你就发明了显微镜。人类在 17 世纪初期第一次想到了这个创意。如果圆柱体的一头装的是凸透镜，另一头装的是凹透镜，你就发明了望远镜。我们可以用望远镜来观察远处的土地，探索宇宙的奥秘，甚至还可以监视举止怪异的邻居。把两个望远镜并排放在一起，你就发明了双筒望远镜。我们只是给了你几个透镜而已，结果你就疯狂地发明了好多东西！

望远镜和显微镜都是极其重要的发明。有了它们，我们才发现了此前未知的生命形式（细菌），刷新了对生命生存方式的认识（细胞），了解了生命繁衍的方式（细胞分裂，以及显微镜下才可见的精子和卵细胞相遇的有性生殖方式），探明了人们对疾病的自我防卫机制（白细胞），更不要说那些关于新行星、新恒星以及新星系的宏观发现了。凡此种种，都从基础层面上改变了科学、医学、生物学、化学、宗教学以及文明自身。在我们的时间线中，所有这些创新发明都需要透镜的发明，而透镜的发明则需要白玻璃，制造白玻璃又需要高温窑炉。好在第 10 章中的指导说明足以帮助

---

① 早期的太阳镜并不是用玻璃制作的，它们其实是由透明的烟晶薄片制成的。不过，这也没关系！戴上它，你仍旧很酷！

你在任何历史节点上发明上述一切。[①]

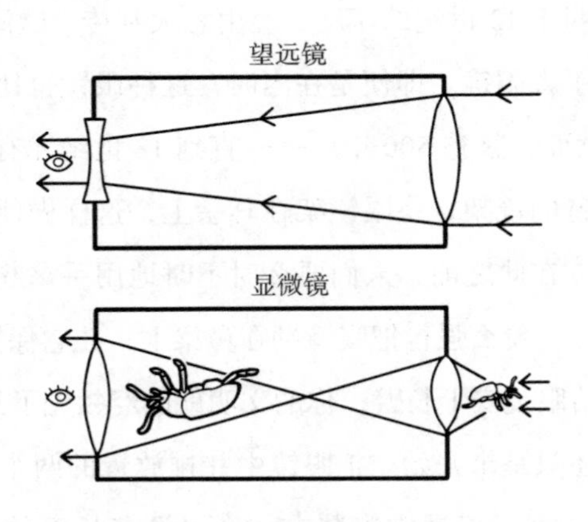

图 20 望远镜和显微镜的结构示意图

无论是对尖端科学来说，还是对体面的个人形象来说，镜子都是颇有用处的。要发明镜子，只需将一层像铜、铝或锡这样的反光金属安装在一块平整的透明玻璃背面就可以了。[②]在人们广泛使用镜子之后，自拍（其实是自画像）这种发明也产生了。镜子在公元 15 世纪才在欧洲普及开来，在那之前，欧洲画自画像的传统其实并没有那么深厚。随之而来的发明还有潜望镜、更先进的望远镜、能够反射并会聚太阳光的太阳灶，以及无数与

---

① 你甚至不需要透镜就能制作一架具备基础能力的显微镜！一枚简易的透明玻璃珠同样有放大功能，而这种玻璃珠早在透镜发明之前就已经出现了，其历史可以追溯到公元 100 年的罗马。但当时所有人都只把这种珠子当作珍奇玩物，根本没人注意到它的巨大潜力。制作这种材料的步骤如下。先生产出一块玻璃长条，然后将其融化，熔融的玻璃会自然滴落形成珠子。在滴落的同时，玻璃会自然冷却，形成近乎完美的球体。玻璃珠越小，它的放大效果就越好，将一颗很小的玻璃珠放到眼前，再把需要观察的物体放到玻璃珠前，产生的放大倍数足以令你观察到细胞和细菌。无论你身处哪个历史阶段，这种透明玻璃珠都将为你解锁一整套创新发明和发现，其中就包括第 14 章中介绍的有关疾病的微生物理论。而你要做的，仅仅只是融化一些玻璃而已。

② 实际上，你刚刚发明的是玻璃镜。镜子在这之前很早就已经出现了，而且非常简易。只需将水放到一个深色容器中，等待水面归于平静，你就可以对着水面照镜子了。抛光金属的反射率更高，但也更昂贵，且更难制作。

身体形象有关的物件（很明显，只有在镜子这种无时无刻不在提醒人类注意个人仪表的工具诞生后，这些相关物件才会出现）。把玻璃的形状做成三角形，你就发明了棱镜。这种器具可以将光线分解成各种组分（形成好看的彩虹）。将棱镜放在一个暗盒中，保证进入棱镜的光线只从某个小孔中透入，这就是分光镜。每种元素在受热时都会发出独有的彩色光带：光带就像一条不完整的彩虹，而且，各种元素的彩色光带都不相同，就像人类的指纹一样。你既可以用分光镜来鉴别在你面前燃烧的究竟是什么物质，也可以同时使用分光镜和望远镜，从而分析远在百万光年之外的恒星的化学组成。

对于这些熔化了的沙子来说，目前的这些表现还不赖吧？

没错，玻璃其实就是熔化了的沙子。或者，更准确地说，玻璃是熔化了的二氧化硅，我们也可以叫它“硅石”。硅石在地壳中的质量占比超过10%，也是世界上大多数地区的沙子的主要组成部分，所以硅石很容易就能找到。硅石的熔点大约是1 700℃，篝火达不到这样的温度，但仍处于第10章中介绍的窑炉可达的温度范围之内——历史上第一块人造玻璃就是在公元前3500年左右的时候，在这样一座窑炉中偶然制作出来的：一些沙子不知怎的进入了窑炉，然后熔化了，冷却后就形成了一种非常有趣的物质①。[27]

在沙子里面掺入草碱或纯碱（分别参见附录C.5和C.6），可以降低硅石的熔点，从而降低玻璃的制作难度，同时缩减制作成本。加热时，热量会让草碱或纯碱溶解到沙子之中，从而起到降低熔点的作用。再往这团物质里添加一些生石灰（参见附录C.3），就可以提高玻璃的耐用性和耐腐蚀

---

① 天然玻璃早在人造玻璃之前就已经出现了：你可以在火山附近富含硅石的区域内免费获取它们。当火山喷发出的熔岩冷却时，就会形成一种致密、易碎的天然玻璃，称为“黑曜石”。从早期原始人时代开始，人类就已经开始利用黑曜石了。这主要是因为黑曜石有一种有用的性质：碎裂后会形成一个锋利的切面，很适合用来制造刀剑或箭头。不过，人们并不知道如何在黑曜石磨损后，重新生产出新的，因此，它仍旧是一种稀有的材料。

性，而且有助于保护玻璃免遭雨水冲刷的磨损。一通操作下来，你最终得到的这团物质的熔点大概为 580℃，这就容易多了。制作玻璃的理想原材料配比大概是 60%~70% 的硅石[①]，5%~12% 的生石灰以及 12%~18% 的纯碱。

这团混合物熔化后产生的液体会不停冒泡，像煮沸了一样，气泡就是正在逃逸的二氧化碳，而这个"沸腾"过程越长越好，这样才能让其中的气泡完全逃逸，你就可以倾倒、吹制、牵拉或者用塑模制造玻璃。白沙会生产出透明的玻璃（白玻璃）。棕色沙子的内部通常含有氧化铁，因此会生产出绿玻璃。[②] 要想让绿玻璃变得透明，就得在原料熔化时添加二氧化锰。[③] 将某些海草烧成灰烬则可以得到二氧化锰，至于是哪种海草，就得靠你不停实验，直到找到那种能起作用的为止了。

热玻璃的温度越高，流动性就越强；温度越低，它就越浓厚。将熔融的玻璃分别冷却到某几个特殊的温度上，你就可以对玻璃的这些特性加以利用。你会看到，在不断冷却的过程中，玻璃从黏稠度很低的果汁状变为可塑性较强的泡泡糖状，最后变成相当黏稠的太妃糖状。当玻璃呈泡泡糖状时，你可以用一根空心的铁管蘸一团玻璃液，然后从另一头往里吹气。没错，你刚刚发明了玻璃吹制技术，有了它，你就可以制作各种玻

---

① 你找到的硅石很可能是不纯的，但没关系，硅石中的杂质会在烧制过程中燃烧殆尽，或是为你的玻璃染上颜色。亮白色的沙子通常都是纯硅石，不过如果你找不到它们，白色石英岩也可以。

② 在热衷于使用彩色玻璃的中世纪，人们会往原料里添加各种杂质。其中，添加氧化铜可以将玻璃染成绿色系，添加钴就可染成蓝色系，而添加金则可以染成紫色系。

③ 这个发现最早是由 100 年左右的罗马人做出的，14 世纪初在意大利重现。顺带要说明的是，当时那些烧制玻璃的意大利窑炉有时会起火，这在那个大多数建筑物都是木制的时代还是很危险的。于是，威尼斯政府就把所有的玻璃工人都驱逐到附近的一座岛上。虽然这个措施本来只是一项防患于未然的安全举措，但所有的玻璃工人聚集到一处之后，他们得以互相交流经验、灵感迸发，玻璃制造业也得到了快速发展。正是在这个过程中，"焚烧海草，将其灰烬加入原材料以生产透明玻璃"的方法重现于世。你甚至还可以在原料里添加浓度为 10%~30% 的氧化铅，这样生产出来的玻璃会更加清澈透明。这种玻璃（称为"水晶玻璃"）的折射率很高，也很漂亮，但有可能引起铅中毒。19 世纪前后，部分欧洲和北美的贵族常有痛风症状出现，很可能就是因为他们常用那些精美的富铅玻璃杯喝水。

璃器皿了。

你很可能想要制造玻璃窗，这项发明有几大好处：第一，提升家的舒适度，不然总是像洞穴似的；第二，使窗成为绝缘体；第三，照亮房间，提升透光率。不过，制作一大块玻璃可是一项大工程，涉及几种不同的技术。下面我们就把这些技术列出来，从最原始、最简单的到现代最复杂的，全部列于此处。这样一来，你就可以自行决定到底要把玻璃做到怎样精致的程度了！

- 如果你有足够的时间和精力，就把熔融的玻璃液倒到铁板（铁板不会在这个温度下熔化）上塑形，并等待玻璃液冷却。然后再拿起这块玻璃，把两面抛光，直到它变得透明为止。一开始抛光的时候，可以先用粗糙的砂纸[①]，然后逐渐改用更精细的砂纸。这得花点儿工夫。
- 如果你把玻璃吹成了气球状，可以切去上下两端，留下一个粗糙的圆柱体。趁它还有较强可塑性的时候，把它对半切开，然后放在铁板上压平，就成了宽大的平板玻璃。这种玻璃制作起来简单，也很适合用来做窗户，但还是比较粗糙，并且透光度常常不够理想。这种做法大概诞生于 11 世纪。
- 如果你把玻璃吹成了一个硕大的球体（这还是需要一点点技巧的），然后再慢慢地加热，使其温度达到熔点，与此同时，把这团热玻璃放在陶工的旋盘上不停旋转，离心力就会把它压成圆盘状。这种透明的“冕牌玻璃”边缘会比较薄，中间最厚，最中间会出现一个圆形的“牛眼”。它可以被切割成片状玻璃。这种制玻璃的技术直到

① 砂纸的发明方法很简单，把沙子粘到纸上就可以了。在这个过程中，你要用到纸（参见第 10 章），胶水（参见第 8 章）以及（很明显的）沙子。要想得到粗糙程度不同的砂纸，你可以用植物种子或者破碎的贝壳代替沙子，也可以用布料筛选沙子，从而得到更加精细的砂纸。

1320年才在法国出现，并且还作为非常有利可图的商业机密被保守了几百年。现在竟然被你知道了！

- 如果你在铁制模具里吹制玻璃球，你就能不断制造出形状一模一样的玻璃。尤其是，如果你用的是一个圆筒状模具，待玻璃冷却后，将其纵向切开，然后慢慢地再度加热，这个圆筒状的玻璃就会自然变平形成一片玻璃。这种玻璃要比上面所说的宽大的平板玻璃规整和透明得多。这种玻璃制造技术出现于20世纪初。
- 如果你已经掌握了液态锡（一种非常致密的金属）的生产方法，就可以制作你所熟悉的极其平滑的现代玻璃窗了。把熔融的玻璃液倾倒在液态锡上，玻璃液会在冷却之前以均匀的厚度平铺在液态锡上。玻璃大概会在600℃的时候凝固，比液态锡凝固得早，于是你就可以在玻璃冷却后把它拿起来了。这项技术于1950年前后正式出现，并且在不到10年的时间里就取代了之前所有的玻璃生产技术。不过要使用这种技术还有一个问题：虽然锡不会附着在玻璃上，但二氧化锡会。因此，你得在没有氧气的房间内完成制作，以保证液态锡不会被氧化生锈。如果你觉得这实在是太难了，那我们可以向你保证，冕牌玻璃和圆筒玻璃也很好，足以满足你的需求。本书在后面就会为你解释机械按钮的工作原理，所以，你或许不必只为了立刻做出更平滑的玻璃而不停地捣鼓那些熔融金属。

10.5 我懒，我想要机器替我干活！

工程是一个将科学、数学及其他实用知识应用于发明新机械的过程。其实你一直在建造工程，只不过自己都还没意识到这一点！不过，本部分介绍的发明主要倾向于工程学的经典概念：建造各种机器，让它们为你处理各种工作，而你就可以抽身去做其他的事（包括但不限于照看你制造的这些机器）了。

水车和风车会是你发明的第一批利用地球自然资源的工具，让它们为你效劳吧。**水斗式水轮机**可以进一步提升它们的性能。**飞轮**可以更好地分配机器的输出功率，在各类发动机中都非常有用，其中就包括**蒸汽机**这种只需要水作为反应主体且应用面甚广的、极其有用的机械。

我们知道，有些读者是机械爱好者，你们一定已经迫不及待地想要阅读本部分内容了，而我们也很高兴现在有机会把你期待的这些技术的所有基础知识传授给你。闲话少说：时间旅行者们……请发动引擎，开足马力，前进吧。

10.5.1 水车和风车

如果我们能学会一种方法，不费吹灰之力就可以尽情享用大地赠予的果实，那我们就能再次品尝到黄金时代的滋味。

——你（以及帖撒罗尼迦的安提帕特）

它们是什么

水车和风车可以驾驭大自然的真实力量，为你所用。

如果没有它们

在水车和风车出现之前，如果要研磨谷物、锯断木头、粉碎岩石、打磨工具、碾碎矿石、鼓动风箱、冶炼金属、造纸化浆或者打井抽水，你都得靠自己的双手亲力亲为，累得像一头驴。

最早发明时间

公元前 300 年（第一架水车和凸轮）

公元前 270 年（直角齿轮）

公元前 40 年（夹板锤）

100 年（第一架风动力转轮装置）

400 年（瀑布驱动的水车）

600 年（为水车配备的坝）

900 年（第一架风车）

1185 年（第一架现代风车）

前置技术

轮子，木材或金属，布料（用于风车）

如何发明

水车和风车是基于同一种理念设计的。这个理念是：既然地球上有这么多气体和液体一刻不停地在地表附近流动，那么如果我们把它们利用起来，岂不是美事一桩？

水车的发明很简单：一个大轮子上装着桨，因为这样才能利用水流的动力推动轮子转动。把水车浸到溪水中，流经的溪水就会推动水车，使其转动，不过这种方法只能利用水流总能量的20%~30%。如果改用瀑布（从高处落下的水）作为动力源，就能让利用率翻倍，达到60%：这种方法不只利用了水的流动（动能），还利用了它的质量（重力势能）。在这种情况下，你需要把水车上的桨换成杯子，然后把水车放到瀑布下。如果附近没有瀑布等从高处落下的水体，你也可以人工建造一道"瀑布"：把溪水引流到出口位于水车上方的沟渠中即可。完成这个步骤之后，只要筑坝截流，堵住溪水，沟渠内的水就会落到你的水车中了。沟渠中的这片人工湖就像一座能源储备库，等待着你随时取用。没错，这可以称得上是世界上最早的电池，而你刚刚发明了它。

用一根轴将水车上的轮子与磨坊内部连接起来，这根轴会和轮子以相同的速度、方向同步转动。这对某些工作颇为有用，比如转动传送带。不过，你也可以借助某些简单的小发明把这种转动转化为各种动力。

增添直角齿轮（参见附录H）就可以让立式水车带动水平放置的轮盘一起转动，这是一种研磨谷物的绝佳工具。你只需要在水平方向安装两枚石制轮盘：一枚固定在下方，另一枚位于上方且可以转动（由立式水车带动）。在上方那个可转动的石盘中间开个上下贯通的洞，然后把谷物倒进洞里。石盘转动时，这些谷物就会被碾成粉末并从石盘边缘溢出。改变所用齿轮的尺寸，就可以调节研磨的速度和扭矩的长度。在水车上安装一个曲柄，你就可以控制水车转动的方向，使其既可以前进也可以后退。有了这种水车，你就能发明机械锯子、泵和风箱。用夹板锤代替曲柄，水车就可以反复将岩石粉粹（或者捶打钢铁）了。这一切的起点都是：水流推动轮盘！

风车的工作原理也是一样的，只不过并不是由水流转动轮盘提供能源，而是由风推动一组安装在传动轴附近的帆（就像风扇一样）。这种工作方式涉及许多复杂的因素，我们不妨通过一场虚拟对话来详细探讨。对话的一方是水车爱好者、风车批评者，我们就称之为水车博士吧。另一方是学识广博的、理性的风车拥护者，我们称其为乔姆斯基。然后，我们想象水车博士是人，而乔姆斯基则是一只可爱的会说话的小狗，当水车博士抓挠它的肚皮时，乔姆斯基就会高兴地喘气。你可能会问我为什么要这么假设？我们想怎么假设就怎么假设，没人阻止得了，至少你不行：

表 12　水车博士与乔姆斯基的对话

水车博士（人类，水车爱好者，风车批评者）的陈词	乔姆斯基（可爱的会说话的小狗，熟知有关风车的一切，超喜欢被人挠肚子）的反驳
水车肯定是最好的，乔姆斯基！它的能源是水，水流比较稳定，通常只会缓慢变化，我们可以较好地掌握它的状态。而风可是众所周知地捉摸不定、反复无常、难以驾驭！	你说的没错，水车博士。不过，风车随处可造，而水车只能造在靠近水体的地方，所以我觉得它们的优缺点互相抵消了。你能往上挠点儿吗？
好点儿了吗？	嗯嗯，谢谢。我很享受的时候，腿会踢来踢去，这样你就知道挠对地方了。你对风车还有什么意见？
当然有了！如果水车转得太快了，我只要把它从水里移出来就可以了，但风车可摆脱不了风的控制！	你说风车摆脱不了风的控制，这是对的，但如果我们稍微改进一下设计，就能让风车轻松应对大风。我们可以把风车的叶片做成中空的木框，木框上再盖上薄板封闭起来。风力过大时就会吹跑薄板，风便会直接穿过叶片，不会再让它们转动进而产生动力了。这样一来，风车从风中获取的能量就可以得到有效的控制了。
好吧，也许是这样……但还有别的问题，水流通常只有一个方向，但风会从四面八方来。你准备怎么办，每当风向变化时就转动风车的朝向吗？	没错，我们就是这么做的。这个操作可以手动完成，如果我们足够聪明的话，还可以在风车的背面再安装一个垂直于传动轴的桨，就像风向标一样。这样一来，风车就可以自己调节方向了。无论风从哪里来，它都会推动这个“风向桨”，使风车自动转向迎着风的方向。实际上，我们还能做得更好：制造一个可以沿着圆形齿轮轨道推动整个装置的微型风车，代替风向桨。这样整个风车就受到微型风车的调控，两者会保持一致！不过，有必要指出的是，虽然风的确会从四面八方而来，但许多地区都会盛行某种风向。因此，在大部分时间里，我们还是可以掌握大致风向的。

（续表）

水车博士（人类，水车爱好者，风车批评者）的陈词	乔姆斯基（可爱的会说话的小狗，熟知有关风车的一切，超喜欢被人挠肚子）的反驳
我再想想。不过，有一点是肯定的，水蕴藏的能量总是大过风的。举个例子，被河水淹没总要比被风吞没更简单！所以，你得承认单个水车往往比单个风车更能干。	没错，我们都充分利用了自己的资源。我这只狗还不错吧？
你不是好狗，还有谁能是好狗？	当然是我啦。
没错，你的确是只好狗，很棒，非常棒。你这只爱吃骨头的好狗。看看你那张小脸。	[博士用力挠着乔姆斯基的肚皮。对话结束。]

顺便一提，这种在两个个体之间通过对话的方式展开教育、启迪思想的方法叫作“苏格拉底问答法”。自公元前400年左右苏格拉底普及这种方法以来，它就一直是一种很有效的教学方法。我们则在这里用这种方法和一只会说话的狗讨论工程问题！

以上就是发明风车和水车的方法。

10.5.2 水斗式水轮机

地球和地球大气层之间的水量，始终保持不变。永远不会多一滴，也永远不会少一滴。

这是一个无限循环的故事，也是一颗行星诞生的故事。

——你（以及琳达·霍根）

什么是水斗式水轮机

水斗式水轮机是水车的进阶版，不仅体积更小而且对水的利用率可以超过90%。相比费了半天劲儿也只能达到60%利用率的水车来说，这真是好太多了。

如果没有水斗式水轮机

没有水斗式水轮机，人们也能用水车对付，但他们不知道自己究竟错过了什么，而今他们大概都觉得自己是个白痴。

最早出现时间

19 世纪 70 年代

前置技术

木制水车，金属制水车更佳

如何发明

你在前文中发明的水车（如果你是按顺序阅读本指南的）或者你最终将要发明的水车（如果你是直接跳到了这部分内容，嘴里还嘀咕着“真讨厌，我还得了解些涡轮机方面的知识”）通过两种方式利用水流蕴含的能量：水的质量引起转动；水流碰撞轮子时转化而来的动能。相较水车来说，水斗式水轮机利用相同质量的水流时，可以获取更多能量，因此也高效得多。①

水斗式水轮机的指导思想是：将水流置于压力之下（要做到这点，最简单的方法是将一根底部开口小于顶部的管子竖直摆放，让水流顺着管子倾泻下来，水体的重量会堆积在底部，从而起到增压的效果），然后让它像超大功率的水管那样冲击轮子。用杯子代替水车上的桨来接水的方法并不难想到，但是约翰尼 · 佩尔顿（Johnny Pelton）②的创新之处在于，他不想让水流直接冲到杯子中间，而是想在轮子上摆两只杯子，把水对准两杯之

① 有多高效？一个体积是水车 1/20~1/10 的水斗式水轮机却能提供与其相同的能量。用科学术语来说，这应当称得上“相当不错”。

② 他的真名其实是莱斯特 · 艾伦 · 佩尔顿（Lester Allan Pelton）。不过，许多时间旅行者发现，在给孩子起名的问题上，父母很容易受到他人的影响。这些彻头彻尾的陌生人屡次在起名一事上说服了佩尔顿夫妇。他们给这位先生起的名字包括“赫尔顿 · 佩尔顿”、“P.P. 佩尔顿”以及“涡轮机鼻祖、说唱大师佩尔顿”。

间的楔形空隙区域。[①]

只要想象一下站在墙边，拿起水管对准墙面喷水时的场景，你就能理解为什么这么做能提升效率了。无论水压是高是低，只要你把水管径直对准墙面喷水，你都会被打湿：水流撞上墙面之后，会直接反弹到你身上。这些反弹回来的水流的能量就浪费了，没有被利用起来。而这正是水流径直冲到水车杯子中间时发生的事，此时水流能量的利用效率最低。不过，如果墙面有一定弧度，而水流又以一定倾角喷到曲面的边缘，那你就根本不会被打湿。此时，水流并不会立即从墙面上径直反弹回来，而是在侧向“鞭打”曲面后，稍稍改变了方向，从曲面的另一侧边缘流出。这其实就是水斗式水轮机的工作原理：相比径直撞上杯子并溅起无数水花而言，这种“鞭打”杯子的方式所利用的水能要更多，也能够让水车的轮子转得更快。佩尔顿之所以用两个杯子，而不是直接把水流对准一个杯子的边缘，也是出于平衡的考虑。使用两个杯子的话，水车轮子两侧受到的力就是一样的，得以保持平衡。

如果水斗式水轮机的转速是水流撞上杯子时速度的一半，那么这个机器就几乎能100%地利用所有水能。如果从杯子远侧流出的水几乎是静止的，那就证明你做到了，这是一架性能良好的水斗式水轮机的标志。于是，现在你能够汲取流水中超过90%的能量了！这不仅能够提高你对水能的利用率，还能帮你在全世界范围内解锁新的能源，因为像溪流和小瀑布这样的水体虽然水量太小，不足以推动水车，但可以给水斗式水轮机提供能量。

此时此刻，你很可能在想，人类在发明了水车后花了2 000多年才想到，如果把水流对准杯子的侧边而不是中间，就能令效率翻倍。这也太难

---

① 手心朝向自己，手捧成杯状，指甲并拢。你已经近似模拟出了水轮机杯的形状。在历史上，这叫作冲击式叶片，而不叫杯子。不过，我们不想在这里故弄玄虚，不想刻意给人制造炫酷的印象。冲击式叶片听起来就像是要给星际飞船提供动力一样，其实它们不过是你装水的小杯子。

堪了！不过，真实情况更糟。有关佩尔顿如何发明水斗式水轮机的故事有许多，其中一个版本是这样的："一天，佩尔顿正用水管冲洗岩石，有头奶牛靠得太近了。于是，佩尔顿就把水管对准了奶牛。喷出的水流击中了奶牛两个杯状鼻孔的中间，力量大得一下打歪了奶牛的头。佩尔顿受此启发，于是发明了水斗式水轮机。"在此，我们不去讨论这个故事的真假，因为事实就是：*没有更好的办法了*。如果这个故事是真的，那我们就是一群蠢货，连如此基础的科学进步都要靠被水打湿的奶牛来启发。如果这个故事是假的，那我们还是一群蠢货。因为我们竟然全都愿意相信"如果没有奶牛启发，我们就无法取得科学进步"[28]。

10.5.3 飞轮

> 改变不会随着必然性的车轮滚滚而来，而是需要通过人们持续不断的努力才能实现。
>
> ——你（以及马丁·路德·金）

什么是飞轮

飞轮是一种储存和获取能量的方式，所用材料不过是一个老旧的大轮子。

如果没有飞轮

没有飞轮就没办法储存转动产生的能量，发动机的功率输出就无法稳定，轮子的工作效率就会显著下降。

最早发明时间

公元前 300 年（用于陶器制作）

1100 年（用于机械）

前置技术

轮子，钢铁（用于制作高密度、高强度的飞轮，也用于制作滚珠轴承）

如何发明

飞轮的工作原理基于一条物理规律：运动的物体会保持运动状态。[①]假如你有一个沉重的轮子，要花很大的力气才能转动，那么要想让它从转动状态中停下来，也需要花很大的力气。于是，它就成了一种储存动能而不是电能的电池！由于存在摩擦力，轮子转动的速度会逐渐变慢，因此它们并不是完美的电池，但一个极重或极大的飞轮会转动很长一段时间。飞轮的首次应用是用于制造陶器（制陶工匠用的转轮又大又重，一旦转起来就会持续很长时间，所以，这些被黏土覆盖的工具其实就是飞轮），但是人类用了很久（这一点儿也不稀奇）才认识到这种工具可以用在别的地方。事实证明，只需将其连在一根由发动机转动的杆子上，你就可以开始工作了！

---

① 这条规律来自经典力学，你将在这条脚注里开创这一研究领域！经典力学处理的问题是：施加外力后，物体会如何反应，我们又该如何描述它们的反应。我们马上要介绍的三大运动定律就是经典力学的基石。艾萨克·牛顿于1686年正式提出了这三大定律。在此之前，人类对物体运动的原因和方式都认识得不够全面，所以只能接受一些不怎么好的理论，勉强凑合着用，例如“岩石热爱大地，而烟雾则喜爱天空。这就是为什么烟雾会飘起来，而岩石不会”（公元前300年，亚里士多德）。这三大定律是：第一，静止的物体会保持静止，运动的物体会保持运动，除非有力作用于其上。也就是说，力是改变物体运动状态的原因。第二，物体运动速度变化的快慢（加速度）和所施加的力成正比，并且速度变化的方向也和所施加的力的方向相同。第三，每一个作用力都会产生一个大小相等且方向相反的反作用力，比如，当你把箱子往前推时，箱子也在把你往后推。请记住：虽然我们称它们为定律，但它们其实只是符合人类尺度的相关规律。当你处理极小（小于10^{-9}米的量子尺度）、极快（2.99×10^{8}米/秒，接近光速）或极大尺度（黑洞）的问题时，这些定律就不适用了。就黑洞这种大质量物体来说，爱因斯坦的广义相对论和狭义相对论对其运动状态的描述要比经典的牛顿力学更准确。不过，你也没什么好担心的！虽然穿过高度弯曲的时空区域时加速惯性参考系引起的引力时间膨胀的确是个令人着迷的课题，并且在建造FC3000™时光机时起到了至关重要的作用，但是除非你碰巧带着《天哪：你说时间和空间不过是时空的连续统的两个方面，而且无论光源如何运动，真空中的光速对于所有观察者来说都是一样的？好吧，这是深入探讨这些观点的广义相对论和狭义相对论的1001幅科普漫画》这本书，否则我们目前还不用担心这个问题。

除了可以储存能量之外，飞轮也可以用于给机械润滑。在活塞式发动机（参见第 10 章）中，活塞的运动是断断续续的，但在很多情况下，我们都需要它持续稳定地为我们提供动力。举个例子，如果你正在用这种发动机给拖拉机供能，你一定想要以均一的步伐前进，而无须时不时地重新启动发动机。如果活塞并不直接给你所用的机械供能，而是先把能量传输到飞轮上，那么即便活塞不再供能，飞轮也会产生更加均匀的推动力，轮子也就会继续滚动。

图 21　飞轮，用不那么专业的语言来说，就是“轮子上插了根棍子”

飞轮还能以更快的速度（比最初获取能量时）释放能量。你可能得花上几个小时才能让飞轮快速地转动起来，但如果给飞轮安上一个沉重的负载，你就可以在很短的一段时间内把所有的能量全部用在手头的工作上。这种短暂但强大的瞬时能量爆发，是正常情况下完全做不到的。当然，飞轮能够储存的能量也是有上限的：一旦轮子转动过快，产生的力就会超过自身的抗拉强度，最后整个飞轮四分五裂，所有的碎片都会以一个极快的速度飞出。这就是钢制飞轮比铸铁飞轮更安全的原因：钢的抗拉强度更高，可以把飞轮崩溃而变成一枚意外的金属炸弹的概率降到最低。

你可以通过加大飞轮尺寸或者提高其转速的方法，来增加飞轮储存的能量。转动的轮子中蕴藏的能量和速度的平方成正比，因此一个快速转动的小飞轮储存的能量要比一个缓慢转动的大飞轮更多。还有最后一点，虽然飞轮看上去有点儿老旧过时，但它们并不仅仅用于活塞式机械：2004

年，美国国家航空航天局（NASA）开发了一种实验飞轮，目的是在太空中以更低廉的成本更稳定地存储能源。因此，严格说来，发明了飞轮之后，你这个文明的宏伟的航天计划也就迈出了第一步。真是太棒了！

10.5.4 蒸汽机

当带轮子的运输工具用蒸汽这样的强大能源驱动后，
人类的处境就会发生极大的变化。
——你（以及托马斯·杰斐逊）

什么是蒸汽机

蒸汽机是一种发动机，其工作基础是：水沸腾后会占据更多的空间。利用水的这种特性，我们就能完成许多工作。蒸汽机这项发明非常有用，也非常重要。这种机器出现后，整个人类社会的结构都在一场名为“工业革命”的重大事件中发生了重大改变。

如果没有蒸汽机

在蒸汽机出现之前，如果你想把事情做完，你要么自己亲力亲为，要么让牲畜代劳，要么雇人帮你干活，但肯定不能烧点儿水就完事。

最早出现时间

100 年（蒸汽动力的玩具，严格说来，它们也算是蒸汽涡轮机）
1606 年（最早的蒸汽动力水泵）
1698 年（第一架投入实际应用的蒸汽动力泵）
1765 年（独立冷凝室，1776 年投入商用）
1783 年（蒸汽船）
1804 年（蒸汽火车）
1884 年（再造蒸汽涡轮机）

前置技术

铁（用作烧水的锅炉），铸铁（用于制造活塞和各类汽缸），钢，焊接法

如何发明

蒸汽机听起来有点儿过时了，但直到今天，全世界绝大多数的电能仍旧是由蒸汽产生的。老式蒸汽机与我们这个时代的最新款之间唯一的本质区别在于，我们的锅炉不再烧木头了，而是改烧煤炭、天然气以及蕴含着造物主之力的纯粹的原子。事实就是如此：尽管已经掌握了可毁灭整个文明的核反应堆，在大多数时候，我们也只是用它们来烧水而已。

最早的蒸汽机是在缺少科学理论支持的情况下发明的，因此，哪怕只是在决定制造蒸汽机之前，草草浏览一下本书内容，你的起点也会比最早发明蒸汽机的那些发明家高很多。人们常说，蒸汽机对科学的贡献要比科学对蒸汽机的贡献多。虽然这句话不太正确（科学不欠任何人），但它确实揭示了一个事实：人类从自己发明的这种机器上能够学到很多东西，包括但不限于热力学第二定律[①]。

蒸汽机由两部分构成：

- 锅炉。锅炉燃烧燃料，把水煮沸，产生高压蒸汽。
- 发动机。发动机利用锅炉产生的蒸汽推动活塞、涡轮机或自身。

---

① 热力学第一定律（能量守恒定律）是：能量既不会凭空产生，也不会凭空消失，只会从一种形式转变为另一种形式，或从一个物体转移到另一个物体，而总量保持不变。换句话说，系统中增加的能量总会和外部传输给系统的能量保持一致。热力学第二定律（熵增原理）是：封闭系统中的熵（或者说“混乱度”）总会增加。换句话说，万事万物永远不会自行变得更有组织、更有序，相反，它们只会自行崩溃。值得一提的是，地球却变得更加有序了（比如，进化出了生命，人类文明还产生了大量建筑物），不过，这其实是因为地球并不是一个封闭的系统：太阳会给它提供能源。热力学第三定律是：系统温度趋近绝对零度时，系统的熵会趋近零。换句话说，温度越低，熵越小。当温度达到绝对零度（可能达到的最低温度）时，所有物理运动都停止了。

只要你拥有金属，制造锅炉并不难：只要让含有水的气密管道布满燃烧室（水管锅炉），使得外部热介质把水加热，或者让含有烟气的管道布满部分盛水的气密性舱室（火管锅炉），从而让烟气把水加热就可以了。这两种方法都可以产生加压蒸汽（同时也带来了锅炉爆炸的风险，所以千万要小心），不过水管锅炉的成本要低廉一些。产生了蒸汽之后，你可以把它们引入第二个燃烧室二次加热，产生具有更高能量且可用于更多工作的过热蒸汽。在保证过热蒸汽不会重新冷凝成水的前提下，你也可以让其稍稍冷却一些。这样一来，你就不用担心崭新的蒸汽机老是被水堵塞了。

那么，如何将蒸汽引入发动机使其工作呢？方法有好几种。最简单的是将蒸汽注入活塞中。活塞其实就是一个可以在汽缸内自由上下移动的小团块，在制造这个装置时需要一点儿精准度：首先，汽缸各处的直径必须保持一致，活塞则要比之稍小一些，正好能够在汽缸内上下移动，不能太小。[①]为了增加活塞的气密性，你可以在活塞上安一个铸铁环。这个具有一定弹性的金属片会始终与汽缸保持接触。在铸铁密封法出现之前，人们会在活塞底部紧紧绕上一圈麻绳，以此作为密封的方式。麻绳纤维的密度很高，不会在摩擦时迅速磨损，效果和铸铁环也差不多，但还是稍有差距。别担心，泄漏少量蒸汽并没有什么问题，发动机仍可正常工作，只是效率会稍微下降。

从锅炉中抽出蒸汽并通入装有活塞的汽缸后，蒸汽会膨胀，把活塞往上推。蒸汽冷却时便会收缩，活塞装置内部的气压也会下降，装置外部的空气气压就会把活塞重新压下去。因为你通常会希望蒸汽快速冷却，所以可以往活塞装置上喷点儿冷水以加速蒸汽冷却。好了，发动机做成了。活塞的上下运动可以拉动杠杆，驱动水泵，或者通过曲柄（参见附录H）转化为圆周运动。

---

① 手工制作这种汽缸也可以，但很可能会导致其外形不规整，蒸汽就会从活塞周围的空隙中逃逸，最终结果就是蒸汽机的效率大打折扣。解决方法是：把汽缸造得略小于你要的尺寸，将一根笔直的金属棒从中间贯穿进去，接着再贴着金属棒安装一个可以移动的钻头。钻头可以把汽缸撑到各处均匀一致。与此同时，在钻头移动时，金属棒可以保证汽缸仍是一个完美的圆柱形。这样就做出了一个形状规整的汽缸。

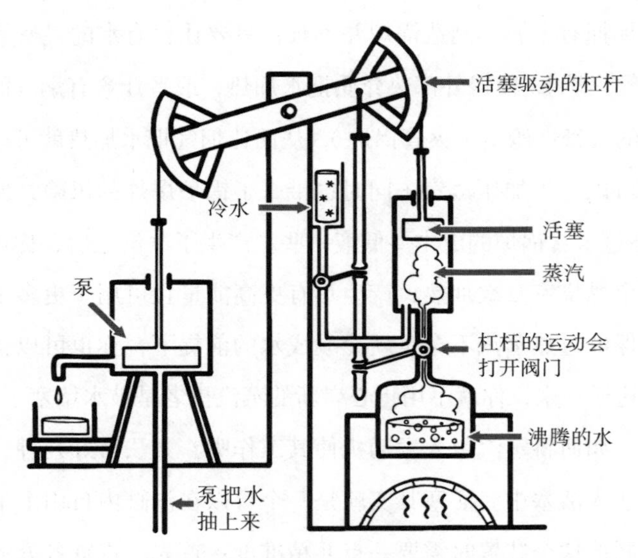

图 22　一种能为文明提供动力的机器——蒸汽机

这就是 1698 年时的工艺水平，但如果你怀疑这种反复加热、冷却活塞的方法会浪费大量能量的话，那就请戴上猎鹿帽[①]。称自己为福尔摩斯[②]吧，因为你的怀疑完全正确！如果你能改变一些设计，让蒸汽机热的部分保持高温，冷的部分保持低温，那你就把蒸汽机的性能往前推进了将近 80 年。要做到这一点，你需要一间独立的冷凝室，然后把活塞和独立的冷凝室连接起来，当活塞升起时，就会将冷凝室的门带开。此时，活塞内部的高压环境会把蒸汽压入冷凝室，随着冷水喷出，冷凝室将迅速冷却。

如果你不想制作活塞，那么还有一种方法也能用蒸汽产生能量。而且

① 猎人猎鹿时常常会戴这种帽子，因而得名。现在，这种帽子更为人熟知的名字是“福尔摩斯帽”。

② 夏洛克 · 福尔摩斯并不是一位真实存在的侦探，但大家都觉得他是最擅长破案的人。倘若你想把这个角色介绍给你的文明，就放手去做吧！为了突出人物形象，你甚至可以凭借自己的印象把他描述成像蝙蝠一般的人物：给他一个巨大的蝙蝠窟作为基地，还有以蝙蝠为主题的汽车、飞机以及其他一系列装置。你还要设计以下桥段：只要附近有需要蝙蝠侠（哦不，是福尔摩斯）解决的疑难案件，警察就会把他的蝙蝠标志扔上天空，把他召唤过来。在历史上，这个版本的夏洛克 · 福尔摩斯更受大众欢迎，尤其是一个犯罪小丑以其对手的身份出现之后。

实际上，人类在100年左右发现的这种方法才是历史上第一个利用水蒸气作为动力的案例，这种装置叫作“汽转球”。制作方法是把水煮沸，再将蒸汽导入装有喷嘴出口的转动球体。示意图如下：

图23 一种本可以给古希腊文明提供能量的机械——汽转球

和喷气式飞机的工作原理类似，从喷嘴逸出的蒸汽会不断转动这个球体。这其实是一个**蒸汽动力火箭发动机**，但发明了它的古希腊人从没想过这东西除了当作新奇玩具外，还可以有什么别的用处。而你即将超越他们，因为你将把这种汽转球变成一种强大的发电机。

正如你将在本章中看到的那样，发电机可以将机械转动转化为直流电！这是因为在磁场中移动的导线会产生电流。只要在汽转球内部放一块静止的磁铁，然后在转动球体的外部缠上导线，就能发电了。另外，如果你不想制造汽转球的话，把喷出的蒸汽对准涡轮机的扇叶就可以了，这和用水驱动水斗式水轮机的原理类似。这样一来，你就用另一种方法让机械转起来了（如果你想的话，还可以让它产生电力）。①

① 正如我们之前看到的那样，汽转球在100年左右就发明了，但直到1831年，人们才发现了电动机的工作原理，并且终于将这些蒸汽机投入生产。这中间有一个例外：1551年，奥斯曼帝国的人们曾利用这种机器转动烤肉扦子，帮助他们烤肉。

有个坏消息：无论是活塞驱动，还是火箭驱动，或者其他驱动方式，从本质上说，所有的蒸汽机都不够高效。不管你利用蒸汽机做什么，都会有大量的能量以热的形式浪费了。即便你有高压蒸汽、冷凝室以及多胀式蒸汽机（一种利用蒸汽反复驱动活塞的发动机），发动机的能源利用效率最多也就是 20% 出头。不过，哪怕是在现代社会，最先进蒸汽机的能源利用率也不过就是 40%~50%，所以你也不用太担心：虽然蒸汽机不够高效，但它们仍是现代社会的主要供能机器，为你的文明提供能源已经绰绰有余了。

蒸汽机的另一大缺陷是供能–重量比相对较低。蒸汽机里要用到的金属和液态水都很重，当应用在建筑物或者大型运输工具（想想火车和大型船只）中时，这点儿重量倒不算什么，所以蒸汽机能够很好地完成任务。但是应用于小型交通工具（比如飞机和汽车）中时，蒸汽机就没那么有用了。在这种情况下，你应该发明更轻便的内燃机。

实际上，蒸汽机其实是一种“外燃机”：你在发动机外部燃烧燃料，产生蒸汽，再把蒸汽导入发动机。内燃机则彻底砍去了中间环节，即直接在活塞内部产生蒸汽（或者其他可以膨胀的东西）以推动活塞。挥发性燃料掺水后会更易燃烧，接着把这些液体推入活塞汽缸压缩。电火花可以点燃燃料，产生的气体把活塞向外推。活塞复位后，就会排出废气。[①] 内燃机内的每个活塞都会经历这种吸入液体、压缩、燃烧、排出废气的循环，只是当某些活塞点火时，另一些就已经开始复位了。这类发动机显然要比蒸汽机复杂一点儿（驱动发动机的不再是水了，而是一连串受控爆炸），但由此产生的问题并非不能克服。柴油机内的活塞四个一组，可以合理设计成如

---

① 至少，以汽油为燃料的发动机就是这么工作的。柴油机的工作方式则相反：活塞收缩时才会吸入柴油。柴油进入汽缸后，内部压力瞬间增大，产生的热量足以点燃这些燃料。无论使用哪种方法，在你以汽油或柴油为燃料之前，你都会经历一段过渡期，尤其是如果你没有随身携带《如何从原油（即人们常说的石油）中分离出煤油、汽油、柴油以及其他燃料：这些化学物质会对环境造成灾难性破坏，但也会让你拥有超酷炫的跑车，所以值得一试》这本书的话。话又说回来，在紧要关头，你总归还有以不那么高效的酒精充当燃料这种应急方法的！

下效果：某个活塞内部引爆时，另一个则在重新填补燃料。这可以保证发动机输出稳定，你还可以在杆子上添加凸轮以协调输入阀和输出阀，保证四个活塞相互精准配合。再在每个活塞上安装一个可以伸缩的杆子，以调和四个活塞的推力。这些杆子自身则与一个飞轮相连，后者会确保它们匀速运动（参见第 10 章）。

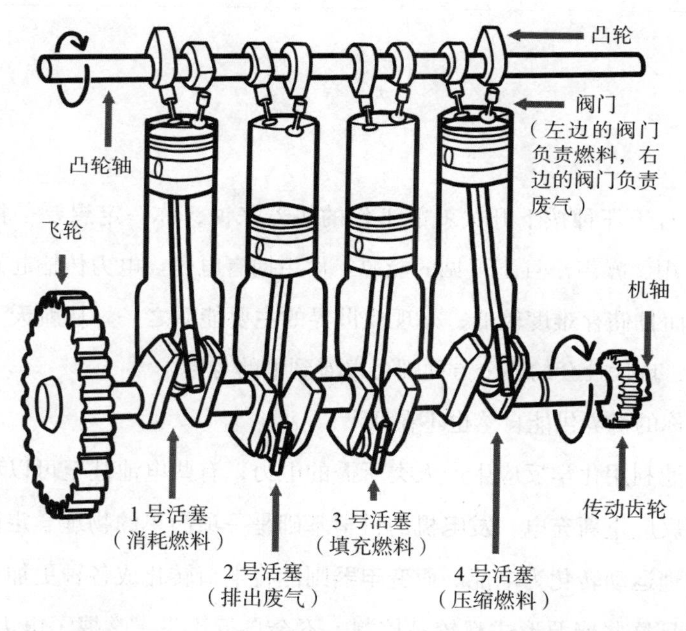

图 24　内燃机示意图：1 号活塞正在消耗燃料；2 号活塞正在排出废气；3 号活塞正在填充燃料；4 号活塞则在压缩燃料，准备点燃。放心，你会做出这种机器的！

不过，在你心急火燎地准备发明内燃机之前，请一定牢记以下内容：内燃机结构复杂，建造起来更加复杂，使用起来成本更高，还要用到更高级的燃料。在一个什么东西都要靠你白手起家、从头创造的时代，像蒸汽机这样的机器——以水为原料且可以使用任何能够燃烧的东西作为燃料的机器——才是无价之宝。

10.6 不，我是说我懒透了，我希望能挥一挥魔杖就有机器替我干活，像巫师施展魔法一样

对于那种按下开关就能工作的机器来说，你一定想要一种即时可用、噪声小且不可见的能源。你想拥有电力。电力传输起来方便又安全，而且储存难度较低，是现代世界的主要能源之一。从航天飞机到家用汽车，现代社会的各个方面都可以看到电的身影。

为你的世界供能自然也不在话下。

电池利用化学反应生产人类所需的电力，有些电池甚至可以利用相反的化学反应重新充电。**发电机**的科学基础是一项简单的物理学定律，它可以将物理运动转化为电能。而**变电器**则能将电荷转化成各种更加有用的形式，而且这些能源形式都较易控制，不会自行流失。掌握了电力的生产、储存以及转化技术，你的文明就能摆脱能源的限制，扩张到这个世界的每一个角落，这可是破天荒头一遭。换句话说，有了电，你就能征服全世界。

而现在，你离发现并运用电力，只剩一页纸的距离了！

10.6.1 电池

> 也许你还记得物理课上学到的那些知识，磁是一种强大的力量，可以让某些物品牢牢地贴合在冰箱上。
>
> ——你（以及戴夫·巴里）

什么是电池

电池是一种生产并储存电流的方式。

如果没有电池

在电池出现之前，如果要用到便携式电源，你就得随身携带一些电鳗[①]。不过，电鳗真的不够实用，也不够稳定，我们很难控制它。

最早发明时间

1745 年（第一批“电池”出现，但这些电池只能储存静电）

1800 年（第一批可以产生电流的化学电池出现）

前置技术

金属（用于制作电缆，铜的延展性很好，可以比较容易地锻造成电缆的形状），金属（用于制作电池，一端用铜或银、另一端用铁或锌的电池效果很棒）

如何发明

要想弄明白电池的工作原理，你首先得对电有一些了解。而要了解电，你得先知道一点儿关于磁的知识。以前，人们一直觉得电和磁是两种完全不同的东西，但此后我们就发现电和磁之间有着密切的联系，电和磁一定是同时出现的，不可能只产生电却没有磁，也不可能只产生磁却没有电。于是，我们便在脑海中把这两者联系在了一起，称这种力为“电磁力”，研究电和磁的学科则被称为“电磁学”。电磁的发现与运用驱动了第二次工业革命。在第二次工业革命期间，人类的生活方式第二次（没错，想必你已

① 没错，实际上，电鳗是一种鱼！那些得知电鳗其实是鱼的人可能会对此颇为生气，大概就和那些得知花生其实是豆类，考拉其实是有袋类动物，豚鼠其实是啮齿类动物的人一样。千万别被这些名字气疯，还是安安心心地继续建设文明吧。大不了，在你的文明里，你给它们起个更合适的名字就好了。

经猜到了）发生了翻天覆地的变化。在电磁技术出现之前，人们要么不得不居住在燃料富足的地区及其周边（例如，要用木材就得住在森林边；要用煤炭就住在煤矿边，要用水车就住在河边），要么不得不花钱雇人把燃料送过来。而在电磁技术出现之后，能量就能以光速的 50%~99%[①] 传输到全国各地乃至全世界的每个角落。结果就是，人们如今可以舒服地居住在通电缆的任何地方。简而言之，掌握了电磁技术之后，你的文明就可以摆脱河流和矿藏的限制，一路扩张到各大洲、各大行星，最终还能掌控时间。[②]

接下来，我们将为你介绍如何做到这一点！

带电粒子（通常情况下是电子，你可以参考第 11 章中的相关内容）移动后就会产生电。电子带负电，所以那些携带很多电子的物体自身也带负电，并且无论是什么材料，只要失去了其自身携带的电子就会转而带正电。要记住：同性相斥，异性相吸。具体说来就是，带有同种电荷的粒子会相互排斥，带有异种电荷的粒子则会相互吸引。

在某些材料中，电子可以自由地运动（这种材料被称为“导体”，比如铜、铁、银、锌这样的金属就是性能良好的导体）。在另一些材料中，电子几乎不能移动，更别说形成电流了（这种材料被称为“绝缘体”，常见的绝缘体有玻璃、橡胶以及木头）。不过，在通常情况下，导体内电子的运动是完全随机、无方向的，因而也无法自发形成电流。要想产生电，你得通过某种方法让导体中的电子全都往同一个方向移动。我们称这种现象为“电回路”，因为这些电子的运动会形成一个圈，而你马上就要同时发明第一条电回路和第一块电池了。简直太伟大了。

只要有了金属，电池其实是一种很容易想到的发明，而人类却直到 1800 年才想出了这种方法，这又一次令我们感到颜面无光。电池可以将化

---

① 在真空中，电总是以光速传播的，但在非真空中，电的传播速度就和所处介质有关了。不过，你也别担心：光速的 50% 就已经很快了（这是宇宙极限速度的 50%，参见附录 F），如果只用肉眼观察的话，你根本分辨不出 50% 光速和 100% 光速之间的区别。

② FC3000™ 时光机综合运用了电能、内燃机和冷核聚变等相关技术。

学反应转化为电能，其工作原理就是设法令两种不同的金属发生反应。不同金属对电子的吸引力不同，因此，当你把它们放在一起时，就会相互交换电子，发生化学反应。这种能够导电的材料叫作“电解质”，很多东西都可以成为电解质，比如酸、盐水，甚至一块美味的土豆。大多数盐、碱和酸都能胜任电解质的工作，你还可以按照附录C.12 中介绍的方法制作硫酸，这是一种特别棒的电解质。

对电子吸引力更强的金属会从另一种金属周围吸收更多电子，于是电子变多了的金属（称为“极柱”）就会带上负电，而另一种金属则会带上正电。聚集在对电子如饥似渴的极柱中的电子，会因为都带有负电而互相排斥。因此，如果你用一根电线把极柱和带正电的金属连起来，电子就会通过电线“脱离”大部队，奔向带有正电的那一头。瞧，你让电子沿着电线往同一个方向运动了！伙计，刚才你成功地生产出了电。①

有了电，你就可以用电照明、取暖、做饭、驱动发动机，等等。我们将在后面为你一一介绍。不过，现在你还做不了什么，因为我们的新电池还没做好。电池利用化学反应产生电力，但这两块金属会不遗余力地相互作用，直到不再发生任何变化为止，此时你的电池就报废了。你一定想继续前进，在同一天内发明可充电式电池，对不对？你完全没有理由不这么想。

发明于 1859 年的铅酸电池就像你刚刚发明的两极柱电池一样，不过铅酸电池用的是铅基极柱，安置极柱的电解质是 3 份水和 1 份硫酸的混合溶液。铅基极柱的一极是纯铅，另一极则是二氧化铅。这些金属会和硫酸发

---

① 人类历史上第一块电池是这样的：把银和锌放在一起，两者被吸入了盐水的硬纸板分隔开来。这么做的确有用，但电解质也会参与反应过程，随着时间的推移，电解质的导电性就会变弱。36 年后，人们改进了这种电池，把两块金属放在各自的电解质溶液之中，再用一座“桥”把这两个“单元”连接起来。这座桥称为“盐桥”，这个结构非常简单，只是一张吸有盐水的纸片。盐桥可以让两种电解质互相交换离子，让它们保持电中性。人类历史上的第一块电池是把铜浸在硫化铜电解质溶液（在高浓度硫酸溶液中加入铜即可）中，而把锌浸在硫酸电解质溶液中。这种“丹尼尔”电池［以发明了这种电池的约翰 · 弗雷德里克 · 丹尼尔（John Frederic Daniell）的名字命名的。当然，用你的名字命名可能更好］可以提供更稳定的电力，所以敞开胸怀抄袭这个发明吧！

生反应并在两根极柱上产生硫化铅，不过，这个反应的前提是两根极柱要互相交换电子。因此，当你用电线连接两根极柱时，一旦发生上述化学反应，电线中就会有电流产生。关键是，当你反向操作这个过程并让电子跑回电池中时，这个化学反应也会反向进行：硫化铅会分解，重新回到电解质溶液中，于是两根极柱又变回了原样：一端是纯铅，另一端则是二氧化铅。这个逆反应意味着你又把能量很好地储存到了电池里，以备未来之需！①

这么一来，你就有了可以产生新能源的电池，还拥有了一种可以储存已有能量的方法。不过，尽管电池是很棒的实验和工程材料，并且还能为最新款便携式音乐播放器供能，但事实是：*你的文明并不是建立在电池之上的*。文明的基础其实是一种产生能源的方法。有了这种方法，我们便不需要只为了点亮灯泡就特地挖掘某种金属或是人工合成不同的酸液。换句话说，文明的基础是发电机，或者说是发电厂。最棒的是，如果你已经阅读了水车、风车或者涡轮机的制造方法，那么你基本上就已经发明了发电机。

10.6.2 发电机

> 有了发电机，电就会变得很便宜。到时候，就只有富人才会点蜡烛了。
>
> ——你（以及托马斯·爱迪生）

什么是发电机

发电机是一种可以生产能量的方式。它生产出的电量可以达到甚至超过 12.1 亿瓦。

如果没有发电机

在发电机出现之前，得到 12.1 亿瓦电量的唯一方法就是等待闪电的出

① 这同样意味着你生产出了制造电池所需的二氧化铅：只要把纯铅放入硫酸中，然后通电，纯铅表面就会形成二氧化铅。

现。遗憾的是，你永远不知道闪电会在何时何地击中你。

最早发明时间

1819 年（人们意识到电与磁密切相关，遂称其为“电磁现象”，而且创立了研究它们的相关学科“电磁学”）

1821 年（第一台电动机诞生）

1832 年（第一台以运动产生电力的发电机诞生）

前置技术

金属；水车、涡轮机或者其他能够产生转动的方法

如何发明

到目前为止，我们一直把注意力放在电磁现象的电的部分，而在下文中，我们要利用下面这个原理：所有电流都会产生磁场。要证明这一点只需在电线附近放一枚指南针（参见第 10 章）即可：电线中一旦有电流通过，指南针的指针就会转动。顺便一提，这样做的同时，你还利用了磁效应把电力转变为物理运动，而这正是许多发明的原理。这么一个小小的实验为你打开了新世界的大门。往小了说，你可以利用这一点制造世界上第一件定量测量电力的工具。如果稍微复杂一些的话，你可以把电线缠在一块铁芯周围，就可以强化电线的磁场，并就此发明世界上第一块电磁铁——一块你可以随时开关的充能磁铁。把一块磁铁安放在两块电磁铁中间（磁铁要能自由转动），依次开关这两块电磁铁，只要电磁铁的能源不断，你的磁铁就能一直转下去：这就是电动机的雏形。

这些发明的工作原理是在磁场中利用电来产生运动，但反过来其实同样可行：你可以在磁场中利用运动来产生电流。这就是发电机的基本原理，严格说来，你已经在关于蒸汽机的部分发明了这种机器。还记得吗？当时你把汽转球改造成了发电机，直到今天，这种方法仍是生产电力的基础。

发电机的核心机制其实非常简单：随便让什么东西转起来，在这个转动物体的周围绕上几圈电线，再把磁铁放到电线中间，就可以产生电了。用这种方法产生的电称作“交流电”（英文缩写为AC），因为每次转动时，电子都会沿着电线来回运动。[与交流电相对的则是“直流电”（英文缩写为DC），你用电池生产出来的就是直流电。]上面这些就是发明发电机所需的一切。从便利性来说，交流电在长距离传输时的表现要比直流电好。尽管如此，但在人类历史上仍旧爆发了一场争论交流电、直流电孰优孰劣的大战。当时，美国各家公司分别站队交流电电力系统和直流电电力系统，两方都试图令公众相信，另一种电力标准对人体有致命危险。①

你可以利用电线把发电站产生的电力传输出去，但这样做会遭遇瓶颈：导体都有一定的电阻，这样会把一部分电力转化成热。这就意味着，电线携带的电力不能太多，如果电力过载，电线就会开始发热，最终熔化。导体电阻的好处在于，你可以利用这点发明烤面包机、烤炉、烤箱、电加热器、电吹风以及我们之前说过的电灯。②不过，如果你要长距离传输电力，

① 在这场战争中，公众还曾争论过哪一方的电力会给第一架电椅供电（出于公关需要，两方都希望对方为死刑负责）。他们还演示了用电刑处死动物的过程。当时甚至提出了“电力决斗”这种方案，即各家公司都派出代表进行决斗，各方都用各自电力系统生产出的等功率的电电击代表，然后逐步提高电力，先坚持不住的代表就是输家。在我们这条时间线中，电力决斗最终没有成真。不过，其他时间旅行者证实，在这段大家高度紧张的时期，只需要瞅准时机喊上一句“瞧，那哥们儿刚刚说，对方员工实在太怂了，都不敢为了自家生意接受电刑”，就会成为这场决斗的导火线。

② 白炽灯的核心就是电线承载过多电力后发光，但一切必须恰到好处，过载的电量要刚好能令电线发光，但又不致其熔化。人们做了许多的实验才找到了最适合这项工作的材料！最终的解决方案就是钨。你也可以使用这种材料，但是要找到并提取出这种金属难度颇高。替代方案是，就像那些早期灯泡的发明者一样，用碳丝（制作方法是：不断加热竹子或纸，但不能让它们烧起来。用到的技术和第10章中把木头烧成碳的技术一样）作为电线。这种碳丝耐用性不高，用一小段时间就会烧坏，但如果你是在真空中让碳丝导电的话，它们就会持续发光而不烧毁。你也许会说“搞一个真空环境哪这么容易，你怎么会觉得只要我想要，随时随地都可以弄出一个真空环境来？这和我现在的处境几乎一样疯狂”，那就改用弧光灯吧。这种灯的核心构造是：在两块导体中间隔出一点儿空间。通电时，电就会从这块导体跳到另一块导体上，这样就产生了光。

就得调整电力的特性，而这就要用到变电器了。毫无疑问，你马上就能发明它们了！

10.6.3 变电器

让未来告诉我们真相，根据每个人的工作和成就评判其价值。现在是他们的；而我为之奋斗的未来则是我的。

——你（以及尼古拉 · 特斯拉）

什么是变电器

变电器是一种安全操控电力，使其在运输途中更加安全的装置。

如果没有变电器

在变电器出现之前，长距离传输电力成本高昂且颇为危险。不过实话实说，大多数文明在使用电力之后不久就发明了变电器（这次终于没有拖很久），所以，你应该很快就能成功。

最早出现时间

1831 年（发现磁感应原理）

1836 年（变压器诞生）

前置技术

电，金属

如何发明

到目前为止，我们虽然一直在讨论电，但没用到多少物理单位（主要是因为这些单位都是以人名命名的。在你所处的时代，这些人很可能都还没出生，而且他们都想把所有功劳据为己有）。不过，我们现在就要介绍一个单位：伏特。伏特衡量的是电回路中两点之间电势能的差值。如果你把电想象成水，那么电线就相当于水管，电流就是水管中流动的水量，而电压就是一直推着水往前走的压力。如果你希望水管里有更多的水，要么扩大水管的尺寸，要么提高压力，或者两种方法一起用。[①]

电也是一样：你能获得的电力功率等于电流乘以电压。问题在于，你通入电线的电流越大，电线产生的热越多，电线就越容易熔化。和水管的问题一样，你也有两种选择：要么把管子造得大些（加粗电线，提高电线的电流承载力），要么增加压力（增加电压）。待在高压电线附近其实比电线烧毁更加危险[②]，不过，如果你能在全国范围内的长距离输送电力过程中把电转变成高压电（把高压电线高高支起，远离人类及人类那双好奇、贪婪、总想抓电线的手）然后再在使用时，将高压电转化为更安全的低压电，问题就迎刃而解了。

变电器的构造很简单，其中没有任何可以移动的结构（当然，在电线中运动的电子除外）。先造一个大大的方形铁环，把与输入交流电相连的绝热导线绕在铁环的一侧，另一侧再绕一圈导线输出电流。这两团导线之间没有电连接，但当输入线圈中有电流通过时，它就会产生一个电磁场（就像我们之前看到的那样）。这个电磁场会让输出线圈中的电子也跟着动起来。此时你的发明暂时还不能变电，但它的确利用磁场在短距离内完成了

---

① 我们并没有给出伏特的准确定义，因为伏特的现代定义有点儿乱。伏特的基础是安培。安培的定义有两种，一是“$6.241\ 509\ 3 \times 10^{18}$ 个基本电荷在 1 秒内跨过某个边界产生的电流”；二是“真空中相距 1 米的两根长度无限且圆柱横截面不计的平行导线在通上恒定电流时，若每米导线间产生的力的大小等于 2×10^{-7} 牛顿，则此时的电流强度为 1 安培”。这些定义完全没有用。所以，放心大胆地给出你自己对伏特（电压单位）及安培（电流单位）的定义好了。

② 从技术上说，其实是高压下有持续通过的电流。50 伏的电压下若有电流持续通过，就足以击穿你的皮肤、打断你的心跳并且开始焚烧你的器官——然而，生活中随处可见的一股小静电就有高达 2 万伏的电压，好像也没什么事嘛。那么，究竟是怎么回事？答案是，是的，虽然当你用脚摩擦地毯后再去摸门把手，的确会产生一股高压电，但其中的电流实在是太小了，几乎可以忽略不计，并且在一纳秒的时间内就会放电完毕。一纳秒的高压电没什么大问题，事实是，那些持续通过电流的高压电才会置人于死地。

电的无线传输。

当你改变输出电流回路上绕着的线圈匝数时，真正的魔法出现了。如果输入电流回路和输出电流回路上缠绕的线圈匝数相等，那么两端导线中的电流和电压就相同。如果输出电流端的导线线圈匝数更多，那么两线圈之间的电流就会减弱，而电压则会增强，这就是长距离电力传输的理想状态。如果输出电流端的导线线圈匝数更少，那么电压就会减弱，电流就会增大，这时的电就可以用作本地用途了。电压和线圈匝数成正比，因此，若输入、输出线圈匝数之比为 3∶1，那么输出电流的电压就是输入电流电压的 1/3。事实证明，我们只需要铁和一些绕着铁的导线，就足以完成变电工作。而这之所以能够起作用，完全是因为电和磁就是一枚硬币的两面！多谢你啦，电磁学。

有了变电器和本部分介绍的其他发明，你就可以生产、传输、储存以及转变电力了。值得一提的是，就像在基本金属发现后的任何历史时期都能发明电池一样，发电厂和变电器同样如此。哪怕人类早就发明了水车和风车，也是在使用这些机械生产直接动力（转动轮子，移动曲柄）长达 2 000 多年后，才有人想到发明发电机并生产通用性、传输性更好的电流。现在，你已经拥有了蒸汽机和发电机的相关知识，你现在就可以在任意历史时间上推动文明进步，开展两场不同的工业革命。

10.7 天色已晚，我又很冷，我想知道究竟有多晚，以及到底有多冷

钟是第一项能够让你精确量化时间的发明。事实证明，这是一门异常深奥的课题——即便是在租赁式时光机发明之前的世界里也是如此。另外，一旦你有了玻璃，只需要再用上一点点聪明才智和一点儿水就能发明**温度计**和**气压计**。凭借这两样东西，你可以第一次精确量化热量和气压。

考虑到你目前的处境，想让机器告知你温度和时间，看上去像是一种肤浅甚至毫无用处的事，但事实并非如此。本部分将要解锁的技术涉及的领域非常广，遍及制造业、化学、医学，甚至天气预报。毫无疑问，你早晚都会想要拥有这些领域的知识的。尽管你将要发明的这种钟表看上去要比你遗落在现代世界的数字钟表低级一些，你也不必担心。

很快，你就能补上丢失的时间了。

10.7.1 钟

> 我的时间只有两种：和你在一起的时间，以及与你分开的时间。
>
> ——你（以及豪尔赫·路易斯·博尔赫斯）

什么是钟

钟是一种真正的时间机器，但只能回答你“现在几点了”这个问题。

你要是在想“好了，总算找到能让我重返未来的机器的说明书”，那就错了。不好意思。

如果没有钟

在钟诞生前，时间的流逝无法定量计算，这意味着你需要经常使用定性的方法，比如“从日出到日落”。当然这也有好处，如果有人问你现在几点了，你就算撒谎也永远没人识破。

最早发明时间

公元前 1600 年（水钟）

公元前 1500 年（日晷）

4 世纪 50 年代（古希腊人发明沙漏）

8 世纪（沙漏在欧洲重现）

14 世纪（沙漏在欧洲普及）

1656 年（摆钟）

1927 年（石英钟）

前置技术

陶器（用于制作水钟），玻璃（用于制作沙漏），纬度和指南针（用于制作日晷）

如何发明

现代手表用细小的石英片来计时。石英是地球上储量第二丰富的矿物，而且具有一个非常有用的性质称为“压电性”。挤压石英晶体时会产生少量电，拉伸石英晶体并通入少量电，它就会以一个均匀的频率振动。这使得建造廉价电子钟成为可能。在现代社会，这些每秒振动 32 768 次的小石头就是全世界应用最广的计时装置。不过，由于你既没有现代电子钟，也没有石英晶体，所以你得依靠一些更简单的发明来复制现代钟。

钟其实有两个功能。一座正确设置的钟可以告诉你现在是几点；即便钟的时间设置错了，也可以测量从一个给定时刻起究竟过去了多少时间。如果你只是对时间的流逝感兴趣，那么一些简单得多的发明——比如水钟——就能解决你的问题。

水钟是人类发明的第一种钟，最简单的水钟很容易制作：只要在盛水的容器中戳个洞就行了。水会以一个恒定的速率漏出（理想状态下），于是，通过标记水面起止线，接着测量不同时间间隔内有多少水从桶内流出，你就能测量分钟、小时；如果你的桶足够大，甚至还能测量“天”这样的时长。在 17 世纪摆钟发明之前，水钟一直是最准确且应用最广的计时工具，所以你已经做得很好了。

沙漏的工作原理和水钟相同，只不过用沙子代替了水，并且只要将沙漏翻个面，就可以重复利用里面的沙子。几把沙子加上一个大小合适的洞（一方面不能太大，不然沙子会漏得太快；另一方面又不能太小，否则可能出现堵塞的情况）就可以计量大约 1 小时的时间——没错，你猜对了。通过增加或减少沙漏中沙子的数量就可以计量任何你感兴趣的时间单位。从理论上讲，只要有一个沙漏，你就可以计量无限长的时间（只要在沙子漏完后反复翻面，然后记下翻面的总次数就可以了）。但这需要你时刻集中注意力，否则就会产生差错。

如果你不想老是把沙漏颠来倒去的，也不想总是向水钟里注水，你也可以发明日晷。日晷是一种可以测量白昼时间（至少在艳阳高照的日子里可以做到）的仪器，其制作非常简单，只要把一根棍子插在大体平整的地面上，然后记下一天中各个时刻棍子影子的长度就可以了。但要想做到完全准确就有点儿复杂了，尤其是如果你想知道精确时刻的话（你一定想知道精确的时刻，否则，你只需要抬头看看太阳，说上一句“看看下班时间到了没有”，就完事了）。

要用日晷测得精确的时刻，你就不能把棍子笔直地插到地上，而是要让它与地面形成一个倾角，角度要和你所在地点的纬度（要得知这个信息，请参考第 10 章）保持一致，并且杆子的倾斜方向要指向正北（你当然不知道正北究竟在哪里，但在大多数历史时期中，指北针总能为你指出一个相当接近正北的方向，参见第 10 章）。如果你精确地完成了这些工作，那么在正午时分，这根棍子的影子总会出现在它的正下方，而早晨 6 点和晚上 6 点的影子都会和棍子呈 90° 角，只是方向不同而已。至于其余整点时刻棍子和杆子之间的角度，则可以用下面这个公式算出，其中，l 是你所在地区的纬度，而 h 指具体几点：

$$角度 = \tan^{-1}(\sin l \times \tan h)$$

你可能不记得三角函数表。别担心，把它死记硬背下来才是疯了呢，我们在附录E中为你列出了全表，这样就能简化运算了。

不过，这里还有个棘手的问题：尽管做了测量和运算，日晷得出的时刻仍然不够准确。如果你有一只走时准确的表可以对照的话（希望你有，因为惊恐地瞪着手表是时间旅行者的标准动作），你就会发现，日晷显示的时间在一整年里都存在一定的误差，并且这个误差会不断变化，最大会快或慢 15 分钟左右。其实，这是个好消息：这种误差根本就不是你的错，如果日晷造得不够好的话，这种误差根本不会出现！

之所以会存在这种误差，是因为太阳在骗你。

或者，更准确地说：地球使得太阳对你撒了谎。这两个天体联合起来，在两方面干扰了日晷的工作。第一个因素是，地球每年绕太阳运动一圈的公转轨道并不是我们想象中的完美圆形：实际上，这条轨道是椭圆形的，也就是有一点点扁，而太阳也并非位于这条轨道的正中心，而是稍微靠向一侧。这种现象称为“偏心”或“离心”，示意图如下：

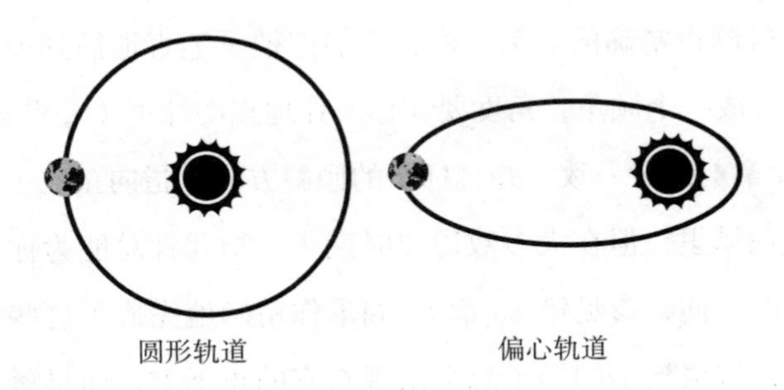

图 25　圆形轨道和偏心轨道。地球和太阳的实际情况并不完全如图所示，我们只是为了更好地说明问题，将相关特点放大。比如，地球轨道的偏心率没有那么高（也就是没那么扁），而且地球肯定也不会像图上这样——直径只有几毫米

在偏心轨道中，行星绕着太阳运动的速度并不是恒定不变的：它们会在靠近太阳时加快速度，远离太阳时放慢速度。[①]与完美的圆形轨道相比，地球的偏心轨道导致太阳每天出现在天空中同一地点的时刻会推迟或提前 8 分钟，这意味着，在一年中的不同时间，你的日晷显示的时间最多会和真实时间差上 8 分钟。

第二个因素是地球的倾斜自转也干扰了日晷。地球并不是像陀螺那样直挺挺地转动的，而是有一个 23.5° 的倾角（相对垂直方向来说）。[②]这个倾角称为“转轴倾角”。转轴倾角的存在导致太阳每天同一时刻出现在天空

① 轨道偏心率也会随着时间的推移而缓慢变化，形成一个大致为 10 万年的变化周期。这种地球轨道速度的变化会增加夏天或冬天的长度。具体哪个季节变长则取决于你在南半球还是北半球。

② 这个转轴倾角也会随着时间的推移发生变化，范围为 22.1°~24.5°，周期大约为 41 000 年。这让情况变得更加复杂了。转轴倾角越大，四季就会越分明，冬天会更冷，夏天会更热。要想测量你所在的时间点上的地球转轴倾角，就要等到六月夏至那天（这一天地球自转轴最偏向太阳），把一根棍子插在地面上，要保证棍子与地平面完全垂直。接着，当太阳运行到天空中的最高点时，测量棍子影子的长度。取该长度的反正切值（利用附录E中的三角函数表），再用这个值除以棍子的长度，你就得到了一个角度。只差最后一步了！现在你只需测量一下自己所在的纬度即可。如果你身处北回归线（太阳直射地球的最北纬度线。北回归线的纬度和地球转轴倾角是一样的，也在 22.1°~24.5° 之间变化）以北，那就用你所在的纬度减去测量所得的角度。如果你身处赤道以南，就用测量所得的角度减去纬度。如果你身处赤道以北、北回归线以南，就把这两个数字加起来。最后得到的结果就是地球现在的转轴倾角！

中的位置不断变化，或高或低，这就又给你的日晷添上了最多可达 10 分钟的误差。偏心轨道对视太阳时[①]的影响以一年为周期，而转轴倾角对视太阳时的影响则以半年为周期，如下图所示：

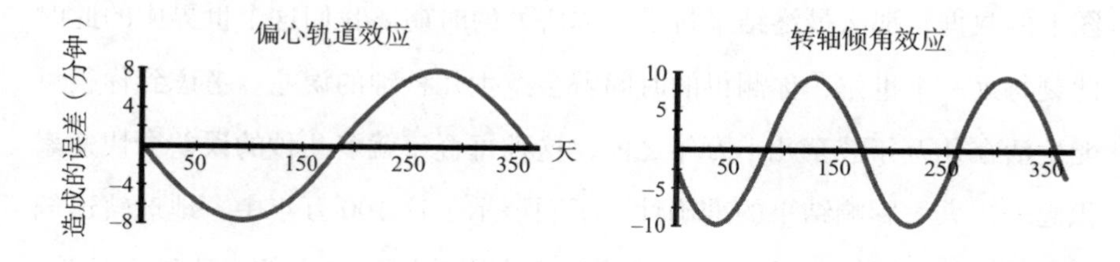

图 26　偏心轨道和转轴倾角对视太阳时的影响

因此，在一年中的某个时间点上要得到视太阳时与真实时间之间的误差，有时要用偏心轨道造成的误差减去几分钟转轴倾角造成的误差，或者用转轴倾角造成的误差加上几分钟偏心轨道造成的误差。将上图中的两张表合在一起，我们就能得到这两个因素叠加产生的总效应，如下图所示。然后你就可以根据下图调整日晷告诉你的视太阳时，从而得到真实的时间了！[②]

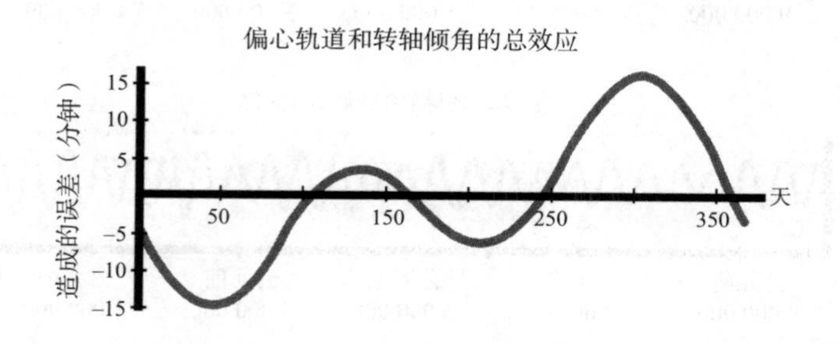

图 27　偏心轨道和转轴倾角产生的总效应

① 视太阳时通常指地方视太阳时。顾名思义，就是看太阳得到的时间。就文中的情况来说，就是根据日晷推测所得的时间，受地球自转和公转的双重影响。——译者注

② 历史上，这张图有个非常令人印象深刻的名字——“时间方程”。在这个名字中，“方程”这个词取自它在中世纪时期的含义，即“消弭差异”。遗憾的是，这个时间方程和那个把你送到过去还让你有家不能回的真正的时间方程毫无关系，所以，你最好还是趁早放弃这些不切实际的幻想。相信我们：如果真的有更简单的选择，我们也不会啰啰唆唆写这一大通。

当然，其实还有一个问题：轨道偏心率和转轴倾角也会随着时间的推移慢慢变化，而地球自己也存在岁差（意思是地球也会像陀螺那样产生非常缓慢的摆动）。如果你不根据自己所在的时期做相应调整就直接应用这张图上的数据，那么最终结果将是：你所处的时期离我们这个世界中的此时此刻每远一个世纪，你测得的时间就会产生几秒钟的误差。考虑到你很可能生活在几万年甚至几十万年之前，这种每百年就多几秒的误差会快速累积起来，大大影响结果的准确性。下图展示了这 100 万年中，地球轨道偏心率和转轴倾角的变化。你可以将这两个影响因素自身的变化纳入计算，从而对图 27（图 27 是根据地球现在的轨道偏心率、转轴倾角和岁差绘制的）做一些调整[29]……

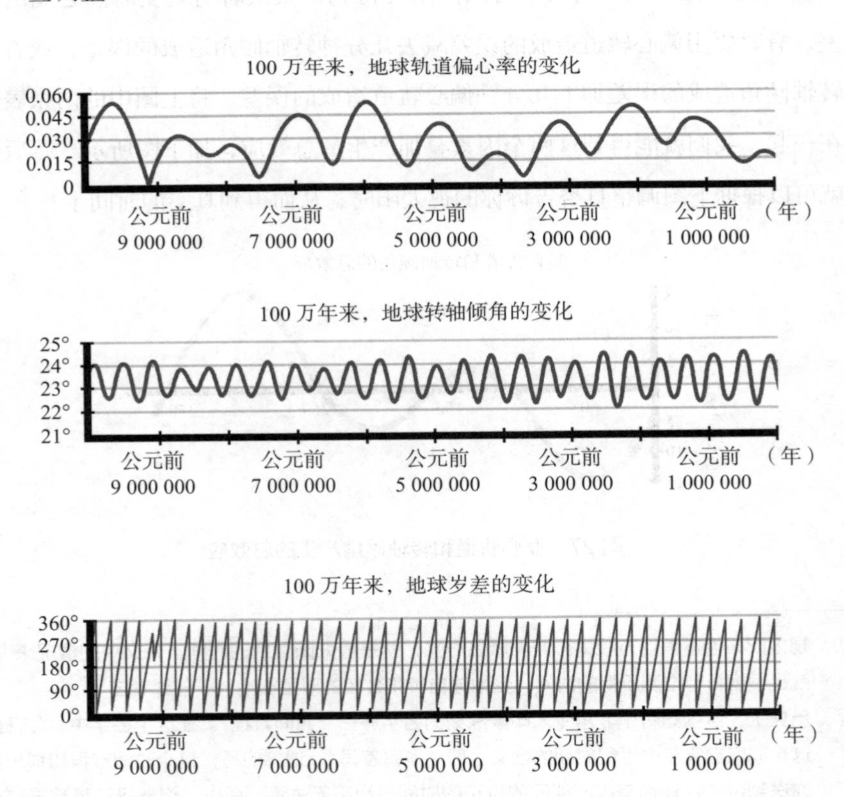

图 28　100 万年来，地球轨道偏心率、转轴倾角和岁差的变化，在图中已经浓缩成了几条波浪线（横轴为年份）

……不过，既然事情已经发展到了这个地步，我们觉得还是有必要告诉你：其实无论如何，你都不需要把时间了解得那么精确。老实说，虽然我们为了消除那 15 分钟的误差写了这么多，但其实这种程度的误差对现在的你而言，根本没什么要紧的。

只有到了最近几个世纪，精确测量时间才变得越发重要起来。而在这之前，时间只用来在航海过程中算算经度而已，而我们有办法让你彻底规避这个不必要的计算过程。哪怕是现在，绝大多数人也不会根据太阳告诉我们的时间过日子，而是用一种与之大体相近的时间。那就是时区：把地球划分成好几个大区，每个大区内的居民一致同意使用同一种时间。否则，生活在不同城镇内的居民都会根据对太阳的观测制定出自己的时间标准，于是各地互相之间的时间都会有些许不同，这肯定会给城镇间居民的交流带来诸多不便。1847 年，有几个国家率先使用时区这个概念，几十年后，人们又提出了全世界通用的时区。现在就发明时区吧，这样一来，未加修正的日晷所展示的近似时间也不会产生什么大问题，而你自己更是省去了一大堆数学作业。

10.7.2 温度计和气压计

> 你将听到雷声，并将记住我的名字，并且认为："她渴望暴风雨。"
>
> ——你（以及安娜·阿赫玛托娃）

它们是什么

温度计可以测量热量，气压计则可以测量气压。

如果没有它们

没有温度计，人们就只能凭空猜测物体的温度，凭空猜测烹饪温度[1]。没有气压计，人们就只能凭空预测天气。

最早发明时间

1593 年（水制验温计）

1643 年（气压计）

1654 年（酒精制验温计）

1701 年（温标概念出现）

1714 年（水银温度计）

前置技术

玻璃，液体（水、乙醇、油、酒精、水银、尿液——它们全部充当过温度计中的液体）

如何发明

温度计和气压计测量的都是看不见的对象，且都可以只用玻璃和水制作。就温度计来说，我们要利用的原理是：（大多数）液体和气体都会在受热时膨胀，冷却时收缩。只要测量膨胀和收缩的程度，你就可以测量出原本看不见的温度了！

人类历史上的第一个温度计和我们今天常见的温度计区别并不大：一端有一个玻璃泡，另一端是一根敞口的玻璃管。使用时先让玻璃泡受热，然后把敞口的那端插入水桶或湖面。遇冷时，玻璃泡内的空气会收缩，玻

---

① 在温度计出现之前，人们也有几种在厨房里测量温度的方法。最原始的莫过于直接把手伸进烤炉、壁炉或者灶台里，然后感受一下手有多疼，这么做当然有问题（但愿你一眼就看出来了）。在 19 世纪的法国，人们用白纸测量温度。具体做法是：把白纸放到烤炉中一段时间，如果没有立即烧光的话，看看它们燃烧时的颜色，以此推断烤箱内温度有多高。“暗棕色热度”适合制作上了一层光滑釉面的甜点，温度稍低一些的“亮棕色热度”适合制作鸡蛋饼，“暗黄色热度”是制作大型甜点的绝佳温度，而温度最低的“亮黄色热度”则适合制作蛋白糖饼。

璃管中的水面就会上升；遇热时，玻璃泡内的空气会膨胀，玻璃管中的水面就会下降。问题在于，这种仪器没有刻度（即温标），它只能告诉你所测量的物体正在变热或变冷。因此，这其实只是一种**验温计**（让你看到温度的变化），而不是真正的**温度计**（可以定量测量温度）。

想必你现在已经对人类过往的“不良记录”习以为常了，所以当你知道“验温计出现后100多年，才有人想到可以给它加个固定刻度”时，应该也不会太惊讶。最终，在1701年，有两个人［艾萨克·牛顿和奥勒·罗默（Ole Rømer）］分别想到了这个方法。不过，罗默想出的温标更好一些：牛顿用了许多主观温度参照物（比如“7月左右正午时的温度”——牛顿，你在搞什么鬼），而罗默则使用了像水的凝固点和沸点这样的常数作为基本刻度。[①]

还有一个问题：验温计用的水是暴露在空气中的，所以验温计内的水面高度也会受到气压变化的影响。所以，这个发明其实是验温计和气压计的结合体，或者干脆称它“验温气压计”吧。把整根玻璃管密封起来就能排除气压的影响。于是，验温计就有了上下两个玻璃泡，底部那个装满液体，顶部那个则充满了空气，这样的验温计就可以彻底摆脱气压变化的影响。接着再在玻璃管外面标上刻度，就制成一个温度计了！

但是，还有一个麻烦：水的性质有些奇怪，并且它并不是线性膨胀和收缩的。和大多数物质一样，水的密度也会随着温度的下降而变大，但当温度下降到4℃以下时，它就又膨胀起来了，这就是冰块会浮在水面上而不是沉到水底的原因——冰块的密度比水小。[②]这个性质导致水无法成为温

---

① 你可以把温标建立在任何东西之上（比如我们刚才说的牛顿用的那些异想天开却没什么大用的温度参照物），但物理学常数更好。如果使用物理学常数作为温标的基础，那么哪怕出于某些原因，你没法进入1701年艾萨克·牛顿家的后院，你也能重复且一致地测量出温度。本书使用的基本上是摄氏温标，具体制定方法请参考第4章。

② 这也正是你可以用湖水来给建筑物降温的原因。当然，前提是你的文明已经发展到了那个程度。水在4℃左右（准确地说是3.98℃）时，密度最大。这就意味着湖中所有温度不是4℃的水都会位于4℃水的上方。这就保证了湖底的这一大片水体温度全部都在4℃左右。夏天时，你可以把这些水抽到建筑物里，这可是一个发明空调的高效而绿色的方法。那些深度至少有50米且离赤道足够远的湖水最适合这样利用，因为不太可能整个湖的水都被烤到4℃以上！

度计溶液的最佳选择：0~4℃之间的温度测量会发生错乱，而0℃以下的温度则完全无法测量，因为此时水会凝结成冰。现代温度计中使用的液体是水银，这种物质受热时膨胀明显，且沸点高达357℃，凝固点则是–38℃。不过，就你目前的情况而言，短时间内你很可能无法获取水银[①]。乙醇的膨胀则更趋于线性并且要在–173℃的低温下才会凝结，但乙醇的沸点只有78℃，这就有点儿不方便了。不过，你可以做几种温度计：用乙醇温度计测量温度较低的物体，用水制温度计测量温度高一些的物体。或者你也可以使用酒精——水和乙醇的美味混合物——来弥补一下乙醇的低沸点和水的奇异特性带来的缺憾。

好了，关于温度计我们就介绍到这里！气压计和温度计基本差不多，前面我们发明的气压计和验温计的结合体就充分说明了这一点。取一个中空的玻璃管，装满液体，封住一端，另一端敞口，并把它放到装有同种液体的容器中，就制成了气压计。空气的重量会把玻璃管外的液体往下压，这样玻璃管内的所有液体都不会流出来。[②]外部气压变高时，玻璃管内的水面（假设装的是水）就会上升（气压计就是这样测量气压的），而玻璃管顶部的真空可以让管外的水轻松进入。最适合气压计的液体还是水银，如果你用液态水（一种更容易获取但密度也低得多的物质），玻璃管大概得需要10.4米长，只要稍短一些，大气压就会让管内的水面保持高位，这个气压计也就起不了什么作用。[③]有一种用水测量气压的更机智的方法就是下面这

---

① 水银是唯一一种室温下是液体的金属。你可以从一种叫作“朱砂”的鲜红色矿物中提取出这种物质，而朱砂矿脉通常分布在温泉和近期有过火山活动的地区附近。水银对人体有害，所以要千万小心！要想从朱砂矿中提取出水银，就得尽可能彻底地粉碎朱砂矿石，然后进行烘烤。可以使用本章中的蒸馏方法冷凝并收集从矿石中蒸发出来的气体（水银的沸点是357℃，点堆篝火就能达到），就能得到水银！尽管水银有毒，但人类自公元前8000年开始就不断开采朱砂矿。不过，水银最早只是用于制作颜料：粉碎的朱砂可以制成“朱红”。

② 在发明气压计之前，人们甚至都不知道空气是有重量的，因而常常假定空气的重量为零。毕竟，空气是浮在空中的。然而，所有的物质都有重量，引力将大气层束缚在地球表面，就和它让我们保持在现在所处的位置是一样的。

③ 如果用水银的话，玻璃管大概只需要有76厘米长就可以了，这要容易多了。不过，前提是你在附近能开采到足够多的水银！

种称为“歌德气压计”的设计。19世纪初，一个名叫约翰·沃尔夫冈·冯歌德（Johann Wolfgang von Goethe）的人发明了这种仪器，不过，现在它将于你所处的时期由你发明：

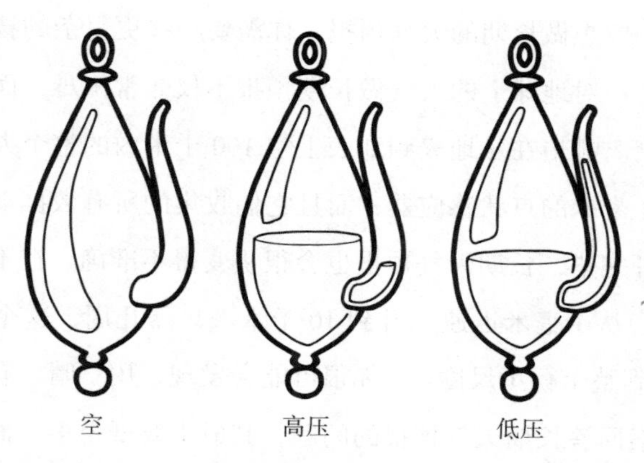

图29　看好了，这就是你刚刚完成的发明：一个性能良好的气压计

这其实只是一个带着喷嘴的玻璃容器。喷嘴和外部空气相连，其高度达到甚至超过容器自身。把这个气压计放倒并往里面注水。水进入容器的同时，会将原来在那里的空气挤出来，因此容器内仍旧会保持原来的气压，也就是你当时当地的大气压。水充满容器的一半后，把它竖起来。这样，水便会流到气压计的底部，而容器内部仍旧保持着原来的气压。此时，喷嘴可以展示气压的高低：如果外部气压比注水时的气压低，那么喷嘴中的水位就会上升，因为气压计内部的气压相对较高；如果外部气压较高，喷嘴中的水位就会下降。在一个风和日丽、气压适中的日子里，用上面的方法给玻璃容器注入水，你就拥有了一个性能优良、随时可用的气压计——只要你能保证里面的水不少。要做到这一点，你需要时不时地通过喷嘴往里面加水，以补偿蒸发掉的水分。[①]

① 在你的气压计上画一条水位线，你就能知道水位应该保持在什么地方了。给水染上颜色（颜料的制作请参见第13章）可以方便读数，也很有用。因为我们使用了会膨胀的液体，所以即使外部气压不变，不同温度环境下测出的结果也会有所不同。因此，你要么控制气压计的温度，使其保持不变，要么就在温度变化剧烈的时候，把这个因素也考虑进去。

对你来说，气压计的主要作用就是预测天气，你甚至不需要用到气压单位：如果外部气压迅速降低，那多半与多云、大风以及暴雨有关；如果外部气压迅速升高，那就表示坏天气就要走了。哥们儿，你刚刚发明了短期天气预报！要想做长期的天气预报，你需要一些更复杂的技术，不过你也不用太担心：对地球上的天气做长期预报不仅非常困难，而且实际上根本不可能做到。哪怕在从地表到地表上空 100 千米内的整个大气层里都布满间距只有 1 毫米的点状感应器，而且它们收集的所有数据都能在一瞬间由计算机处理完毕，长期天气预报也会很快变得不准确。在不到一天的时间里，误差会从 1 毫米迅速上升到 10 千米。只需几周，这个误差又会从 10 千米扩大到整个行星尺度。[30] 你很可能会发现，用“晴，有时多云”这个简单的答案回答长期天气预报的问题，其成本要低得多，而且准确性和大费周章后得出的答案也差不多。

10.8 我想变得很有魅力

虽然本书没有给出仪表和时尚方面的直接建议（尽管我们提到了这两点，但无论你怎么表现自己、无论你穿什么衣服，自信永远是最吸引人的），但我们介绍了一些有助于改善仪容仪表的技术的发明方法。这让你有机会彻底重塑人类社会的品位，让它变成你想要的样子。

肥皂是一个能让你的仪容（以及气味！）保持最佳状态的简单方法。此外，它还有一些意想不到的好处，比如可以减少文明中疾病的传播，也可以有效降低感染传染病的风险。所以，这的确是样好东西。**纽扣**是一种使衣服合身的简便方法，不过人类仍旧花了几万年时间才发明出来。你可以运用**制革技术**将动物毛皮制成牢固、可以保护身体的皮革，这项技术在生产衣物、靴子、水壶等物品时也很有用处。最后，**纺车**可以把天然纤维变成丝线，而丝线可以缝制成各种各样的衣物，最粗糙的有马铃薯包，最精致的有用最好的丝绸做成的和服。你的文明也可以拥有这一切。

毕竟你被困在了过去，那就没有什么理由不让自己光彩照人了。

10.8.1 肥皂

你热爱的东西，才会变美。

——你（以及让·阿努依）

什么是肥皂

肥皂可以让你的身体保持洁净——无论是从"除去身上的尘土"这个角度，还是从"感谢细菌致病论，让我们知道即便是表面干净的皮肤也会携带有害微生物，所以我们要在把手伸到嘴里前，用肥皂和清水洗干净它"这个角度而言，都是如此。

如果没有肥皂

如果没有肥皂，洗涤、洗浴、除菌以及常规清洁工作都会变得很困难，因为水中的油很难去除。从好的方面来说，没有了肥皂，你就可以在长辈面前口无遮拦，说各种坏话，他们也没办法用什么东西洗干净你的嘴。

最早发明时间

公元前 2800 年

前置技术

制作最差劲儿的肥皂：橄榄油和石灰（参见附录C.3）；制作好一点儿的肥皂：草碱或纯碱，盐；制作最好的肥皂：碱液

如何发明

用橄榄油和石灰做肥皂（上面提到的最差劲儿的肥皂），过程最简单：只要把橄榄油和石灰（如果没有石灰的话，也可以用沙子）混到一起，然后反复擦拭，最后剥离下来就可以了。与其说这是一种肥皂，倒不如说是一种"润滑剂"，不过，古时候的人们的确用这种肥皂来清洁肌肤。显而易见的是，这种肥皂在哪儿都不会有什么大用：用沙子与油的混合物清洗衣物，最多也就算是"发挥了最小的效用"。

要制作真正的肥皂，要用到草碱、纯碱或碱液，你可以利用附录C中的知识轻松制成碱。从原子层面上说，碱是一种可以接受化学给（予）体

的质子的物质，这正好和酸相反，酸提供质子。[1]当你把碱和油（或脂肪）混到一起时，一切变得干净且整洁，这叫作“皂化反应”。从化学角度上说，在皂化反应期间，脂肪和碱结合形成了新分子——又长又细的碳氢链。[2]这些碳氢链有个很好（对你来说很有用）的性质：一端亲水厌油（脂），另一端亲油厌水。[3]

你很可能已经知道油和水互不溶解。把水放到一个油腻的锅里（或者放到你非常油腻的皮肤上），看看会发生什么：油脂要么沉积在底部，要么浮到上面来，但肯定不会和水混在一块。这也就是清水在清洁油污方面没什么大用的原因，而这也正是驱动我们（就现在来说，是你）发明肥皂的动力。

当皂化物质（也就是你的肥皂）和油脂相遇时，碳氢链会用它们的亲油端包围油污，在它们可以找到的所有油污外侧形成一个小小的球体。由于碳氢链的亲油端会和油污相连，所以亲水端指向外侧，这就非常有效地给油污披上了一件亲水的小外套。于是，油污就可溶于水了，无论它们附着在何种表面上，现在都可以逃脱并且随时可以被冲走了。这些亲水外壳（叫作“胶团”）长这样：

---

① 而且，正如酸可能具有极强的酸性一样，碱液可能具有极强的碱性。待在具有强酸性或强碱性的物质附近是很危险的，因为它们都可以与你身上的肉（化学性质更偏中性）发生反应。酸尝起来当然是酸的，不慎沾到你就会觉得它们像是在灼烧你的皮肤，而碱尝起来比较苦，并且感觉比较滑。不过，用涂抹在身上和品尝的方式验证是酸还是碱实在太危险了，所以你应该转而用下面的方法检验酸碱。要检验是不是酸，你需要滴几滴待测液体到碳酸盐（参见附录C）上：酸会和碳酸盐发生反应，并产生气泡，气泡的成分是二氧化碳。要检验某种物质是不是碱，你需要将其和油脂混在一起，看看有没有发生皂化反应。换句话说就是，看看你是否能用它们来制作肥皂，就像你刚才做的那样。

② 如果你不知道碳氢链长什么样，也没关系，把它想象成一只很小的毛毛虫即可。如果你不知道毛毛虫长什么样，那把它想象成一只可爱的带绒毛的蠕虫也可以。如果你不知道蠕虫长什么样，那么我们不得不遗憾地告知您，您可能无法将本书中的内容付诸实践。

③ 尽管碳氢链其实并不能体会爱和恨这样的情感，但“亲水”和“厌油”这样的词语要比正确的术语“亲水的”（hydrophilic）和“疏脂的”（lipophobic）更容易理解。

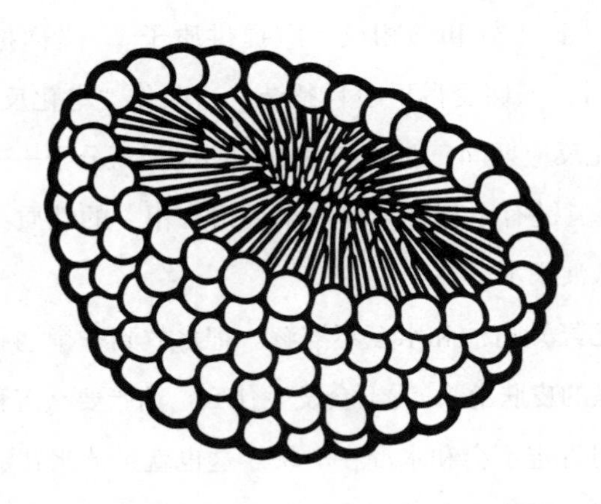

图 30　胶团。有了它们，我们才有了肥皂

现在，你就能详细解释为什么肥皂能够去除油污了。因此，相比那些不知道具体原理，却制造和使用了肥皂几千年的人类来说，你已经好上太多了。接下来，让我们来了解肥皂的制造方法！

最简易（用橄榄油和石灰做的那种不能算真正的肥皂）的肥皂可以用草碱（参见附录C.5）和纯碱（参见附录C.6）制成：把它们与一锅煮沸的脂肪混合就可以了。至于脂肪的来源，无论你吃的是什么肉，直接把这些动物的脂肪和油脂拿来用就行，不过别忘了先通过“熬炼”这个简单的流程（但会发出难闻的味道）对它们进行提纯。把你收集的脂肪和油脂切成小块放入锅中，加入等量的水，然后煮沸。之后，这些脂肪就会在水中溶解，一旦它们全部溶解完毕，就再加一些水（水量和第一次差不多），把锅冷却放置一晚。第二天，脂肪就会浮到水的顶部（这里正是利用了水和脂肪互斥的性质），而那些杂质则沉到了水底。顶部那层提纯后的脂肪就是我们想要的东西。

把这些脂肪舀出来，放到另一个锅里再次煮沸，然后加入草碱或者纯碱，不停搅拌直到这些物质完全混合，搅拌的过程很有可能长达数小时。此时，你有两个选择：一是直接让这锅东西冷却，结果就是产生一种柔软的果冻状棕色肥皂；二是往里面撒点儿盐再让它冷却，液体的顶端就会凝结出一些小块的肥皂，最终产物则是一些更加坚硬、纯净且更易储存的肥皂。你还可以把这些硬肥皂放在水中再次煮沸，再次加盐使其沉淀，从而进一步提高其纯度。当然，这个步骤省略不做也是可以的。

用碱液代替草碱或纯碱就可以制作出品质最好的肥皂。碱液的碱性更强，因而它制成的肥皂去污效果更好。要确定碱液的浓度是否合适倒是一件难事，不过在历史上，肥皂工人们想出了一个粗略检验碱液浓度的标准，那就是看看“一枚鸡蛋或者一块土豆能否在碱液里浮起来”。如果碱液浓度过高就加水稀释，如果过低就煮沸浓缩。然后就可以了！你已经是个制造肥皂的大师了！

肥皂可以极大地降低你和你的文明成员感染传染病和其他疾病的风险。此外，能够在外科手术出现之前就发明肥皂也大有益处：历史上，医生们意识到有必要把满是细菌的手用肥皂和清水清洗后再伸入病人体内[①]，已经是外科手术出现之后的事了，所以你能先发明肥皂的确很好。要达到超级洁净的效果，你可以使用乙醇——一种杀菌剂，在用肥皂水清洗过后再用酒精清洗一遍，就可以达到医生渴望的手术级别的干净了。

---

① 1847 年，伊格纳茨 · 塞麦尔维斯（Ignaz Semmelweis）医生首次提出了这种做法。当时，他在一家拥有两个产科诊所的医院工作，其中一家诊所都是助产科学生，而另一家的医学生则在助产前验过尸。两家诊所的学生在工作前都没有洗手的习惯。塞麦尔维斯注意到，在那家有验尸医学生的诊所，很多产妇都患上了严重的阴道感染，以至当时有多达 30% 的产妇因此而死亡（而在那家都是专业助产科学生的诊所，这个比例则是 5%）。于是，他制定了术前洗手的规章制度。结果，两家诊所内感染导致的死亡率都骤降至 1%。当时，人们普遍认为每个人得病的原因都不一样，只要洗手就能预防疾病的想法很不受待见。因此，医院解雇了塞麦尔维斯，但他仍不放弃，继续写信给其他医生，督促他们勤洗手。结果当然是失败了，于是，他又写信指控这些不愿洗手的医生是刽子手。他的不懈努力不但没有得到回报，反而导致他在 1865 年被送入疯人院。14 天后，塞麦尔维斯含恨离世，死因是殴打他的守卫身上有个伤口，他不幸被这个伤口感染。塞麦尔维斯医生死后 20 年，清洁身体可以预防疾病这种观念才被人们普遍接受——当时的人们终于意识到了原来还存在微生物这种生物。而如今，我们把人类条件反射式地拒绝接受与自己根深蒂固的观念背道而驰的信息的行为，称作“塞麦尔维斯反射”。

10.8.2 纽扣

穿上时髦的衣服，做个好人就容易多了。

——你（以及L. M. 蒙哥马利）

什么是纽扣

纽扣可以系好衣物，也可以暂时把东西密封起来。而且，纽扣还很时尚！

如果没有纽扣

在纽扣出现之前，衣服要么用绳子系紧，要么就做成松松垮垮的样子，因为你得从头部套上或脱掉它。

最早发明时间

公元前 2800 年（装饰用）

1200 年（用于系紧衣服）

前置技术

线

如何发明

纽扣其实就是松松地把一些刚性材料（木头和贝壳就很好）系在衣物上，然后（这个步骤很关键）在衣物另一侧纺织、编织或者直接剪一个洞，使纽扣穿过这个洞把衣物扣上。

瞧，你很了解纽扣的工作原理，我们根本没必要多费口舌。它们是我们最简单实用的发明之一……不过，理解纽扣的工作原理其实还是花了人类 4 000 多年的时间。

早在公元前 2800 年，人们就已经觉得“把漂亮的贝壳装在衣服上，可以显得自己很好看”，这就是最早的纽扣。直到1200年，生活在德国的人类才想到纽扣其实也可以派上实际的用场。在这中间的几千年里，人们穿着缝有纽扣的衣服走来走去，却只是觉得这些纽扣很漂亮，殊不知其实自己就像傻瓜一样，连纽扣的工作原理都不知道。

纽扣本可以在人类历史的任何时间点上出现。有了它，你就直接免去了套头衫一穿就是4 000年的尴尬。去发明纽扣吧。

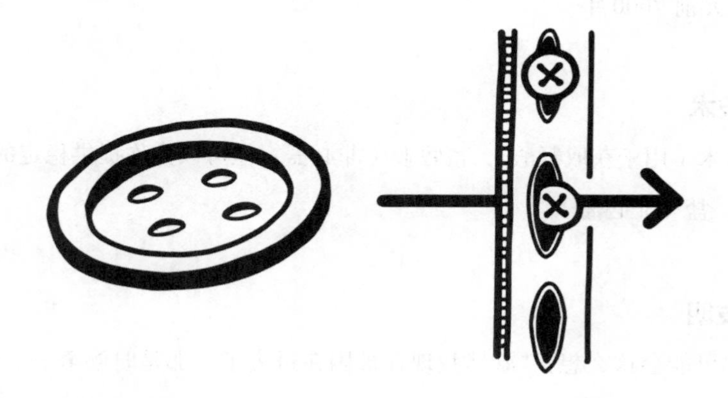

图31 纽扣图示。这样你就没借口不发明这东西了

10.8.3 制革技术

> 我还记得十二三岁时父亲给我上的那堂课。他说："儿子，我今天焊出了一条特别棒的焊缝，就把名字签在了上面。"我说："不过，老爸，没人会看到啊！"他说："是这样，但是我知道我的名字就在那儿。"
>
> ——你（以及托尼·莫里森）

什么是制革技术

可以把动物皮肤从一堆腐烂的肉变成豪华科林斯式皮革的技术。

如果没有制革技术

动物皮肤会破损、发臭、腐烂，没有制革技术的加工，直接把兽皮穿在身上，人会很不舒服。此外，没有制革技术，就没有酷炫的皮夹克了。

最早出现时间

公元前 7000 年

前置技术

树木（用于获取鞣酸），畜牧业（非必需，但可以为你提供稳定的兽皮来源），盐（非必需）

如何发明

你可能会这么想："既然我现在被困在过去了，那是时候杀一头狮子，然后剥了它的皮，把它的头放在自己的头顶。这样我就可以像戴帽子一样戴上狮子的头了。"这可不是什么好主意。没有经过制革的流程，兽皮很快就会腐烂，即便是已经干瘪的皮也会变得僵硬、易碎。制革技术可以把这些兽皮变成皮革：这种材料的抗腐蚀性非常强，公元前 3500 年制成的皮鞋都能保存到现代。所以，你一定不会拒绝皮革这种材料，但你必须牢牢记住：准备制革用的兽皮不仅需要让它们发酵，还要把兽皮泡在尿液里并且在粪泥里揉搓，所以，你的制革厂也许应该造在下风口。

宰杀动物之后要立刻把兽皮铺平，有肉的那一面要用盐或者沙子覆盖，这可以让它们脱水并且延迟腐烂的时间。几天后，兽皮就会变硬并且变得和薯片一样脆，这时你就可以把它们送往制革厂。到那儿之后，你需要马上把兽皮泡起来：这可以除去它们表面的灰尘和淤血，让它们再次软化。反复冲洗兽皮，除去残留的肉后，把它们浸泡在尿液里，这可以把兽皮上的体毛泡松，方便刮除。你可以把粪便和水混在一起，制成我们刚才说过的粪泥[①]，然后把兽皮浸在里面：粪便中的酶会让兽皮发酵，使它变得更柔韧。为了促进这个过程，你可以站到粪泥上，用脚踩压兽皮，心中不断告诉自己，我只是在压碎葡萄。但一定要保证在踩过粪泥后，用肥皂和清水彻底地把自己洗干净，你也可以让机器（比如水车）为你代劳，这样就更好了。

完成这个步骤后会发生两件事：一是兽皮变得柔韧，已经可以拿去制革了；二是没人会愿意接近你。

要把这些兽皮制成革，你需要收集一些名字很应景的物质——“鞣酸类”物质（严格地说，制革应该叫作鞣革）。这种物质来自树木，其成分是名字同样很应景的“鞣酸”。橡树、栗树、铁杉和红树树皮中的鞣酸类物质含量都很高，雪松、红杉等树种的枝干也是如此。鞣酸类物质是棕色的，因此，如果你选用的是树木的枝干而非树皮，那就要找那些红色和棕色的树枝，并且请记住，硬木中的鞣酸类物质含量通常高于软木。要想从中提取鞣酸，你得先把树枝或树皮撕成小块，然后扔到水里煮上几个小时。完成这个步骤后，再往沸水里加点儿小苏打（参见附录C.6），以提高水的碱性，从而更有效地提取出鞣酸。你可以对同一批树皮重复这个过程，生产出越来越稀的鞣酸溶液。

完成所有这些准备工作之后，制革的过程就简单多了：只需要把兽皮展平，在接下去的几个星期内将其浸泡在鞣酸溶液（浓度要逐渐升高）中就可以了。在这个过程中，展平的兽皮中的水分会被替换成鞣酸，这会改变兽皮的蛋白质结构，使其变得更加柔韧、不易腐烂且更加防水。好了，你已经生产出皮革了！皮革不仅可以用来制作酷炫的皮夹克，还可以制作皮鞋、皮靴（它和皮鞋都可以完全只用皮革做成）、挽具、船只、水壶（皮革可以储水防漏，而且当你不慎摔落皮质水壶时，它不会像陶器那样碎裂）、鞭子（有意思的是：鞭子抽击时的爆裂声其实就是一种小型音爆的声

① 正如我们在第5章中看到的，你应该用动物粪便，而不是人类粪便，这样可以使疾病传播的风险最小化。

音。抽击时，鞭子顶端的速度会超过声速，所以从理论上说，你已经发明了超声技术）以及防具。

如果你做完准备工作但没有把兽皮制成皮革，这些兽皮就是生皮。生皮受潮会变软，干燥时则会变硬、收缩。这个性质相当有用，比如可以利用这一点来绑东西：如果想把刀片绑到一个木棍上做成一把斧子，只需要把一条生皮结实地绑在刀片和木棍上，然后等待生皮干燥脱水就可以了。生皮其实也是小狗（我们假设你已经开始驯养狗了，如果你还没有这么做，请立即参阅第 8 章）的美味大餐，除此之外，生皮还可用于制作皮鼓、灯罩、原始马掌，甚至还能用作医用固定器件（其作用类似我们今天常见的石膏）。不过，如果你想用皮革固定身体，一定要记得给皮革留点儿收缩的空间：把生皮牢牢地绑在四肢上是一种严刑拷问的方式。我们可不是要吓唬你：虽然紧紧绑在手脚上的生皮收缩时产生的压力不足以把你弄骨折，但它足够让你的骨头错位。

无论如何，尽情享受皮革和生皮这些有趣又实用的发明吧。至于那段把粪泥踩得“粪”花四溅的经历，就尽力忘记吧。

10.8.4 纺车

纺车本身就是一件精致的机械。我每天都鞠躬向发明纺车的无名英雄表达敬意。

——你（以及圣雄甘地）

什么是纺车

纺车是一种依靠物理手段把天然纤维（羊毛、棉花、麻、亚麻、蚕丝）纺成纱线的机器，其工作效率可达手工纺织的 10~100 倍。

如果没有纺车

在纺车出现之前，人们用纺锤（底部较重、顶端带有钩子的一根木棒）

纺纱：使用时，把羊毛绑在钩子上，然后吊起纺锤，悬空转动木棒，慢慢地把羊毛拉出来，当羊毛全部捻成线后，再把纺锤拿下来。但用这个方法纺纱耗时极长，纺完感觉像过了一辈子。在纺锤出现之前，人们只能用双手捻羊毛，耗时就更长了！

最早发明时间

公元前8000年（纺锤）

500年（纺车）

16世纪（纺车上出现脚踏板和锭翼，脚踏板也称脚踏泵）

前置技术

轮子、木头、天然纤维（你一定要发展农业，这样才能进一步发展出种植业和畜牧业，从而方便地获取各种动植物纤维）

如何发明

这里，我们不准备浪费时间。你的文明将会跳过几十万年的纯手工纺织和纺锤纺织阶段，直接来到纺织机器的最终形态：完全现代化的纺车。有了这个工具，纺纱效率就会大幅提升。充足的纱线不仅能够让你"完全用纱线制作纺织品，不必整天穿着死去动物的皮"（这是显而易见的），还能解锁一些不那么明显的隐藏福利，比如：

- 缝合一些不太严重的小伤口
- 把线穿入温热的蜡或脂肪里，可制成蜡烛
- 发明鱼线，从而轻松地捕鱼
- 发明网，从而用另一种方法轻松捕鱼，而且还能捕鸟
- 发明布甲。这种护甲可以有效缓解棍棒的冲击力，但在刀剑发明后

就彻底没用了

• 用于飞行

这里，我们假设你的纺织对象是羊毛（最容易获取的天然纤维），但其原理同样适用于其他纤维。纺织羊毛的准备工作如下：首先将羊毛浸泡在肥皂水中去除油污，然后再梳理一番。梳理可以让羊毛纤维朝向同一个方向，还可以消除其中的团块，让它膨胀成一个适于纺织的蓬松球体。[①]

纺车的基本构件是一个可以转动的圆柱体（称为“锭子”），它可以把羊毛抽出并纺成线。锭子必须快速转动才能有效地把羊毛抽出，因此我们得通过传送带给它连上一个大轮子（称为“驱动轮”）。当用传送带把大轮子和小轮子连在一起时，小轮子必须比大轮子转得快才能跟上大轮子的转动。给锭子增加不同的厚度，你就能制作出不同大小的“小轮子”，然后通过传送带与大轮子相连，从而控制锭子的转速。

那么该如何转动硕大的驱动轮呢？你可以只用双手——多年来，人们都是这么做的——但你大概更想直接发明脚踏板。脚踏板其实就是一块平板，可以让你用一只脚给驱动轮提供动力，从而解放双手。把一块平板放在适合搁脚的高度，板的下方连一根杆子，再用另一根木杆把板下的这根木杆和驱动轮上的一根辐条连接起来。这样，当驱动轮转动时，脚踏板也

---

① 蚕丝不需要梳理，因为它们本来就排列整齐了！如果你已经有了纺车、桑蚕和桑树（参见第 7 章），那么你就具备了以工业规模生产丝绸的一切原料。首先，养殖桑树，从树龄不低于 5 年的桑树上收获桑叶。以稻草为底，上面铺上桑叶，在接下去的 35 天里，让蚕宝宝在桑叶堆里大快朵颐。当它们吐出蚕丝为自己结茧时，把蚕茧收集起来，再浸入沸水中杀死桑蚕。好了，现在你可以“抽丝剥茧”了：每个蚕茧都由一根蚕丝构成，长度可达 1 300 米。你可以将这些蚕丝放到你的纺车上开始纺织了。单是制作一件女式上衣就要用掉大概 630 个蚕茧的蚕丝，因此丝绸制成的遮羞物显然不可能便宜，但质量确实很棒！公元前 200 年左右，丝绸生产的秘密从中国流出，在那之前，单是这条脚注里的信息就值几十亿美元。

会上下起伏——反过来，如果你有节奏地踩脚踏板，也可以使轮子转动起来。如果你还想升级一下，那就安两个脚踏板，这样就能双脚同时工作了：像骑行车的踏板一样，只要把它们安在驱动轮的两侧就可以了。

你做出来的这架纺车就是人类使用了1 000年的简易版纺车。该如何开始工作呢？先用手将部分羊毛捻成线，然后把这根线放到锭子上。一只手抓住这根线，另一只手慢慢地拉出后面的羊毛，让它伸展成一条细细的纤维线。锭子在转动的同时，会把这些纤维拉过去，并把它们纺成线。这个工作模式已经很棒了，但并不完美：捻过的线强度更高，也就是说，线拧得越厉害，就越牢固，但在目前这个版本的纺车中，你最多只能在羊毛进入纺车时用手把它拉起，形成一个角度，以给线增加一点儿扭曲程度。想进一步增加线的扭曲程度，你还得为这项发明添上最后一项创新：锭翼。

锭翼是一块可绕着锭子自由转动的简易U形木片，木片边缘带有许多小钩子，这样就可以调整纱线绕在锭子上的位置。锭子开始转动，不停地拉动羊毛时，就会迫使锭翼以同样的速度转动。你要做的就是改变锭翼的转速，方法有两个：第一，在锭翼上添加一个制动器（也就是包在锭翼轴外部的一条带子，可以拉紧或放松，以调节对锭子的制动效果）；第二，在锭翼上增加一条以不同速度运动的独立传动带。当锭翼和锭子不再以相同的速度同步转动时，羊毛就会出现拧转。锭翼是少数几项列奥纳多 · 达 · 芬奇在死前就真正制作出来的发明之一。而现在，你又更进一步，在达 · 芬奇还未出生之前就发明了一个性能更好的！①

你可以将纺出的两条线拧到一起，形成一种强度更高的合股线。（连制作工具都不用换，用原来的纺车就可以。）具体方法也很简单，和纺单线差

---

① 这里，我们假设你所在的时间点在达 · 芬奇（1453—1519）出生之前。不过，如果你处于文艺复兴时期，那么时间旅行者们所做的实验表明，只要把这本指南的副本给达 · 芬奇并让他按照里面给出的信息操作，就能大获成功。达 · 芬奇本人将对你这种天才的出现感到非常沮丧。

不多，只要先把这两种纱线的线头以相反的方向拧在一起，然后再放到锭子上通过纺车纺织，它们自然就会牢牢地绞在一起。你还可以不断重复这个过程，把合股线捻成粗绳，把粗绳捻成工业用的缆绳，而缆绳就足以支撑起整个文明……这一切都要归功于这架小小的纺车。

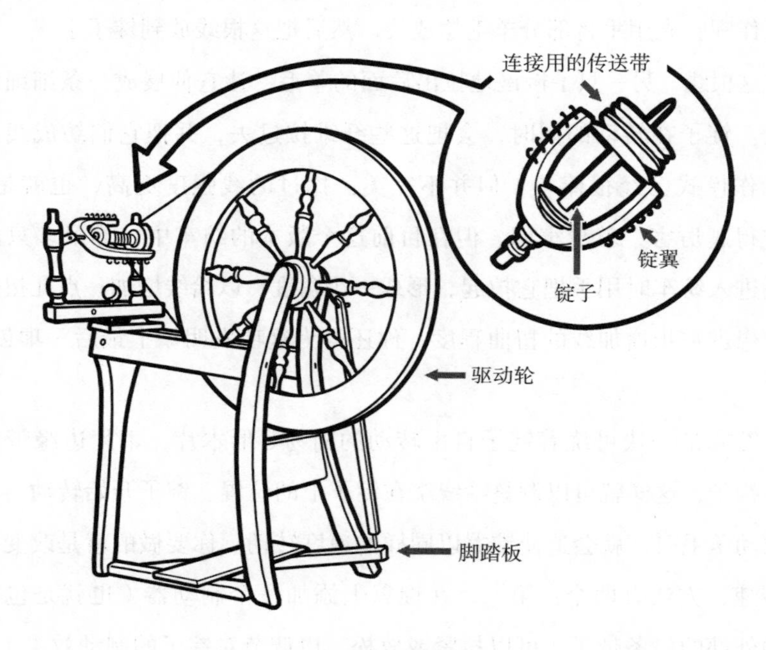

图 32　纺车和锭翼

10.9 我想要和谐的性生活

对很多人来说，性都是生活中很美妙的一部分。性也是繁衍后代的唯一方式，无论是对个人生活还是对整个文明来说，性都影响巨大，地位举足轻重。**生育控制**能够帮助文明成员计划好家庭生活和个人生活。一旦他们决定要生孩子了，**生育钳**和**保温箱**能够帮助这些最年轻、最宝贵的新生成员安全度过他们最脆弱的时光——生育钳用在新生儿诞生的过程之中，保温箱则在他们诞生之后就立刻派上用场。

10.9.1 生育控制

从来没人会把同一个爱情故事说上两次。恋人间的故事从来都像世界迎来第一缕晨光那么新奇而富有朝气。

——你（以及依尼洛·法吉恩）

什么是生育控制

生育控制是规划和控制家庭规模的一种方式，目的是防止新成员意外降临。生育控制使得男女都能自行决定生活的方向，免受突如其来的父母身份的困扰。

如果没有生育控制

如果在没有实施生育控制的情况下发生了性行为，你就有可能孕育一个孩子。然后，这个孩子将占据你的生活。恭喜，你现在已经为人父母了。至于你的那些宏图伟业，抱歉，只能靠边站了。

最早出现时间

公元前 16 世纪（物理屏障）

1855 年（第一个橡胶避孕套）

20 世纪 50 年代（避孕药）

前置技术

无

如何发明

人类历史上出现得最早的物理形式的生育控制手段（请注意，不是最早的有效的生育控制手段）非常基础。古埃及[①]的女性[②]人会在发生性行为前，把蜂蜜、金合欢叶和棉绒混在一起塞入生殖器，形成一道针对精子的物理屏障。这方法乍一听就用处不大，但实际上还是要比你想象的稍微有用一点儿：金合欢属植物会产生具有杀精作用的乳酸。[③]如果没法弄来这些东西，女性则会用鳄鱼粪便作为替代物——和金合欢叶不同，这种方法真的是完全没用。在亚洲，人们常常会塞入用油浸泡过的纸片，这就是最早

---

① 在很多早期文明中——包括古埃及、古希腊以及古罗马——避孕都只是女性的责任。这很不对，你的文明必须根除这种观念！

② 在本书中，我们都用“女性”这个词来指代“拥有阴道的人”，而用“男性”这个词来指代“拥有阴茎的人”。没错，并不是所有女性都有阴道，也不是所有拥有阴道的人都是女性。语言有时还是不够好！

③ 金合欢属植物是指长着淡黄色小花的树木或灌木。和蕨类植物一样，它们的一根茎上就能长出许多叶子。金合欢属植物原产于澳大利亚和非洲，最早在公元前 2000 万年出现。如果你不确定找到的究竟是不是金合欢呢？人类的精子还是很大的，用显微镜可以看到它们的构造和活动，所以你可以尝试验证各种植物，直到发现某一种具有这种杀精效果的植物（精子在它的影响下不再摇尾巴了，也就是死了），那就是金合欢了。

的隔离膜。这种方法至少要比那些广为流传的错误避孕观念靠谱一些，比如“如果女性在性生活中处于被动状态，且只是躺着不动，就不会怀孕”（中国，公元前 1100 年），“如果女性佩戴猫睾丸或芦笋，就不会怀孕”（希腊，200 年，没错，这个时候还有这种错误的观念），以及“如果女性喝下男人的尿液或者把唾液吐到青蛙嘴里三次，就不会怀孕”（欧洲，1200 年）。罗马帝国同样采用女性插入物理隔离物的方法作为避孕方式，不过，等到 6 世纪帝国崩塌时，这种避孕技术也失传了（很像第 10.10.1 节中的混凝土），直到 15 世纪，人们才重新发明之。

早期男性的避孕方法包括把阴茎放在柠檬汁或洋葱汁里蘸一蘸，或者用柏油覆盖阴茎（欧洲，1000 年）。实际上，在 21 世纪的第二个 10 年中，这个想法就以“在阴茎顶端放一个便签从而暂时把它封住”的形式重现于世了。你只需知道，这些方法中没一个管用就行了。你可以用亚麻、丝绸或者动物的肠子制作避孕套，但比起你熟悉的乳胶来，它们都不够有效。这些物质的渗透性都更强，仍然有机会“放行”一些精子。

遗憾的是，你还记得的那些有效避孕方法要么依赖化学变化（比如避孕药），要么依赖高强度、高韧性且不渗透的物理屏障（比如乳胶避孕套）。就你目前的情况来说，短时间内无法发明其中任何一个。[①]纵观历史，人们为了降低受孕概率，使用过各种药材。不过，其中许多药材都具有毒性，另一些则会在已受孕的情况下导致胎儿先天畸形。如果这个星球上的某个

---

① 如果你生活在橡胶植物（参见第 7 章）附近，那起码还能把发明避孕套的时间提前些。避孕药的工作原理是，女性身体吸收了（人工合成的）妊娠激素之后，身体会认为自己已经怀孕了，因此会停止排卵。这里，起作用的激素是雌激素和黄体酮。其中，雌激素倒是可以通过母马的尿液（还有助于治疗更年期症状）养殖培育，但黄体酮的合成就难多了。不过，我们还是把这种物质的化学式（$C_{21}H_{30}O_2$）告诉给你，万一你的文明发展到了那个阶段呢？其实，单是知道女性会排出卵细胞这个知识，你就已经遥遥领先了。在历史的大部分时间里，人类真的对此一无所知。在公元前 350 年左右的古希腊，亚里士多德认为，男性提供“种子”，而女性则只负责为种子提供“营养”。在 1200 年左右的欧洲，人们还在为这种观点争论不休，不过，反方观点起码多给了女性一点儿重视。他们认为，男性的种子和女性“弱小”一些的种子结合在一起，通过某种方式孕育出了新人类。直到 1827 年（令人惊叹），人们才确认女性体内有卵细胞。

地方演化出了可以 100% 避孕且没有副作用的植物，那该有多好啊！

你正在喃喃自语“是啊，没错，那样就棒极了”时，好消息就来了：这种植物的确存在！它的名字叫作“串叶松香草”，原产于今利比亚沿岸。这是一种枝干粗大，顶部长着圆形花朵且果荚呈独特的心形的植物。这种植物无法人工栽培，却能有效避孕，以至古罗马人把它看得比银子还重要，并认为这是天神阿波罗赠予他们的礼物。

但是，到了 200 年，他们把串叶松香草吃绝种了。

干得可真不错呢，古罗马的兄弟们！如果你所在的时间点早于 200 年，那么串叶松香草就是你最好的避孕手段。[31] 不过，如果你不幸没赶上好时候，也还有别的选择。这些方法的确没有你在现代社会中习以为常的那些好，但总好过什么都没有①：

表 13　一些避孕技巧

技巧	含义	效果
体外射精	在射精之前，把阴茎从阴道中抽出。这种做法的效果不是那么好，因为它依赖于时机把握和主观判断。而且无论如何，有些精子还是会在射精前流出的。	避孕成功率 78%，也就是说，如果 100 位女性每次做爱的时候都用这种技巧，那么最后，她们中平均应该有 22 人怀孕。
计算周期	只在女性不能受孕的时候做爱。如今，这种方法要比过去靠谱了一些，因为至少我们现在已经知道母性在排卵的时候是最容易受孕的，即月经来临前 12~16 天！在 20 世纪 30 年代确认这个结论之前，人们有很多对于最佳受孕时间的猜测。有一种观点认为，女性月经期间和月经后几天是最佳时间。于是，想要避孕的人就会在下次月经来临之前的几周内做爱。毫无疑问，其实这正是女性的最佳受孕时间。因此，不用说你也知道，当时这种避孕方法并不成功。	避孕成功率 76%，但你要记住，你完全可以同时运用多项技巧提高避孕成功率。

① 这就是说，千万别觉得只有身处现代社会的我们才有想出有效避孕方法的聪明才智！在许多历史时期和地域，都流传着教授这些技巧的传统民歌。此外，还有类似我们刚才已经提到的那种植物避孕知识。这些知识和民歌多在女性之间口口相传：母亲告诉女儿需要知道的避孕知识。一份用这种避孕植物和草药做成的沙拉就可以让女性掌控自己的生育，而男性即使吃着同一个碗里的东西，也不会有什么异常反应，他们甚至没有意识到为什么自己的妻子总是以这种植物作为餐食。

（续表）

技巧	含义	效果
母乳喂养	在生育孩子后，尽可能延长母乳喂养的时间，因为母乳喂养时女性体内分泌的激素会抑制排卵。但这种方法并不可靠。	这种方法并不能有效避孕，母乳喂养虽然会抑制排卵，但效果因人而异，且不能完全阻断，成功率较低。
避免阴道性交	这个方法好像是在让你禁欲，但实际上，你还可以有别的性爱方式！	只要你能坚持，这个方法的避孕成功率就是100%。另外，你还得牢记一点，纵观人类历史，那些热衷于阴道性交的人只要有机会就一定会采用这种方法，对非阴道性交的方式则兴致寥寥。

在你还没有发明出现代社会的有效避孕手段之前，你可以用这些技巧避孕。你有没有随身带着避孕套或者节育器？别害羞，有就要用！

最后，我们还得强调，上表中的技巧没有一项可以预防性病的传播，而性病却是你必须要当心的。你尤其需要警惕梅毒：在人类进入现代社会之前，这种疾病还有更加可怕的菌株变种。梅毒症状出现伊始，病患全身会长满恐怖的脓包，后期时连脸上的肉都会掉下来。[①]青霉素是一种治疗梅毒的有效手段，但在我们的时间线上，当人类发现这一点时，那些遭遇了“脸肉掉落”的患者都已经死亡了。

我们就以这一点结束本部分内容吧。

希望你的文明能够享受和谐的性生活！

① 还有许多疾病也是这样，过去（对你来说，就是现下）的致死率远高于现在（对你来说，就是遥远的未来）！原因很简单：那些致死率超高的菌株会以极快的速度杀死宿主，于是，它们还来不及传播就已经死亡了。这样一来，就只剩下了那些致死率没那么高的菌株。不只梅毒有这种情况，其他疾病，比如汗热病，同样也有感染性极强、致死率超高的变种，它们能在症状首次出现的数小时内就置你于死地。考虑到你现在所处的环境，想必你不想读到这些内容，所以我们把这个坏消息隐藏在了一个貌似无关的脚注里。如果说有什么消息能让你松口气的话，那就是：汗热病首次出现于1485年，于1552年彻底消失，而梅毒首次出现于15世纪。你会遇到的疾病很可能和这些不同，所以，准备好迎接这些“惊喜”，或者说“惊吓”吧！

10.9.2　生育钳

再小的善举也有其作用。

——你（以及伊索）

什么是生育钳

生育钳就是一对可以在人体内抓取东西的钳子，在处理难产时特别有用。

如果没有生育钳

如果没有生育钳，母亲与婴儿就可能因为难产而双双死亡。有了生育钳，很大程度上就能避免这种不幸。

最早发明时间

16 世纪，但这个秘密被保守了 150 多年，因为发明者家族中那几代可怕的人都想把整个助产行业牢牢控制在自己手中。

前置技术

乙醇（也就是酒精）、肥皂、金属（也可以用木头，但木头清洗起来要困难得多，更易引发感染）

如何发明

生育钳这个发明很简单：一副可拆卸的钳子，钳子边缘有弧度，这样就可以箍在婴儿的头上，调整位置并将婴儿慢慢地从产道里拖出来。生育钳可以令难产或梗阻性分娩转危为安，从而拯救母婴双方的生命。这项技术的出现时间已经很晚了（从原理上说，它们能在人类学会使用工具之后的任何时间点上出现），而且发明生育钳的家族为了独占这项技术带来的利益，还一连数代人都严格保守生育钳的秘密。当时，大家只知道钱伯伦家族有件有助于生产的神秘设备，而钱伯伦家的男人们为了保守秘密，会用一个密封的箱子装着生育钳，带到产房，并且在把所有人（除了被蒙上眼睛的产妇）都赶出产房后，才使用这件工具。这个秘密泄露后，生育钳才广泛应用于难产手术，此后它们就一直是生产过程中的标准工具——直到20世纪初，死亡率更低的剖宫产手术出现为止。[①]

在使用生育钳之前，得先保证产妇的子宫颈充分张开，婴儿的头部也要处于产道中较低的位置。产妇必须仰卧（马镫可以帮助产妇的脚有个着力点）。生育钳的两个组成部分要分别进入产道，之后再拼合到一起，箍住婴儿头部。接着，用生育钳把婴儿的头调整到最佳生产位置（头朝下，下巴抵胸，脸面向母亲的脊椎，这样头部最小的部分就可以先出来），最后医生就可以均匀、柔和地用力，把孩子从产道内拉出来。

10.9.3 保温箱

> 孩子们，你们好。欢迎来到地球。这里夏天炎热，冬天寒冷。这个潮湿的星球上到处都是人。孩子们，瞧瞧外面，你们有100年的时间探索这个地方。孩子们，在这个世界上，我只知道一条必须遵守的规则——“该死的，你务必善良”。
>
> ——你（以及库尔特·冯内古特）

什么是保温箱

保温箱就是一个温暖的箱子。你可以把那些过早降生的婴儿（早产儿）

---

① 当然，剖宫产在此之前就已经出现，并且已有上万年的历史了。但由于剖宫产手术中，产妇死亡率实在是太高了（1865年左右的英格兰地区，剖宫产手术产妇死亡率超过85%，在此前几个世纪中的其他地方，死亡率接近100%），这个方法通常是绝境中的最后一搏。造成这种结果的原因有许多，包括医学知识的缺乏、抗生素的匮乏、麻醉效果不佳甚至没有任何麻醉措施、糟糕的手术清洁措施等。这些问题解决后，剖宫产手术几乎立刻成了常规操作，到了21世纪初，超过1/3的新生儿都是以剖宫产的方式降生的。

放到这个箱子里，这样就可以让他们夭折的概率减少降低 1/3。

如果没有保温箱

在保温箱出现之前，人们只会看着用于孵育小鸡的同款保温箱，然后想着："不，这根本没用。"

最早发明时间

公元前 2000 年（用于孵育小鸡）

1857 年（用于人类）

前置技术

玻璃、木材（用于搭建保温箱的支撑结构）、肥皂（用于清洗保温箱，方便重复使用）、皮革（制作暖水壶）、温度计（可选）

如何发明

其实，早在公元前 2000 年左右，保温箱就已经出现了，当时它们是以房子和洞穴的形式维持室内温度，促进鸡蛋孵化。这个时期，人类已经注意到了两件事：一是，鸡肉真的很美味；二是，母鸡孵小鸡时的温度越高，鸡蛋孵化的概率就越高，孵出来的鸡的肉质也更加美味。保温室就是一种大规模孵育小鸡的方法。

然而，差不多 4 000 年之后才有人注意到，原来早产的人类婴孩也可以从这种与母体子宫类似的恒温环境中获益。在此之前，产科医生只能把早产儿移交给父母和助产士，然后大家能做的就是祈祷这个孩子能够活下来。没错，现代社会使用的保温箱是一台非常复杂的机器，它能提供氧气、热量、水分，还可以从静脉注射营养，同时时刻监测婴儿的心跳、呼吸以及脑部活动。尽管如此，不那么复杂的保温箱也足以产生重大影响——无论你被困在哪个历史时期都是如此。人类历史上的第一个保温育儿箱其实只是一只带夹层的浴桶，定时往夹层里注入温水就能持续产生热量，维持桶内的温度。

到了 1860 年，保温箱已经演变成用暖水瓶供热的了，同时还有一项关键创新出现，那就是玻璃盖。这项发明在保证婴儿能够呼吸的同时，还减少了复杂的气流，有助于保护婴儿，使他们远离空气感染、乱流、噪声以及护士的多余操作。没错，护士的手也是传播疾病的媒介。一个内部装着暖水瓶的玻璃箱这样简单的东西就能产生惊人的效果：在那家发明了保温箱的医院里，新生儿死亡率下降了 28%。如果你已经发明了温度计，你就还能量化保温箱的温度（人类婴儿保温箱的温度通常保持在 35℃，但如果你是在孵小鸡，那么理想温度应该是 37.5℃）。

如果你正在考虑提升文明的医疗卫生状况，让文明成员多活几年，那么帮助早产儿活下来就是你能提供的最有效且最高效的卫生保健方法。虽然这么做不会让一个成年人多活几年，但你能够让一个很可能夭折的新生儿拥有整个人生。

要做到这一切，你只需要一张安放在温暖玻璃箱里的小床。

10.10

我想弄点儿不会着火的东西

虽然本部分中介绍的发明的确为缓解火灾问题立下了汗马功劳，但它们除建造防火建筑物外也大有作用。实际上，**水泥和混凝土**虽然成本并不高昂，却是能够让你造出屹立上千年不倒的建筑物的绝佳建筑材料。而**钢铁**这种强度极高且通用性极强的物质就更有用了。有了钢铁，你的文明就能建造出大到桥梁、小到滚珠轴承等一切结构。最后，**焊接技术**能够让我们生产出超过窑炉尺寸限制的大型产品，且这些产品会牢固得如同一整块金属。

有了这些技术，你就能开启重现现代文明的征途，因此，看到你正准备把它们一一发明出来，我们真的非常高兴。

10.10.1 水泥和混凝土

理想的建筑有三大要素：牢固、有用、好看。

——你（以及马库斯·维特鲁威·波利奥）

它们是什么

你或许会觉得水泥和混凝土只是些司空见惯、平淡无奇的建筑材料，但当你听到它们的外号“液态岩石”时，恐怕就会改变看法了。

如果没有它们

你只要趁水泥和混凝土还是液态时，把它们倒入模具，等待它们凝固，就可以收工了。但是，在水泥和混凝土出现之前，要获取同等强度的建筑材料，你得不辞辛劳地打磨并切割岩石，直到它们变成你需要的形状为止。

最早发明时间

公元前 7200 年（石灰泥）

公元前 5600 年（在今天的塞尔维亚地区出现了最早的水泥，用于铺设地板）

公元前 600 年（水硬水泥）

1414 年（水泥和混凝土重现于世）

1793 年（现代水泥）

前置技术

窑炉（用于加热石灰岩）、火山灰或陶器（用于制作水泥）

如何发明

按照附录C.3 和C.4 里的步骤，你就能把石灰岩变成生石灰，再把生石灰变成熟石灰——一种易于涂抹且干燥时会硬得像石头一样的糨糊。而熟石灰会和空气中的二氧化碳发生反应，自发变硬。往熟石灰里加点儿黏土（或者沙子和水），你就发明了砂浆。用稻草或马鬃代替部分沙子和水以增加材料的抗拉强度，你就发明了硬石膏——一种非常耐用、足以作为外部覆盖物，而且凝固后具有防水功能的材料。这些性质令硬石膏成为建造地下食物仓库的绝佳材料，地下的低温可以延缓食物变质速度，而硬石膏能隔绝水分，使仓库内保持干燥。

不过，这些材料要想彻底凝固，都需要时间和空气——硬石膏要完全凝固得花上几个月的时间！解决方法是在砂浆中加入硅酸铝。于是，你就得到了水硬水泥。水硬水泥也是一种凝固更快且防水的砂浆，更重要的是，这种材料在水下也能凝固。很明显，当你想要建造灯塔、防浪堤或者其他邻水建筑时，这种材料会很有用。至于硅酸铝，它们可以在火山灰和黏土中找到，所以如果你附近有火山灰，就可以直接把它掺进砂浆里。如果附近没有火山灰，那就把老旧的陶器压碎后掺入砂浆。你还可以往水硬水泥里加点儿马鬃，防止将来出现裂缝（和硬石膏里加马鬃的作用一样）。往里头加点儿动物血液也不错，这会令水泥内部产生一些小气泡，水泥就更能抵御冻融循环产生的压力。[①]

水泥已经很棒了，但你还可以让它变得更棒，只需往里面掺点儿砂砾、小石头或者小石块。这样，水泥就变成混凝土了！加入这些看似没用的岩石之后，水泥的强度又更上一层楼了——石块能够承担更多载荷，所以我们就能够建造更大、更重的建筑物。[②]除了用于建筑之外，混凝土还能用于铺路。记得要把路的两侧造成小斜坡（就像屋顶一样），这样水体就能漏下去，有助于预防水坑和结冰。

早在罗马帝国时期，人们对水泥和混凝土的使用就已经达到了高峰，但在罗马帝国于 476 年前后崩塌之后，这项技术失传了将近 1 000 年。罗马帝国衰落后，当然也还有一些水泥建筑物出现，但业内人士却对背后的知识守口如瓶，也很少用文字形式将其记录下来，更别提公开传播了。直到 1414 年，人们在一家瑞士图书馆中发现了一本字迹模糊的手稿（该手稿

① 这听上去有点儿疯狂，但真的有用！因为水泥是碱性的，凝固时会和动物血液里的脂肪发生反应，形成一片片微型肥皂，产生的气泡就留在了水泥内部。从技术层面上讲，任何生物的血都能起作用，但还是用动物血吧。我们可以向你保证，这里不需要用到人血。

② 尽管水泥在压力（挤压水泥的力）作用下的确强度很高，但在张力（拉扯水泥的力）作用下，水泥还是比较脆弱的。这个特性使得水泥很适合用来建造承重墙（载荷主要产生压力），但在建造横梁或地板时，水泥就没那么有用了（横梁或地板的自重会引起弯折，最终会把水泥一分为二，导致整个建筑物坍塌）。你可以在水泥成形之前给它增加一些加固物，从而解决这个问题！横向钢筋就能增加建筑物的抗拉强度——这就是说，如果你已经可以生产金属了，那么钢筋就能很好地完成这个任务。此外，在水泥中添加一些竹子也能起到类似的作用。直到 1853 年才有人想出这个方法！

可追溯到公元前 30 年的罗马帝国时期，作者是建筑师、工程师维特鲁威，本部分开始的引言就出自他之口），世人才重新知晓水泥和混凝土的秘密。[①] 又过了几百年，即 1793 年，人们才发现了“加热石灰岩，使其变成生石灰”的方法，从而降低了生产水泥和混凝土的难度。你只要不把制作水泥的方法遗忘上千年，就能改善这段人类历史。

比如，你可以把水泥的配方保存在一座更有人气的图书馆里。

10.10.2　钢铁

> 所有的解决方法都很简单——在你最终把它们想出来之后。不过，这些方法也只是在你知道它们的情况下，才显得简单。
>
> ——你（以及罗伯特 · M. 波西格）

什么是钢铁

钢铁是一种铁和碳组成的合金，但其强度比纯铁和纯碳都高，同时还有极好的抗拉强度。也就是说，这种材料可以承担沉重载荷，不会突然折断，也不会被张力撕成碎片。如果你需要很棒的建筑、工具、交通工具、机器，或者其他东西，或许你该试试用钢铁作为材料。

如果没有钢铁

在钢铁出现之前，面对那些颇令人失望的建筑材料，大家都会板起一张“像钢铁那样冷冰冰”的脸。

---

① 不过，维特鲁威配在手稿中的插图还是遗失了，于是，许多艺术家重新创作了相关配图，这其中就有列奥纳多 · 达 · 芬奇，他的配图算是给这项工作画上了一个圆满的句号。你很可能见过达 · 芬奇那幅给人印象深刻的杰作《维特鲁威人》，画上的内容是一个全身赤裸且重叠了额外肢体的男人。这个男人的周围还画着一个圆圈和一个正方形。这幅作品的本意是想说明：第一，人体完美契合那两个理想图形（实际上并非如此）；第二，从更宏观的角度上说，人体的工作方式与宇宙的运行原理类似（实际上同样并非如此）。

最早出现时间

公元前 3000 年（炼铁）

公元前 1800 年（最早的钢铁）

公元前 800 年（高炉）

公元前 500 年（铸铁）

11 世纪（最早的贝塞麦转炉炼钢法）

1856 年（欧洲人重新发明了贝塞麦转炉炼钢法，并以一个欧洲人的名字为之命名）

前置技术

熔炉和煅炉，木炭或焦炭

如何发明

在前文中，我们已经介绍了如何利用熔炉熔化矿石中的非铁金属并从中提取铁，也介绍了如何在提取出铁之后把它敲进煅炉里提纯。不过，如果你往里面加入碳，又会怎么样呢？我们这就告诉你接下来会发生什么：碳会和铁发生反应，形成一种具有很高抗拉强度的合金，而高抗拉强度同样也是一种非常有用的性质。我们称这种合金为“钢铁”，它是建造许多工程或制作工具的绝佳材料，比如：

- 桥梁
- 铁路[1]
- 钢筋混凝土

---

① 严格说来，没有钢铁也能造铁路，直接用铁也可以。不过，这只是从技术层面上说。你要知道的是：如果你真这么做了，而铁路使用率高的话，那些直接用铁建成的铁轨就得经常更换，有的时候每 6~8 周就要更换一次。一旦我们发明了钢铁，用这种材料建成的铁轨寿命将至少有数年。

- 电线和钢缆
- 钉子、螺钉、螺栓、锤子、螺母
- 针
- 罐装食品
- 滚珠轴承[①]
- 锯子和犁
- 涡轮机
- 刀、勺、叉
- 剪刀
- 轮辐
- 乐器的弦
- 剑
- 有刺铁丝网[②]
- 将两把剑绞合在一起，就能当一把巨剪来用，类似于现代社会常用的大力剪

……

① 你应该很了解这种东西长什么样，单凭印象就能发明出来。不过，以防万一，我们还是简单介绍一下吧。滚珠轴承就是一些在两个同心轮子夹出的圆形轨道上运动的小球。它在很多机器上都十分有用，比如发动机和带轮子的交通工具（自行车、汽车以及酷炫的滑板），因为它们可以大幅度减小机器各运动部分之间的摩擦力。比较一下在一系列原木上滚动着沉重岩石前进和直接在地上拖着岩石前进这两种方式，你就明白个中道理了。而把每个小球都放在保持器里，让它们始终保持固定的相对距离，避免相互碰撞，就可以进一步减小摩擦力！这种类型的滚珠轴承在 1740 年左右正式出现，但早在 16 世纪，达·芬奇就已经在琢磨类似的物件了。

② 有刺铁丝网是第一种能把牛圈起来的“栅栏”。一旦牛被铁丝网上的刺戳到，它们就再也不会靠近这个可怕的“篱笆”了。而且，带刺铁丝网的建造成本要低于造一圈密不透风的完整篱笆或是种植总长达数千米的树篱。就像广告上说的那样，有刺铁丝网“不占空间、不损害土壤、不挡阳光，抗强风、无扬尘，牢固又便宜”。这种“每隔一英尺左右就给铁丝网安上尖刺”的简单思想彻底改变了农业，把畜牧业的规模提升到了前所未有的高度。不过，尽管有刺铁丝网本可以在人类使用金属后的任何时间点上出现，但直到 19 世纪中叶，人们才发明它。

碳含量不同，生产出的合金也不同，只有碳含量为0.2%~2.1%的合金才能称得上“钢”。哪怕都是钢，碳含量的不同也会造成其硬度和抗拉强度的不同。所以，你要多多实验，直到找出最适合你的那款。边缘坚韧且不易折断的厨房用刀具的碳含量大概是0.75%。

要想生产出性能非常优秀的钢，你就得在铁里掺入碳。那怎么往铁里掺入碳呢？你可以把铁封装到装有木炭粉的箱子里，然后加热到700℃，保持一周。木炭中的碳会和被烧软了的铁发生反应，从而形成一层薄薄的钢。不过，此时只是最外面那一层铁变成了钢，所以，你还得把这块金属放到铁砧上折叠并再次碾平，然后再重复刚才往铁里掺入碳的步骤。反复进行这番操作之后，这块金属就被“搅拌均匀”，形成了均一的钢。很明显，这个过程耗时很长且成本高昂——为了得到铁，你先得锤炼、碾平其他金属，之后为了得到钢，你还得对铁重复这个过程。要知道，连续数小时用榔头敲金属可是一件漫长、燥热、艰苦、枯燥且耗费大量劳动的苦差事，所以，你必须现在、立刻、马上发明一个更好的生产钢铁的方法。

恭喜，你马上就要发明高炉了！

我们确信你已经知道，从原理上说，高炉就是煅炉的加强版。和熔炉吸进空气不同，现在你要在空气进入后，让它从底部开始一路往上，吹过所有的反应材料。此外，现在炉内也不再是铁矿石和木炭交替放置了，而是分层摆放铁矿石、石灰岩以及剧烈燃烧的焦炭[①]。这样一来，炉内就会形成更剧烈的燃烧，这种燃烧不仅能像熔炉那样熔炼铁矿石，还能做得更好：铁和碳会在炉身内反应，形成一种熔点低到仅仅1 200℃出头的新型合金。也就是说，高炉内产生的温度足以将其彻底熔化！熔化后，高碳量的铁水就会从底部流出并冷却，这就是你想要得到的金属。

但是且慢，这还不是钢。现在的问题是，合金里的碳含量太高了，你

---

① 焦炭就是煤在高温下干馏的产物，生产方法和前文中干馏木头生成木炭的方法一样（你只需把煤从地底下挖出来）。如果你没有焦炭，你也可以继续使用木炭（最早的高炉里烧的就是木炭），但烧焦炭能够产生更高的温度！

只需要 0.2%~2.1% 的碳含量，但高炉产物里的碳含量可以高达 4.5%。这种高碳量的铁（也称为“生铁”）非常脆弱，一经弯折或拉伸就会折断，因而不能用于建造桥梁、建筑，但这种材料的低熔点意味着你可以把生铁水倒入模具铸造煎锅、铁管等物件。人们称这种经过“铸造”的“生铁”为“铸铁”，而你刚刚已经掌握了它的发明方法。

要想降低生铁中的碳含量，使其达到生产钢的要求，你就要使用“贝塞麦转炉炼钢法”。这种方法的基本形式最早于 11 世纪在东亚地区出现。当时，这种炼钢法的基本思想是让冷空气充分接触熔融金属，而更现代一点儿的版本（你猜对了，有个名叫贝塞麦的人在 1856 年取得了这种炼钢方法的专利）则是用风箱或气泵强制空气通过生铁水。空气会给生铁带来氧，氧又会和熔融的碳发生反应生成二氧化碳，而二氧化碳要么在高温下烧光，要么变成气泡飞走，留下的产物就是更纯净的铁。这个方法还有一个意外的惊喜，那就是碳和氧的反应同样会产生热量，从而把熔融金属烧得更热，这么一来，哪怕铁水的熔点升高了（因为杂质少了），反应也能继续进行下去。[①] 精确把握停止往炉内通入空气的时间，并保证所得产物的碳含量正符合我们的需求，是一件非常困难的事。所以，你也别庸人自扰了，干脆直接把碳全部烧光（其实你应该烧不光，尽力就好），生成纯铁（标志是铁水里不再有气泡出现），然后再加碳进去。这时，你想加多少都可以。

铁是宇宙中丰度第六高的元素，也是地壳中丰度第四高的元素，但人类在发明高炉和贝塞麦转炉炼钢法之前，完全不可能以低廉的成本或者颇高的效率把铁炼成钢。不过，既然你已经知道了这些知识，那么对你来说，地球上强度最高的金属之一，现在也成为生产成本最低的金属之一了。干

① 其他杂质（比如硅）也会和氧反应形成氧化物。不过，这些氧化物会沉到底部，变成炉渣儿。这里，我们得提醒你：如果你用的铁矿石里含有磷（要知道，地球上的许多铁矿石都含有磷。所以……也许你会遇到），那么炼出来的钢的强度就会打些折扣。想解决这个问题，就要往矿石里加入一些碱性物质（我们在这里又用到了石灰岩）。这些碱性物质会和磷反应，在高炉底部生成更多炉渣儿。这么做不但能提高钢铁的质量，而且当磷形成的炉渣儿冷却后，你还能把它们收集起来磨碎，用作肥料！

得漂亮！一旦你的文明中出现了工程师，他们一定会为此而感激你的。

最后再给你介绍一项有关钢的知识：你可以通过一种称为“拉丝”的技巧，利用钢的高抗拉强度，生产出高质量的钢丝。你只要先造出一根粗钢丝，然后把它拉过一个锥形孔就可以了。锥形孔的构造如下：

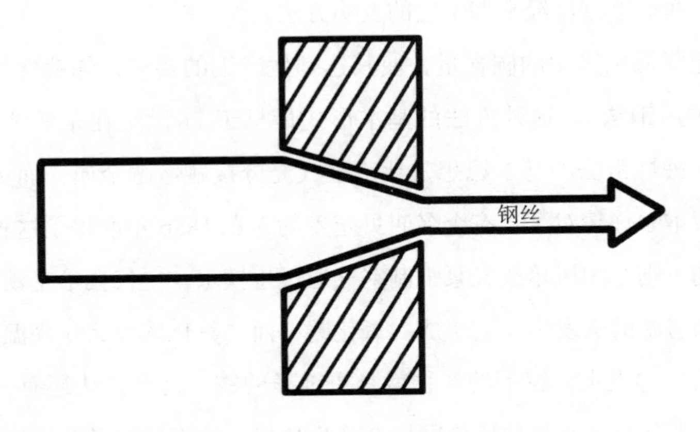

图 33　一种拉丝装置的侧视图

这样就能生产出一根各横截面尺寸和体积都一致的钢丝，而那些没有用到的质量则都用来增加钢丝的长度。造几个孔径尺寸渐次减小的锥形孔，并让钢丝依次通过它们，你就能生产出远比手工制作细得多的钢丝。你可以用一枚棘轮（参见附录H）把粗钢丝往前拉过锥形孔，方便之处在于，所有这些工作都可以在室温下完成，你需要的只是一些润滑剂而已。

好了，又到人类的尴尬时刻了。17 世纪初，人们使用油脂或油作为润滑剂，但这只能用在质地较软的钢丝上，而摩擦力太大又会导致钢丝折断。到了 1650 年，一个名叫约翰 · 格迪斯（Johann Gerdes）的人“偶然”发现，把钢铁放在尿液中浸泡足够长的时间，钢铁表面最终会形成一层较软的包覆层（我们称这个过程为“腐蚀”）。这层包覆层能在拉线时减小摩擦力。这种称为“黄化”的处理方法一直用了 150 年，直到有人注意到稀释过的啤酒也能完美替代尿液，人们才不再使用这种方法。之后，到了 1850 年左右，才有人想到水是不是也能产生一样的效果。实验结果给出的答案是肯定的，水也能很好地完成这个任务。

希望你能做得比我们好，不要无缘无故地把钢铁放在尿液里泡上 100 多年。

10.10.3　焊接技术

> 当我告诉我的父亲，我要当演员时，他说："没问题，不过以防万一，还是学点儿焊工吧。"
>
> ——你（以及罗宾 · 威廉姆斯）

什么是焊接

焊接是一种把两块金属熔融到一起的方法。理想状态下，焊接后的金属强度会超过原来两块金属各自的强度。

如果没有焊接技术

在焊接技术出现之前，任何金属都只能在锻造前预先设计好大小，然后按照需要直接锻造出一整块。因为一旦锻造完成，唯一能把各块金属拼接起来的方法就是使用螺栓和螺钉，但用这种方法拼接在一起的金属非常脆弱，强度远逊于焊接的金属。

最早发明时间

公元前 4000 年（锻焊）

1881 年（电弧焊）

1903 年（气焊）

前置技术

金属、煅炉、电（用于电弧焊）、乙炔（用于气焊）

如何发明

锻焊技术比较简单，只要在煅炉里把你想焊到一起的两块金属加热到其熔点温度的50%~90%就可以了。处于这个温度时，金属虽然仍是固体，但可塑性已经很强了。难点在于，当金属处于这种温度时，表面很容易氧化，这会影响焊接的效果。要解决这个问题，可以往金属顶部洒上少量沙子（或氯化铵，或硝酸钾，或同时使用它们，参见附录C），它们可以降低氧化物的熔点，当你把这两块金属敲打到一起时，氧化物就会熔化而从两块金属中间析出。你说的是“把它们敲打到一起？”没错。对于你这种高手来说，这的确不是一种很好的焊接方式。采用这种方法，你得在金属达到所需温度后，不停敲打它们直到它们黏合在一起为止。如果你敲得手臂都酸了，可以用水车推动一把机械榔头，让它为你反复敲打金属。

如果你已经有了电，那你就可以发明电弧焊了。这种方法更省力，并且能够焊出一大块煅炉里都塞不下的金属。一种叫作“电焊条”的带电金属片能够产生电弧，而电弧又能够产生热量，电弧焊就是利用电弧产生的热量把两块金属熔融到一起的。把电焊条放到你想要焊接的位置附近，电焊条上跃出的电弧就会熔化金属并把它们熔融到一起。你为了让它们更好地连接在一起，还可以在焊接时使用填充金属棒，这样一来，焊接点的强度会比原来那两块金属更高。具体做法是，先让要焊接的金属接地[1]，然后拿电焊条靠近待焊金属，直到能产生电弧为止，最后再焊接完毕。在焊接过程中，请尽可能地保持电焊条和待焊点的距离不变，这样才能产生稳定的电弧，否则电弧携带的电流强度就会发生波动，导致产生的热量不均，影响最终的焊接效果。

---

① 给某物连上一根导线，导线另一头与一片插在地里的导电金属连接，你就把它成功接地了。因为大地能够导电，所以这能够安全疏散电弧产生的电流。如果没有这么一根接地的导线，电流就有可能通过你的身体导入地面。这个结果肯定不是你想看到的，因为这其实就是触电致死的过程。

毫无疑问，这个方法非常疯狂和危险，考虑到你还身陷过去且此前完全没有接触过电工工作[①]，情况就更加危险了。因此，就目前来说，你最好还是坚持使用“加热金属，往上面倒点儿沙子，然后不停敲打，直到它们黏合在一起”的锻焊方法比较好。

---

① 当然还有别的焊接方法，但那就更加危险了，而且可能有一点儿超越你现在的能力范围。气焊——利用火焰熔化金属的焊接方法——不仅能够焊接金属，还能直接切割金属，但前提是你的火焰必须非常热。在纯氧中燃烧乙炔能产生足够高的温度（3 100℃），但生产乙炔可是个大工程：首先你得干馏煤，生成焦炭，然后在 2 200℃（常规的加热方式，比如前面提到的窑炉、熔炉、煅炉，都达不到这个温度，但电弧炉可以。顾名思义，电弧炉就是一种利用电弧生热的装置）的高温下把焦炭和石灰混合起来，接着再把这个步骤的产物——一种叫作“碳化钙”（俗称“电石”）的粉末——和水混合到一起。电石会和水发生反应，生成乙炔气体，同时释放大量热量。乙炔是一种易爆炸的气体，所以进行相关操作的时候务必谨慎、谨慎再谨慎。

10.11 这儿没东西可读！

无论是纸质书还是电子书，都对文明至关重要。你正在阅读的这本指南就完全体现了这点（从字面意义上讲也是如此），但小说类虚构作品也都非常重要，毕竟，它们是人类为描绘自我而杜撰的故事。

造纸术就是把树木变为一种轻薄、易燃且易折叠的物质（纸）的过程。关键是，你可以把所有的发现和成就都记录在这种物质上，留给子孙后代。纸还很适合用来擦屁股。一旦你有了纸，就需要用**印刷机**来传播、讨论、分享、储存文明掌握的知识。毫无疑问，造纸术和印刷机都是具有重大意义的技术变革，如果你想要以大众负担得起的方式广泛、稳定地传播自己的思想，那么这些技术都至关重要。有了这两项技术，人类文明就可以摆脱肉体凡胎（很遗憾，你的身体的确脆弱不堪，而且你还没什么办法）的限制，在漫漫历史长河中生存下来。

10.11.1 纸

存在没有轮子的伟大文明，但从来没有不讲故事的文明。

——你（以及厄休拉·勒吉恩）

什么是纸

纸是一种可以在上面写字的廉价产品。

如果没有纸

在纸出现之前，人们在兽皮（也就是“羊皮纸”）上写字，也就是说，如果你感到很孤单并进而产生了写一本书的想法，那么你先得驯养或者猎杀一头动物，然后把它宰了。很明显，这一定会拖慢你的创作速度。

最早发明时间

公元前 26 世纪（羊皮纸）

公元前 4 世纪（纸在中国出现）[32]

6 世纪（厕纸在中国出现）

12 世纪（欧洲人开始使用纸张）

前置技术

织物或金属（用于制作布满细孔的筛子）、木材、破布或其他天然纤维、水车（把原料磨成浆）、小苏打（碳酸氢钠）或苛性钠（氢氧化钠，可选项，可加快化浆速度）、颜料（可选项，不过，一旦你有了那么多纸，很可能就想要墨水了，参见第 10.1.1 节）

如何发明

在发明纸之前，你可以把笔记记在兽骨、集结成卷轴形式的竹简、羊皮纸（前提是你有时间也有兴趣给羊皮脱毛，然后让羊皮充分延展直至干燥）、丝绸（前提是你开始养蚕了）、蜡板（可以从蜜蜂中获取蜡，也可以把脂肪放在水里煮沸后冷却，取用凝结在顶部的制蜡材料“动物脂油”）、泥板（如果你想让写在泥板上的信息牢牢固定下来，就在写完后生火烧制一下）或者纸莎草（参见第 7 章）。不过，这些媒介或笨重，或昂贵，或是不便运输，或者具有以上缺点中的两种乃至全部。理想的书写材料应该轻便、便宜且原材料随处可得——即便不是直接从树上长出来，至少也能用树木化成的浆做出来。没错，这种理想的材料就是纸，纸不仅能在印刷机的帮助下给你的文明带来书籍、杂志和报纸，还能为你解锁扑克牌、纸钞、厕纸、过滤纸、风筝、节日帽等成就。

造纸的基本原理其实非常简单：取一些植物纤维，将其彻底分解，再将其重新塑造成薄薄的纸片。任何含有纤维素的物质都可以成为造纸的原材料。另外，由于所有植物都会在进行光合作用的过程中产生纤维素，所以纤维素成了世界上最常见的有机化合物之一。一棵大树可以转化成15 000张纸，而纤维素的来源还有很多，比如旧衣服和破抹布。无论是直接用来造纸还是用于使木质纤维膨化，这些材料都可以用于生产出质量上乘的纸张。见鬼，你竟然可以利用从烘干机处收集来的纤维造纸！在我们这条时间线上，烘干设备可是个大家伙呢！

造纸的第一步是生产纸浆，具体操作的第一步则是把原材料分解成碎片（也就是把木块拆成小木片，把抹布撕碎），然后将这些碎片放在水中浸泡几天，将其中的纤维泡软。接着，你就可以通过研磨或捶打的方式将植物纤维化成纸浆。为了提高化浆速度，你可以在水里加点儿小苏打（碳酸氢钠，参见附录C.6）或者苛性钠（氢氧化钠，参见附录C.8），然后用文火“炖”木片或者抹布碎片。这些物质会以化学方式分解植物纤维。[①]得到这团水浆之后，请立即搅拌，让里面的纤维动起来，接着再把一个筛网放入水浆中，以拖拽的方式筛滤纸浆。筛网既可以用金属制作，也可以用纺线制作，这样你就收集到了一层薄薄的纤维。取出筛网并将其翻转过来，轻轻敲击以掸去筛网上残存的纸浆，然后按压筛网，挤出纤维层中的水分并迫使纤维黏合在一起，最后，将纤维层静置并干燥。好了，纸张造成了，大功告成！另外，对于使用过的纸张，你也可以对之重复这个过程以达到回收利用的目的：只需要把这些

① 这个过程其实是为了分解植物纤维中的木质素。木质素是一种能把植物纤维牢牢结合在一起的有机高聚合物，同时也是纸张老化后泛黄的原因。如果纸浆中的木质素偏少，你可能就得往里面加点儿胶水，这样才能让纸张粘得更好。这么做也有好处：你得到的纸会更白、更坚韧！

用过的纸撕得粉碎，然后将之分解成纤维，最后按压、晒干，就制成了新纸。

> **文明进步贴士：**在纸张发明后的几千年里，这套基本的造纸流程（分解植物纤维形成纸浆，用筛网从纸浆中滤出纤维层，最后脱水成纸）没有发生实质性的变化。即便你因受困过去而感到无助、彷徨，你正在生产的这些纸张与你那个再也回不去的地球家园之间，仍存在一种无形的联系，这起码能让你稍微好受些！

尽管在公元前300年左右，中国人就发明了纸，但为了防止其他文明从中获益，造纸方法一直是官方严格保守的秘密。到了6世纪，纸在中国已非常普及，成了日用产品——中国人都开始用纸擦屁股了（这是项了不起的发明——厕纸）。然而，欧洲人还要等到50多年后才知晓这项发明，更别提用纸擦掉他们那些脏脏的粪便了。直到1857年，第一种市场化的专业厕纸才在美国投入生产（在此之前，所有用过的纸都有可能成为厕纸，并且撕几页书下来擦屁股的事也屡见不鲜）。此外，在1890年之前，所有厕纸都是成沓销售的，1890年后才出现了卷纸。为了让你的文明成员在上厕所时更加舒适一些，也为了防止他们用羊毛、破布、树叶、海草、动物皮毛、青草、苔藓、雪、沙子、贝壳、玉米芯、自己的手，或者棍子上的公用海绵[①]清洁身体，你一定会尽早把发明厕纸的事提上日程。

---

① 这里提到的一切都曾在人类历史的某些时间点上用于擦拭屁股，但只有罗马人用到了最后一项。他们在厕所前部开了一个洞，洞里插着一根延伸到如厕者双腿之间的木棍，木棍上串着一块海绵。这样一来，如厕者就可以在不起身的情况下擦屁股了。如果你一定要用这种方法的话，那就请在使用之前以及准备离开之前，快速把这块海绵清洗一下，毕竟你还不知道病菌的厉害呢！

10.11.2 印刷机

布道者的说教能让一部分人受益……而书籍的印刷出版能启迪整个世界。

——你（以及丹尼尔·笛福）

什么是印刷机

一种快速、经济地向文明全体成员大规模传播信息的方式，如果你想在文明中开展大众传媒事业的话，印刷机是个不错的开端。

如果没有印刷机

在印刷机出现之前，书籍极其昂贵，只有富人才有机会阅读。这就意味着，那些本可以站在巨人的肩膀上[①]想出好点子但不是很有钱的人现在无法做到这些了，而本可以将所有成员的潜力充分发挥并进而成就伟大的文明也就无法达到那种高度了。这实在是太荒谬了。

最早发明时间

公元前 33000 年（以手为模型的模板壁画）

200 年（雕版印刷）

1040 年（中国人发明活字印刷）

1440 年（活字印刷在欧洲出现）

1790 年（轮转印刷机）

---

① “站在巨人的肩膀上”这个比喻可以追溯到 1159 年。当时，沙特尔的伯纳德（Bernard of Chartres）以一种稍微繁杂的形式表达了这个意思，他是这么说的：“我们（现代人类）就像站在巨人（古人）肩膀上的侏儒，因此，我们能比前人看得更多、更远。这并不是因为我们的目光更敏锐、身材更高大，而是因为巨人把我们举到了和他们相同的高度。”这幅描绘知识积累提升所有人高度的图景确实形象且有力，于是，在此后的近 1 000 年中，这个比喻成了经久不衰的人类引语。

前置条件

颜料（用于制作墨水），纸（用于印刷），陶（可选项，用于制作陶活字），冶金技术（用于建造印刷机。严格说来，这也是可选项，因为印刷机也可以用木头制作），玻璃（用于制造眼镜，这样大家都能阅读纸张上的字了，包括那些远视的人——在你印刷出书籍并要求他们手持书本阅读上面的小字之前，这个群体甚至可能对自己的远视情况毫无察觉）

如何发明

如果你已经有了颜料（可以用木炭生产出来），也已经有了一些可以裁切的东西（比如纸，哪怕是大片的叶子也可以），那么无论你处于哪个历史时期都可以制作字模，并进而大规模生产书籍①。人类史上最早的“印刷”模板是以自己的手为模板按出来的洞穴壁画，其中有些还保存到了现代。只要那个时代有人能想到发明文字，35 000 年前的这批古人就可以利用模板记录下他们的想法、信仰、希望、梦想、成功、失败、故事以及传说，并且一直保留到现代，而不只是记录下自己双手的样子。另外，你也许好奇 35 000 年前的人类的双手是什么样子的，我们可以绝对肯定地告诉你：他们的手和你的手没什么两样。

哪怕不用时光机，我们都能确认这一点。

这种模板印刷的方法倒也还凑合，但要想做得美观、漂亮就难了（也就是说，你的图书应该要大字排印），此外你还需要某些形式的喷漆手段（人类最初是用嘴吹的。你可以把颜料装在一根一端带有喷嘴的管子里，然后利用前文描述过的风箱，往里面吹气，从而起到喷漆的效果）。为了避免这些问题，你也许会想要跳过人类几万年的印刷发展史，直接运用中国人在 200 年左右发明的雕版印刷技术。这项技术要求你先在一块木板上镜像

① 这需要你给图书的每一页都单独制作一个印刷模板，然后手工涂刷出每个单词的每个字母。这个方法很烦琐，但的确奏效，而且一旦有了模板，就可以比较容易地大量复制，直到模板磨损。

雕刻出整幅想要印刷的图像，接着再给这块木板涂上墨水，最后把它压印到纸张、丝绸或是其他你想要印刷的材料[①]上。雕版印刷非常适合用来制作艺术品，但用于排印文字的话，还是有一些缺点的，比如纠正错误非常困难。只要你搞错了一个字母，就可能需要在一块新木板上重新雕刻整页纸了！没人有工夫做这事，而且这个耗时极长颇费精力的制版过程意味着印一本书得花上几年时间。此外，即便真的把整本书的每一页都刻出来了，你还得面临储存模板的巨大挑战：使用单片厚2.5厘米的木板作为模板，意味着一本书的模板就需要300 000立方厘米的储存空间！

因此，就印刷文字来说，你很可能想要跳过雕版印刷阶段直接发明活字印刷。采用这种印刷技术，就不用一整页刻成一个模板了，只需要制作单个字母的印模，然后用这些字母印模拼出单词并用框架固定，进而制作成整个页面的模板即可。这种技术除了能解决储存问题之外（你只需要保管好那些小小的字母印模即可，无须保存那些巨大的木制模板），还大大提高了印刷效率，重塑了整个印刷行业。采用雕版印刷技术刻出一页书的模板需要数周甚至数月才能完成，相比之下，把字母印模排成一页模板书只需要几分钟。于是，生产书籍的成本大幅下降，出版书籍的种类也变得大大丰富了。在活字印刷出现之前，大多数付诸印刷的文字都是宗教方面的内容：一些内容不怎么改变并且拥有规模庞大的热情读者的读物（有时甚至还是强制性读物）。在活字印刷出现之后，任何人（只要有钱印刷）都可以印刷任何内容。这一点引发了一场人类文明的巨大文化变革，下一次这种规模的剧变则是活字印刷出现几百年后互联网的发明了。

1040年左右，活字印刷技术在中国出现，但又过了几个世纪，当这项

① 像这样的印刷过程本可以提前发明出来，大概在公元前500年左右就可以！古希腊的某些地图就是刻在金属板上的：目的是彰显尊贵，或是方便在长途旅行中保存地图。不过，如果人们需要的不只是一幅地图，就得在另一块金属板上再刻一份。换句话说，古希腊人其实掌握了发明印刷技术的一切条件（包括按压用的压力机，他们常用这个来榨橄榄油），只要有一个人想到在原始金属板上涂满墨水，然后把它们按压到纸莎草上，他们就能轻而易举地发明雕版印刷术。只可惜没有一个古希腊人想到可以这么做。

技术流传至欧洲后，它才真正腾飞。这和另一项创新有关，那就是字母系统。汉字使用的并不是一小套表音字母，而是一大套表意字符，其规模庞大到单是在一本书中你就能找到 60 000 多个不同的字符。所有书写系统都各有利弊，但就活字印刷来说，汉字的劣势十分明显：保存、检索一套拥有 26 个不同字符的字库显然要比一套拥有 60 000 多个不同字符的字库更便宜、更方便。[①]

用于印刷的字母——字模——可以用木头雕刻，但这么做也有缺点：木头会在印刷过程中磨损，其纹理有时会出现在成品书中；而且，木头吸收印刷油墨后会变形。中国人采用烧制好的黏土来生产坚固、耐用的字模。对你来说，木制字模和黏土制字模都是可行的，但你还可以把这两种字模当作原型，将其翻印到细沙或软金属（铜的效果很棒）上并浇铸成型，从而制作出新型金属字模。经过反复试验，人们最后选定了制作字模的标准金属，那就是一种铅、锡、锑的合金（称为“活字合金”）。利用这种金属，就可以生产出牢固耐用的字模了。[②]

排版的过程就是把字母排列成想要的形式，然后用一个木制框架固定。[③]接着再给这个页面模板涂上墨水，然后压印到纸上，整个印刷过程就完成了。为了让这个过程机械化，也为了压印时页面各处可以均匀受力，你一定想要发明螺旋压力机。简单来说，这种机械就是一枚竖直放置的巨

---

① 当然，一台印刷机只有 26 个字符也是不够的。印刷机配套有许多独立的木盒（也就是“铅字盘”），一个木盒存放一种字符，但数量会很多。除了 26 个字母之外，还有标点符号、间隔符等其他字符。按照传统，大写字母储存在单独的铅字盘中，并放在所有铅字盘顶部。这也就是英语中大写字母用“uppercase”（“顶部铅字盘”）表示、小写字母用“lowercase”（“下方铅字盘”）表示的原因。

② 铅在冷却时会收缩，这会扭曲字母，但加入锡和锑之后，这种合金冷却时收缩的程度便可以大大降低，而且定型后更加坚固。不同印刷机使用的活字合金中的各金属比例不同，但按照传统做法，这种合金中应该含有 54% 的铅、28% 的锑以及 18% 的锡，使用寿命更长的字模的比例则为 78% 的铅、15% 的锑以及 7% 的锡。

③ 如果你觉得将来有可能会重印这本书，你可以逐页制作所有页面的金属铸件，快速地生产出无法改动的页面模板复制品。这个做法和我们之前讨论的雕版印刷类似。

大螺丝，底部连着一大块扁平的平板。[①]螺丝的顶部还连有一个把手，转动这个把手，你就可以让螺丝（以及那块用于按压的平面）上升或下降。通过这种方式，你可以轻而易举地把转动产生的力转变为更加强大的向下的力。整个结构如下图所示：

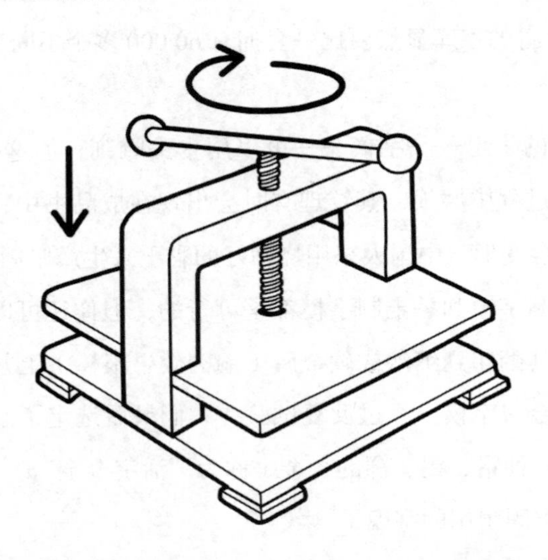

图 34　螺旋压力机图示。这种装置既可以用于印刷，又可以用于酿造葡萄酒——不过，这两件事通常不能同时进行

这项发明（人类大概在 100 年左右发明了这个设备）还有一些意想不到的好处，你可以把它应用于各个方面，比如压榨木浆挤出水分，这在造纸时非常有用。这个设备还可以用于一些更美味的工作，比如挤压葡萄来酿造葡萄酒，或者压榨橄榄获取橄榄油。如果把螺旋压力机上的那块大压板替换成稍小一些的压板，你还能在金属上打孔。

印刷机之所以能如此成功，还要感谢另一项革新：把通常用烟灰、胶

① 螺丝能将转动产生的力（绕圈运动）变成直线方向上的力（沿着直线直接对下方产生作用力）。理论上说，螺丝应该是一种相当容易的发明，但从实践角度上讲，螺丝还得配上均匀分布的螺纹才能工作。要制作出这些螺纹，光靠肉眼是不行的，你得用纸做出一个直角三角形（参见附录E），然后从三角形最窄的地方开始，把它包裹在一个尖头圆柱体上。在包裹的过程中，纸的上缘就形成了一条螺旋线，而它刚好就是螺丝上螺纹的形状！沿着这条螺旋线在螺丝上刻上螺纹，你就能做出一枚完美的螺丝。

水和水制成的水性印墨替换成通常用烟灰、松油（可以通过蒸馏松树树脂获得）和胡桃油（可以利用刚刚发明的螺旋压力机压榨胡桃获得）制成的油性印墨。油性印墨更适用于金属活字，而且这种印墨涂在纸上不会渗透得太深，从而可以防止文字印花。你可以把一块浸泡过油墨的皮革包裹在棍子上成扁平球状，然后再把它轻轻拍在字模上，就能给字模涂上墨了（这样一来，通过轻拍次数就能控制上墨多寡。相比简单粗暴地把字模浸泡到油墨中——每次都会蘸取过多的油墨——这个方法算是一种优秀的改进了）。不过，如果你够聪明的话，就会发明油墨滚筒。你可以让这个滚筒滚过字模从而均匀上墨。①

操作印刷机的速度越快，生产出的书籍就越多。多人合作能够让一台简易印刷机以最高效率工作：排版人员负责预先排好所有页面，开动机器后，一位印刷员给字模涂上油墨，另一位负责往机器内增减纸张，还有一位印刷员则负责把压板按到纸上，印上完整的图像。瞧，你发明了流水线作业！一开始，你需要手动操作螺旋压力机，但只要你掌握了蒸汽技术或者电力技术，改用这些动力是非常简单的。另外，当文明拥有足够的工程能力之后，还可以把螺旋压力机升级成轮转印刷机。这项发明最早出现于1790 年。压式印刷机不再把平面模板按压到纸张上，而是把有一定弯曲程度的模板附在一个大转轮上，转轮转动时就会把模板压到纸张上，印下文字。②在标准螺旋压力机的工作流程中，每更换一张新纸都必须停机，所以

---

① 尽管油墨滚筒大概在 19 世纪头 10 年就出现了，但滚筒刷——和油墨滚筒其实是一模一样的东西，只不过是用于涂刷墙面，而不是字模——直到 20 世纪 20 年代左右才出现，这两项本质相同的发明相隔这么久出现，实在是不可思议。毕竟其间的差别简单到一句话就能解释：“伙计们，如果在棍子上绑上一个毛绒绒的滚筒会怎样？”

② 刚才，我们称轮转印刷机最早出现于 1790 年，但这项技术最早可以追溯到公元前 3500 年的美索不达米亚文明，欧洲人只是在 1790 年重现了这个发明而已。如今，我们称美索不达米亚文明的原始发明为“滚筒图章”。这是一种表面刻有数字的小型滚筒，把它们放在湿黏土上滚一圈，就能快速复制出滚筒上的数字。滚筒图章在美索不达米亚文明中的应用广泛，从装饰到签名，各个领域都有它的身影。不过可惜的是，当时这项发明的应用规模没能上升到大量印刷文字的程度。

无法长时间连续作业，但轮转印刷机只要纸张和印墨充足，就可以持续不断地运转下去。

一开始，最容易印刷的东西应该是海报，也就是一些公开张贴出来、容易引起人们注意的告示。海报可以让整个文明实现快速、廉价、精准的信息传播。把海报那样的纸张折叠、裁切、拼合到一起就制作出了书籍，单本书印刷的册数越多，书中信息流传下去的可能性就越大。印刷成本降低后，就可以定期把少量页面装订在一起，制作出一本随拿随看、看完可丢的小书，称为“杂志”。杂志可以做成学术期刊的形式，科学家可以把自己的发现刊登在上面，这样一来，不同地区的科学家也能实现某种形式的合作了。杂志还可以做成新闻报刊或者娱乐刊物的形式，帮助人们了解时事动态以及名人逸事。实际上，印刷的成本最后会变得非常低廉，可能将来会出现以每周一次甚至每天一次的频率印刷的出版物。这是一种使用最低等级质量的纸张生产出来的用途单一、读完可扔的文字读物，也就是你所在世界中的第一批报纸。

印刷机可以让文明及其所有成员变成自己最好的样子：他们会因此变得开心快乐、学富五车、见多识广、与时俱进。因此，如果你现在就想要立刻发明印刷机的话，那真是再好不过了。

10.12 这儿糟透了，我想换个地方待待，哪儿都行

没有运输系统，文明就变得狭小、受限，无法充分探索周围更宽广的世界，更无法从中获益。

而一旦有了运输系统，文明就可以向外扩张、保持稳定并且把不同的地理区域整合成有凝聚力的整体。**自行车**就是一种能起到这些作用的运输工具。这种精密机械让人们靠着自己的力量四处活动，而且比直接用双腿走路更高效。**指南针**能够让大家在旅行时辨明方向，配合**经纬度**使用效果更佳。而经纬度则给出了地球上所有地点的坐标。有了坐标，无论你身在何处，都能知道自己的精确位置。如果没有能够在海上工作的时钟，**无线电**就将负责测量经度。最后，**船舶**为文明的探险家们打开了探索海洋的大门，**载人航天器**则为他们提供了翱翔天空的机会。

发明了这些技术，文明成员就能去他们想去的任何地方……而且还能自己找到回家的路。

10.12.1 自行车

> 我来谈谈对骑自行车的看法。我觉得自行车是这个世界上最能解放女性的工具。每当看到有女士骑着那两个轮子经过时，我都会欢欣鼓舞地站起身来。自行车能给女性带来自由和自力更生的感觉，它能让她们有独立自主的感觉。从她坐上座椅的那一刻起，她就知道只要不下车，自己就不会受到伤害，这幅自由、无拘无束的女性图景就永远不会离她而去。
>
> ——你（以及苏珊·安东尼）

什么是自行车

有了自行车，人类移动躯体的能力就可以提高三倍（相较步行而言）。我们要再重复一遍那句话：人类发明的这种精密机械能让我们靠着自己的力量四处活动，而且比直接用双腿走路更高效。在这本书中，我们已经多次吐槽过自己了（主要是因为我们总是要花费很长时间才能发明一些本身非常简单的小技术）。不过，无论你于何时何地发明了自行车，这都是一项优雅、美丽的技术。[①]

如果没有自行车

我们甚至都不想讨论这件事。

最早发明时间

1817 年（最早的人力驱动两轮串行工具：你需要用双脚推动它们）

19 世纪 60 年代（前轮上有踏板的自行车）

---

① 没错，我们在拥有了制作自行车的一切条件（马路、木材以及轮子）后，又花了几千年才最终发明这种交通工具。

19 世纪 80 年代（“大小便士自行车”，一种前轮硕大、后轮极小的自行车[①]）

1885 年（前后轮大小一致的“安全自行车”出现，很大程度上规避了大小便士自行车巨大的前轮飞离车身的危险）

1885 年（第一次在自行车上安装发动机，第一辆摩托车出现了）

1887 年（第一辆用链条驱动后轮的自行车）

前置技术

轮子，金属（可选项，用于制作链条和传动装置），布料（可选项，用于制作传动带），篮子（可选项，这样你就可以享受一顿美味的野餐了）

如何发明

把两个轮子一前一后安在你可以骑乘的车架上，再在其中一个轮子上安上踏板，你就能用自己的双脚驱动这架精妙的装置了。接着，在车架的中间安一个座椅，同时确保前轮可以顺畅地自由转动，以保证控制自行车的前进方向。瞧，你已经发明自行车了！这辆自行车也许没有你熟悉的金属光泽，但这没有关系：在最早的那一批自行车里，有一些完全是木制的。自行车的出现会彻底改变整个社会，它能让普通人也有机会凭借自己的力量快速、方便地完成长距离旅行！

这里我们撒了一个小谎：自行车还可以更复杂一点儿。我们在上文中描述的这种自行车直接把踏板连到了轮子上，因此，踏板走一圈就对应着车轮转动一圈。也就是说，除非你的车轮很大，否则你得猛踩踏板才能让车子往前移动一点点。有两个方法可以解决这个问题。最简单的一种是把自行车的驱动轮造得更大些，于是就有了硕大无比的前轮，而这就是那些

---

① “大小便士自行车”英文名为“penny-farthing”。19 世纪末，英国的 1 便士硬币（penny）要比 1/4 便士硬币（farthing，也音译作“法寻”）大得多，人们借此形象地比喻这种前轮极大、后轮极小的自行车。——译者注

老式大小便士自行车出现的原因，但这么做的后果就是整辆车的重心会非常高（于是就会出现大小便士自行车这种外表滑稽但又有些时尚的款式）。你会因此而频繁摔倒，可真惨啊。

更好的解决方案是把自行车改为后轮驱动，然后再增加一个轮子：一个安装在自行车中间与脚面平齐的小脚踏轮，并把它与后轮相连。这样一来，你就能在后轮上添加传动装置，增加脚踏板转动一圈时车子往前移动的距离。如今，这种连接方式是通过传动装置中的带齿链条完成的。不过，如果你尚未掌握冶金技术，可以使用传动带：一圈紧紧裹在脚踏轮和后轮四周的布料。[①]

如果你已经有了链条和传动装置下一步就是发明“变速器”。这个装置其实就是安装在踏板和后轮传动装置中间的一种可移动的链条导板。当它在水平方向上移动时，会连带着链条调上或调下一个挡位。于是，你就可以在自行车行进时完成换挡了。如果没有变速器，你就得停下车人工调节挡位。你要是真的不得不这么做，也不用感到太不舒服，毕竟在1905年法国人想出更好的办法之前，大家都是这么做的。在这个基础上增添一些刹车部件（也就是靠近轮子的夹钳，夹紧时可以让轮子减速），自行车的全部基本构造就齐全了。自发明以来，这个基本框架就没有什么大的改变。自行车是少数几个人类刚发明就几近完美的技术之一！自行车诞生后所做的改进（比如为了骑行舒适而使用的充气橡胶轮胎，以及为了让轮子变得更加轻便而使用的辐条轮胎）都是改善性的而非革命性的，而且，虽然这些改进很棒（充气轮胎让自行车摆脱了“震骨车”[②]的“美名”），但它们并非不可或缺。

---

① 摩擦力使得一个轮子在运动的同时也带动了另一个轮子，但是传动带的效率其实很低（摩擦损耗了许多能量），并且还容易滑脱。另一项链条和传动装置的早期替代物是“脚蹬”，也就是一些连接在后轮上的杆子，你可以用脚上下踩动它们来提高自行车的移动效率，其原理有点儿像前文中驱动纺车的方式。如果你已掌握了冶炼金属的方式，那就生产链条和传动装置吧，它们更加高效且可靠！

② 早期那些没有使用充气轮胎的自行车骑行起来非常颠簸，骨头都要散架了，因此得名“震骨车”，也可意译为“老爷车”。——译者注

我们刚才说过，骑自行车要比步行更高效。你可以亲身实践一下，走上一段距离，看看身体的真实运动状况，就明白其中的道理了。走路时，身体的许多运动其实都不是向前的！走路时，足部的前移是带动你往前走的基础，这点没错，但这只是你在走路时身体所做运动的一小部分：你的腿会上下移动（浪费能量），为了保持平衡手臂会前后摇摆（浪费能量），整个身体的质量会上下起伏（没错，这同样会浪费能量）。而骑自行车时，你创造的大部分能量都用在了踩踏板上，而踩踏板产生的绝大部分能量又都转化为了向前的运动。[①]另外，山地车的效率比普通自行车还要高，因为你可以在下山时利用下坡优势。

自行车的出现还在许多方面促进了文明的进步。有了自行车，人们的出行成本大大降低，这意味着城市的拥挤现象有所改观。有了自行车，只靠人力也能轻松运输中等大小的商品，这不仅有助于农夫把自己的货物运到市场上贩卖，更有助于手艺人和工人前往更远（比步行更远）的地方，为当地居民提供服务。另外，虽然你短时间内还没有能力发明载人航天器，但我们可以告诉你，在 1961 年这种机器问世的时候，也是要依靠人力蹬踩踏板驱动的，因此原初载人航天器也是一辆广义上的改进版自行车。

在我们的这条时间线上，自行车也是早期女性解放运动的一块基石。尽管这事在你的文明中可能不会成为一个大问题（因为你的起点要比我们更高，毕竟你的文明成员不用在几万年父系社会形成的根深蒂固的观念下劳动），但你还是有必要深入了解一下在 19 世纪末期，一件能让人们靠着自己的能力以低成本四处旅行的简单工具是如何改变整个欧洲社会的。自

---

① 人们一度认为，人类之所以会进化出现在这种直立行走的状态是因为这要比四肢着地移动更加高效。然而，这其实并不正确。人类的行走方式甚至谈不上高效！当你评估其他哺乳动物（包括马、狗、鼠、熊、鸭嘴兽、大象、猴子以及与人类亲缘关系最近的黑猩猩）的移动效率时，只要把它们的体重差异考虑在内，很容易就能发现人类的行走效率最多只能达到这些动物的 95%。实际上，人类（依靠两肢移动）和黑猩猩（依靠四肢移动）之间的移动效率差异已经很不明显了。狐狸和犬类、袋鼠和沙袋鼠，甚至亲缘关系非常接近的不同鼠类、金花鼠以及松鼠之间的移动效率差异则更大！

行车这种刚诞生的交通工具不仅能让女性以前所未有的方式参与文明活动，还能真正改变她们对自身的看法。有了自行车，她们不再是“嫁鸡随鸡，嫁狗随狗”，跟着丈夫及所属社会东奔西跑的被动旁观者了。相反，她们成了有能力（并且也会）自行决定何去何从的主动参与者。为了适应骑自行车的需要，女性的穿着也出现了相应的改变。适合骑自行车的服装必然会给女性从事少许体力活动留下空间，这意味着那些传统的束身衣、僵硬的裙撑以及长至脚踝的裙子都不合适了。

自行车除了拥有简单易制、成本低廉、对文明影响深远以及与人体结合后能迸发出极高效率等优点之外，骑自行车本身也非常有趣。你甚至可以在自行车前面安一个篮子，里面摆上一瓶葡萄酒（葡萄酒制法参见第 7 章）、一些美味的面包（面包制法参见第 10 章），也许还有一张舒适的毛毯（毛毯制法参见第 10 章），再来点儿开胃腌菜（腌菜制法参见第 10 章）。你说这事巧不巧，一本指导读者从头打造文明的指南竟然也能很好地引导读者准备一顿相当惬意的野餐！客观地说，野餐是人类至高无上的成就之一，而且你不用太着急，只要按照我们的指导一步步来，你最终会靠着……自行车的两个轮子取得这项成就的。

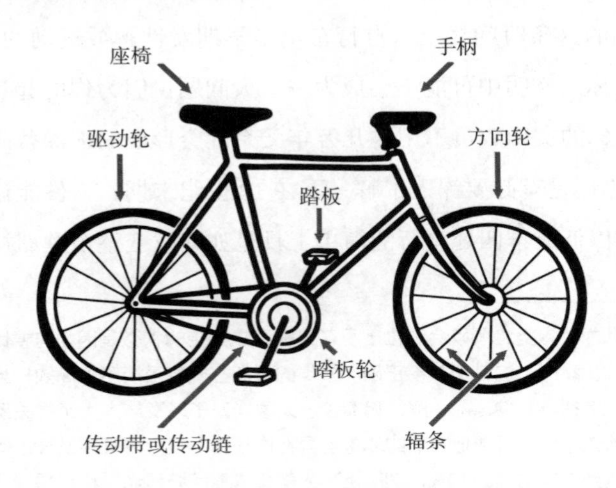

图 35　自行车——一种精巧的机械

10.12.2 指南针

风和浪总是站在最能干的航海家一边。

——你（以及爱德华 · 吉本）

什么是指南针

这个工具告诉你哪里是北。它还能告诉你，你面对的是哪个方向。

如果没有指南针

没有指南针，很容易迷路。指南针为我们展现的其实是一种肉眼不可见但无须利用电力就可获得且极其有用的全球导航信号。

最早发明时间

公元前 3 世纪（用于占卜、算命）

11 世纪（用于导航）

13 世纪（欧洲人用来导航）

前置技术

绳子（可选项）

如何发明

最早的指南针大约于公元前 200 年左右在中国出现。你只需要有一些磁石，就能制作指南针。这种石头分布于地表上方或下方较浅处，找起来很方便。注意找那些紧紧贴合在一起的石头，你就能轻松发现磁石！[①]一旦

① 如果你一块磁石都没找到，那就自制一块磁性较弱的。找来一些可以磁化的金属（比如铁），沿着南北方向把它们排列整齐（在没有指南针帮助的情况下，你得多试几次，犯错也总是难免的），然后反复敲打它们。这么做会打破铁块内随机排列的磁畴，好让地磁场将它们沿着一个统一的新方向重新排列起来。另外，如果你已经发明了电（参见第 10 章），那么只要你愿意，什么时候都能创制出一块磁铁来！

你找到了一块磁石，就能利用它找到更多磁石，甚至还能用它磁化其他由铁制成的物质，简直是空手变磁铁啊！[①]

早期的指南针并不是你记忆中的那种“固定在塑料盒里的小磁针”，相反，它们既简单又粗暴，你只需要把磁石系在一根绳上即可。这根绳可以让磁石自由转动，而磁石则会自动指向北方。好了，你已经发明指南针了。如果你没有绳子，那就从磁石上切下一小块，放在叶子上，然后让叶子在水池里自由漂浮。好了，你第二次发明了指南针。

问题在于，这些早期指南针是用来算命的，而不是用来确定方向，而且人们花了 1 000 多年时间（直到 11 世纪）才意识到可以用它导航。欧洲人花费的时间甚至更长，这就意味着，在发明指南针一事上，你有相当大的进步空间。

不得不提醒你的是：地球磁场偶尔会出现反转的情况，也就是地磁南北极发生互换。这种反转现象很难预测，大概每 10 万~100 万年会出现一次，并且每次反转过程大约需要 1 000~10 000 年才能完成。虽然“南极”和“北极”只不过是你贴在地球磁场两极的标签，完全可以随便标，但在地磁南北极反转期间，地磁场的强度会降到正常水平的 5%。显然，在这种情况下，指南针的使用效果会大打折扣。因此，如果你发现自己身处某次地磁反转期间，请不要进行任何远洋航行。下面这张图展示了在过去的大约 500 万年时间里，地磁反转现象出现的时间（从我们这条时间线上看），其中黑色部分代表你习惯的那种磁极状态，白色部分则是相反的状态：

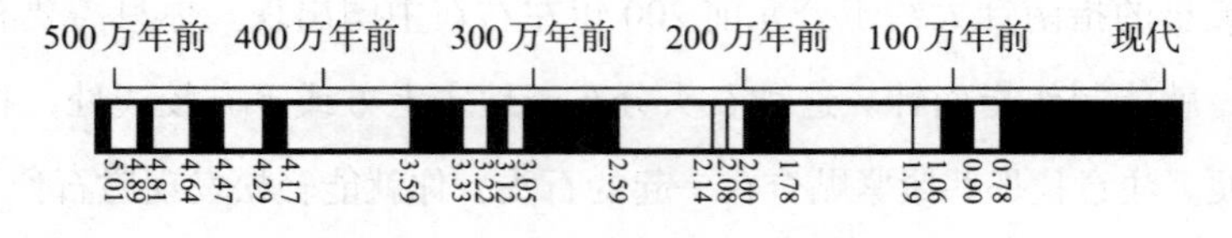

图 36 过去 500 万年间的地磁反转情况

① 用磁石沿着同一方向反复在铁块上摩擦，就可以把铁块变成磁铁，而且这个方法要比敲打铁块更快。

你可以从图中看到，对于我们这条时间线上的现代世界，已经很久没有发生地磁反转了。在21世纪40年代初地磁稳定技术发明之前，这的确是人类心中的一个小小的担忧。不过，在那之后，就没人会担心这种事了。就现在的情况来说，你还得为此忧心忡忡。

很抱歉。

10.12.3　经纬度

> 我想你离开家本是为了寻找自我，但回到家后才发现原来自我就在原地。
>
> ——你（以及奇玛曼达 · 恩戈齐 · 阿迪奇埃）

什么是经纬度

经纬度是一种只用两个数字就能精确定位地球上每个地点的方法。有了经纬度，“我在哪儿”这个问题就简化成了识别两个数字。

如果没有经纬度

在经纬度出现之前，对方位的描述都是极具本地特色的，没有统一的标准。人们更多地使用“在大树那右转”“看到陆地后向西航行”这种表达，而不是“可精确到10厘米的坐标”。

最早发明时间

公元前300年（第一种地理坐标系）

公元前220年（四分仪和星盘）

1675年（不太好用的航海经线仪）

1761年（更好用的航海经线仪）

1904年（通过无线电传送的时间信号）

前置技术

历法（用于制定日面纬度）、无线电（用于制定经度）

如何发明

假设地球是个正球体（其实并不是[①]），我们就可以在上面均匀地画上一些横线或竖线，然后就可以任性地把横线叫作“纬线”，把竖线叫作“经线”。[②]于是，你就发明了地球史上第一个地理坐标系。你瞧，很简单啊！

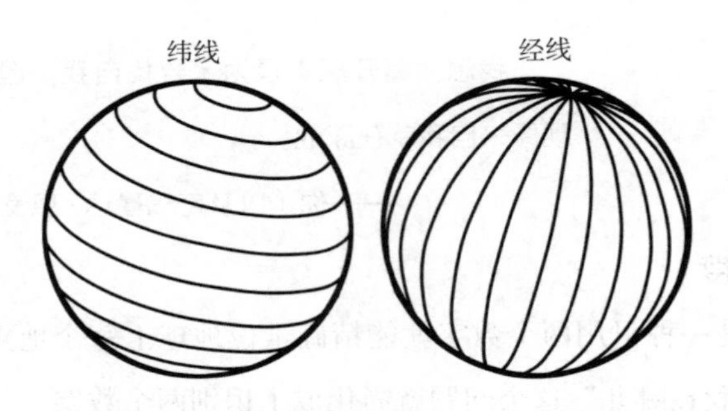

图 37　两个模拟地球的近似正球体，上面画满了纬线和经线

由于地球始终在自转，自然就有了顶部、底部和中部的区分。[③]我们把环绕地球正中间的那条线叫作“赤道”，且定义其为0°，其他每条纬线只要

---

① 地球自转导致赤道部分微微隆起。于是，地球就从完美的正球体变成了“扁球体”。不过，赤道部分的隆起并不明显，并且从数学角度上说，把地球看作正球体更好处理！而我们现在所做的一切都是为了让你要处理的局面变得简单，毕竟你本来也是出于好奇才开始时间旅行的，如今却被困在过去再也回不来了。

② 和其他事物一样，给这些线起什么名字都是可以的，只要你喜欢。如果你想要比我们这条时间线上的人做得更好，那最好不要给这两条容易混淆的线起相似的名字。不如一条叫“纬线”，另一条叫“加里线”吧。

③ 地图上的所谓“顶部”，或者说所谓的地球“顶部”，其实完全是随机选取的。我们习惯用“上北下南”的说法，而且本书也采用了这个说法，但一张“上南下北”的地图其实也同样准确。因此，你不必受既有观念的束缚，自由选择你觉得更好的定向方式吧。有意思的地方是：你在接下来几秒时间内所做的选择（究竟是“上北下南”还是“上南下北”）决定了地图的样子，而这些地图很可能会就此用上几千、几万代。

和赤道平行就可以，和地球中心所形成的角度则可任意选取。因此，从赤道这条 0°纬线开始，越往北，纬度越高，北极点就是最高纬度 90°；越往南，纬度越低，南极点就是最低的纬度–90°。

至于经线（也称“子午线”），就没有明显的“竖直方向上的赤道”以方便你定出 0°经线了。于是，你就得像前人遇到这个问题时的做法一样，那就是：耸耸肩表示无奈，然后随意选取一条线作为 0°经线。就我们这条时间线上的现代社会而言，大家都把一条经过英格兰格林尼治天文台的假想线作为 0°经线（也称“本初子午线”）。这是因为当时选用这条线的阻力最小：英国当时已经依此设计、印刷了大量地图。饶是如此，还是有许多国家采用经过他们最喜爱城市的经线作为自己的本初子午线。所以，你选哪条线都没关系！

标注经线度数的方法和标注纬线有一点点不同。我们可以把纬线看作一个个环，每条纬线都像皮带一样在各自的位置上绕了地球一圈。但经线却得按半圆来处理：每条子午线都是由连接南北极的弧线（半圆）定义的。这就意味着，与纬线度数在–90 到 90°之间变化不同，经线度数会在–180 到 0°（本初子午线以西地区）以及 0 到 180°（本初子午线以东地区）之间变化。你最后得出的坐标系大概会是这样：

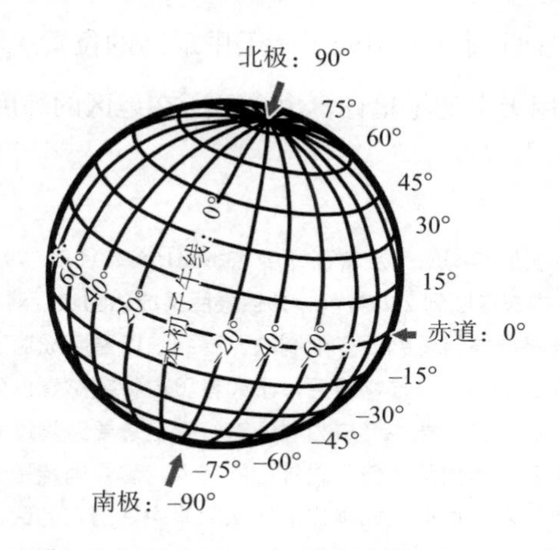

图 38　一系列线段突然就构成了完整的经纬线坐标系

现在，你就能为地球上的每个地点定出相应的精确坐标了[①]，剩下的工作就是想办法确定你所在位置的坐标。

你可以利用天上的星星来确定所处位置的纬度。你或许在想："哦，对了！我听说水手们会利用'北极星'来导航，我也这么做好了。"不过，稍加思索后，你的下一个反应会是："哦，不！我刚刚想起地球在像陀螺那样旋转（这才有了白天和黑夜）的同时，也会像陀螺那样摆动，这就会引起一种我们称之为'岁差'且周期大约为25 700年的运动！由于岁差的存在，从南北极画出的这些假想线会在宇宙空间中形成一个巨大的圆。这就是说，无论我现在困在哪个时期，现代社会用于导航的星星在星空中的位置很可能和我现在看到的不一样。这可是个大问题，更何况这些星星自己还会随着时间的推移慢慢移动！"

没错，你这些想法完全正确。即使你能回想起在之前的时间旅行中抬头望向夜空时总能找到一颗始终处于北方的星星（如果你身处北半球）或者一颗始终处于南方的星星（如果你身处南半球），你也没办法保证这些星星的位置没有发生任何变化。因此，如果你不能确定自己究竟身处何时的话，那么想靠着这些星星导航是行不通的。然而，无论怎样，有一颗地球上可见的星星总是会处于我们希望它在的位置，那就是我们的恒星——太阳。在正午时分（此时，太阳处于一天中最高的位置）测量你与太阳之间的角度，就能利用天上的星星计算出自己所在地区的纬度。

---

① 例如，第一次成功的时间旅行发生在纬度43.660155°、经度–79.395196°处。当时，一小堆物质在3秒内被送回到250年前，并且最后又成功回收。对于意义如此重大的成就来说，实验本身是谨慎且受到颇多限制的，直到临近最后成功的那一刻，这种氛围才得到一些缓解。成功回收这堆物质后，研究者贝内特突然意识到，从本质上说，时间旅行首次成功的这一刻必然也会成为时间旅行者最想要穿越过来一探究竟的热门时刻之一。她扫视了实验室内除了自己之外的所有人，想要确定是否真的有时间旅行者回到这里来见证这一刻。此时，如果你选择从黑暗中站出来的话，贝内特的反应将会让你的决定成为我们这个时间旅行项目中最受欢迎的"地球历史上最疯狂、最诡谲的时刻"之一。

为了得到最后的结果，你还需要一架四分仪。这种仪器其实就是标有角度的 1/4 个圆。换句话说，四分仪就是你在第 4 章中发明的量角器的一半。下面这张图就是四分仪的模板，你可以照着这个样子用木头或金属把它做出来。

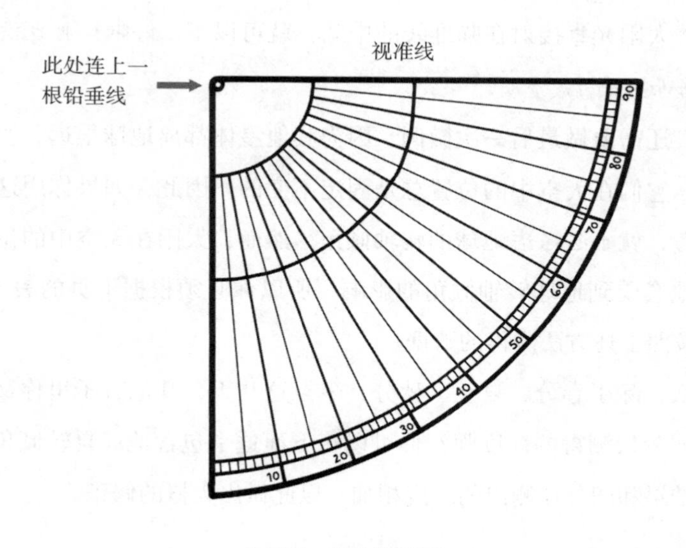

图 39　四分仪模板

在四分仪的角上穿一根线，线上栓一块石头，这就是你的铅垂线。铅垂线始终指向正下方（前提是你能够保护它免受风的影响）。视准线的两端还要各做一个突出的小圆环（作用类似于枪械的瞄准镜）。使用四分仪时，你的视线通过视准线瞄准太阳，一定要保证太阳出现在视准线两端的两个小圆环中间，这样才称得上对齐。此时，铅垂线在四分仪上指示的角度正好就是你所在位置的纬度。为了结果更加准确，你可以多次测量后取平均值。好了，纬度的问题现在解决了！

或者说暂时解决了，因为长期盯着太阳看会导致不可逆的失明。

你刚刚发明的这种四分仪很适合用于牵星导航①，但如果你用的是太

① 利用星星确定位置的方法叫作牵星导航，也称牵星术。——译者注

阳，那就得稍微调整一下，避免直视太阳。方法是：用一小块正中间开有一个小孔的木头代替视准线上靠近铅垂线的小圆环，再用一小块正中间画着瞄准线的木头代替另一个小圆环。这样一来，你就不用直接盯着太阳看了，只需要调整四分仪的位置，使得透过靠近铅垂线的那块木头照进来的那一小缕太阳光直接射在瞄准线的中间，就可以了。好啦！再也没有人会因为航海而失明了。

其实还需要做最后一次微调。因为其他星体都离地球很远，所以在我们看来，它们在天空中的位置总是固定不变的。因此，如果你用这些星体作为参考，就不必考虑地球的转轴倾角。然而，太阳在天空中的位置却实实在在地会受到地球转轴倾角的影响，所以你必须根据下页的表（表 14）修正你按照上述方法测得的数据。

那么，除了春分、夏至、秋分、冬至这几天，其他日子里你又该怎么修正用四分仪测得的纬度呢？你可以将下面这个包含地球自转倾角的公式得出的结果和四分仪测出的纬度相加，以此做出大概的修正。

$$\text{修正量} = -t \times \cos[(360°)/365 \times (d+10)]$$

公式中的d代表日期，其数值这样计算：1 月 1 日为 0，1 月 2 日为 1，以此类推。d后面还要加上 10，是为了计算这个日期与 12 月的冬至日之间的天数（算上 12 月 22 日这一天）。类似地，t则代表地球当前的自转倾角（角度制，地球自转倾角的测量方法参见本章）。

有了这个修正，纬度的测量问题总算解决了。现在，你只需再解决经度的测算问题就大功告成了，这其实要比刚才简单不少！

经度衡量的是你所在的位置距本初子午线东侧或西侧多远。我们知道地球每天都会自西向东自转一圈，也就是整整 360°（你肯定知道，因为我们刚刚已经告诉你了），那么经度 1° 显然就对应于 1 天的 1/360，也就是

表 14　以太阳为参照物时，用四分仪测得的纬度应做的修正

节气	季节	节气特征	大致日期[①]	修正方式
春分	春季（北半球） 秋季（南半球）[②]	昼夜等长	3 月 20 日	无
夏至	夏季（北半球） 冬季（南半球）	昼最长、夜最短（北半球）； 昼最短、夜最长（南半球）	6 月 21 日	加上地球自转倾角（现代数据是 23.5°）
秋分	秋季（北半球） 春季（南半球）	昼夜等长	9 月 23 日	无
冬至	冬季（北半球） 夏季（南半球）	昼最短、夜最长（北半球）； 昼最长、夜最短（南半球）	12 月 22 日	减去地球自转倾角（现代数据是 23.5°）

不过，这一切都建立在你尚在地球的前提下。直到此刻，我们才想起应该提上一句：时间机器必然也是空间机器，因此，任何没有产生对应空间运动的时间旅行都会让你困在宇宙中除地球以外的其他地方。毕竟在宇宙空间中，地球不停地绕着太阳转，太阳也在银河系内不停地运动，而银河系自身也在不停地运动。如果你发现自己受困的地点不在地球上，那你不仅以某种方式逃离了我们这颗孤独星球的势力范围，也脱离了本指南的应用范围。还能说什么呢？祝你好运吧！

---

① 如果我们不告诉你如何发明历法，你要怎么知道大致的日期呢？答案很简单：靠春分、秋分、冬至、夏至这些特征明显的节气建立历法。仔细计算白昼和黑夜的长度，你就能知道哪天是春分、夏至、秋分、冬至了。依靠这四个节气，你就能建立历法预言在下一年这些特殊的日子何时到来，以及何时会发生季节变换。如果你对此很感兴趣，甚至可以用肉眼可见的方式令历法可视化，比如按特定方式摆放石头，形成某种“巨石阵”，让太阳只在冬至或夏至的早晨完美地照到石阵中间。这里我们使用的是你熟悉的公历和儒略历里对每个月的命名方法，但你不必拘泥于此，完全可以按自己的喜好给各个月份起名字，也可以自由设定各个月份的长短。和选择本初子午线一样，这些也都是可以随意选取的。你在创造历法的过程中必须遵循的唯一一条科学限制是，每年的平均长度必须等于 365.242 天，但具体如何平均则完全由你自己决定。我们惯用的做法是前 3 年每年都有 365 天，第 4 年则增加一天。按照这个做法，4 年的总时长仍缺少了几秒，不过我们还有其他补充方案可以弥补这个缺失，在此处略过不提。

② 要想知道自己身处哪个半球不难，你只需要造一个大摆锤（长度超过 12 米），然后让它自由晃上几小时就可以了。摆锤的惯性系和地球不同，这就意味着一个足够长的摆锤（就像你刚刚造的那个一样）是可以从视觉效果上体现地球的自转的！摆锤的摆动平面会随着时间的推移而缓慢转动。如果转动方向是顺时针，则表明你身处北半球；若是逆时针，则表明你身处南半球；若没有转动，则表明你身处赤道。1851 年，一位名叫莱昂·傅科（Leon Foncault）的绅士发明了这种摆锤，不过，现在这个创意属于你了！

4 分钟[①]你所在地区的经度其实就是当地进入正午时分的时间和本初子午线地区进入正午时分的时间之间的差异。[②]举个例子，如果你所在的地区比本初子午线地区早 8 分钟进入正午时分，那你就知道了此地的经度是本初子午线往东 2°。同理，如果你所在的地区比本初子午线地区晚 20 分钟进入正午时分，那么此地的经度就是本初子午线往西 5°。假如你觉得时刻掌握本初子午线地区的时间并不会妨碍人类今后几万年时间里的发展，那么经度其实无足轻重！

然而，这正是我们不得不告知你的信息：时刻掌握本初子午线地区的时间绝对会妨碍人类今后几万年时间里的发展。

原因很简单，钟表的工作基础通常就是一些周期性运动：摇晃的摆锤、匀速滴落的水滴、滚动的球体，等等。这些运动在陆地上都很适合用来计时，但在远航的船舶上就彻底不管用了。一阵强浪就能让摆锤晃得乱七八糟这还没算上永不停歇的正常波浪呢。为了解决这个问题，过去的船员们有时会在船上摆上许多钟。这些钟会以不同的方式偏离正常值，而船员们则会把所有这些钟显示的时间相加后取平均数，以期得到一个准确的结果。这当然不能解决问题，于是，总是有船舶在茫茫大海中迷失方向并最终沉没。[③]这个问题实在太严重了，于是，早在 1567 年，各国政府就开始重金悬赏能够在海上准确测量经度的方案。1707 年，英国政府给出的赏金高达

---

① 此处的前提是一天有 24 小时，但实际上你所在时期的一天可能会短一些。这是因为月球的引力会在地球上引起潮汐，而潮汐又会使地表与海洋之间产生一点点摩擦力。这一点点摩擦力起到了些许“刹车”的作用，导致地球越转越慢。因此，地球过去自转得比现在更快，一天也就不到 24 小时了。每往前追溯 100 万年，地球上的一天就要比现在少 17.8 秒左右。

② 这里我们所说的正午是真正的正午（此时太阳处于一天中最高的位置），而不是那些你在想出时区概念后发明的接近正午的时刻。

③ 1831 年，小猎犬号考察船启航时，船上带了 22 架各不相同的航海经线仪。正是在这次航海的旅程中，查尔斯·达尔文构思出了他的进化论。小猎犬号上的这些航海经线仪全都安置在船底（那里受风浪的影响最小）的一间特制舱室中，除了看管经线仪的人，禁止其他任何人进入这个舱室。5 年后，这艘考察船顺利返航，只有 11 架还在正常工作，但小猎犬号的确成功返航了。

2 万英镑，差不多相当于我们今天的几百万美元。

如果你正好困于这一时期，那得恭喜你了：你马上就会变得很富有！

在我们这条时间线上的历史中，人们最终想出的解决方案和你想象中的差不多：一代代聪慧的钟表匠投入毕生精力以解决这个问题，并且最终想出了一些极其精巧、昂贵且复杂的航海经线仪——一些你不会制造的经线仪，因为它们实在太复杂了。恰恰与之相反，你马上就要跳出这种思维定式，直接发明沿用至今的测量方法。你马上就要借助某种看不见却以光速传播的能量波通过空气来传送时间信息了。

你即将发明无线电。

你即将拯救尚未出生的几百万水手的性命。[33]

10.12.4 无线电

> 无线电时代的到来将令战争成为历史，因为在无线电面前，战争是如此可笑。
>
> ——你（以及古列尔莫 · 马可尼）

什么是无线电

以接近光速传输想法和信息的方法。它的出现弱化了时间和空间（自太古时代以来，时间和空间就死死地限制着人类的活动）的屏障，所以这项技术真的很棒。

如果没有无线电

在无线电出现之前，如果你想听音乐，就要前往音乐会现场，有多少人会有这种兴致呢？

最早发明时间

1864 年（有人预言了电磁波的存在）

1874 年（第一部猫须无线电探测器）

1880 年（第一次有意识的无线电传输）

1895 年（跨越 2.4 千米收发无线电信号）

1901 年［跨越大西洋（3 500 千米）收发无线电信号］

工具栏：经线与经线之间、纬线与纬线之间的距离究竟有多远

在形似地球的行星（这里我们使用的是真实地球的“扁”球体数据，因为在计算经纬线距离时，这是个重要因素）上，不同纬度地区，相隔 1° 的两条经线或纬线之间的距离如表 15 所示。在纬度为 90° 的地区，经线之间的距离缩小到 0 千米，因为这个地区正是两极，所有经线都会在两极处收缩到一个点上。

表 15　相隔 1° 的两条纬线（经线）之间的距离

纬度	相隔 1° 的两条纬线之间的距离	相隔 1° 的两条经线之间的距离
0°	110.574 千米	111.320 千米
+/–15°	110.649 千米	107.551 千米
+/–30°	110.852 千米	96.486 千米
+/–45°	111.132 千米	78.847 千米
+/–60°	111.412 千米	55.800 千米
+/–75°	111.618 千米	28.902 千米
+/–90°	111.694 千米	0 千米

这是一张看上去非常无聊的表，但当你身在汪洋大海中的一叶扁舟上希望知道陆地到底还有多远时就不会这么想了。到时你可能会是这个反应：“幸好我看过这张表。事实证明这张表一点儿也不无聊，我真诚地为我过去所说的一切无礼的话道歉。”

前置技术

电（用于传输）、金属（用于制造电线）、磁铁（用于制造扬声器）

如何发明

你很可能听说过电磁波谱，它描述了不同波段的辐射（在空间中穿行的能量），从无线电波到可见光再到X射线，不一而足。下面就是一张电磁波谱图。

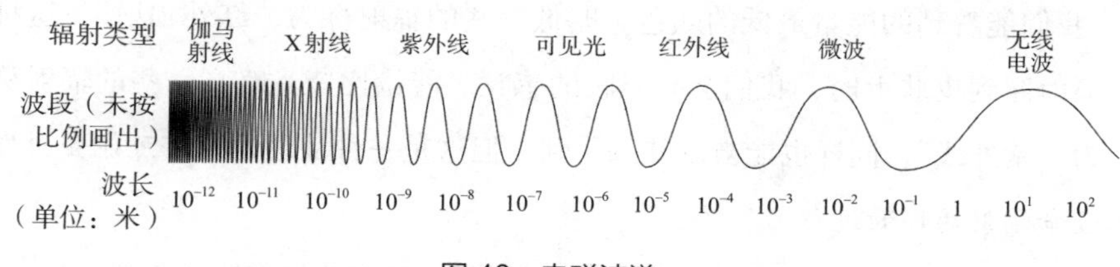

图 40　电磁波谱

电磁波谱的高能端分布着伽马射线，另一端则是无线电波，靠近中间的微小波段则是可见光。[①]这其中你最熟悉的大概是电磁波谱中的可见光部分，毕竟你现在就在用自己的双眼接收这个波段的辐射，然后看到了这些字。

我们把可见光分为七色：红、橙、黄、绿、蓝、靛、紫。[②]然而，真正区分这 7 种颜色的唯一标准就是它们的能级。我们的大脑会把特定能级的可见光辐射转化成我们理解中的“黄色”，同时也会把另一些能级的可见光辐射转化成我们理解的“紫色”，但从本质上来说，所有颜色（以及所有电

① 我们用“微小”这个词绝不是在开玩笑。可见光波段在 400~700 纳米之间，这就意味着你所见的一切，你将见到的一切，都是在这个仅有 300 纳米的微小波段上抵达你的双眼的。

② 这并不是区分可见光波段的唯一方法！所谓颜色，其实只是一段频谱，无论你挑选了哪些颜色、想给它们贴上多少细分标签，都是可行的。举个例子，虽然以英语为母语的人认为蓝和绿是不一样的颜色，但中国人将其视为同一种颜色，统称为“青”。还有，说英语的人视为“红”的这种颜色在匈牙利语、土耳其语、爱尔兰语以及苏格兰盖尔语中却有多种细化的名称。然而，这种细化也仍旧只是一种近似：那些工作与颜色相关的人能够分辨出普通人不会细分的颜色。室内设计师（别着急，终有一天你能再次见到这种职业）能够区分绯红、勃艮第酒红、胭脂红、紫红、褐红、中红、暗红、红木红、紫檀木红、朱红、罂粟红、玛瑙红、赤红、玫瑰红以及酒红，而我们这些普通人只能看出“红”。

磁辐射）都是同一种事物：它们都是电磁辐射，也都以光速传播，只是能级不同。某些能级的电磁辐射（无线电波）可以几乎不受干扰地直接穿过我们的身体，而另一些能级的电磁辐射（可见光）则会与我们“撞个满怀”。

从直觉上说，可见光好像和无线电波大不相同，但其实两者之间没有任何差别，除了可见光的频率刚好能被人体吸收之外，而这其实正是人类能够进化出看见可见光这项能力的原因之一。[①]另外，虽然我们的确看不见电磁波谱的其他部分，但能用其他感官感受到其中一部分。能量比红光（我们能看到的能量最低的颜色）略低一些的辐射称为“红外辐射”。这种辐射照到皮肤上时，我们会有温暖的感觉。能量比紫光略高一些的辐射称为“紫外线”，同样也能被皮肤感受到，但这是一种从理论上讲可能会引发致命辐射灼烧的过程。[②]

好了，现在你已经大致了解了电磁辐射，下面我们来谈谈无线电技术。

---

① 即便我们想看到无线电波也没有办法实现这个愿望：无线电波会直接穿过我们的眼球，视网膜完全无法捕捉到它们。不过，有一些动物能够看到的色彩的确比我们略多一些，例如螳螂虾除了能看到我们能看到的所有颜色以外，还能看到一点儿红外线和紫外线！它们拥有的这种色彩能力，人类连想都不敢想……这主要是因为想象从没见过的色彩对人类来说实在太难了。这也向我们提出了一个开放的哲学问题：1982 年，一位名叫弗兰克·杰克逊（Frank Jackson）的哲学家首次提出了这个名为“超级科学家玛丽”的思想实验。这个实验的主角是一位名叫玛丽的女性，她是一位聪慧的科学家，但生来就有一种疾病，只能看到黑白两种颜色。神奇的是，玛丽的一生都在一间只有黑白两色的房间内度过，房间内有一台只有黑白两色但能上网的电脑。然而，尽管遭遇了诸多限制，玛丽还是在科学之路上取得了重大成就！她知晓了与色彩原理、光线和眼球作用的方式、大脑对色彩信息的处理方式等相关的所有物理学知识。可以这么说，玛丽已经成了研究色彩与人体方面的世界级专家，而这一切都是在她那间黑白色房间里完成的。现在问题来了，有一天，玛丽的先天疾病突然痊愈了，她也能步出自己待了一辈子的房间。当她走出房门，人生中第一次望向蓝天的时候……*她会学到有关色彩的新知识吗？*换句话来描述这个问题就是：是否存在某些无法通过抽象学习习得，只能通过直观体验获取的知识？别问我们答案！我们只是造时光机的。

② 这其实就是晒伤的原理！真正让你晒伤的并不是你能看到的太阳光或是能加热皮肤的红外辐射，而是这种高能紫外辐射。它们会穿透你的皮肤、毁坏你的DNA，导致辐射灼伤。每当体内细胞的DNA遭到毁坏时，就有可能导致细胞癌变，这就是为什么我们刚才说这种辐射灼烧存在致命的可能！

这其实是一种利用电磁波传递信息的简单技术。现代社会中我们可以用几种方法达成这个目的。调制无线电信号振幅（无线电波最高峰和最低谷的高度）的方法被称为调幅广播；调制无线电信号频率（一定时间内，无线电波在波峰和波谷间"上下起伏"的次数）的方法被称为调频。这两种方法的关键之处在于用无线电波振幅或频率的变化量编码信息，但其中涉及的技术超过了你现在的能力范围。你最终一定会发明这两项调制技术，但就眼下来说，你首先要做的是想办法传递无线电信号。

最简单也是最令人印象深刻的疯狂的科学家用的方法是：创造"人工闪电"，也就是你所熟知的"电"。电在空气中穿行时——这个过程称为"电弧放电"，你可以在本章中学到与此有关的更多知识——会产生各种电磁辐射。其中当然有可见光（不然闪电怎么会看上去如此炫目），但还有许多无线电波段的辐射。至于产生电弧的方式就完全随便你了，剪断一根电线，保证电只能在两段电线之间的电弧中穿行就可以了，你肯定能做到。然后，你就能生产无线电信号了，其强度取决于你创造的电弧的能量有多大。

如果你只是想通过这种无线电"暴"的方式传递信息（比如在正午时分传递信息以计时），那这就足够了，但如果加入一个开关控制电弧的放电（从而产生无线电波），你就能使用莫尔斯码①传递一切信息了。这和有线电报使用的是同一种技术。也就是说，只要你愿意，你现在就可以发明有线电报。只要用电线把开关（原来与电弧无线电发生器相连）和远处的蜂鸣器连接起来就可以了。对于陆上传输来说，有线电报技术可能要更简单一些，但对于跨洋传输来说，你一定得有一种不需要用到电线的技术，至少

---

① 如果你不知道莫尔斯码，那也别着急：你可以自己编一个，然后用你的名字命名就可以了！莫尔斯码背后的基本思想是用各种不同顺序的点（短信号）和划（长信号）的组合来表示每个字母，字母与字母之间则有一小段停顿。如果你想要做得更好，可以按照字母的常用程度分配密码长度：字母越常用，对应的密码就越短。这样一来，你的信息传输会更有效率。那么，哪个字母是最常用的呢？为了方便你统计，我们特意为你献上这本拥有60多万个字母的指南，你要做的只是将每个字母在本书中出现的次数都统计出来，就能知道哪个字母最常用了。这就当作给你的一个小练习吧。

在你有能力铺设海底电缆之前得有。

要收集这些信号，就得建造世界上第一架无线电信号探测器。你连电池都不需要，无线电信号本身就能给它提供能量。首先，你需要天线：只要是比较长的电线都可以，但长度超过 30 米的电线效果最为理想。把电线的一端接入地下，另一端则放在高处，比如陆地上的一棵树或者船舶桅杆顶。[①]无线电波（请记住，无线电波就是电磁辐射）会和这根长长的电线发生相互作用，诱导电子在其中上下运动，从而形成电流。要探测到这股能量，就得发明二极管。

二极管这种装置可以让电流只朝一个方向流动。二极管其实是半导体应用的一个例子，而半导体则是一种导电能力会随着环境而变化的物质。现代社会中，我们的半导体已经从真空管演变为晶体管，又演变为集成电路，但这些东西其实都没有必要，你只要收集一些普通的岩石就可以了。方铅矿（最常见的铅矿石之一，颜色暗淡、棱角分明，常常和方解石一道出现）和黄铁矿（又称愚人金，这种矿石很容易找到，因为它实在是太亮闪了）都是天然的半导体岩石。数量不用很多，一点点就够，准确地说，一小块方铅矿或黄铁矿岩石晶体就足够了。你可能还记得祖辈告诉你，他们小时候自制“晶体管收音机”玩具的故事，当时收音机或者说无线电广播可是个新鲜事儿呢。而你现在要做的正是这件事。

一旦你有了晶体二极管（也就是那些矿石晶体），就牢牢地把它安在天线上（此时，天线还是得接地），再轻轻地用一根细电线与矿石晶体连接，历史上，这种结构被称为“猫须”[②]。你需要用这根“猫须”接触矿石晶体的不同位置，直到发现半导体性最强的位置在哪儿。找到这个位置后，当天线收集无线电信号时，你的“猫须”就会带上电——准确地说，是带上一点点电，但这足以表明天线已经收到无线电信号了。[34]

---

① 如果你是在船上，那么把电线放在海水中拖曳就能起到和放在地面上相同的作用，但在船舶底部的一块金属板上放置电线则更好，因为它的表面积更大，所以更有效率。

② 之所以这么命名，是因为这些细电线看上去有点儿像猫的胡须，如果你拼命斜眼看的话。

为了听到这种电信号的声音，你需要制作一根螺线管。螺线管其实就是一根紧紧绕成线圈的电线。电流通过电线时会形成磁场，而电线绕成线圈则会加强这个磁场。这其实就是一块电磁体！在线圈中放上一块正常的磁体，它就会在螺线管中以与电流相同的速率运动。然后，在这块磁体上连上一个耐用的轻质圆锥，这样圆锥中的空气就会随着磁体的运动而运动，你就把电流的运动转化成了空气的运动。换句话说，你刚刚发明了史上第一件扬声器。

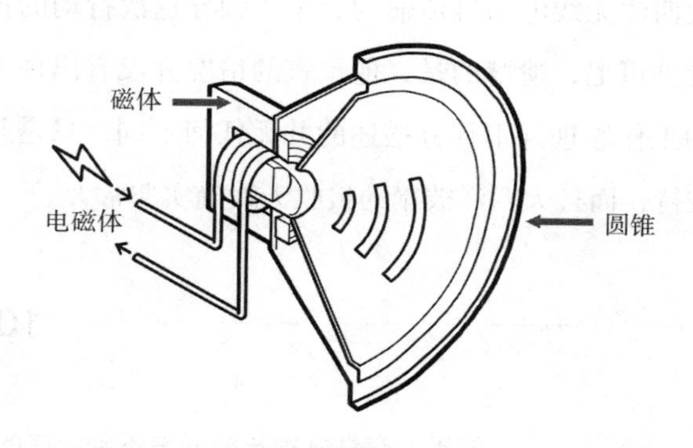

图 41　史上第一件扬声器：来点儿声音吧

通过上图这个扬声器的电流相对较小，这意味着它的音量不会很大，因而更适合用作个人的小耳塞，而不是聚会上那种可以发出震耳欲聋音乐声的大喇叭，但两者的原理是一样的。

再给你一些提醒：无线电夜间的传输效果要优于白天。这是因为白天时太阳会给地球的上层大气（称为电离层）充电。当无线电波在白天穿过电离层下部时，会和经由太阳能充电而形成的离子发生反应，导致强度变弱。而在夜间，这层大气就对无线电波变得透明起来（太棒了），而其上方的电离层此时还会反射一部分以较大的倾角入射的无线电波（这就更棒了）。利用电离层夜间反射无线电信号是一种富有智慧的长距离传输信息的方法。实际上，由于地球是圆的，传输距离只要长到一定程度，信息收发者之间的传输路径就一定不会是直线，而且途中一定会遭遇各种岩石阻碍无线电信号的传播[①]。因此，借着电离层反射无线电信号可能是长距离传输信息的唯一方式。

你还应该记住，电磁辐射并不是永远都以同一强度传播的。任何广播辐射（无论是电磁波、引力波还是声波）的强度都和你与它之间的距离的平方成反比。换句话说，你离辐射源越远，信号衰减得就越快。即便是我们这些可以随心所欲地弯曲时空的人，也无法改变平方反比定律，但这个问题可以通过提高辐射源自身的强度得到一定程度的弥补。人类历史上第一次完成跨大西洋无线电信号传输的壮举（领导这次行动的正是本部分开头引语的作者马可尼，遗憾的是，他预言的情况并没有出现）时，使用的信号发生器的工作原理与本部分描述的并无任何不同，只是其背后始终有大量能量的支持，而且大西洋彼岸的接收天线确实非常大。

10.12.5 船

如果没有做好很长时间看不到海岸的准备，你就发现不了新大陆。

——你（以及安德烈·纪德）

什么是船

地球表面有70%左右的面积被水覆盖[②]，有了船，你就打开了在这样一

① 尽管无线电波确实可以穿过大多数物质，但介质越厚或密，无线电信号穿过时就衰减得越厉害。

② 无论你困于哪个时期，这个比例总是正确的。自公元前30万年左右盘古超大陆形成以来，地球表面被水覆盖的面积始终保持在70%左右。这是因为盘古超大陆形成后面积就没有发生过变化，只是在慢慢地向外漂移而已。地球上所有的水分都要有个去处，能够储存水分的地方无非包括下面几个：第一，地球表面上的大型水体，也就是我们所说的“河海湖泊”；第二，在大气层中以云的形式存在，但大气层能储存的水分是有限的；第三，两极地区的冰。极地冰盖会因融化、结冰而增长、缩小，而这又会令海平面上升或下降，并因此露出或覆盖土地。不过，即使地球两极的冰盖全部融化，对海平面的影响也不会太大：冰盖全部融化的情况下，海平面会上升70米，随之减少的土地也只有大约3%。然而，想想人类定居处有多少是沿着海岸线的，你就知道这3%有多重要了。

大片区域中探索、捕鱼、贸易，甚至是在公共海域举行派对的大门。

如果没有船

如果没有船，人类就永远无法探索那些走路、爬行、游泳到不了的地方。于是，小至岛屿大至整块大陆的土地都无法为人类所用。人们只能望洋兴叹。

最早发明时间

公元前90万年（早期原始人跨越18千米宽的大洋，来到印度尼西亚的弗洛里斯岛）

公元前13万年（人类从希腊本土跨海抵达克里特岛）

公元前4万6千年（人类跨越大洋抵达澳大利亚）

公元前7000年（芦苇船出现）

公元前5500年（帆船出现）

100年（借助风力航行的船只出现）

1783年（蒸汽船出现）

1836年（螺旋桨船出现）

前置技术

木材（用于制作独木舟）、绳索、焦油（用于涂抹芦苇或原木制成的船只）、冶金及焊接技术（用于制作船栓和螺栓）、纺织技术（用于制作船帆）、指南针、预加工食物、经纬度（当你把现在梦寐以求的船舶发明出来后，你就知道驾驶它们出海有多么麻烦，也就知道为什么要先发明经纬度了）、纺车（用于编织渔网，当你想发明海上捕鱼技术时就一定会用到这种工具——你肯定想发明这种技术，因为大海里有一些特别美味的鱼类）

如何发明

最早的船只（称为“独木舟”）非常简单：只要把一根足够大的树干挖空，然后坐进去就行了。伙计，你已经发明船只了。以芦苇、原木或者厚木板为材料，用绳索或钉子把它们牢牢结合在一起形成船体（船头做尖，船尾则做成方形），然后用植物填充缝隙，再用焦油或沥青将其密封起来，起到防水效果，你就造出了比独木舟更大、更好的船只。假如你觉得这太难了，超过了自己现有的技术水平，那也可以做一个木筏。不过，木筏更适合“随波逐流”而非朝着某个特定地点前进，这是因为木筏的船体特征使其更倾向于顺着水流的方向（或是其他某种受外力引导的方向）运动。请记住：船能去往你想去的地方，而木筏则会去往它想去的地方。你肯定更需要船。

有了船舵就能轻松让船只转向，但人们花了很长时间才想到这一点（如果你是按顺序阅读本指南的，那么读到此处时，对这种事情早已见怪不怪了）。在发明船舵之前，人们会在船只的一侧至少悬吊一个巨大的“转向”桨——在中国人于100年左右发明船舵之前，这已经是最高水平的技术工艺了。船舵发明后过了1 000年，也就是在1100年左右，这项技术才最终传入欧洲。在此之前，欧洲人都是这么说的：把你们的裤腿都拉起来，我要摇桨转向了。

可以用船栓和螺栓把船舵安装在船的后部。螺栓其实就是一根管子，而船栓则是能够完美容纳螺栓的对应螺帽。有了这两样零件，安在上面的任何东西都能自由转动……这正是你想让船舵做的事。

直到15世纪，人类才发明船栓和螺栓，因此，在这短短几段的文字里，你的造船技术就进步了上千年，而我们才刚刚开始。

如果你不想为了让船在水中前行而像大傻瓜那样拼命划桨的话，就得发明船帆或发动机。我们已经在前文中讨论过发动机的问题了，所以此处我们重点讨论船帆——这种设备至少能让你的船看上去更加华丽。

抛起一张够大的方纸（纸要能够竖立起来并且足够蓬松，这样才能充分利用空气），使纸的平面与船只的纵轴呈垂直状态，这样船帆就能鼓满风

图 42 船栓和螺栓

了，然后，你的船就能在水中动起来，而你也发明了帆船……我亲爱的船长。在那些风速大于水速[①]的日子里，你都可以驾着帆船航行。不过，这只是入门级的帆船，这种帆船人类在历史上已发明了很多次并且前进方向最多只能与风向呈 60° 角。如果帆船能够朝着你想要的任何方向前进，岂不是更好？如果帆船强大到可以逆风而行，让这种自然界的力量彻底臣服于你的意志，而你也可以就此展开征服海洋之旅，岂不更是美事一桩？放心吧，这一切都会实现的，我们即刻着手发明这些迷人的科技吧。

首先，把那张垂直于船只纵轴安装的方形船帆替换成平行于船只纵轴的三角船帆。[②]这种船帆叫作"首尾帆"，因为这张大帆会从船尾一直延伸到船首。（水手们见到这艘船就会说："哇，多棒的一艘单桅帆船！"）把首尾帆安在一根吊杆（挂在桅杆上的一根可以转动的大平衡杆）上，它就能转动了。于是，船和船帆就都能以各种角度航行了。用绳索把吊杆绑在桅杆上时，位置要选在你希望其保持调节空间的部位。

---

① 如果风速小于水速，那就不是航行而是漂流，而且你会一直漂流下去，直到风速重新变大为止。水手们称这种帆船因无风或风速过小而无法前进的状态为"平静"（becalmed），但当你在距海岸几十千米远的汪洋大海中处于"平静"状态时，你肯定平静不下来，因为此刻你很可能吃光了食物、喝完了淡水，还要忍受烈日的炙烤。水手们要认识到这种糟糕的状态"虽然平静，但其实是个大问题"。

② 方形帆和首尾帆之间并非"水火不容"，有你没我。实际上，很多船只（尤其是大型帆船）既有方形帆索具又有首尾帆索具，你可以根据具体环境决定用哪种帆。当帆船处于完全顺风的状态时，方形帆效果最好。

图 43　方形帆系统和首尾帆系统

这种更优秀的船帆控制系统能让你以 0~45° 之间的几乎所有角度逆风而行。另外，虽然你不能直对着风一路逆风前行，但你可以通过如下方式达成近似的效果：先沿着与风向呈 45° 角的方向航行，接着每过一段时间就把航向调整为与另一个方向成 45° 角。这种技巧称为“抢风”。运用这种技巧，船只的航迹会呈 Z 字形。没错，这种方式相比沿直线前进较为低效，而且这种方式要求你经常调整航向。但那又怎么样呢？有了这项技术，你就能在这个星球上其他所有文明仍把时间浪费在挖空树干以及自称“造船大师”的时候，抢先逆风而行了。

不过，这还不是风能给这种新型帆船带来的唯一好处。如果你将首尾帆偏移一定的角度（只稍微逆风一点点，保证帆船只偏离风向一点点），一部分风就会让你的船帆鼓起来，其余部分则会从船帆另一侧吹过。这就使得船帆起到了翅膀的作用——和飞机机翼的作用差不多——提供升力。有了升力，风就不只是推着帆船前进了，还会从另一侧给船体施加前进方向的拉力。推力和拉力相结合，帆船就能航行得比风本身还快。技艺娴熟的水手驾驶一艘功能良好的帆船，可以让船速达到风速的 1.5 倍。这就是你努力的目标！

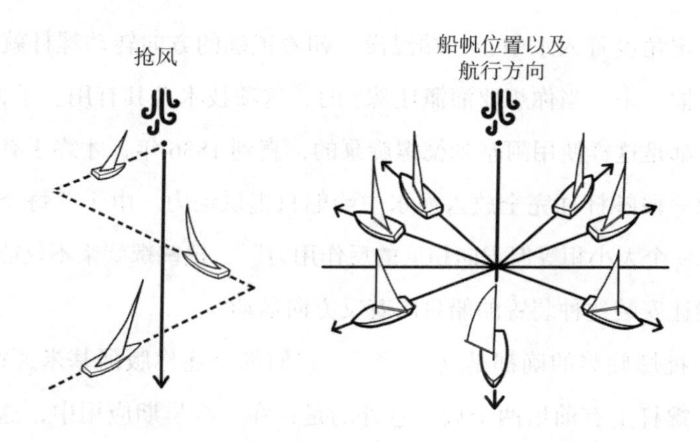

图 44　抢风技术以及船帆位置示意图

你现在驾驭的这种风能非常强劲，甚至会掀翻你的小船，因此，你应该在船尾放一些比较重的东西作为压舱物，还应该在船底中线位置安上一根“龙骨”（一块外形似鲨鱼鳍的垂直长板）。你可以在船头和船尾处各安一根龙骨，也可以只在船底正中安一根。龙骨的主要作用就是产生与风向相反的力，以预防船只倾覆。此外，龙骨还有一项额外的好处，那就是尽可能地让船只往前移动，避免被风吹偏。

如果你决定为船舶安上发动机，就需要螺旋桨[①]。螺旋桨其实就是一种能够把转动产生的力转化为推力的装置。虽然从技术上讲，人类早就发明了螺旋桨，但我们还是花了将近 2 000 年才搞明白其背后的原理。螺旋桨的起源最早要追溯到阿基米德螺旋泵（当然，现在这项发明可能要追溯到你被困的这个时代了），这项发明最早于公元前 650 年左右出现于亚述帝国，却以阿基米德的名字命名，因为正是他在公元前 300 年左右将这种机械装置引入欧洲并使之流行。阿基米德螺旋泵其实就是一根又大又长的螺丝（我们就称其为“螺杆”吧），嵌在一根一端开口的水管中，使用时把整个

① 最早的蒸汽船上没有装配螺旋桨（它们用的是大桨轮），但螺旋桨的工作效率更高。不过，桨轮确实更加好看，并且也不容易堵塞。因此，如果你想要比螺旋桨更美观且更不容易发生故障的装置的话，那就试试桨轮吧！

装置以一定角度置入水中，一端浸没。朝着正确的方向转动螺杆就能利用水管把水抽上来。当你想要灌溉庄稼[①]时，这项技术尤其有用。千百年来，人们一直都是这样使用阿基米德螺旋泵的，直到 1836 年，才终于有人想到可以截取一段螺杆并完全放入河水中给船只提供动力。由于“每个作用力都会产生一个大小相等但方向相反的反作用力”[②]，这些螺旋桨不仅能拨动河水，还能让安装这种装置的船只向着反方向运动。

第一批螺旋桨的确都是这个样子，它们都是迷你版阿基米德螺旋泵，比较长，螺杆上有前后两个旋。意外的是，在一次早期应用中，这种螺旋桨被撞断了，只留下了一个旋。然而，人们却发现，这种“残破”的单旋螺旋桨的工作效率竟然是过去那种“完好”的双旋螺旋桨的两倍。从效果上说，你所熟悉的刃片螺旋桨其实就是平行工作的多根螺杆。

你完全可以跳过前面的低效螺旋桨，直奔这种终极螺旋桨开始设计！它们才是最棒的！

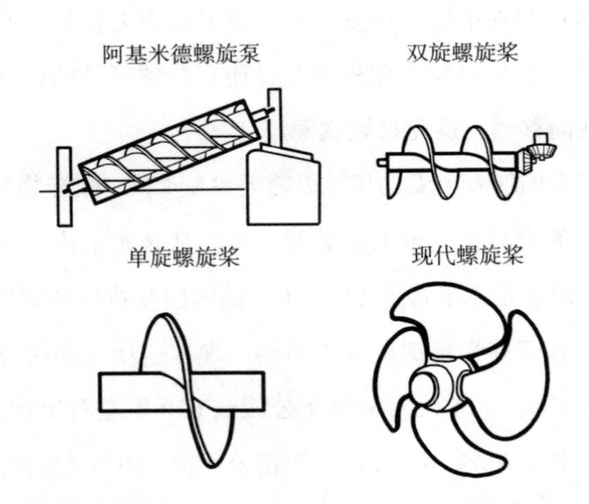

图 45　阿基米德螺旋泵及其“后代”：单旋螺旋桨以及现代螺旋桨

---

① 你甚至不需要给螺杆和水管之间的空隙充满水。整个装置只需足够密封，保证抽上来的水大于漏下去的水即可。这对所有还未发明精密工程的文明（其中很可能就包括你的文明）来说都是天大的好消息！

② 还记得这条定律吗？你在前文中发现了这些物理定律，就在那页的脚注里，像这条一样！

10.12.6 载人飞行器

航天工程既不是一项产业，也不是一门科学，而是一个奇迹。

——你（以及伊戈尔·西科斯基）

什么是载人飞行器

人类第一次凝视鸟类飞行的飒爽英姿时就想着“哇，那真是太酷了，我现在就想象它们这样飞翔”。自那时起，翱翔蓝天就成了人类永恒的梦想，而载人飞行器就是实现这个梦想的一种方式。

如果没有载人飞行器

在载人飞行器出现之前，人类生于土地，殁于土地，一辈子都摆脱不了地球引力的掣肘。你还得安慰自己，这也没什么，翱翔蓝天这种事实在是太不切实际了。

最早发明时间

公元前 500 年（为了飞行，有人把自己绑到了巨大的风筝上）

1250 年（人类绘制出第一张比空气还轻的轻质飞行器草图，其设计使用的动力技术至今仍未出现）

1716 年（人类绘制并出版第一张重于空气的重质飞行器草图，其设计使用的动力技术至今仍未出现）

1783 年（第一次轻质飞行器载人飞行成功）

1874 年（第一次外部供能的重质飞行器载人飞行成功）

1902 年（第一次自主供能的重质飞行器载人飞行成功）

前置技术

纸和纺织物（如果你有丝绸的话，那就用丝绸），硫酸和铁（用于制作氢气飞艇），木材（用于制造滑翔机以及其他一些重质飞行器），发动机和金属（用于制造自主供能的重质飞行器），指南针，经纬度（用于导航）

如何发明

热气球是一项非常简单的发明。火焰能够加热空气，热空气会上升。如果你在热空气上方放一只布袋子，热空气就会充满袋子。一只够大、气密性够好的布袋能轻盈地腾空而起。紧紧拽住这只大布袋，你就能随着热气球一起飞起来了。你也可以在大布袋下面装一个大篮子，然后爬进去，这样就能解放你的双手。你甚至不用把布袋底部的开口封起来，因为热空气一定会浮到顶部，底部的空气则会和周围的空气保持基本一致的温度。在对这种飞行器进行前期测试时，可以先把它拴在地面上，往“座舱”里添点沙子作为压舱物（在热气球飞行的过程中，布袋中的空气会冷却或泄漏，气球就有可能下沉。此时，把沙子扔出舱外，减轻飞行器重量就能减缓气球下沉的速度。即便是在正常飞行的过程中，也可以通过这种方式提升热气球的飞行高度），最后再给它加热。这样一来，即便是在飞行过程中也能提升高度了，不过也更加危险了。

换句话说，事实证明，发明载人飞行器，实现人类的梦想，其实只需要一些纺织品和火焰。别无他物。

而我们直到 1783 年才想到这个方法。

人类在拥有某些技术的所有前置条件后，仍花了大量时间才最终发明出这项技术，我们在这本指南中已经无数次地吐槽过这个现象了，但载人飞行器这个情况尤其令我们感到羞愧。如果在人类掌握了制造载人飞行器的所有前置技术（生火技术以及纺织业需要的掉锭法）的时间点与首次完成载人飞行的时间点之间画一条线，这条线将跨越将近 1 万年的时间。热气球的发明难度完全无法和星际飞行以及时间旅行这类需要大量文明成员一起合作才有可能实现的发明相提并论。最早的热气球是由一对百无聊赖的兄弟用粗麻袋制成的。

只要你有足够的动力，无须动用文明的力量就能制造热气球。哪怕你只是一个人生活在新石器时代，没有纺锤或纺车，也可以不断收集动植物纤维，手工纺出足够的线并制成热气球。自人类有条件完成此类创造的20多万年里，没有一个人想到可以这么做。心心念念想着要翱翔蓝天的人类常常只是看着搏击长空的鸟儿，尽可能地努力模仿它们的飞行方式，于是制造了许多带羽毛的巨大的人工翅膀，有时甚至还会给捆在人工翅膀上的人也插上大量羽毛——当然，这只是为了安全。

文明进步贴士：对于飞行来说，浑身上下覆盖羽毛既不是一个必要的操作也不是一个有效的行动。这只是一种出于时尚目的的选择。

由于身着这样的装置无法从陆地上起飞，人们转而穿着这种装置从塔楼上一跃而下，并认为这就是飞行的奥秘。他们希望最好能通过这种方式滑翔一段距离，但这群“飞行员”通常都是直挺挺地摔到地上，有的摔至骨折，有的一命呜呼，还有的摔得失去了性功能[①]。当时，人们对这种结果有下面这几种解释：飞行员没有安上尾巴（852年，1010年）；飞行员用的是鸡毛而不是鹰毛（1507年）；风不够大，飞行员“羽衣”中的空气不够，也就不能像帆那样帮助他们在空气中滑行（1589年）。[②][35]

大约在公元前500年，中国人发明了风筝。（你也可以发明风筝，只要把纺织物平铺在轻质框架上，连上线，再用一个尾巴保持平衡就可以了。）

---

① 和大多数涉及高度的行为一样，具体摔得有多惨与你摔到什么东西上以及摔得多重有关。

② 没错，这就是飞行员摔得丧失性功能的原因！1692年，一位名叫约翰·哈克特（John Hacket）的人写了一本书，我们可以在这本书里找到对这个现象的近代解释。该书书名颇为喜感，叫作《大揭秘：纪念英格兰掌印人、林肯主教、约克大主教约翰·威廉姆斯的伟大功绩——威廉姆斯国家及教会大事记，第四部分》

在此之后，人类开始尝试在强风天用巨大的风筝拽着自己上天，但任何放过风筝且目睹过风筝撞毁时的惨状的人都知道此事有多危险且致命。在公元前 200 年左右，中国人还发明了孔明灯。从效果上说，这种装置就是一种用蜡烛加热空气的微型热气球。其实有一名欧洲人于 1250 年出版了一本书，书中提到了热气球的设计[①]。不过，由于当时没人知道空气也有质量，更加不知道热空气更轻，这位作者就把热气球的填充物设计成了“轻飘空气”——一种未来发明的气体，能够飘浮在大气中。简单地说，在公元前 200 年，有些人已经知道了热空气会上升，到了 1250 年，一些人设计出一种可以利用热空气供能的机械装置，然而，这两种认识并没有产生交集。于是，直到 1783 年，法国人重新有了上述两项发现后才最终制造出了热气球。

甚至，这两个发明热气球的法国人（孟格菲兄弟，他俩用自己的名字命名了他们发明的热气球，并被法国人民沿用至今）连热空气会上升都不知道！正如我们刚才所说，孟格菲兄弟最早的热气球设计用了内置纸质框架的粗麻袋装填空气。他俩最早使用蒸汽来驱动，但这很容易破坏纸质框架。于是，他们转而使用木头燃烧时产生的烟。孟格菲兄弟认为，这种烟是某种“电热蒸汽”并且能释放出一种名为“孟格菲气”（他们当然要这样命名）的特殊气体，而这种气体又拥有他俩称为“轻性”的特殊性质。尽管他们对热气球的基本工作原理有那么多误解，两人还是清楚地掌握了基本设计思路，也就是“用某种物体捕获比空气轻的气体，然后这种物体就能飞上天”，而这已具备第一次载人飞行所需要的一切。

纺织物织得越紧、越密，用它制造的“气球”的气密性就越好，丝绸

① 这项热气球设计并不是很现代，但应有的所有部件都已经具备。方济各会修士罗吉尔 · 培根（Roger Bacon）的这项设计的基本特征是：4 只大“气球”（空心铜球）通过连在船体上的绳索拽着一艘单桅帆船上天。把这根桅杆去掉，这项发明就是现代热气球了，也就是由气球拽着篮子上天。

的效果就很棒。热气球的前进方向当然取决于风向，但只要给它装上发动机，你就可以自主控制前进的方向了。恭喜，你已经发明飞艇了！不过，是否还可以更上一层楼呢？

绝对可以。虽然现在使用的热空气是因为比普通空气轻才上升的，但热空气离最轻的气体还差得很远。你一定想要获得更轻的气体，因为气体越轻，获取飞行能力所需的燃料就越少，气球就飞得越高、越远。一个显而易见的改善方法就是完全不使用热空气，转而用全宇宙最轻的气体来填充气球。所以，让我们开始行动吧！

宇宙中最轻的气体是氢气，附录C.11展示了如何用电从海水中提取它们。不过，如果你需要大量氢气（你一定会的，因为你要建造飞艇），就需要用一些成本更加低廉的方法。你可以让蒸汽吹过炽热的铁块，铁会将蒸汽分解成氢（产物以气体的形式出现）和氧（会促使铁块表面形成氧化物），但这需要大量铁块。一个比较简单的解决方法是，像我们这条时间线上的业余飞行员一样，利用稀硫酸和铁反应会产生氢气的原理[①]。慢慢地把硫酸倒入重量是其 $3\frac{1}{3}$ 倍的水中（稀释硫酸），把铁屑放入一个桶中，再按稀硫酸和铁屑 2∶1 的质量比（往 1 千克的铁屑上倒 2 千克硫酸）把稀硫酸倒到铁屑顶部，它们就会发生反应，产生氢气！接着，你可以把这些气体通入装有熟石灰（制法参见附录C.4）的第二个桶中，目的是移除氢气中可能携带的过量酸。我们建议你最好不要省略这个步骤，否则你生产出来的这些氢气有可能会把气球腐蚀掉：历史经验告诉我们，这可不是一件好事儿。硫酸会先于铁屑反应完，所以，你可以先把第一个桶中的废酸排掉，再往里补充更多硫酸，直到铁屑也用完为止。你最终得到的这个制氢设备的结构可参考下图：

---

① 实际上，硫酸会与很多金属发生反应，包括铝、锌、猛、镁、镍等。不过，你很可能会用铁作为原料，毕竟它应该是最容易找到的金属。

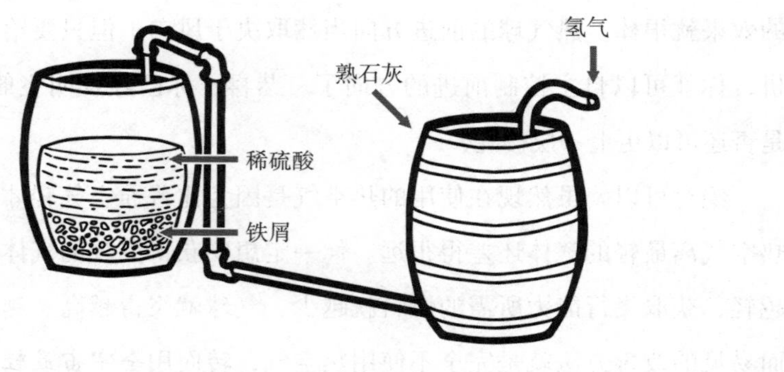

图 46　一种制氢设备

约 400 千克的铁和约 800 千克的酸液能生产出大约 140 立方米氢气，而 10 立方米氢气就足以拽着 10.7 千克左右（具体数值取决于当天的气压、气温以及空气湿度）的物品升上天空。

在你心急火燎地开始混合硫酸和铁屑之前，请牢记：氢气是一种极易燃烧且会发生剧烈爆炸的气体。1937 年 5 月 6 日发生的一场惨剧至今都令整个世界心有余悸。当时，一架名为“兴登堡号”的氢气飞艇在试图借助系泊桅杆着陆时突然起火，最后烧得只剩下骨架并坠毁。这场可怖的惨剧彻底终结了氢气飞艇客运飞行时代，而事故的罪魁祸首可能只是一个小小的静电火花。[36]

看到这里，你可能会想：“那他们为什么不用氦气代替氢气呢？我肯定会这么做的。”你说的没错。不过，虽然氦气不会爆炸、不易与其他物质发生反应，而且还是第二轻的气体（氦气能提供的升力大概是氢气的 88%），但获取这种气体要比氢气难得多。地球上氦的唯一一种天然来源就是重元素（比如铀）的放射性衰变（过程非常缓慢），而且，就算你能利用这个过程，氦气也会逃逸到大气中（除非深埋在地底），即便是身处大气中的氦也会因为实在太轻而最终消失在星际空间中。氦是一种几乎完全不可再生的资源[①]。因此，如果你想要成本低廉且高效的轻质飞行器，那短期内唯一的选择就是异常小心地使用氢气。

不过，其实还有一种选项，那就是想办法让比空气重的物质飞起来，也就是发明所谓的重质飞行器。

虽然轻质飞行器的发明颇为简单，但遗憾的是，重质飞行器的原理可要复杂多了，不像"用热空气或其他较轻的气体填充袋子就可以了"这么简单。更糟糕的是，解释透彻空气动力学原理所需的篇幅大大超过了我们这本"很可能没人看——除非你的FC3000™时光机已经发生或明显将发生重大故障"的维修指南所能提供的极限。不过，哪怕只是了解重质飞行器的工作原理，也能让你的文明领先历史上其他文明上万年，而且有了这种基础，你就可以重复人类的航天发展历史了，即先建造飞机，再开展实验并用科学搞清楚其中的原理。

首先，你需要造一个风洞，这可以节省许多时间和金钱，也可以避免许多不必要的受伤，甚至牺牲。而风洞其实就是一个可以往里吹气的巨大管道，但人类仍然直到1871年才想出这个设计。风洞虽是一项简单的设计，但它可以把风吹到固定机翼（通常是模型）上，你可以借此模拟各种情况并进而研究航天飞行的原理。如果没有风洞，你就只能研究移动中的机翼划破大气时的情况（通常是试飞一架实验型飞机，然后瞪着眼睛看究竟会发生什么）。在飞机机身上绑上一些线，你就能看到飞机周围的空气流动情况。也可以在风洞中生火起烟，烟会直接显示出空气的运动。把飞机安在一个大天平（你可能还没有发明这种物件，但这项发明非常简单，就

---

① 20世纪60年代，美国政府开始在地下储存氦，以此作为国家氦储备的一部分，到了1995年，氦气储备量已达10亿立方米。然而，次年美国政府为削减财政开支决定逐步废弃这个储备库，并直接把储存的氦气卖给了工厂。除了自然资源以外，还有一些方法可以获取氦，比如氢聚变，在粒子加速器中用质子轰击锂，开采月球矿石资源等。不过，公平地说，这些方法的成本都太高了。

是把一根横木安在一个三角形底座的上面，横木两端再各挂一只托盘）上，你就能研究飞机本身受到的空气动力。当横木两侧的物体重量相同时，天平就会保持平衡。你建造的这架风洞大天平的一条支臂应伸入风洞，承担飞机的重量；另一条支臂则应处于风洞之外，承担等同于飞机静质量的重量。当风洞内的机翼产生升力时，飞机的视重量就会发生变化，你就能够测量出这种升力的具体数值了[①]。

机翼截面图如下：

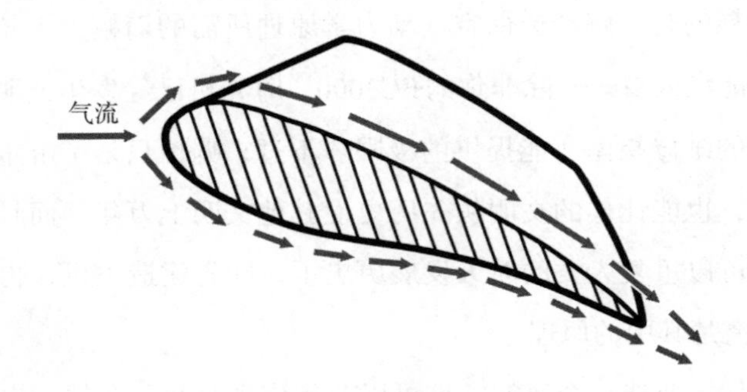

图 47　机翼截面图

机翼的作用是改变局部地区的气压，它利用了这样一个原理（当然，你现在可以把这项发现归为己有了）：在气体中运动的物体，其表面的每处地方都会时刻与该气体保持接触。[②]机翼会劈开空气。为了适应机翼的形状，流经机翼顶部的空气会向上弯折，形成一道弧线后再逐渐平缓下来。这就导致这些空气占据了更大的空间，从而形成了一个低压区。相反，流

① 遗憾的是，空气动力与受力截面之间的关系并不呈完美线性。这就意味着，模型飞机的飞行情况并不完全和真实飞机一样。因此，用模型机进行风洞实验之后，仍须用真正的飞机开展进一步的实验。不过，风洞实验也让你有所收获：知道了机翼的工作原理以及机翼形状大小的改变对其性能产生的影响！此外，你还能为自己省下上千年时间。历史上，我们曾把大量时间浪费在了设计“像鸟类一样扑打翅膀的飞机”“像蝙蝠一样扑腾翅膀的飞机”“为了穿透空气而向上竖起的螺丝”等无用的装置上。

② 这个原理也同样适用于液体（所以，我们有时把气体和液体统称为“流体”）！现在，你已经发现了两条在许多学科中都有用的自然规律。瞧，这条脚注多么有用。

经机翼下部的空气则挤入了一个更小的空间，从而形成了一个高压区。机翼上下表面的压力差产生了一股向上的力，称为“升力”。

机翼还有第二种产生升力的途径，这个方法利用了你在发明螺旋桨时用到的牛顿第三定律，即那种“大小相等、方向相反的力”。无论是机翼上方的空气，还是机翼下方的空气，它们在经过机翼时都会受到机翼对它们施加的向下的力。此时，根据牛顿第三定律，空气也会相应地产生一股往上抬起机翼的力。机翼的倾斜角度越大，转向的空气就越多，机翼对空气的向下的压力就越大，受到的升力就越大。但当倾斜角度增大到某个节点后，这个规律就不适用了，那时，空气将不会平顺地滑过机翼，而是形成一股“湍流”，这会大大削弱升力并导致飞机失去速度甚至迅速坠毁。

当然，要想产生这股升力，你得先把机翼快速推入空气。这可以利用喷气机或火箭来完成，但大多数飞机（以及大多数受困的时间旅行者，我们猜）都会使用螺旋桨这种会把飞机往前推而不是往上抬的小型转动装置。[①]把螺旋桨的形状变得稍微扭曲一些，整个装置的工作效率就会提高。实际上，机翼形状的微小改变——无论是否用螺旋桨作为推进装置——都会产生巨大的效果，这是一条你在建造飞机时要用到的性质！下面是一张简易飞机示意图，也是一种可以复制的设计：

① 早期的飞机设计师并不确定把螺旋桨安在机尾（利用螺旋桨把飞机往前推）效果更好，还是安在机头（利用螺旋桨把飞机往前拉）效果更好。答案是，安在机头更好。安在机翼后部的螺旋桨的工作效率会打折扣，这是因为它们把飞机往前推时利用的空气已经穿过飞机且被扰乱。实际上，早期飞机设计师对很多事情都不确定，所以，如果你也这样的话，也别着急：在飞机发明后的几十年里，每个开过飞机的人都可以正常驾驶，哪怕他们对飞机的工作原理没有准确的认识。

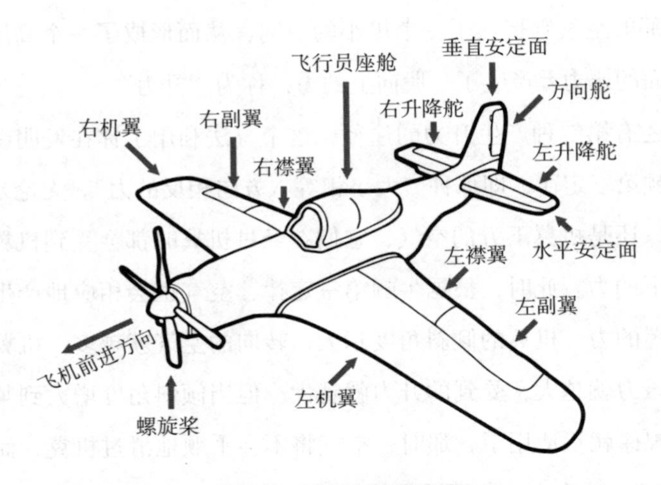

图 48　飞机部件示意图

尾翼有助于飞机飞行时的稳定。尾翼侧边的襟翼叫作“升降舵”，可以让机尾上下移动，你可以借此控制飞机的上下角度。方向舵会左右摇摆，负责控制机头的左右方向。前部机翼上的副翼可以让飞机侧滚：抬升一侧副翼，压低另一侧副翼，飞机就会往侧向翻。除了做一些酷炫的特技动作以外，侧滚可以帮助你稳定机身并使其保持平稳。最后要介绍的是前部机翼上的襟翼，其功能和副翼一模一样，只不过得同时往下抬或往下压，以便让你在保持飞机平稳的同时调节机翼产生的升力。压低襟翼就能产生更大的升力，这在飞机以较低速度平稳着陆时颇为有用，抬升襟翼则是为了在顺利起飞后加速到更高的巡航速度。

除了推力和升力之外，飞机飞行时还会受到的两种力是重力（也就是把你拽向地球的力）和阻力（与推力起相反作用的所有力，比如空气阻力）。这就是重质飞行器如此复杂的另一大原因。理论上说，给某件东西（要能往前推动机翼）安上尺寸足够大的机翼，就能飞了。但在实际操作中，能够产生足够大的推力并进而产生足够大的升力（大到能带着人飞起来）的发动机往往本身也很重，这就让这个问题变得更复杂了。内燃机的功率质量比更高，但历史上首先试飞成功（虽然时间比较短）的是蒸汽动力的飞行器：于1874年试飞成功的第一架人造重质飞行器是由蒸汽提供动力的。这比莱特兄弟早了将近30年。①

不过，在你开始努力往飞机上安装发动机之前，先试试滑翔机吧。滑翔机是一些从高处飞下，慢慢滑行着陆且没有发动机的飞机。滑翔机可以作为飞机的训练机。另外，虽然自主供能的重质飞行器所需的前置技术颇为苛刻，但制造滑翔机需要的只是一些木材、纺织物以及一些专业知识（我们已经告诉你了）。1000年，欧洲制造了一架功能性木质滑翔机，人们当时在没有其他技术支持的情况下试飞了。不过，直到1760年工业革命前后，仍然没有自主供能飞行器出现，但滑翔机在15世纪初文艺复兴时期促使人们发明了一种携带飞机的机械——本质上是一种巨型的弩式弹射器，可以把滑翔机射到天空中。[37]

你的文明也许会从热气球开始航天事业的探索，接着再开始尝试制作飞艇或重质飞行器，但具体怎么做还是完全取决于你。你穿越到过去并不是为了找一些告诉你不要身披羽毛然后看看能不能飞起来的书，你是要白手起家重建文明地干一番大事业的，我们尊重你的选择。

---

① 莱特兄弟制造出了人类第一架自主供能的人造飞行器。1874年的这架飞行器的确是由蒸汽提供动力，但它只能在从高处落下后飞行一段时间，之后就会慢慢滑翔着陆：飞行器上的蒸汽机不够高效，无法使其保持飞行的状态。而莱特兄弟发明（并且注册了专利）飞机后，并没有再继续改进创新，而是把大把时间花在了诉讼竞争对手甚至是那些驾驶非莱特式飞机的飞行员上。这些诉讼案对美国的航天工业造成了毁灭性的打击。到1912年1月，法国（莱特兄弟在法国也有专利，但一直拖延着没有生效）每天有800多名飞行员进行飞行活动，而美国只有区区90名。直到1917年，美国政府制定法律强制飞机生产厂商共享专利，这些诉讼案才告一段落，但造成的巨大损失已无法挽回。同年，美国正式加入“一战”，他们的飞行员驾驶的是法国产飞机：美国制造的飞机已远远落后。我们提这些都是为了告诉你：如果你打定主意要发明重质飞行器，或许应该更冷静一点儿。

10.13 我想让大家都觉得我很聪明

本部分只介绍一项技能，那就是**逻辑**。逻辑不仅能让你的文明成员更好地完成推理，还能让他们知道自己的推理是否正确。除此以外，正如你将在第17章中看到的那样，逻辑也为机器推理奠定了基础。逻辑还是人类历史上取得的最伟大的成就之一，并且由于我们花了几百年时间才彻底完善这门学科，你现在要是不好好学习利用这种便利工具，那就根本不符合逻辑。

10.13.1 逻辑学

> 如果这个世界是合乎逻辑的，那男人们应该侧坐在马上才对。
>
> ——你（以及丽塔·梅·布朗）

什么是逻辑

逻辑是一种能改变你思维方式的结构化思维系统，并且这种技术最终能让你造出以同种思维进行推理的机器。

如果没有逻辑

想要具有清晰正确的抽象思维就更加困难了。

最早出现时间

公元前 4 世纪 50 年代（亚里士多德第一个从科学角度研究了逻辑）

公元前 4 世纪（命题逻辑首次出现）

13 世纪（人类重新发现了命题逻辑）

1847 年（人类发明了命题演算）

前置技术

口头语言

如何发明

纵观历史，人类曾数次发明逻辑的基本构造（中国、印度和希腊），但出于历史上的原因，希腊版本的逻辑学——亚里士多德的三段论逻辑——影响最大。因此，你要发明的正是这种逻辑学。你首先得从公理（一些不证自明、明显正确的原理）开始，然后从公理推导出结论。三段论由一个大前提（1）、一个小前提（2）以及一条结论（3）构成，下面就是一个例子：

1. 所有人都会死。
2. 伊姆霍特普是人。
3. 因此，伊姆霍特普也会死。

很直白，很好懂，对吧？你可以把各种不同的说法都按这种形式写出来：

1. 所有时间旅行者都想和过去的自己相见。
2. 所有 FC3000™ 时光机用户都是时间旅行者。
3. 因此，所有 FC3000™ 时光机用户都想和过去的自己相见。

或者你也可以写得更复杂一点儿：

1. 所有人身上都有肉。
2. 用削尖的棍子、兽骨或者针把色素涂在皮肤上，所有肉都能有酷炫的文身。这是因为当人体免疫系统吞食了表皮下的色素分子时，顶层的表皮就会愈合，色素就稳定集中到了表皮正下方。
3. 因此，用削尖的棍子、兽骨或者针把色素涂在皮肤上，所有人都能有酷炫的文身。这是因为当人体免疫系统吞食了表皮下的色素分子时，顶层的表皮就会愈合，色素就稳定集中到了表皮正下方。①

正如我们刚才看到的那样，既然在这个结构中替换不同的词句，整个逻辑都成立，那我们就可以把其中可替换的部分抽象成符号。我们就用S代表“主项”，用M代表“中项”，用P代表谓项，用于描述主项具有“某种属性”，于是就有：

1. 所有M都是P。
2. 所有S都是M。
3. 因此，所有S都是P。

这就是三段论逻辑为我们展示的魔法：如果你的前提正确且三段论结构有效，那么你做出的结论就不可能不正确。如果所有M都是P，而且所有S都是M，那么所有S都必然是P。至于M、P、S究竟是什么，都不重要，只要它们满足这些条件，结论就一定正确。

三段论让你的文明成员能够使用抽象逻辑和表述进行推理（这可是头一遭），而不是拘泥于陈述的具体对象。而且，这种表述结构也能揭示那些无效的表述！哪怕前提是正确的，如果它们不在有效的三段论结构中，那么得出的结论也未必正确。

① 就是这样。你刚刚已经学会了运用逻辑并且……同时还知道了如何在自己身上涂上恶心的墨水。

你总共可以想出15种三段论逻辑结构，我们马上就把它们全部展示给你，这可以为你的文明省去许多年的缜密的逻辑推理和哲学思辨的时间。

表16　有效的三段论逻辑结构

大前提	小前提	结论
所有M都是P	所有S都是M	因此，所有S都是P
所有M都不是P	所有S都是M	因此，所有S都不是P
所有M都是P	部分S是M	因此，部分S是P
所有M都不是P	部分S是M	因此，部分S不是P
所有P都是M	所有S都不是M	因此，所有S都不是P
所有P都不是M	所有S都是M	因此，所有S都不是P
所有P都是M	部分S不是M	因此，部分S不是P
所有P都不是M	部分S是M	因此，部分S不是P
所有M都是P	部分M是S	因此，部分S是P
部分M是P	所有M都是S	因此，部分S是P
部分M不是P	所有M都是S	因此，部分S不是P
所有M都不是P	部分M是S	因此，部分S不是P
所有P都是M	所有M都不是S	因此，所有S都不是P
部分P是M	所有M都是S	因此，部分S是P
所有P都不是M	部分M是S	因此，部分S不是P

人类花了几万年时间才苦苦思索出这些东西，而现在它们全部都在这张15×3的表格里！真棒！

你当然还能想出其他三段论结构，但它们要么是错的（例如，从“所有M都是P”以及“所有S都是M”推导出“因此，所有S都不是P”），要么得出的结论要弱于上面提到的这些。例如，从“所有贵宾犬都是狗”以及“所有狗都是哺乳动物”推导出“部分贵宾犬是哺乳动物”，单纯从理论上看，这是对的，但很容易让人产生误解。这让我们得出了一条非常重要的文明进步贴士。

文明进步贴士：毫无疑问，所有贵宾犬都是哺乳动物。

自亚里士多德发明三段论以来，在之后的2 000多年里，这种逻辑结构就一直屹立不倒，连大的修改都没有出现过。不过，虽然它们对于理清思路颇为有用，但并不完美——它们的载体是语言，而语言总是含义模糊且不够准确的。举个例子，假如你通过完美的逻辑推理，得出了这样一个结论“因此，所有有安全意识的时间旅行者都害怕某些恐龙”，有些人可能会理解成“每个有安全意识的时间旅行者都害怕至少一只恐龙”，而另一些人则会理解成“有一种体形巨大的恐龙，所有有安全意识的时间旅行者都害怕它们”。真是这样吗？*看上去我们很有必要知道答案。*

解决这个问题需要时间[1]，但人类最终意识到，如果能把三段论转化成一种可以解决的命题，那就能利用数学蕴含的终极准确性探索逻辑过程和推理过程。这种推理过程最终会催生出一种称为“命题演算”的方法——尽管这个名字令人望而生畏，但其实很简单。[2]

---

① 要多久？命题逻辑首次出现于公元前300年左右，之后失传。13世纪前后，人们又再度发现了它，此后，乔治·布尔（George Boole）又在19世纪把命题逻辑提炼成了一种符号逻辑。他的名字也从此演变成了一个具有特殊含义的词语“布尔（的）”（Boolean），意为“真或假”。

② 实际上，正是这种更准确的演算过程让人们意识到亚里士多德提出的三段论逻辑中有几个*其实是不正确的*。刚才，我们列出一个表展示了15个三段论逻辑结构，而亚里士多德最初列出的那张表更长。当我们用这种更加准确的命题演算方法检验亚里士多德一开始提出的三段论逻辑后，我们才发现其中的某些只有在预设某一类别确有成员时才成立。说得更清楚一些那就是，只有当我们假设某一类别*确实存在*时，这种逻辑结构才成立。举个例子，一种错误的三段论逻辑是这样的：“所有M都是S，且所有M都是P，因此，部分S是P”。这种结构在处理那些确实存在的事物时是有效的，比如如果我说“所有马都是哺乳动物，且所有马都有蹄，因此，部分哺乳动物有蹄”，你会说“没错，哥们儿，我知道”。然而，如果M所指的事物根本不存在的话，这种三段论结构就完全站不住脚。借着同样的形式以及同等正确的假设，我们可以提出“所有独角兽都有角，并且所有独角兽都是马，因此，部分马有角”。然而，在人类于21世纪通过基因工程培育出小型的马（并且意想不到地成了最受欢迎的宠物之一）之前，所有马都没有角。之所以会推导出这个错误的结论是因为所用的三段论结构有缺陷。只有增添“存在性条件”才能让这个结构牢不可破，比如：“如果所有M都是S，且所有M都是P，且M存在，那么部分S是P。”人类总是觉得自己很聪明，然而亚里士多德的推理过程中存在了多处此类错误并且流传了2 000多年。如果在此之前的许多代逻辑学家中哪怕有一人可以用更多独角兽举例，这种错误都应该早就被发现了。

就拿我们已经举过的一个三段论作为例："所有时间旅行者都想和过去的自己相见，且所有FC3000™时光机用户都是时间旅行者，因此，所有FC3000™时光机用户都想和过去的自己相见。"我们刚才已经看到了如何把这个三段论提炼成"所有M都是P，且所有S都是M，因此，所有S都是P"这种形式。那么，如果我们把其中的"是"这种词用一个表示"若……则……"的符号"→"来代替，那么这个三段论可以写成这种形式：

M→P 且 S→M，所以，S→P

换句话说就是，如果时间旅行者有某个想法，且FC3000™时光机用户是时间旅行者，那么FC3000™时光机用户就有这个想法。抱歉，各位时间旅行者，这么说可能冒犯了你们，但从逻辑上说的确就是这样。现在，为了进一步精简表述，让我们用"∧"这个符号表示"且"，并且引入括号来明确表示变量间的关系。于是，我们就得到：

（M→P）∧（S→M），所以，（S→P）

再用"∴"这个符号代替"所以"，用更加抽象且在字母表本来就是连续排列的p、q、r代替M、P、S，最后再调整一下陈述顺序使之更符合我们的直观体验，我们就得到了最后这种表述形式：

$$[(p \to q) \wedge (q \to r)] \therefore (p \to r)$$

换句话说就是，如果p意味着q，且q意味着r，那么p就意味着r。这个表述和我们刚才看到的时间旅行者迫切想要与过去的自己相见的表述其实是一样的，只不过是提炼成了纯符号形式而已。

下面再来介绍另一个简化表述："非p"（用"$\neg p$"表示），代表p的相反值。我们的逻辑学只处理那些非真即假的对象，因此，“非真”就是“假”，而“非假”就是“真”。以此为基础，我们就能轻松证明“非非p”（$\neg\neg p$）一定等于p。你只要把所有可能的选项（其实也就是两种）全部列出来就能证明了，结果如下表：

表 17　一张“真假表”

p	$\neg p$	$\neg\neg p$
真	p的相反，因而为假	$\neg p$的相反，因而为真
假	p的相反，因而为真	$\neg p$的相反，因而为假

我们把这张表称为“真假表”，而你则用它证明了p等于$\neg\neg p$。我们现在还不会称你是历史上最伟大的逻辑学家，但我们会说：你绝对是**目前为止**历史上最伟大的逻辑学家。

没错，这就是证明“p等于$\neg\neg p$”这个命题为真的所有步骤。看上去很容易，事实也是如此，但是这个如此简单的证明过程奠定了有效论证形式的基础，未来可以将其用于处理并证明更复杂的命题。当你把论证过程用这样的符号形式写下来的时候，你不仅是在探究这些变量相互作用的方式，也在探索逻辑推理本身的运作规则，你在创造那些可以证明是准确无误的新的思考方法。换句话说，你正在发明逻辑学。我们在附录D中为你提供了一些有效的论证形式。如果你决定创造一个极其符合逻辑的文明，那么它们将为你节省大把时间。

当然，构建逻辑体系的方法不止这一种。比如，你可以基于“真的程度”[①]，构建更复杂的逻辑体系，处理更复杂的逻辑关系[②]。我们之所以要教你这个体系，是因为它只处理肯定为真或肯定为假的命题，不处理处于中间地带的命题。也就是说，这个体系是二元化的。正如你将在第 17 章中看

① 举个例子，一个基于“真的程度”的逻辑体系大致是这样：用 0 表示某个命题为假，用 1 表示该命题为真，但 0~1 之间的任何数值也有意义。在这个体系中，0.9 代表差不多为真，0.000 1 代表几乎为假，而 0.5 则代表半真半假。

② 你可以引入其他算符，用以表示其他关系，比如用“◊p”来代表“可能是p”。这和我们在亚里士多德逻辑三段论中看到的“部分M是P”大致等同。

到的那样，你可以用这种二元逻辑建造像你这样进行逻辑推理的计算机，但它们的运算速度是你的几千倍。

因此，逻辑是唯一一个能让你再度舒适地躺在床上打游戏、看电影的方法。

文明进步贴士：不用谢我。

对于能够解决全人类生活诉求的技术手段，我们就介绍到这里了。现在，我们要把话题转向化学、哲学、艺术以及医药学。虽然从名字上看，对这些技术的需求好像没有必要，但它们的确可以大幅提升你的文明水平。

化学：什么是物质，我又该怎么创造物质？

化学的奥秘在于……永远不要反应过度。

化学是一门把东西从地下挖出来，然后把它们转变成另一种更有用的东西的科学。这种转变的形式多种多样，要想完全弄懂，需要花上一辈子的时间。然而，在这本指南中，我们只用几页的篇幅为你提炼一些这方面的纯理论知识。

物质是由什么构成的？

这是人类心中最基本的问题之一，我们研究了几千年才终于想出这个问题的答案。你这个要白手起家重建文明的人当然没有时间做这种研究，所以我们直接把答案告诉你：物质是由原子构成的，而原子是一些极其微小的物质，直径大约只有 0.1 纳米。原子的中心有一个核（也就是原子核），由带正电的质子和电中性的中子构成。原子核质量占整个原子质量的 99.9%。

目前人类共发现了 100 多种不同的原子，我们把它们称为“元素”。原子中质子的数量决定了它是哪种元素：只有 1 个质子的原子就是氢元素，有 8 个质子的原子就是氧元素，有 33 个质子的原子是砷元素。氧能让你活下来而砷会置你于死地，可见每种元素的性质天差地别，你肯定想要详细了解每种原子有多少质子。你很走运，我们制作了一张包含该信息且能告诉你元素之间相互关系的表格，称为“元素周期表”（参见附录B）。这是一张完整的表格，有效期至 2041 年，也就是说，这张表上次更新是在 2041 年。原子获得或失去质子后就变成了另一种元素，但获得或失去中子后仍旧是原来那种元素，这些变体叫作“同位素”。含中子个数多的同位素要比中子个数少的更重。

每种元素原子核的周围都栖息着至少一个带负电的电子。电子在不同轨道上运动，有的离原子核近些，有的远些。最小的轨道只能容纳 2 个电子，但第二小的轨道就能容纳 8 个电子，第三小的轨道则能容纳 18 个电子，按照 $2n^2$ 这个公式类推，式中的 n 就是壳层序数（你可以这么理解，从最靠近原子核的那条轨道数起，该轨道是第几条）。另外，虽然电子总想和原子核紧紧贴在一起，但电子可以在不充满内部壳层的情况下就去填充外部壳层。基于以上这些规则，下面这幅图展示了原子的大致模型：

原子之间可以相互结合形成分子。这个结合的过程就是你听说过的“化学反应”。从原子内部的电子情况，你就能看出这种原子的化学性质的活泼程度。原子总是希望自己的外层轨道充满电子，因此，那些已经达到了这种状态的元素就不如那些还未达到这种状态的元素活泼。接下来发生的事，你大概就可以想象得到了：多出两个电子的元素倾向于和那些还需要两个电子的元素发生反应。这就表明，那些最外层轨道已经充满电子的

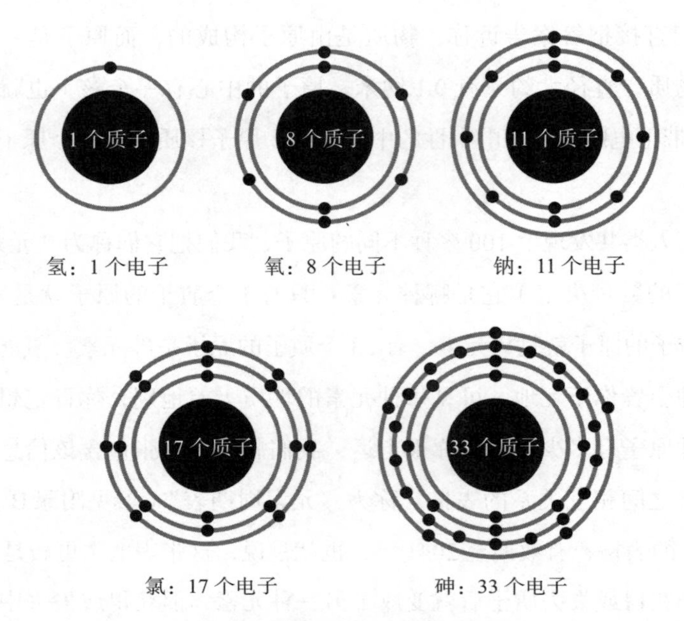

图 49　几种元素原子结构示意图

原子（比如氦元素和氖元素）不“乐意”和其他任何元素发生反应。事实正是如此！氦元素和氖元素的化学性质非常不活泼，乃至人们通常认为这世上不可能存在由这两种原子构成的分子。不过，这种分子其实还是有的（是我们人为制造的，不影响我们刚才说的结论），但要让氦原子或氖原子加入反应通常需要极高的压力或极低的温度。[38]

让我们以水分子的形成为例，考察化学反应的过程。2 个氢原子和 1 个氧原子可以结合，形成一个水分子（H_2O，下标 2 告诉我们这个分子中有 2 个氢原子）。氧原子的最外层轨道共有 8 个位置可以容纳电子，其中 6 个已有电子填充，因此有 2 个空位。而 2 个氢原子则各有 1 个电子，于是，它们就会把自己的这个电子拿出来与氧原子共享，这就形成了一个水分子。如果原子也会感到开心的话①，那水分子中的这些原子就很开心，它们都得到了满足。这种共享电子的方式叫作共价键。

① 原子当然不能感到开心，但我们还是会赋予这些无生命的物质以情感、欲望和动机，这样我们解释起来就简单多了。

不过，我们还需要考虑一个问题，那就是电荷。每个电子都带有一个单位的负电荷，每个质子都带有一个单位的正电荷，并且由于大多数元素原子内的质子数和电子数相同，所以它们的正负电荷相互抵消，整个原子就表现出电中性。然而，原子并不总是如我们在前面看到的水分子那样共享电子。它们还可以互相交换电子。当这种交换发生时，一个原子会失去电子，而另一个原子则会获得电子，结果就是这些原子带上了正负电荷（此时，这种原子就可称为离子）。于是，所带电荷相反的原子相互吸引，所带电荷相同的原子则会相互排斥。这两种原子通过“异性相吸，同性相斥”的原理结合形成了新的物质。

举个例子：钠（也就是元素周期表上的“Na”）有 11 个电子，2 个电子在第一层，8 个电子在第二层，最外层则只有 1 个电子。氯（也就是元素周期表上的“Cl”）有 17 个电子，2 个电子在第一层，8 个电子在第二层，最外层则有 7 个电子。氯原子想要得到 1 个电子从而让最外层拥有 8 个电子。钠原子如果能丢掉 1 个电子的话，也能让最外层拥有 8 个电子。而这就是实际发生的情况。不过，当钠原子丢掉那个多余的电子后，它就带上了正电荷；而氯原子得到钠原子所丢掉的电子后，就带上了负电荷。于是，这两种原子相互吸引并通过某种方式结合在一起。这个过程的产物就是氯化钠（NaCl），也就是盐，而这种通过电荷吸引结合在一起的方式就称作离子键。

相比离子键，共价键更容易断裂，这是因为“共享”电子往往只是暂时的。结果就是，通过共价键结合在一起的化学物质在室温下通常呈液态或气态。非金属元素之间才能形成共价键。（元素周期表上列出了所有的金属元素和非金属元素，还列出了所有的半金属元素。半金属元素是介于金属与非金属之间的元素，同时具有这两种元素的性质。）离子键就不太容易断裂，因此，通过离子键结合的化学物质在室温下通常呈固态，且通常由金属元素和非金属元素结合形成。

阅读上面这几段文字可以把你的化学水平从公元前 137.99 亿年一路提升到 20 世纪中叶人类的顶尖化学水平。我们直到 19 世纪才想明白什么是元素，因此，即便你只是草草浏览了前面几段文字，你也做得很好了——这真是见鬼了！如果要继续深入下去的话，你得知道质子和中子都是由更小的粒子构成的（这种奇怪的粒子称为“夸克”，总共有 6 味[①]），并且电子也不是“绕着原子核运动”，而是“以波的形式存在于不可观测的一定范围内”，并非“某时某刻待在一个点上”[②]。不过，就你目前所处的环境来说，你还不需要了解得如此透彻，除非你真的要造时光机。但你不会的，因为造时光机实在太难了，解释清楚这个工程的第一步已经很难，否则我们就不会写这本关于如何白手起家、重建文明的指南了。

如果没有功能极其强大的显微镜，就很难直接证明原子的存在，但你可以轻松地观察到因为有原子存在而产生的现象，例如，一杯水中的灰尘会毫无规律地四处移动。这种运动［本名叫作“布朗运动”，以在 1827 年发现这种现象的博物学家罗伯特 · 布朗（Robert Brown）的名字命名］之所以会发生，是因为灰尘受到了水中微粒（也就是水分子）的无规则撞击。

物质从哪儿来？

大爆炸（发生于公元前 137.99 亿年，要不是你的时光机罢工了，这个事件绝对值得你穿越到过去亲眼见证）使宇宙中的物质诞生，而这些物质（大部分）则聚合成了氢：最简单的元素。超大质量的氢又聚合成了一个巨大的球。这个球非常大，以至其自身重量产生的压力在球心位置启动了核

---

① 没错，夸克的种类真的叫作“味”，而且夸克很奇怪。这 6 种夸克分别叫作上、下、顶、底、粲、奇——这就更加奇怪了。要想了解更多有关夸克的信息，请参考《时间旅行者生存指南之夸克篇——建造时光机必备，当然要最终成功还需要很多知识，不过我这种写书的小角色又怎么能阻挠你阅读有关夸克的知识且乐在其中呢》（卷九），希望你把这本书带在身边。

② 当物质小到一定程度后，它们的行为就会变得很奇怪，就像是你在一本主题不是量子力学的书的脚注里看到了对量子力学的细致总结一样。实际上，如果你想摆出一副量子力学专家的样子，只要用刚才这句话回答任何相关问题就可以了，你会有个完美的开端的。

聚变，也就是把氢（一个质子）聚变成氦（两个质子）。这个聚变过程释放出大量能量正是如今我们的太阳（以及所有其他类似恒星）的产能机制。

这个过程的持续时间短则数百万年，长则数百亿年（取决于恒星的大小），直到恒星内部的氢耗尽为止。到了那时，如果恒星足够大的话，其内部压力将足以进一步开启氦聚变。氦能聚变成更重的元素，从锂（3 个质子）一路到碳（6个质子）[①]，而碳是这一阶段的主要产物。如果这颗恒星足够大的话，在氦元素耗尽后，它就会开启碳聚变，这个过程形成的元素可以一直形成镁元素（12 个质子）。碳聚变阶段大约持续600 年。如果这颗恒星真的特别大的话，还可以重复碳聚变过程，最终形成铁（26 个质子）。

不过，事情到了这一步就没法继续进行下去了：铁聚变消耗的能量要大于产生的能量，因此，任何进入铁聚变阶段的恒星都会很快死亡——通常用不了一天。至此，恒星死亡了。根据恒星生前大小的不同，它们要么坍缩并留下一个逐渐冷却的躯壳（冷却阶段称为"白矮星"，彻底冷却后称为"黑矮星"，这种天体非常致密，一立方厘米的质量就超过 3 吨），要么形成一颗中子星（其内部压力比白矮星还高，所有物质都以原子核那样的密度挤作一团，这种天体的一立方厘米的质量就接近10亿吨），要么形成一个黑洞（比中子星质量还大的天体，连光都无法逃出其引力范围。坦白地说，此时你甚至都搞不清一立方厘米究竟是什么）。

于是，铁之前所有元素的来源都搞清楚了，那就是恒星内部的核聚变。那么，那些比铁还重的元素又是怎么来的呢？是这样的，前文中我们跳过了一个恒星演化阶段：恒星喷发出来的气体原本被恒星内核牢牢束缚在恒星周围，当恒星死亡后，这些气体突然失去了束缚，自身引力导致它们迅速收缩，于是，恒星便经历了一场毁灭性的终极大坍缩。所有的恒星物质都向内坍缩，产生了极大的热量和压力，进而导致质子和电子聚变成中子。

---

① 拥有 2 个质子的氦如何聚变成含有奇数个质子的元素呢？质子和中子有时会在聚变过程中破碎，这就是拥有 2 个质子的氦聚变产生锂（3 个质子）、硼（5 个质子）以及其他含有奇数个质子的元素的方式。

接着，恒星就爆炸了。

这场爆炸的威力极强，可能其中的某场爆炸再大些就能赶上大爆炸了。

这种爆炸——普通大小的恒星发生的爆炸称为“超新星爆发”，超大质量恒星发生的爆炸则称为“极超新星爆发”——会向外剧烈喷发物质，形成一场巨大的粒子风暴，释放的能量在此后一个月左右里令其亮度超过10亿个太阳。这个过程中会产生一些极度不稳定的重原子核，它们会衰变成其他元素，其中就包括比铁重的元素。于是，超新星就成了宇宙里唯一一处可以生产比铁重的元素的地方，至少在地球上的我们于1950年开始人工合成元素之前是这样。这也解释了为什么氢和氦是目前宇宙中丰度最高的两种元素：只有恒星才能（缓慢）产生其他所有元素。氢和氦以外的所有元素其实只占宇宙元素含量的0.04%。虽然我们都是碳基生物，但很遗憾，构成人类的物质在宇宙中其实十分稀少，少到一个常用的四舍五入就可以忽略不计。

如果你对此感到失落，记住自己来自不可思议的爆炸，就可以了。

我可以用这些物质制造什么？

严格说来，你可以利用这些物质制造一切。为了帮助你顺利起步，我们在附录C中提供了许多实用化学物质的生产方法。考虑到你现在的处境，这些信息迟早会派上用场。我们还介绍了上述每种物质的化学组成——单纯为了生产确实不需要这些信息，但知道这些物质的起源会为你或你的后代学习我们没讲述的化学知识提供巨大的帮助。另外，我们还得再次强调，里面有几种化学物质非常危险，这就是为什么我们给这个附录起名为“实用化学物质及其制作方法和危害”而不是“实用化学物质及其制作方法，它们性质优良、直接涂到眼睛里也没有任何问题”。现在，请你要么翻到附录C开始你的化学探索之旅，要么先把化学放一放，翻到下一页，学习一些有用的哲学知识。

主要哲学流派：用几句俏皮话简单总结一下它们吧

这里是唯我论的宣讲堂，还是只有我一个人？

你这个文明的哲学基础完全取决于你。不过，本部分极其浅白地概述了人类历史上的几大世界性哲学流派，这或许能为你的文明提供一些"借鉴意义"。你可以用不同的方法组合、扩展、弱化、强化甚至解构这些哲学观点，因此放开手脚，大胆去干吧。

哲学的困难且可怕之处在于，它要求你直面生活与存在的沉重问题，而这可能让你感到既迷茫又压抑。由于你现在很可能已经满腹疑问了，我们就不再从寻找生命意义和方向（这是通常人们认为的哲学目的）的角度描述这些哲学流派，而是从"举手击掌"（high five）[①]的角度讨论它们，这

① 在此读者不妨理解为一种沟通与激励的方式。——编者注

应该既新奇又有趣。

表 18　各种宗教哲学及存在的哲学

宗教哲学
一神论：上帝向我举手击掌。
多神论：至少有一个上帝与我举手击掌。
单一主神论：可能还存在其他神，也可能没有，但我只知道我崇拜的那个与我举手击掌的神。
单神崇拜论：肯定存在许多个神，但我只崇拜那个与我举手击掌的神。
泛神论：宇宙就是神，神就是宇宙，与我举手击掌。
万有在神论：宇宙到处都体现着神性，因为神创造了宇宙及其运行规则，但神高于宇宙，神与我举手击掌。
全神论：所有宗教的神都以各自的方式与你举手击掌，但没有哪一个宗教的神独自可以给予你举手击掌的完整体验。
泛心论：宇宙中的一切都有意识，因此都可以与我举手击掌。
应有神论：应该有某种神在与我击掌，但除此以外，谁知道呢？
不可知论：可能有神与我击掌，但也可能是我在与自己击掌，谁知道呢？
无神论：我与自己击掌，与神无关。
自神论：我自己与自己击掌，我就是神。
远神论：神是否存在与神是否与人击掌之间根本没有关系。你们是完全没事儿做吗？成天想这些东西。
漠视论："神"这个概念根本没有明确的定义，因此，讨论神是否存在、是否与人击掌毫无意义。
自然神论：神肯定存在（不管有几个），但神从来不会干涉人类的事务，因此，我很确定他们从来没有与我击过掌。
二元论：这个世界上既有善，也有恶。因此，每一次击掌行为必然对应着令人心情低落、毫无干劲儿的反面行为。
反神论：肯定不存在与人击掌的神，不过，如果神存在，我完全放任神继续这么做。
恶神论：与人击掌的神肯定存在，但其采用的方式令人心生厌恶。
唯我论：我自己与自己击掌。遗憾的是，这种击掌的行为也只是我想象出来的，因为除了我的思维之外，根本不存在任何东西。
世俗人文主义：没有神会与我们击掌，但我们仍要友善相处……我们仍然可以互相取暖、互相激励。

顺便一提，如果某个词或词语（比如这里的"举手击掌"）反复出现，你可能就会对它感到陌生，觉得它失去了原来的意义。这种现象叫作"语言饱和"。来，击个掌，互相激励一下！

（续表）

关于存在的哲学
虚无主义：别说举手击掌了，一切都不存在，一切都没有意义。
存在主义：别说举手击掌了，一切都不存在，一切都没有意义。因此，我们要尽可能真诚地互相激励，从而赋予这个世界存在的意义。
决定论：我现在在与你击掌，但这并不是自由意志的结果，自由意志只是幻觉。如果你能让时光倒流，重启这个宇宙，一切都会和现在一模一样。结果就是，此时此刻，我仍旧会向你举起手准备击掌。
结果主义：无论过程有多么邪恶可怖，只要结果是令我高兴和被肯定的，那它就是正义的。
功利主义：无论过程有多么邪恶可怖，只要结果能让大多数的人受到最大程度的激励，那它就是正义的。
实证主义：你让我相信举手击掌的行为确实存在，那我得先看看相关的科学依据。
客观主义：击掌是我的合理个人权利。任何强权以任何形式无视我的个人权利，强行与我击掌，都是不对的。
享乐主义：击掌让我感觉很棒，开心的感觉真是太美妙了。因此，只要我想或我需要，就会激励自己。别和我谈什么后果。如果做爱时击掌也能让我感觉良好的话……我真的要试试。
实用主义：只有当击掌能够产生某些正面影响时，它们才是有益的。
经验主义：别相信直觉，也别相信传统。彻底理解击掌行为的作用的唯一方法就是亲身施与并接受激励。
斯多葛主义：情绪会导致错误的判断，而错误的判断又会干扰清晰、客观的思考过程。因此，最好的击掌一定是出于极度理性的原因才做出的。
绝对论：特定行为从本质上就有对错之分。比如，偷盗总是错的，哪怕你偷盗是为了给一只饿得奄奄一息的小狗喂食。而击掌的行为总是对的，哪怕你想以击掌的方式激励别人时狠狠地把巴掌甩在了对方脸上。
伊壁鸠鲁主义：能够得到快乐当然很棒，但最大的快乐则是能够摆脱痛苦与恐惧。因此，我只会与你以合理的次数击掌，毕竟我不想把自己的手掌拍得生疼。
荒诞主义：光是理解单次击掌这种激励方式的规模、范围、潜在影响力就已经着实困难了，要彻底了解所有击掌行为的真实意义就更加毫无可能了。于是，对击掌行为的合理回应就是自杀或者痴心妄想未来某一天某个神明会彻底究明击掌行为的意义。如果这两个情况都没有发生的话，那么就稀里糊涂地接受这种行为的荒诞性，继续没心没肺地开心击掌吧。

视觉艺术基础——有几种风格你甚至可以拿来即用

看了本章的介绍，你就可以用现在已能制造出来的颜色画画了。不过，对于那些还无法制造出来的颜色，你还是只能依靠想象来填补空缺。

我们本来不想这么说的，我们多想说“随便画，画多了你就知道哪种方法好了，没事的”，但历史证明我们错了。当你站在铁路的一头，看着面前笔直伸向远方的火车铁轨，你会发现，它们好像会聚到了地平线远方的一个点（消失点）上，然后就消失了。你知道这背后的原理吗？如果你知道，那你已经比几乎所有历史时期的绝大多数人更优秀了，因为直到 1413 年，人类都没弄明白其中的原理。[①]这就是为什么那些古老的画作看上去不太真实：当时，这个星球上没有一个人知道如何按照透视

① 当然，那时候的人们没见过铁轨，但这不是借口。农田、篱笆，甚至河流和海岸线都会产生同样的会聚效应。

原理画画。

看到此处，你可能会说："我确实不知道其中的原理，或许古埃及人就是喜欢这种不符合透视原理的绘画风格（在古埃及人的画作中，画中人物的相对大小取决于其对主题的重要性，而非其在真实空间中的相对大小），才创造了一大批此类画作，这大概就是他们从不按照透视原理绘画的原因吧。"你还可能辩称，要不是因为这个贯穿历史的原因，无论人们何时发现透视原理，艺术家都会彻底为之疯狂的。下面这幅画就是世界上最著名的画作之一——列奥纳多·达·芬奇的《最后的晚餐》，创作于 1495 年，这距欧洲人首次知晓透视原理仅仅过去了 80 年。

图 50 《最后的晚餐》。底部正中是一扇拱形门，这是后来加上去的，因为有些人觉得耶稣和他的十二门徒能够方便出入画中的场所非常重要——哪怕这是一件珍贵的艺术品

看看画中用瓦片平铺的屋顶，那些沿着墙面排列的方形以及后部那些厚矩形窗。这幅画作之所以会呈现出这个样子，最多只有 1/3 的原因是"我热爱宗教，所以我要把我最喜爱的宗教人物享用晚餐时的场景画下来"，至少有 2/3 的原因是"哥们儿，我的消失点不见了。仔细看看墙上的那些矩形、方形，你甚至都没意识到这点吧"。下面这幅是拉斐尔的名作《雅典学院》，创作于 1509 年。

图 51 《雅典学院》，绘于原梵蒂冈教皇宫内的墙壁上

你是先注意到了画面中的人物，还是瓷砖地面，一系列拱形屋顶、台阶以及那个在前景中的一个立方体上写字的家伙（所有这些都是用深思熟虑、夺人眼球的单点透视构图渲染的）？当现代社会的人们发明了计算机光线追踪技术之后，他们制作了大量（没有几百万张也有几十万张）悬停于棋盘格子上方的高反光铬球图像，目的只是为了炫耀光线追踪技术如何华丽地渲染这些反射光线。当人们在图像处理软件Photoshop中发明出光晕特效后，我们这些吃瓜群众就不得不忍受多年无论什么东西都要加个光晕效果的日子，因为参与设计的艺术家对这个他们刚刚掌握了使用方法的新工具实在是太兴奋了。而人们发现透视原理时，情况也没什么两样，再加上当时正好赶上了欧洲文艺复兴运动，一部分最伟大的欧洲经典作品自然就用上了这种 15 世纪版本的光晕特效和悬浮铬球。

更早时候的艺术家当然也知道近大远小的道理，但他们并不知道这种现象背后的数学理论，只能凭空猜测物体看上去会是什么样子，而这则会产生非常复杂的结果。一些艺术家已经接近了真相，比如 1100 年之后的一些中国艺术家。他们使用了一种现在叫作“多点透视”的绘画方法。用这种方法创作出的画和我们在现实生活中从任何视角看到的景象都不相同，但至少在平面上近似表现出了三维物体的形象。

打开透视法大门的最后一把钥匙是消失点的发现。

图 52 一幅以磨坊为主题的中国画，绘于 1100 年前后，无题

回到本章开头我们一起想象的那条铁轨。客观来说，它们是笔直通往远处的，但从视觉上讲，它们会聚于远方地平线的一个点上，然后就消失了。如果你在画作中把所有形状都按这种方式处理（墙面、建筑物、立方体等一切事物的视觉假想线都会聚、消失在一个点上），你就可以绘制出一幅好似从窗户里看出去的、感觉很真实的画作。而这实际上就是你在《最后的晚餐》中看到的景象：

图 53 《最后的晚餐》修改版，图中的白线可以帮助你从透视角度理解这幅画作

《最后的晚餐》使用的是单点透视，也就是说，所有竖直线条都是平行的，并且观察物体的视角位于正面（也就是正视图）。你可以把物体转过一个角度，使其与视线形成一定角度，这样一来情况就更复杂了。此时竖直线条仍然平行，但物体的每个面都有了自己的消失点，形成了两点透视。

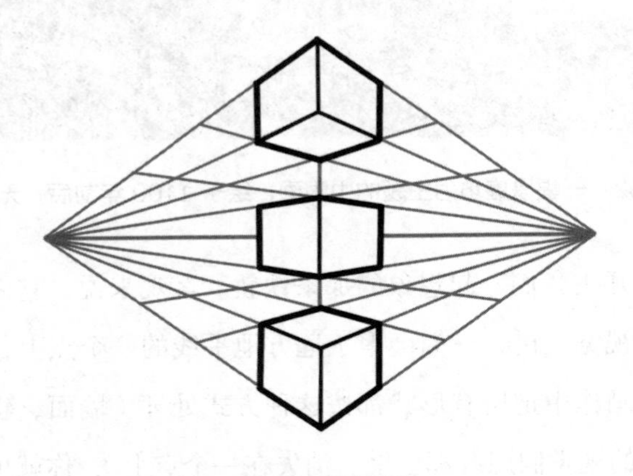

图 54　两点透视

最后，三点透视就是物体的上方或下方也都出现了消失点。此时，竖直线条不再平行，而是形成一个会聚于消失点的角度。

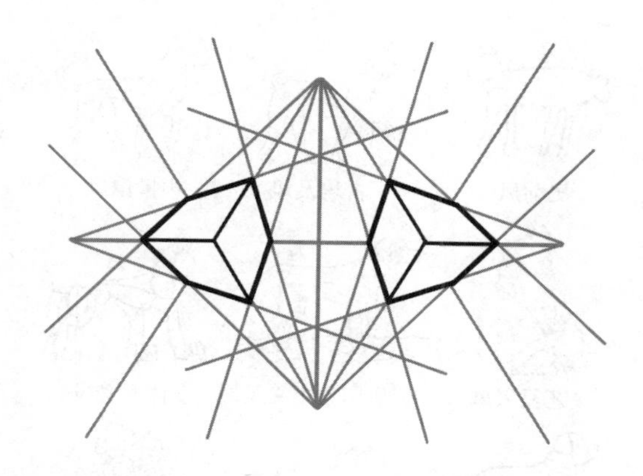

图 55　三点透视。更多点的透视情况就留给你作为练习吧

透视技巧并不完美。严格说来，任何透视画都只在某一个点（所有消失点都有意义）观看时才表现准确。然而，人类的大脑实在是非常强大并且会在无形之中纠正许多从技术角度上说没有意义的事。例如：大脑会自动把一系列快速翻动的图画转化成视觉上的运动效果（动画书，发明这种东西对你来说非常容易；还有电影，要想发明这玩意儿就要多费一点儿功夫了）；大脑会自动把先后进入你耳朵的声音转换成一种明显的位置感（这就是你能靠听觉判断出声音源头的原因）；大脑还会自动把所有透视画转换成看上去符合实际情况的样子，哪怕我们其实并没有从特别准确的角度看这幅画。

好了，这就是透视的基本原理。知道这些，你就能把周遭世界绘制成更生动、更写实的图画。不过，写实并不是视觉艺术的唯一目标——从历史上看，在照相技术出现之后，人们也更强调这点。一旦艺术家意识到这一点并且开始尝试超越写实主义，他们就会开始探索其他风格——而非写实的风格毫无限制，创作者完全可以天马行空。

下面这些就是不同视觉艺术风格的画作，它们应该能给你这个文明中的艺术家一些强烈的灵感，让他们有个好的开始。如果走运的话，他们说不定可以直接越过我们的创作，孕育出我们连想都没想过的、震撼世界的全新艺术作品。祝你好运！

图 56　艺术

工具栏：从哪儿弄来颜料？

你可以用碳或者木炭获取黑色颜料，只要把碳（木炭）加到水或油里就行了，但要想获得其他颜色的颜料就稍微困难一些了。磨碎各种颜色的矿物制作颜料是一种可以追溯到公元前 40 万年的古老方法：收集那些颜色你喜欢的岩石，把它们碾成粉末，再用水冲洗去除可能存在的可溶性物质，最后晒干，就大功告成了。至于那些石头没有的颜色，就要通过生物资源来获取，碾碎昆虫、软体动物乃至晒干的粪便都是人类过去用过的方法。照这个思路发展下去就不难了。一种称为“印度黄”的浅黄色曾经就是用这种方法得到的：只给奶牛喂杧果叶，让它们营养不良，它们的尿液就会变为亮黄色。17 世纪的欧洲流行一种叫作“干尸棕”的颜色，制作方法是把存放已久的干尸（猫的干尸，还有人的干尸）碾碎，然后用尸体的残骸画画。我们的祖先在这条路上走得很远……有些过头了。

历史上，不同深浅的蓝色和紫色是最难制作的。在 1704 年之前，最深的蓝色之一，也就是深蓝色，只有通过碾碎天青石这种稀有矿石才能获取。[①]因此，当时有深蓝色天空的画作就是身份地位的象征。毕竟，这意味着你有钱有势到可以为了画一张画就把珍稀的宝石碾成粉末。紫色之所以能和皇室产生联系也是因为紫色颜料的生产成本极其高昂：在某些历史时期，紫色颜料的价格相当于与其同质量的白银。最好的紫色是这么得到的：地中海地区有一种身型极小（6~9 厘米长）的蜗牛，它们通常会用黏液麻痹猎物，要制作这种最高品质的紫色，就得把这种蜗牛的黏液提取出来。获取这种黏液需要耗费大量人力：要么养大量蜗牛，然后挑起蜗牛内部的“事端”，让它们互相喷黏液攻击对方（类似于“养牛挤奶”），要么彻底把这些蜗牛碾碎，直接获取黏液。无论采取哪种方法，12 000 只蜗牛都只能生产出大约 1 克的纯颜料。如果你对此感兴趣，那我们可以告诉你，这种蜗牛大概是在公元前 360 万年左右出现的。于是，时间旅行者中开始流传一句很著名的话：“只要这个时代有人类存在，我们就有可能在地中海附近的某个地方生产特别昂贵的紫色颜料，从而发家致富！”

---

① 1704 年发明的人工合成蓝色颜料其实并不是世界上第一种人工生产的颜料。那只不过是欧洲人的第一种人工颜料，而早在公元前 3000 年左右，古埃及人因为碾碎天青石的高昂代价而懊恼，已经成功地人工合成了这种蓝色，他们在高温下将石英砂、铜、碳酸钙以及碱灰混合。这项技术一直用了几千年，但是到了 400 年的时候，所有知道具体制作方法的人都去世了，并且他们既没有把这项技术传授给他人，也没有把它写下来。于是，这项廉价生产当时世界上最昂贵颜色之一的技术就此失传。听好了：这就是你把某些非常重要的秘密带到坟墓中去的后果。

14

治愈身体——药物及发明药物的方法

重新创建医药学，首先你需要的是……病人。

一个名叫希波克拉底的人在公元前400年左右，提出了西方医学史上的两大主要思想：其中一个有些作用，另一个则是一场彻头彻尾的灾难。有作用的思想就是“希波克拉底誓言”，直到今天也有很多医生仍在遵循它。这些医生出于某种原因，觉得有必要公开承诺他们不会蓄意杀害自己的病人。具有破坏性的思想则是一种关于疾病的正式幽默。

这种破坏性思想认为，无论生活情况如何，所有疾病都是由人体内的“四体液”（血液、黏液、黑胆汁和黄胆汁）中的某一种失调所引起的。虽然这个学说相对于之前的医学理论（认为疾病是发怒的神明给你的惩罚，因此，如果你病了，*就不要总是惹神明生气*）来说，称得上是一种进步

（此处有争议），但它和医学以及人体的现实状况毫无关系。基于体液学说制订的任何治疗方案是否能使你康复，完全看运气。然而，以四体液为基础的医学理论一直流行至 1858 年——当人类发现了细胞并且意识到并非所有疾病都可以通过放血、催吐、体操以及肉体按摩治愈时，才退出了历史的舞台。

有一点一定要明确：西方医学在长达 2 000 多年的时间里，一直在用这种不准确且毫无帮助的体液失调理论治疗病人。这一持续时间超过了大多数文明的存在时间，其中就包括（一定要提一下）孕育了这种理论的希腊文明。在四体液理论退出历史舞台之后的几个世纪里，医学进步的幅度超过了此前的总和。如果你不想自己的文明成员毫无必要地死亡（因为你是一个正直的人，也因为从客观上说，因病英年早逝绝对算不上是人生的最美好结局），那你一定想快点儿引入现代医学基础。①

当然，并不只是西方文明在医学发展过程中遇到了困难。多个历史时期的多个文明都出现了禁忌人体解剖的观念。虽然这是可以理解的（剖开逝者的身体然后随意倒腾当然很奇怪，但你也要当心你的文明成员的这种想法），但这种观念确实阻碍了医学进步。如果你想知道如何治愈人类，你就得知晓人体的工作方式，而解剖动物并类比推理并不能让你走多远。从历史上看，像“汗从哪儿来”“血管输送的是血液、空气还是其他”以及“子宫是待在一个地方不动还是像居住在女性体内的独立生物那样到处乱

① 而且，人们不是从“四体液”理论直接跳到“别等了，就是病菌的问题”这个阶段的。欧洲、印度和中国都在瘴气学说上浪费了多年的时间。瘴气学说认为，难闻的气味会携带疾病并使人生病。这个理论至少有一个优点：由于人类排泄物和腐败的食物都不好闻，旨在解决“瘴气”问题的公共工程确实能够给人们提供帮助。伦敦就属于这种情况：1858 年，在霍乱以及“大恶臭”（温暖的天气令那些未经处理就漂浮在泰晤士河上的人类排泄物比平时更加难闻）爆发之后，伦敦兴建了大量下水道，以将恶臭的水体排出这座城市。这对当时已经存在的城市排泄物处理系统来说，堪称里程碑式的进步。要知道，在此之前，人们会把自己的粪便直接倒在大街上或是附近的粪坑内，接着再抱怨为什么所有东西都那么难闻。当下水道系统建设完毕（伦敦市民的健康也得到了改善）后，人们才意识到，携带疾病的并不是难闻的气味，而是病菌。伦敦那庞大且极其昂贵的下水道系统（一直沿用至今）完全是出于错误的理由兴建的，也只是正好改善了公共卫生状况。

动”[①]这样的问题，都可以借由人体解剖很好地解答。感谢我们吧，附录I里有一张人体解剖图，介绍了每个主要内脏的形状、大小、位置以及在人体中扮演的角色、所起的功能。这些相对比较简单的信息，足以让你的文明的医学水平进步几千年。

下面要介绍的基本医学知识是你在任何历史时期都能用在自己和同伴身上的。如果你还有其他选择，我们会说：“没错，你可以在生病时自己去看医生，不用把健康的全部希望寄托在这段时光机维修手册的简短介绍上。”然而，你别无选择，你一定得好好学习下面这部分知识。

疾病的病菌理论

当外来微生物在你体内安营扎寨、繁荣滋长后，不好的事情也随之发生了。这件事想想就让人觉得恶心，于是，医学专家用“感染”这个词委婉地表达了这个意思。微生物有很多种，并非每种都有害，你需要防备的是细菌（极小的生物）以及病毒（披着蛋白质外衣的寄生性DNA[②]片段，病毒会挟持细胞，对细胞重新编码以复制出更多病毒，直到该细胞彻底死

① 这个“游荡子宫”理论是古希腊人处理相关问题的基础，而且在19世纪前一直影响着整个西方思想。该理论认为，歇斯底里症——明显只有女性才会罹患的一种无法控制自己情感的病症——是子宫按照自己的意志在女性体内四处游荡从而给其他器官施加了压力而引起的。治疗手段则是要用气味将子宫哄骗回原来的位置：鼻子附近的难闻气味会把子宫推走，而外阴附近的好闻气味则会吸引子宫过去。如果这个方法不奏效，医生认为，性爱是一种较好的次选治疗方案。当医生们（不用惊讶，都是男人）最终接受了子宫不是在女性体内乱窜的独立生物这个事实之后，游荡子宫理论也终于寿终正寝了。然而，歇斯底里症这个说法却延续了下来，并在19世纪60年代演变成了一种因女性性高潮太少而引发的心理疾病。当时的社会观念认为手淫可耻，这就意味着，如果一位身患歇斯底里症的女性未婚或者她的丈夫没有和她过性生活的意愿，那么就没有其他选择了：只能由医生本人把这位女性患者按摩到高潮。而当时的大多数欧洲人又认为，性行为必须有阴茎参与，因此，这种做法显然只是一种常规治疗方式而已，不会有道德和法律上的问题。然而，这种通过按摩达到高潮的“医疗方式”耗时较长，于是就催生出一种工具，那就是震动棒。没错，这项技术最早出现是作为一种缓解疲劳的医学专家并节省时间的临床工具。

② 也可以是RNA（核糖核酸）。——译者注

亡为止)。[1]我们把细菌和病毒统称为“病菌”，于是就有了“病菌理论”。[2]

作为生活在地球上的人类，如果你回顾一下出现在人类之前的生命形式，就不可避免地会讨论到细菌：它们是首批出现在地球上的一种生命。1克现代土壤中通常含有大约4 000万个细菌，如果这就让你感到不舒服了，那你肯定不想听到下面这段话：你身体上（以及身体里）的细菌总数远超过你体内的细胞总数，具体比例大概是10∶1。[3]并非所有细菌都有害。如果缺少某些细菌，你甚至都活不成。比如：你体内的肠道菌群不仅能消化食物（其中包括植物纤维）、训练免疫系统，而且其中某些细菌在经过长时间的进化之后，已经只能生活在人体内，而成为人体的专属细菌了。因此，从这个角度上说，你倒不是孤身受困于过去，肠道菌群也陪着你呢。

在你讨论原初生命的过程中，比较容易忽略病毒（相对细菌来说），但你还是很可能会遇到它们的：病毒只需要与受感染的宿主（人类或动物）或者寄生的表面发生一次相互作用，你就会被其感染。通常来说，感染病毒的方式有咳嗽、打喷嚏、触摸或者更加亲密的行为（我们说的是性行为）。（警告：18岁以下人群不得阅读前文。）那么，要怎么保护自己，避免感染病毒呢？一种方法是在致命病毒出现前把各种相应病毒的尸体或者弱化版注入体内，使人体产生抗体，这个方法叫作“接种疫苗”。但在缺乏成熟的医疗机构、健全的医疗体系的情况下很难做到。不过，你至少可以通过接种疫苗的方式免疫一种病毒，那就是天花，过程简单得就像给奶牛挤奶一样！

---

① 病毒算生物吗？这很难说。病毒携带基因，会进化，也会繁衍后代，但只有在寄生到宿主细胞上后才能开始繁衍。现在的大多数科学家认为病毒并不能算是生物，因为病毒不能像地球上的其他生命形式那样自行繁衍，也不能通过细胞分裂繁衍后代。

② 人们也称其为“细菌理论”，本书为了将其和单纯的细菌区分开来，仍采用“病菌理论”这个说法。——译者注

③ 人体细胞要比细菌大得多，所以你才看上去像个人，而不是一大团细菌（至少这是原因之一）。不过，下面这件事却是千真万确的：如果我们把你体内的细胞分成“人体细胞”和“细菌细胞”，然后仅从这些原始数据推测你究竟是什么生物，结果绝对不会认为你是个人。我们会觉得你是一群细菌，只不过学会了如何四处走动、和其他细菌群落聊天，并且在此过程中稍微感染了一下人体。

奶牛会感染牛痘，病征就是它们的奶头上会长满脓包。这种病毒和天花很像，并且也会传染给人类，但对奶牛和人来说，都不致命。1768 年，有人注意到，好像从来没有挤奶工人在天花流行期间病逝。几年后，人们又发现如果把牛痘脓包里的液体接触刮伤的身体，之后（在人体度过感染牛痘的不适期之后）你的免疫系统就能很好地应对其他类似感染，其中就包括天花。[①]接种疫苗让你的免疫系统预先适应了此类病毒，而这其实会挽救你的生命，或者说得更具体一点儿，这就是“轻松地摆脱天花困扰”与“在几天或几周内因为天花而痛苦地死去”之间的差别。

预防细菌感染的最有效方式则是养成用肥皂水勤洗身体的好习惯，尤其是你的手。你还需要洁净的饮用水，可以借助木炭用煮沸的方式获得。尽快将这两种措施结合并付诸实践，你就能有效地预防细菌感染。如果你还是感染了细菌，像营养液这样简单的东西能防止你因脱水而死。脱水是许多疾病（包括斑疹伤寒、霍乱及大肠杆菌感染）导致的最严重的危险之一。你可以用抗生素来直接治疗感染。[②]此外，你的身体也会自行与疾病做斗争：毕竟，发烧这个症状其实就是你的身体在试图通过提高体温“烧”死体内的细菌和病毒。

如何评估医疗手段的好坏？

有时候，当你出现一些生病的症状时，吃了某种奇怪的浆果后就感觉

---

① 天花这种疾病早在人类发明农业之前就已经出现了，最早是由啮齿动物传播的。到了 1977 年，也就是发明接种疫苗法后 200 年，人类终于彻底根除了这种传染病。实验室内还保留了个别天花的隔离样本，但你再也不用担心会在日常生活中感染天花，这种疾病在现代社会中已经不存在了。

② 为什么我们把这么多笔墨都花在了介绍如何预防、治疗病菌感染上，而不是介绍如何应对现代人类的顶级杀手，比如像心脏疾病以及癌症这样的重症？这些疾病通常都是由活得太久、吃得太多或锻炼得太少引起的。考虑到你现在的处境，你恐怕一条都不满足吧。不过，这确实也给你带来了一点点好处，那就是在很长一段时间内，你和你的文明成员都不用担心心脏方面的疾病了！

好多了。又或者，你现在所处的这个时期的人们已经有了自己的医学体系，但采用的治疗方式看上去又非常粗浅、甚至古怪。那么，你要怎么知道某种医疗手段是否确实有效呢？科学评估医疗手段（前提是你先得确认这种医疗手段无害，你可以用第 6 章中提到的通用可食性测试检验这一点，也可以直接在动物身上进行相关测试，如果你真的很想这么做的话）是指一种名为“双盲测试”的方法。

下面就是双盲测试的主要过程。你要先找来一群患有某种疾病的病人，这些病人要尽可能多样化（也就是男女老少、高矮胖瘦，什么人都要有），这样你才能排除被试者的个体差异。接着把他们平均分成两组，一组使用你想测试是否有效的新疗法，另一组则使用安慰剂疗法[①]（前提是这种疾病不会威胁到病人的生命）或者当下针对目标疾病最好的治疗方法（前提是这种疾病会威胁到病人的生命，而你不想为了科学而杀人）。关键在于，无论是病人还是主治医生都不知道究竟使用了哪种方法。然后，找出康复得最好的病人，检查他的治疗记录，看看给他用了什么方法。这样一来，你就知道这种新疗法究竟有没有用，其用处又有多大了。把病人和主治医生都蒙在鼓里（因此称为“双盲”），就能防止他们有意识或者无意识地影响测试结果。

要记住：安慰剂效应无时无刻不在，那些接受治疗的人总是会反馈说感觉好多了，哪怕所用疗法实际上无效。双盲测试能规避这个问题，如果病人们知道他们可能只是接受了安慰剂疗法而不是真正的治疗手段，会对治疗过程产生更多怀疑，安慰剂效应就随之弱化了。

最后要说的是，虽然你在刚开始很可能什么药都没有，但有些小病只用水就能治疗！腹泻、发烧、便秘以及轻微的尿路感染都可以通过饮用足量的水治疗（后文介绍的水基营养液也能让腹泻患者获益）。拉伤或扭伤的人，在受伤当天应该把受伤部位泡到冷水中，之后几天则应放到热水中

---

① 安慰剂疗法是一种看似很有用但客观上对治愈疾病毫无用处（但可能会产生积极的心理作用）的治疗方法。糖片或者从看上去很科学的烧杯中倒出的有色水这类“华而不实”的东西都可以充当安慰剂疗法的工具。

浸泡。冷水浸泡有助于减小受伤面积、缓解轻微烧伤造成的疼痛感，也可用于中暑[①]。当然，对于中暑这种情况，你首先要做的是在情况恶化之前迅速让中暑者降温。如果病人出现高烧（超过 39℃），那么要么让其在凉水（不是冰水）中浸泡，要么把凉水倒在他们身上，直到他们的体温下降到 38℃为止。喉咙痛或者扁桃体发炎可以用温盐水漱口的方法治疗。另外，如果你的眼睛里进了什么东西（无论是灰尘还是酸液），用冷水冲洗半个小时左右就能把这些东西弄出来。

工具栏：正常人体标准

脉搏：把手指按在手腕上（或者用听诊器倾听胸口），数出一分钟内的心跳次数（参见第 4 章）。成年人的正常脉搏是一分钟 50~90 次，孩童则是 60~100 次，婴孩则是 100~140 次。脉搏微弱、快速表明可能出现休克症状，而脉搏不规律或者过缓表明可能存在心脏问题。

体温：正常人的体温在 36.5~37.5℃之间，体温在 37.5~39℃之间就是发烧，超过 39℃则是高烧，应该立即采取措施降温。

呼吸：人类在休息状态下一分钟呼吸的次数为：成年人 12~18 次；儿童 20~30 次，婴孩 30~40 次。

饮水量：成年人每天大概需要摄入 2 升液体，排出大约 1.4 升尿液，但饮水量在 0.6~2.6 升之间都是正常的，不用特别惊慌。大多数情况下，你也不必特意测量自己喝了多少水，是否感到口渴就能告诉你是不是喝够了。

① 当过量热量集中到人体身上导致病患无法流汗后就会出现中暑的情况，症状是病患皮肤触感火烫、脉搏加速，还有高烧。此时应快速将中暑者从太阳底下转移到阴凉处并采取手段使其降温。处理没有那么严重的“热衰竭”症状（疲劳以及皮肤潮湿冰凉）时，也要把患者转移到阴凉处并且给他们喝一些营养液。

水还能用于治疗皮肤问题，下面就是几条经验：如果被感染的皮肤区域热辣、疼痛或者渗出脓水，就应该将该部位垫高并热敷；如果该区域瘙痒、有刺痛感或者渗出透明液体，那就冰敷。热敷时，先把水煮开①，然后等到水温下降到可以把手放进去的时候，把一块干净的布放在里面浸泡。接着把布拧干，放在受感染的皮肤区域上并用更多布料把它绑紧以保持热量。布开始变凉时，再把它放回热水中，重复上述步骤。冰敷的过程和热敷并没有不同，区别就是要反复把布放到冰水中冷却。[39]

好了！医学理论我们已经说得够多了。在下一章中，我们将把它们付诸实践，介绍一些可供时间旅行者使用的简便急救措施。请注意：本章只介绍了如何处理身体疾病，对像时间旅行心理综合征这样的非身体疾病（比如你突然感觉到未来的自己正踮着脚尖透过肩膀阅读这本指南）则避而不谈，我们只能祈祷你暂时还不需要面对这种心理病症。

工具栏：营养液

人类历史上最大的死因之一就是脱水。听上去很荒唐，对吧？这是因为人体在应对许多感染症状时，都试图通过粪便把细菌排出去，而这可能最终导致致命的脱水症状。通过饮用营养液这种简单的饮料保证体内水分充足，可以让腹泻的致死率下降93%！只要

① 哪怕你还没有发明可以放在火上烤的容器，也是能把水煮开的。先在地上挖出一条壕沟，在沟壁和底部铺一些黏土、木头或石子以提高壕沟的水密性，然后在沟里倒满水。接着在附近生一堆火加热石块，等到石块烧得滚烫就把它们转移到盛满水的壕沟里（用棍子把石块拨弄到沟里，别用手，受伤的人已经够多了）。这样一来，你就有滚烫的开水了。也可以利用木盆（不能放在火上加热）实现同样的间接加热技术。你可以用这个方法煮肉、建造蒸汽室，甚至还能酿造啤酒！如果你对开水的需求不大，也可以用一个水密性良好的葫芦代替壕沟，先对付过去再说。

将25克糖和2.1克盐加到1升水中，充分溶解混合，你就可以尽情享用了。这种饮料为身体补充水分的速度比纯水更快，因为它**含有电解质**——这是一种看上去十分科学的对水里加盐的表述方式。腹泻期间，人体内盐分也损失惨重（身体要正常工作就必须有盐），而营养液能补充盐分。糖的作用则是促进人体吸收盐分和水。哪怕病人正在呕吐，这种方法也同样有效：只要在病人呕吐间歇不停地喂他喝营养液就行了。制作这种饮料时，千万要小心：糖和盐加得太多或太少都会影响营养液的效果，甚至还会恶化病人的病情。

急救基础（对你来说，急救基础就是急救大全）

如果你的胫骨骨折了，别担心，事情总会好起来的。

急救措施是在专业医护人员赶到现场之前（就你的情况来说，专业医护人员赶到事发现场可能需要几百万年）稳定伤者伤势的有效手段。下面我们就向你介绍各种意外发生时你应采取的措施。不过，在那之前，我们得先警告你：虽然这里介绍的急救技巧都很有用（至少好过什么都不做），但并非完全没有风险，错误的动作甚至可能令伤者雪上加霜。如果你碰巧和一位医生或护士一起展开了这次时间旅行，那么无论何时，你都要按照他们的专业医疗知识行动。（另外，如果你真是这个情况，可真是太幸运了。）

异物窒息

当你看到有人因为误食异物（或者因为吃太多、吃太快而被食物噎着）而出现窒息症状时，就应该采用海姆利希急救法[①]帮助他把卡在呼吸道内的东西吐出来。1974年，一位名叫海姆利希的医生发明了这个手法，解决了他一直在思考的问题，这种急救手法也因此得名。海姆利希急救法的具体步骤如下。先让患者站起来，你则站到患者身后，一手握成拳放到他的肚脐上方，另一只手按在自己的拳头上，接着突然向内、向上用力，就好像要把病患抬起来一样。这么做其实是在给病患的肺部施加压力从而有效地人为引起咳嗽，病患一旦咳嗽就有希望把卡在喉咙里的东西吐出来了。你甚至可以用这个急救手法自救，所以，好好练习吧，伙计。

昏迷（仍有呼吸但已失去意识）

如果某人仰面躺倒在地，虽有呼吸但已失去意识，那他们就可能因为自己的舌头、唾液、血液或者其他物质或肌肉器官而导致窒息的危险。自1891年（这一年，人类终于意识到"如果我们能在一段时间里'昏迷不醒'却不用担心因为自己的舌头而窒息，那岂不是很酷？"）以来，人们通常会把昏迷的病患调整到"恢复体位"的姿势。这种姿势既能让病患保持稳定又能让他们的呼吸道保持畅通，从而避免窒息。下面就是具体做法。

首先，跪在患者身旁。搬动病患离你较近的那条手臂，将其手肘弯曲、手掌向上且整条手臂要与他的身体呈直角。然后搬动患者的另一只手，移至患者胸前，令手背抵着患者离你较近的那一侧面颊。这时候，你手中的患者那条手臂不能松，保持这个姿势，用另一只手抬起离你较远的那个膝盖，让他的脚平放在地面上。现在，把患者朝你所在的方向翻过来，让他

---

① 或者叫"[你的姓]急救法"，如果它比"海姆利希"更加酷炫的话——坦白说，我们对此表示怀疑。

侧躺着。当你做这个动作时，你手中的那条患者手臂会支撑起他的头部，被你抬起的脚和膝盖则会移到患者身侧，起到防止其向后翻的作用。然后，把此时患者最靠近你的那条腿移到其躯干前方，这让他目前的姿势保持稳定。现在，轻轻地抬起患者的下巴，把他的头往后仰，这可以打开他的呼吸道，让其体内的液体流出。最后，让患者张开嘴巴，仔细观察患者口腔内部，确认是否有东西阻塞了他的呼吸道。如果有异物且你可以把它拿出来，那就赶紧取出来吧。患者最后的姿势应该是这样的：

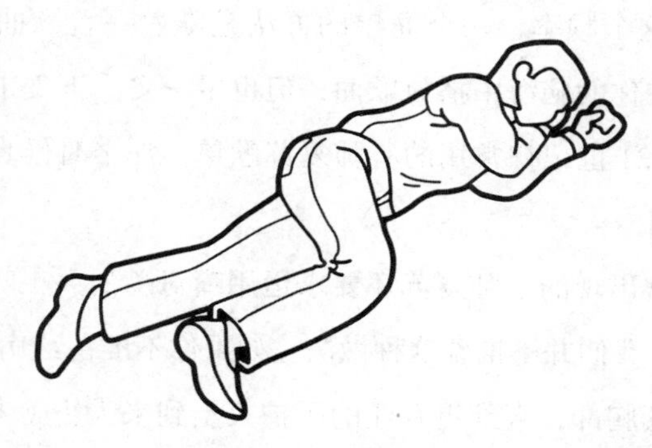

图 57 恢复体位

如果病患已经没有了呼吸，那你就得给他做心肺复苏（CPR）。具体做法我们马上就会介绍。

呼吸停止

心肺复苏发明于20世纪50年代，但这项技术的基础在那之前就已经出现了。[①] 如果有人出现呼吸停止的状况（通常是因为他们的心脏突然停止了

---

① 最早的一些心肺复苏手段可以追溯到 1767 年 8 月。当时，阿姆斯特丹的市民成立了一个名为“拯救溺水者协会”的组织。这个协会为帮助打捞上来的溺水者复苏尝试了很多相关技术，其中包括提升溺水者体温、将溺水者的头按到脚底以促使他们把水吐出来、往溺水者口中吹气、挠溺水者的喉咙、用风箱把烟草燃烧产生的烟雾吹到溺水者肛门里，以及放血。显然，往溺水者肛门里吹烟对其复苏毫无帮助，但有些其他方法确实有用而且在经过总结、修正、重组后，形成了我们现在见到的心肺复苏技术。

跳动），就应该给他们做心肺复苏，目的在于让携氧血液持续不断地流向病患的大脑及其他器官，直到他们恢复心跳并且开始重新呼吸为止。对于突然停止呼吸的人来说，心肺复苏是不得已而为之的最后手段。请一定要牢记，实施心肺复苏时很可能会压断病人的肋骨，因此，千万别为了好玩而使用这项技术。

在实施心肺复苏之前，要先让病患仰面平躺，然后有规律地用力按压病患胸部正中、两个乳头之间的位置，频率保持在每分钟 100 下左右。要想达到并保持这个频率，一个简单的方法是随着一首歌曲的节奏进行按压——通常是在你的脑海中播放歌曲，但也不一定。下文工具栏里介绍了一张 20 世纪末 21 世纪初常用的心肺复苏歌单。那个时候真是心肺复苏歌曲的黄金年代啊。

电影中常常出现的心肺复苏还要求运用嘴对嘴的人工呼吸法。除了溺水这种情况外，我们并不推荐这种做法。如果你不准备给病患做人工呼吸，那就持续按压其胸部，直到更专业的医护人士到来为止（考虑到你现在的处境，这大概是不会发生了）。结果就是，病患或者重新开始呼吸了，要么一命呜呼。如果你准备在抢救病患的过程中使用人工呼吸法，那么每按压 30 次就要把病患的头往后仰，打开他的嘴巴。仔细听患者是否有正常的呼吸（请注意：不是喘气）。如果完全没有，那就捏住他的鼻子，用你的嘴对着患者的嘴巴，往里吹气直到你看到病患的胸腔鼓起为止。重复一次（也就是总共做两次），然后继续做按压。接下去就听天由命了！毕竟你没有接受过专业的医护训练，已经尽力了！

工具栏：心肺复苏适用歌曲

实施心肺复苏时可以演唱的经典歌曲（每分钟 100 拍）歌单：

《性感的女人们》（贾斯廷 · 延伯莱克，2006 年）

《扭动身体》（野兽男孩，1998 年）

《不会说谎》（夏奇拉、威克利夫 · 琼，2005 年）

《我这颗陈旧的心》（罗德 · 斯图尔特版，1989 年；这首歌的原版演唱者是艾斯利兄弟，1966 年，每分钟 130 拍。因此，在按压胸腔时请务必确认你唱的是罗德 · 斯图尔特版）

《心脏暴击》（单向乐队，2012 年）

《我已在路上》（小河乐队，1980 年）

《我希望你抱我》（辛妮 · 奥康纳，1987 年）

《一切都会好》（天生顽皮乐队，1991 年）

《要好好的》（克莉赛特 · 米凯莱，2007 年）

《我心永恒》（席琳 · 迪翁，1997 年）

《活着》（比吉斯乐队，1977 年）

《孩子们并不好》（后裔乐队，1999 年）

《甘苦交响曲》（神韵乐队，1997 年）

《带我去医院》（昏迷乐队，2001 年）

《不要再游戏》（后街男孩，1996 年）

《呼吸和停止》（棉签乐队，1999 年）

《无望》（活结乐队，2008 年）

《（我的朋友）这就是结束》（反旗乐队，2006 年）

《你好，再见》（甲壳虫乐队，1967 年）

《又一人倒下》（皇后乐队，1980 年）

《息止安所》（扬 · 吉兹、双链乐队，2013 年）

《杀了所有朋友》（我的化学浪漫罗曼乐队，2006 年）

《我唯一的遗憾就是当我们被困在遥远过去时，心肺复苏没能拯救我的朋友》（艾弗里和野人乐队，2041 年）

骨折

如果有人骨折，你就得为其施展“牵引术”。牵引术大体上就是一项牵拉骨折或者脱臼的患肢并使其复位的技术。牵引术的好处主要有两个，一是能够防止骨头错位愈合，二是大幅减轻骨折或脱臼后患者的痛苦。使用牵引术时，你的双手要抓住患肢骨折位置上下——骨折上方的那只手的作用是固定患肢，而下方那只手则对患肢施加向下的压力，同时轻柔、缓慢地把患肢移动到正常位置。牵拉过后，可以用夹板固定住患肢。夹板可以用任何刚性材料制作（比如木材），其作用是在患肢愈合时起到固定作用。夹板应该贴合患肢，但不能太紧，以免阻碍血液流通。牵引术也是一种患者可以自行施展的急救手段，不过，如果骨折的是你的手臂，那你就只能单手施展牵引术了。要记住，使用牵引术时病患会非常痛苦，自己为自己接骨更是一桩惨绝人寰的悲剧。如果你不幸需要这样做，日后一定要给别人讲讲这段伟大的经历。

伤口

伤口带来的最直接的危险是：你可能会因失血过多而死。如果可以，不妨抬高伤口，这样可以减缓血液的流动。按压同样有助于止血：紧紧按住伤口大约 20 分钟，通常就足以让血液凝结，起到止血的效果。如果这不管用，就尽力找到出血的血管，然后用一根手指直接按在上面。如果这些都不管用，迫不得已的最后手段就是使用止血带——一种非常紧的绷带。止血带会切断伤口周围的所有血液的流动。这就意味着血止住了，但几小时后，止血带绑住的那部分组织也死亡了，未来可能需要截肢。不过，至少此刻患者有机会避免失血过多而死。对于那些更大的伤口，就要考虑使用烧灼术——这又是一种迫于无奈采取的最后手段。加热某种物质（比如木材、金属），然后直接把它摁到伤口的出血位置，就能把肉烧糊，使伤口闭合。灼烧部分越小越好，这不仅是因为这种方法非常疼（如果你现在正施展烧灼术自救，并且还在阅读本部分内容，我们要对你表达真诚的歉意，你或许还在读到这个括号里的内容前承受了巨大的痛苦与震惊，真的很遗憾），还因为灼烧会让伤口内部产生死肉，而这些死肉非常容易感染。如果伤口实在太大，那你可能要用针线把它缝上。针线也没什么奇特之处，只是你需要把用到的“针”（不管它究竟是什么）和线放到开水中煮 20 分钟，确保它们干净。用肥皂水清洗你的双手，然后把线缝到伤口两侧，形成一个个小圈，最后收紧打结，将伤口完全缝合。

伤口感染

预防伤口感染的最好方法是：仔细且彻底地清洗伤口。没错，哪怕是抓伤也应如此。你已经习惯用抗生素处理这种问题了（我们再次祈祷，希望你开始培育青霉素后，确实做到了这一点），如果没有青霉素，伤口感染的致死率会高得吓人，而且无论皮肤上何时出现伤口，感染都会即刻开始。在抗生素出现之前，死于伤口感染的士兵要多于死于战争本身的士兵，一次小小的抓伤就能造成伤口感染。要想清洁伤口，就得用水（当然是清水）将其彻底冲洗干净，接着把酒精或者 2% 浓度的碘溶液（参见附录 C.7）倒到伤口上，杀死细菌。如果这两种液体你都没有，那在紧急关头也可以使用蜂蜜：细菌在蜂蜜中无法生长（这就是为什么你从不需要把蜂蜜放到冰箱里——当然，我们说的是你有冰箱可用的时候）。[①]涂完之后就把伤口缝合起来，但如果伤口已经超过 12 小时了，你就得让伤口保持开放状态并且用纱布把它包起来，这有助于伤口脱水结痂（这并不是最好的愈合方式，但既然已经拖了这么久了，也只能这样了）。

① 蜂蜜的吸水能力非常强，会吸干任何“妄图”在其中滋长的细菌细胞内的水分，从而杀死细菌。不过，如果你把蜂蜜保存在一个未封口的广口瓶中，蜂蜜就会吸收空气中的水分，最后自我稀释到细菌可以在其中存活的程度，引起发酵。

如何创造音乐、乐器和音乐理论——附赠几首歌供你现学现卖

从零开始发明音乐，绝对是你最值得用音符大书特书的成就之一。

简简单单地哼唱一首你还记得的歌曲，然后宣布“来自椒盐乐队的《咻》，我刚刚想出来的”，你就这样重新发明了现代音乐。实际上，这正是我们给你的建议。之后，我们会给你提供一些写在纸上的音乐片段，好让你抢先剽窃过去，因此，我们需要教授你如何把这些书面音乐符号转化成歌曲。这么做还有一个好处，那就是让你把自己记得的歌曲写下来。这样一来，你的后代就会欣赏到这些音乐，确保历史永远不会忘记那首椒盐乐队的《咻》。

不过，在能看懂并写出乐曲之前，你还需要一些能够用来演奏的东西。[①]

如何发明乐器

严格说来，任何能够产生人类可以控制的声音的装置都是乐器，但是判断某样东西是不是乐器，还要基于一些统一的原则。乐器分为打击乐器（敲打后会发出声音）、弦乐器（拨弦或者摩擦后发出声音）以及吹奏乐器（往里吹气而发出声音）。

打击乐器大概是最容易制作的乐器。你可以从这种方法开始：敲打各种东西，让它们发出声音，从中找到你喜欢的，它就是你的乐器了。如果你不想那么随意并且很想发明鼓这样的打击乐器，只需要在一个箱子上平铺一层膜（兽皮就能起到很好的效果）。[②]敲打兽皮，它们就会振动，兽皮包裹的箱子也会跟着共振，这就放大了声音。改变共振腔的形状、大小以及材质，就能改变发出的声音，那些声音足够大的鼓甚至还能用作中等距离通信工具：你只需要发明一种把信息加密到声音里的方法就行了，前文提到的莫尔斯码就可以起到这个作用。鼓很容易制作，这就解释了为什么人类发明的第一批乐器里就有它，具体发明时间可以追溯到公元前5500年。[③]

---

① 无伴奏合唱乐队会否认这个说法，但在任何时代的任何文化中都适用的一个道理是：在音乐之路上，无伴奏合唱走不了多远。

② 如果你能找到足够大的贝壳，也可以用这种材料做鼓。不过，为了使各个乐器发出的声音保持和谐一致，你可能还是要用木材或者金属。

③ 鼓绝对不是你能制作的唯一一种打击乐器！按照一定次序把不同长度的实木块装在一根棍子上，然后敲打这些实木块，你就发明了木琴！（这相当值得骄傲。）在一个密封木制容器里放一些鹅卵石，然后摇动容器，你就发明了沙球。把两枚小贝壳敲到一起，你就有了响板。在响板上安装一根弯曲的木头，你就有了铃鼓！另外，如果你掌握了制造金属的技术，那我们也可以告诉你，敲击有弧度的金属圆片，就会发出巨大的声响，这就是铙钹。把这种有弧度的金属圆片造得大些，你就得到了锣。你甚至可以在鞋底的鞋尖、后跟部位加上一些金属，就得到了一种表演性舞蹈（踢踏舞）专用的打击乐器，这项发明值得你的自豪。

弦乐器大概是次容易发明的，毕竟制作它们的条件只有线而已，也可以用动物毛发、动物的肠道[①]或者钢丝（如果你已经发明了它的话）代替。取一根垂直摆放的棍子，顶端系一根（或多根）线，另一端则和一个上下颠倒的盒子的顶端相连，这样就做成了一把简单的洗衣盆式贝斯。棍子倾斜时，上面的线就会拉紧，与之相连的盒子就会随着弦的拨动而发生共振，使发出的声音更强烈。在乐器内部制造一个共振盒而不是挂在棍子上，你就发明了吉他。如果你不想直接用手指拨弄吉他弦，可以把马鬃系在一根有弧度的木棍两端，制成琴弓。你可以用它拉动弦，产生振动、发出声音。你刚刚又发明了小提琴！如果你既不想用手指拨弦，也不想用琴弓拉弦，那就改用小锤子敲弦。这就是扬琴。如果你在这个乐器里多造一个共振盒，就有了钢琴。寥寥几句话间，你就发明了5种乐器，太不可思议了。

弦乐器发出的声音的音高，可以通过调整弦的材质、长度或者松紧来改变。弦的材质显然不能迅速改变，但你可以通过按住弦的方式有效缩短实际振动的弦的长度（你在弹吉他时就是这么做的）。你也可以把弦拉紧或者放松，这正是给大多数弦乐器调音的方式。弦越短、越紧，振动就越快，发出的声音就越高。

吹奏乐器的发明要更复杂一些。吹奏乐器的工作原理是靠共振管内空气的振动来发出声音。改变振动空气柱的长度，就能改变弦乐器发出的音高，具体来说有以下几种方式：一是装上一堆各不相同的共振管（例如排箫）；二是在共振管中内置一个滑块（例如长号、滑笛）；三是通过按压阀门改变空气行进的线路，增加空气运动的距离，相当于创造了一根更长的共振管（小号、大号）。下面就是这些阀门的样子。

① 哪怕是今时今日，大提琴、竖琴以及小提琴演奏者也仍然会使用羊肠制作琴弦！这很奇怪！大家都表现得理所当然，但这真的很奇怪！

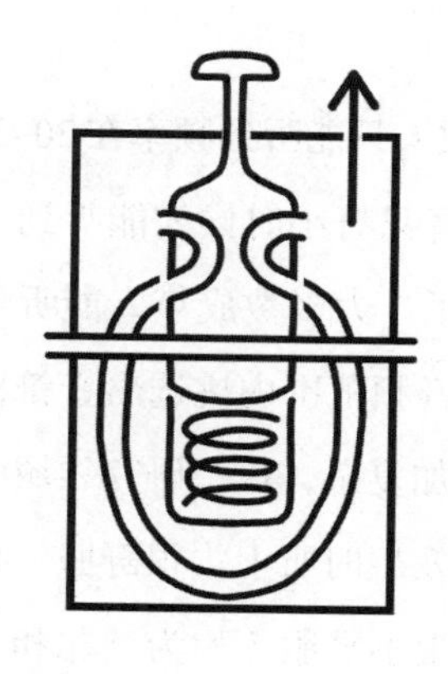
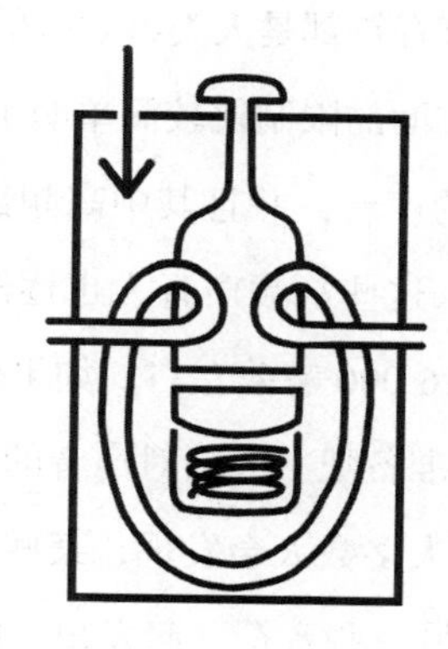

图 58 乐器上的阀门

从图 58 中，你可以看到按压阀门是如何改变空气柱的长度的。这种乐器阀门直到 1814 年才出现——在那之前，小号无法演奏出人们想要的所有音符，因而很少用于作曲。最后，还有一种方法可以改变吹奏乐器发出的声音，那就是用手指肚按压（或松开）共振管上的孔，长笛和萨克斯都是这样演奏的。

有了这些打击乐器、弦乐器以及吹奏乐器作为基础，基本上，如今我们使用的各种乐器你都能制作了。[①]不过，要想用它们演奏出美妙的音乐，你还需要知道一些乐理。

基本乐理

音乐的基本要素是音符，而音符是我们在声谱上标出的抽象的点。然而，随便演奏一系列音符并不能奏响一首优美的交响曲，因为听觉不仅涉及与耳朵发生相互作用的物理声波，还涉及大脑对这些物理信号的心理解读。遗憾的是，正是这两方面的因素对音符产生了限制。最终结果就是，

① 当然，那些用电的乐器（比如电子合成器）你现在显然做不出来。不过，至少在未来一段时间内，即使没有电子乐器发出的可怕低音，你也大概率能好好活下来。

并不是所有音符都是人类喜欢听的。

物理方面的限制比较简单明了。大多数人只能听到频率在20~20 000赫兹范围内的声音，并且其中高频部分的声音只有小时候才能听到。随着年龄的增长，这些高频声音人也逐渐听不到了，大多数成年人能听到的最高频率只有 16 000 赫兹左右。如果你在这个音频范围内挑选出音符，就做好“摇滚”的准备吧。大脑对声音的演绎则更加复杂，这个研究领域叫作“心理声学”。大多数人会发现，某些音符一起发出时听上去很舒服（称为“和音”）；而另一些音符一起发出，听上去就很不舒服（称为“非和音”）。不过，和音与非和音不是绝对的标准，并不是说自己觉得好听的音符就用，不喜欢的音符就完全不用。相反，人们喜爱的音符范围不仅因人而异，而且也会随着文化与时代的改变而改变。[①]有一个非常基本、你忍不住想要彻底打破的规则，那就是相隔八度的音符通常听起来“不错”。因此，我们首先要发明八度音。

假设你现在随便弹出一个音符，我们称其为“A”。毕竟，我们最终都要用A到G标注音符。接着，我们假设你弹出了一个频率是A两倍的音符（可称为“2A”）。那么，对大多数人来说，A和2A这两个音符听上去就很悦耳，无论它们是先后发出的，还是同时发出的。2A和A这两个音符的频率之比是2∶1，我们把任何频率之比为2∶1的音符都定义为相隔一个八度。虽然运用这种相隔一个八度的音符作曲相当安全（至少不会让你的曲子完全听不下去），但是这样的音符只有很少一部分是在人类听力范围之内的。因此，如果你只用这些音符作曲的话，很快就会听腻。其他在绝大多数文化中受到认可的悦耳音符频率比包括3∶2、4∶3、5∶4，以及（更有争议的）5∶3、6∶5和8∶5。然而，你绝对不希望自己创作出的歌曲中只

---

① 这就是不可能存在客观上完美的歌曲的原因，但是对你个人来说完美的歌曲是可能存在的。哪首歌？我们不能肯定，但有可能是椒盐乐队的《咻》。兄弟，给这首歌一个机会吧。

有和音：引入、构建以及融入非和音可以让你的歌变得更加悦耳、优雅。[①]

要得到其他频率比的音符，得先发明频率介于你随机发出的A以及比A高一个八度的2A之间的音符。要记住：音符只不过是声谱上抽象的点而已，你可以在声谱上的任何位置发明音符。尽管其他文化也发明了自己的音符体系（可能还更好），我们还是要在这里教你如何发明西方音符体系。

西方音符体系利用A与2A之间的空间，分隔出了12个不同的音符。这12个音符的分布特点是：任意两个相邻音符的频率的比值都相同，这对人耳来说意味着每个音符之间的“距离”听上去都一样。你可以像历史上大多数人一直在做的那样，用自己的耳朵近似地做出这种划分，但用于计算音符间精确频率比值的数学实在太过复杂——人类自公元前400年起就开始研究这个问题了，但直到1917年，音符频率值的计算还只能精确到小数点后面两位。（令人震惊！）因此，我们现在就直接把这个问题的答案告诉你。相邻音符之间的频率比应该等于2的12次方根，约等于1.059 463。我们已经想象到你会说：“我现在被困在过去，你要我反复计算2的12次方根，只为了唱首歌？”别担心，我们已经为你解决了这个数学问题，附录G直接给出了结果并且写出了每个音符的精确频率。另外，无论如何，再完美的音符也不会一成不变。音乐家有时会为了音乐效果而故意“压音”，即让演奏出来的音符稍稍偏离它应有的频率。

既然已经搞定了音符，你或许会觉得自己已经做好了直接让乐谱中的音乐复活的准备，但还有一个问题：A音符是你随机挑选的，也就是说，我们在从没有考虑过A究竟是什么的情况下，围绕它构建了整个音符体系。如果我们使用的这个基准音符发生了变化（肯定会的），你演奏出来的音乐就会走样。我们得想一个办法，确保你的“A音符”和我们惯用的一致（至少听起来一致）。这可不是只有被困在过去的时间旅行者才会遇到的问

① 不过，这种悦耳、优雅当然也是对部分听众而言的，别的听众可能对之恨之入骨。实际上，还有些人根本不会对音乐产生任何情感反应。这一小部分人完全不会让自己的情感被这种可怕的节拍操纵！

题，管弦乐队同样会面临这个问题。在人类制定出“A”的通用标准之前，同一首歌曲在不同管弦乐队的演奏下，会呈现显著不同的听觉效果。①

现代社会国际通用的标准A音（整个音乐体系的基准音符）叫作“A440”。没错，你猜对了，这个音的频率是440赫兹。如果你曾现场听过交响乐的话，你很可能还记得演出开始前会先演奏出一个音，同时其他所有音乐家都会按照这个音调整乐器发出的声音。那个音就是A440。对我们来说，要发出这个音很容易，我们有专为发出这个音而特制的笛子、音频文件以及音叉。但对你来说就有点儿困难了。当然，在掌握冶金技术后，你也能轻松制作自己的音叉②，但在没有已知准确的440赫兹音参考的情况下，你完全不知道音叉发出的音是否准确。因此，现在的情况就是，整个现代音乐体系都取决于你能否在某个历史时间点上、在毫无参照的情况下发出一个频率为440赫兹的音。

下面我们将告诉你方法。

如何在任何历史时间点上
轻而易举地发出一个频率为440赫兹的音

你要发明一种名为“胡克齿轮”的装置，这个毫无想象力的名字当然源于这种机械的发明者罗伯特·胡克。当他发明并首次使用这种齿轮时，他成为历史上第一个以确定频率发出声音的人。这项发明本身非常简单：

① 实际上，音乐有一种音高向上的趋势，称为“音高膨胀”，这是因为很多人觉得音高越高，听起来越好听。为了努力让自己的音乐取得最好的听觉效果，音乐家会把自己的“A”音越调越高。某些地区的音高膨胀现象已经非常严重，不仅乐器上的弦绷断的频率增加（弦越紧，发出的音才越高），连演唱家都开始抱怨歌曲的音高已经超过自己的音域了。最后的结果就是，政府制定法律把“A”音限定在一个固定值上。1859年，法国政府第一个完成了这个“壮举”。

② 音叉也没有特别之处，不过是一根顶部分岔（呈Y形）的钢叉而已。叉臂的质量和长度会影响音叉受到敲击时发出的声音。因此，对于一个音叉，你可以缩短它的叉臂，直到得到你想要的那个精确的频率为止。但是这么简单的东西也直到1711年才发明出来！

只要把一张纸片按在一个尖齿轮上就可以。[1]慢慢转动齿轮，纸片会和每个齿发生撞击，你就会听到不同的声音。加快转动，这些声音就会模糊成一个音调。转速越快，音调就越高。如果你把卡片插到自行车车轮的辐条上，那你其实就发明了胡克齿轮。接下去就是要转动胡克齿轮，使得纸片与齿轮撞击的频率达到每秒 440 次，此时你听到的声音就是A440。

你该怎么保证纸片与齿轮撞击的频率是每秒 440 次呢？数一数你所用的胡克齿轮上有多少个齿，你就可以知道齿轮完整转动一周，纸片会发生多少次振动。也就是说，如果你的齿轮上有 44 个均匀分布的齿，那么每秒转动 1 周发出的声音频率就是 44 赫兹，每秒转动 10 周就能得到 440 赫兹的声音。为了让你的轮子稳定地以每秒 10 周的速度转动，试着用传动带把你的小齿轮和一个更大的齿轮连起来。大齿轮会带着小齿轮一起转动，而且大齿轮转得比小齿轮慢。借助这个方法，你就能轻松地通过手摇大齿轮得到你想要的任何音高，其中就包括突然变得非常重要的 440 赫兹音。早在 1681 年，胡克就造出了胡克齿轮并且成功投入实验，但直到 1705 年，他才发表了这项发明——要是再晚 6 年，音叉就出现了，也就没人用这种齿轮了。

识谱

现在你已经有了调好的乐器，也有了足够的音乐理论确保自己调音正确，只差几首现成的歌了！不过，在我们直接把乐谱交给你之前，还得给我们的音符起名字（也就是“音名”，为了不显得太专业，我们还是称其为“音符名”吧），这样才能方便使用。A 和 2A 之间的 12 个音符名标记如下（这里借用了钢琴琴键，但上面标出的名字普遍适用）：

---

① 如果你还没有发明纸，那就用木片。我们不会对此妄加评判的。毕竟，你现在被困在过去，你想要的不过是在开始努力工作（为了重现文明）前听一首还不赖的小曲。我们懂的！

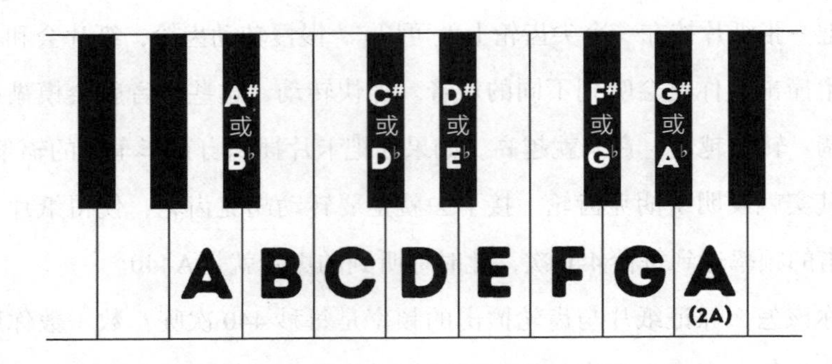

图 59　记住这些音符名

你可以从图中看到，虽然一个八度中有 12 个音符，但其中有些位于钢琴白键上且用纯字母命名，而另一些则位于黑键上并且用上了升降符号标记（A#，B♭等）。这是历史原因造成的：早期钢琴用的是只包括纯字母音符的七音符音阶，所以当引入 12 个音符中的其他 5 个时就出现了那些相对较小的黑键。升音符（用#表示）是相应音符的升调版，而降音符（用b表示）则是相应的降调版。这就意味着同一个音符会有不同的名字：你可以从图中看出A#就是B♭。这条规则也适用于白键上的音符，例如E#就等于F。

识谱或记谱时，音符的演奏时长（或者休止符的休息时长——遇到休止符时，就什么音符都不弹）由它在乐谱上的形状决定。下图展示了各种音符和休止符，以及它们之间的相互关系：

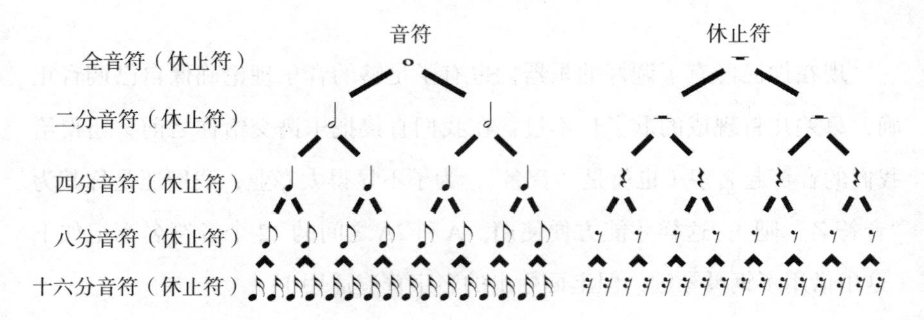

图 60　不同音符和休止符之间的相互关系

每个音符（休止符）的时长（称为时值）都有一个相对值。一个全音符的时长等于两个二分音符，也等于四个四分音符，以此类推。你也可以标记出时长比上图中展示的所有音符都短的音符，在音符的顶部多添几条尾巴就可以了。

我们可以把这些音符放在五条平行的线上或者平行线之间的空白处，这五条平行线及它们中间的空白则代表音符名。[①]乐谱开头还有一个记号，称为“谱号”。谱号会告诉你应该把音符演奏得高些（高音谱号，长得弯曲的那个）还是低些（低音谱号，长得像反写的C）。更复杂的是，五条平行线及它们中间的空白代表的音符名会随着谱号的变化而变化。以高音谱号开头的乐谱，最底下那根线代表的是E；而以低音谱号开头的乐谱，最底下那根线代表的则是G，如下图：

图61　记谱时用的谱号（完全可以随意标记）。想用别的记号代替也可以

就像写作时句子要组合到一起形成段落一样，音符也要放在一起形成“小节”，小节与小节之间用小节线（一条竖线）分隔。每个小节的开头还

① 这里，我们直接跳到了综合、全面的终极记谱方法。在此之前的那些把乐音转化为书面符号的尝试都没有这种方法成功：最早的一些记谱方法类似于记忆工具，要参考一些口口相传的传统曲调。还有一些则把重点放在了音符之间的相对音高上，却没有标明它们的真实音高。9世纪左右，欧洲人发明了一种能够表明曲调但不能表明节奏的记谱方法。14世纪左右，音符的外形才终于变得像我们现在使用的这样可以表明节奏。

会有拍子记号，长得和分数几乎一模一样。拍子记号会告诉你两件事：一是每个小节有几拍（上面那个数字）；二是以什么音符为一拍（下面那个数字）。下方数字对应音符时值：1 代表全音符，2 代表二分音符，4 代表四分音符，以此类推。因此，拍子记号 4/4 代表以四分音符为一拍，每小节四拍（很多歌曲都是按照这种"常规"拍子写的），而拍子记号 3/4 就代表以四分音符为一拍，每小节三拍（这就是跳华尔兹时的拍子"1–2–3，1–2–3"）。

升降记号不但可以加在音符上，还可以加在每小节的开头（小节线旁边），这样就代表其作用于这首歌的所有音符。音符前的还原记号（♮）则代表暂时取消作用于该小节该音符上的升降记号。而音符后面加上一个点（延长记号）则代表音符时值增加到原来的 1.5 倍。连接两个音符的一条弧线则代表把这两个音奏（唱）得圆滑一些，就好像它们是一个音一样。最后，写在小节上方的文字或文字缩写告诉你要以怎样的方式演奏这些音符。这些文字通常用意大利文写出——因为它们确实是意大利文。"很弱"（Pianissimo，或写作 pp）告诉你奏出的声音要很轻；"强"（Forte，或写作 f）告诉你声音要响；"颤音"（trillo，或写作 tr）告诉你要用颤音演奏，即请你为了美妙的音乐效果快速交替发出谱上写明的音符以及音阶上与之相邻的音符。其他文字则给出了更宽泛的演奏方式："行板"（andante）表示要奏得缓慢；"快板"（allegro）表示奏得快速；"粗暴"（bruscamente）表示要奏得唐突、激烈，"小快板"（allegretto）表示要奏得"轻快一点儿"。听着：如果你不会意大利语也没关系。我们在这里说的这些，都是前人碰巧想出并流传到现在的惯例而已。你能做得更好。你应该能做得更好的。

好了！这些够你学的了，但是一旦你彻底掌握了这些，你就能识谱、记谱了。这就意味着加以练习后，你就能给你那冉冉升起的文明演奏协奏曲了，至于曲子嘛，就比如……

我们选入书里的这些曲子真的很棒
完全值得现学现卖（剽窃抄袭）

第九交响曲，《欢乐颂》
[你的名字] 作曲

乐谱抄写员：
路德维希 · 凡 · 贝多芬

完

第十三号小夜曲，《小夜曲》

[你的名字] 作曲

乐谱抄写员：
沃尔夫冈 · 阿玛多伊斯 · 莫扎特

完

D大调卡农

[你的名字] 作曲

乐谱抄写员：
约翰·帕赫贝尔

完

《卖货郎》

[你的名字] 作曲

更为人熟知的名字：
朗朗上口的“游戏俄罗斯方块的背景音乐”

完

计算机——如何将脑力劳动转化为体力劳动，这样你就不用想破头了，只需要转动手柄或者别的什么东西

没错，它们最后可能会试图统治世界，但在那之前，你还有很长时间！

（很多）人总是梦想不用工作，而如果你正在阅读这本指南（而不是一头扎进属于你的新世界里，在确保能生存下去的同时，白手起家，把你知道的现代社会的一切都发明出来），那就表明，即便是被困在人类有可能进入的最可怕、最致命的环境中，你也仍然对将你的工作量降到最少很感兴趣。到目前为止，我们介绍的大部分发明的目的都是减少体力劳动，具体来说就是以下几种：

- 让动物为你劳作（包括因此而发明的犁、挽具等）
- 让机械为你劳作（风车、水车、蒸汽机、飞轮、电池、发电机以及

涡轮机）

- 为你提供避免体力劳动或使之最小化所需的信息（指南针、经纬度）
- 如果体力劳动确实不可避免，至少也要靠着辛勤的劳动吃好喝好。这样一来，这种每日必须劳作的义务感就会减少，你也就能坚持更长时间（农业、预加工食物、面包和啤酒等）

然而，体力劳动只是人类工作的一种方式而已。如果你曾在长时间的学习之后放松、打游戏、干瞪着墙、跑步或者做字面意义上的学习之外的任何事，你就知道脑力劳动同样会令人疲惫。到目前为止，你还没有发明任何可以减轻脑力劳动的技术……但你马上就要做到了。[①]

复制出完整的人类大脑需要大量的工作（你在将来会创造出来的这种“人工智能”可能并不完美，而且如果你让人工智能去管理FC3000™时光机的内部工作，很可能会导致灾难性故障。对此，甚至没有任何法律可以保障），不过，即便是一台只能进行基本运算的机器，也能为你提供制造各种高级计算机的基础。尽管人工智能对你来说肯定是几代人以后的事，但你现在建造的这种无差错地计算的机器仍然能够改变社会。特别是当你发明那些推理速度比人类快上几十倍、几百万倍的机器之后，这种效应就更加显著了。其实我们没必要跟你说这些话，毕竟你是见过也用过计算机的人。你肯定知道计算机到底有什么用、多么强大、多么令人快乐，又是多么可怕。

下面我们就介绍如何从零开始发明这种机器。

---

① 你可能已经发明了能够帮助人类思考的机器。从本质上说，钟表可以为你计算时间过去了多少秒。算盘是一些串在棍子上的珠子，你可以在脑海中做运算时上下拨弄算珠从而把相关数字记在算盘上。不过，你真正需要的其实是一台分析机，也就是某种我们转动手柄（或者让另一台机器帮我们转）就能让它重现人类分析推理的机器，从而达到将脑力劳动转化为体力劳动的目的。

你的计算机会使用哪种数字，计算机会用它们做什么？

你的计算机将基于二进制，这么做有两个理由：第一，你已经在前文中发明了它们；第二，把你必须处理的数字数量缩减到 2 个（0 和 1）会让相关事宜变得简单。[①]现在，你需要想想计算机能用这两个数字做点儿什么。理想情况下，我们想要一台能够做加、减、乘、除运算的计算机。不过，我们需要让计算机有能力做上述所有运算吗？换句话说，任何具有计算功能的机器必须拥有的最小功能是什么？

事实证明，从技术角度上说，计算机不需要知道怎么做乘法。你可以通过反复叠加的方式“仿真”（用不同的方法得到相同的结果）乘法。10 乘以 5 等于把 5 个 10 加起来。因此，加法就能仿真乘法：

$x \times y =$ 把 y 个 x 全部加起来

减法也可以如此操作：10 减 5 得到的结果等于 10 加–5。因此，加法也能仿真减法：

$$x - y = x + (-y)$$

加法还能仿真除法。如果你用 2 除 10，你其实是在计算几个 2 相加才能得到 10。因此，你也可以把 2 反复叠加起来计算结果（就像我们在处理乘法时做的那样），不过这一次，你得时刻注意自己加了多少个 2，直到你

① 由 0 和 1 组成的二进制数之所以好用，是因为它们可以方便地用来代表任何有两种状态的事物：电器开关有“开”和“闭”两种状态；一束相干光有“存在”和“不存在”两种状态；即便是一群螃蟹（你很快就会看到这个例子），也有“在那儿”和“不在那儿”两种状态。不过，你要记住，没人强迫你用二进制数！计算机也可以以其他数字系统为基础，其中包括由 0、1 和 2 组成的三进制数。只要你想出了表征这些数字的方法，你完全可以自由选择你最感兴趣的数字系统。

达到或者超过目标数字。2 + 2 + 2 + 2 + 2 = 10，这里有 5 个 2，所以用 2 除 10 就等于 5。这个方法对不能整除的数也有用！你只要不停叠加除数，直到结果超过你想得到的那个数为止。此时，超过的部分就是余数。[①] 于是就有：

y/x = 不断叠加 x，直到得到 y 为止，计算此时总共有几个 x 相加

数学中的四则基本运算（加、减、乘、除）都可以用其中的一种（加法）来仿真。因此，要想发明一台可以做四则运算的计算机，其实只要让它会做加法就行了。

不费吹灰之力，对吧？

不过，加法究竟是什么？我们又怎么在连计算机工作原理都不知道的情况下去讨论加法呢？

在你努力发明一种具有加法功能的机器以前，让我们先回顾一下你在前文中发明的命题演算。当时，你把一种名为“非”的操作定义成“任何命题的对立面”。因此，如果命题 p 为真，那么“非 p”（简写为 $\neg p$）就为假。假如你用“1”代替“真”，用“0”代替“假”，又会发生什么呢？我们将用到由 p 和 $\neg p$ 组成的真值表，它长这样：

表 19　p 和 $\neg p$ 的真值表

p	$\neg p$
假	真
真	假

① 如果你学过数学，很可能对这个结果不会感到丝毫意外：你还知道除以一个数其实就等于乘以这个数的倒数。也就是说，x/y 就等于 $x \times (1/y)$。既然除法可以转换成乘法，而乘法又能转换成加法，那么除法当然也可以用反复叠加除数的方法仿真了。

接着，我们把这张表转化成一张二进制机器（我们称之为“门”）的输入输出表，如下：

表 20　二进制机器输入输出表

输入	输出
0	**1**
1	**0**

瞧好了，这是世界上第一个“非”（NOT）门的设计方案！

无论你造的机器是什么，只要给定这种输入就能产生这种输出，它的作用就是一个非门——不管这架机器如何产生这个输出，也不管其内部究竟发生了什么。非门的作用就是：输入 1，就输出 0，反之亦然。你甚至可以用图表把非门画出来：

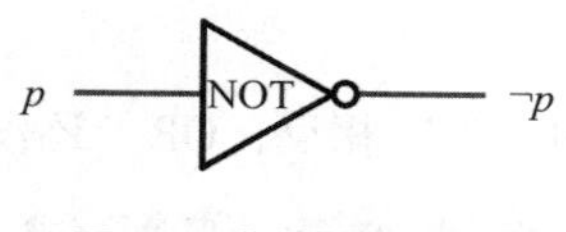

图 62　非门的一种图示

至此，你仍旧不知道如何建造这种非门机器，但你至少知道了这种机器应该做些什么。当你暂时从“一定要把这该死的东西造出来”的束缚中解脱出来时，你就能想出其他运算操作了！

还记得你在发明命题逻辑时曾把“与”（∧）定义为“当两个条件都为真时，该命题才为真”吗？换句话说，只有当 p 和 q 都为真时，“$(p \wedge q)$”才为真，其他任何情况下均为假。下面这张真值表展示了唯一可能为真的条件：

表 21　$(p \wedge q)$ 的真值表

p	q	$(p \wedge q)$
假	假	假
假	真	假
真	假	假
真	真	真

和处理“非”这种操作时一样，你只要把真和假转换成1和0，就完成对世界上第一个“与”（AND）门的定义，我们也用符号表达如下：

表22　与门的输入与输出

输入p	输入q	输出：（$p \wedge q$）
0	0	**0**
0	1	**0**
1	0	**0**
1	1	**1**

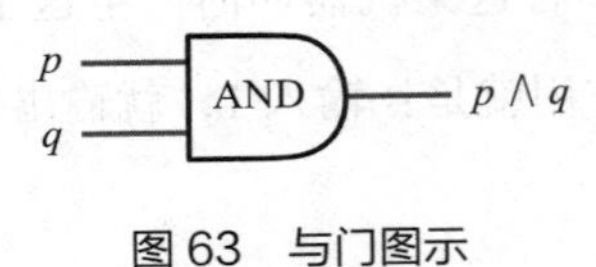

图63　与门图示

现在只剩下“或”（和“与”相反，OR）还没处理了。p和q的“或”运算可以用符号“（$p \vee q$）”来表示。只要p或q中有一个为真，那么（$p \vee q$）就为真。于是，“或”（OR）门的真值表就如下所示：

表23　或门的输入与输出

输入p	输入q	输出：（$p \vee q$）
0	0	**0**
0	1	**1**
1	0	**1**
1	1	**1**

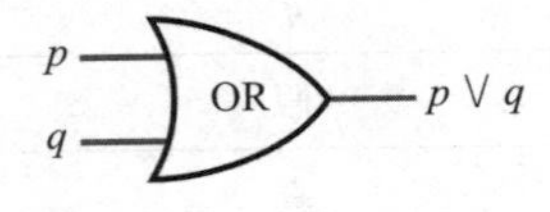

图26　或门图示

你可以用这三种基本门创造新的门。例如，在一个与门后面接一个非门，你就发明了“与非门”(“与非”简写为NAND)，如下表所示：

表24　与非门的输入与输出

输入p	输入q	$(p \wedge q)$	输出：$\neg(p \wedge q)$
0	0	0	**1**
0	1	0	**1**
1	0	0	**1**
1	1	1	**0**

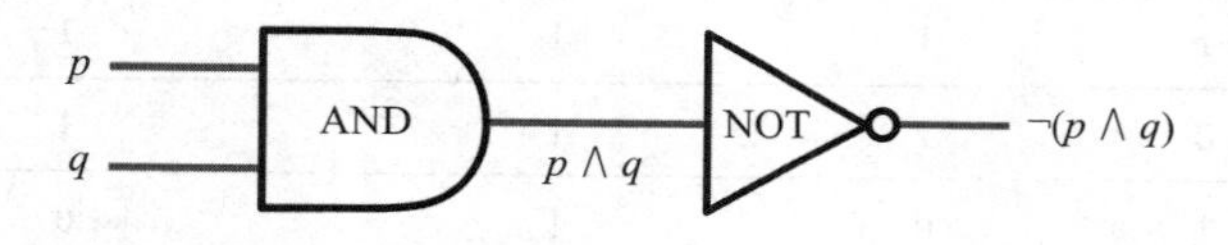

图65　与非门的完整图示

我们都是视时间如生命的人，那就不要分别画出非门和与门，把它们合并画成一个与非门就好了，如下图：

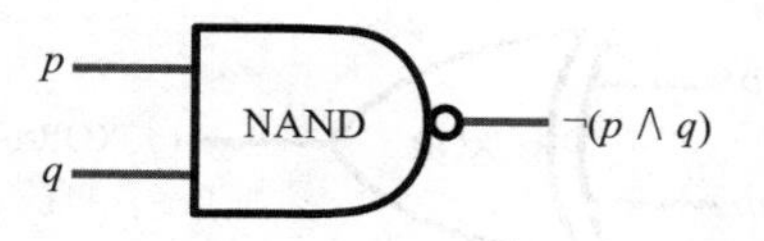

图66　与非门的简化版图示

上图所示的简化版与非门与图65中的完整版与非门在功能上完全没有差别，但画起来更容易一些。我们还可以继续组合，形成更多更复杂的门，比如，可以把一个与非门、一个或门以及一个与门结合在一起，形成一个新门。当且仅当其中一个输入为1时，这个门才输出1，其他任何情况下都会输出0。我们称其为“异或门”(“异或”记作XOR)，下面就是组合形成异或门的方法：

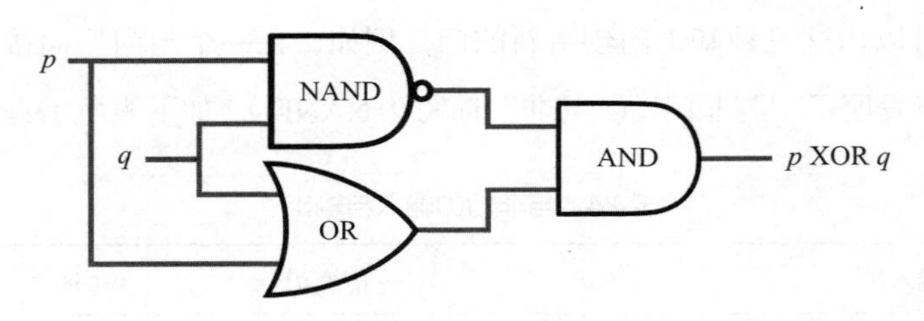

图 67　异或门的完整图示

表 25　构建异或门的真值表

输入p	输入q	$\neg(p \wedge q)$，也就是p与非q	$(p \vee q)$，也就是p或q	输出：$[\neg(p \wedge q) \wedge (p \vee q)]$，也就是$p$异或$q$
0	0	1	0	**0**
0	1	1	1	**1**
1	0	1	1	**1**
1	1	0	1	**0**

这张真值表告诉你可以用一个与非门、一个或门以及一个与门构建出一个异或门。

和与非门一样，我们也要赋予这种组合成的新门一个属于它自己的符号，也就是XOR，如下：

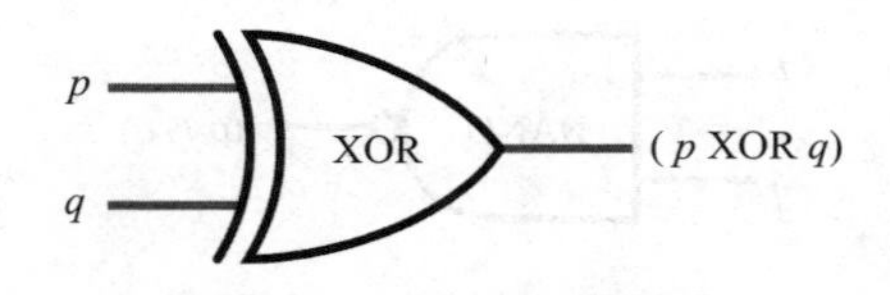

图 68　异或门的简化版图示

有意思的是，除了你刚才发明的与非门和异或门，实际上你还可以用与门、或门以及非门这三种基础门构建出任何你想到的输入输出模式的门。[①]

① 因此，与、或、非这三种门称为基本门。另外，任何可以仿真这三种门的门集合也都是基本门。不可思议的是，要想构建出一个基本门集合，你甚至都不用把这三种基础门全用上。按合适顺序排列的与门和非门就能仿真或门：$(p \vee q)$就等于$\neg[(\neg p) \wedge (\neg q)]$。因此，非门和与门就已经是一个基本门集合了！实际上，由非门和与门构成的单门——与非门——本身就是一个基本门。这就是说，实际上，你只需要一系列与非门就能建造出一台功能完备的计算机。或门和非门同样也是基本门，由这两种门构成的单门或非门则是除与非门之外的唯一一种基本单门运算。

好的，太棒了，我把这些门都发明出来了，但还没做过一个加法运算，我在搞什么？

你说得没错，我们现在就开始教你做加法。先来定义一个做加法的门应该长什么样吧。我们从最基本的两个个位二进制数的加法开始。于是，我们就得到了一张包含所有可能结果且看上去很容易控制的真值表：

表 26　简单加法示例

输入p	输入q	输出：($p+q$)，以十进制表示	输出：($p+q$)，以二进制表示
0	0	**0**	**0**
0	1	**1**	**1**
1	0	**1**	**1**
1	1	**2**	**10**

不可思议，我们不止一次地在本书里解释 $1+1=2$。

关键在于，二进制数只处理 0 和 1，因此你就在输出中得到了二进制数“10”，也就是十进制中的 2。接着，把我们得到的结果分解为两条不同的通道，每条通道代表一个二进制数字，就有：

表 27　如何加到二进制中的 2

输入p	输入q	输出a	输出b
0	0	**0**	**0**
0	1	**0**	**1**
1	0	**0**	**1**
1	1	**1**	**0**

现在，输入两个数（代表两个个位二进制数加数），就能输出两个数（代表一个两位数的答案，当然也是指二进制的两位数）。这里，我们把这两个输出标记为a和b，它们合在一起就将两个输入数相加得到的结果编码。于是，我们只需要想出如何用已有的门（与门、或门、非门、与非门

以及异或门）实现上面这个过程就可以了。[①]

看看a和b产生的1和0的输出模式，好像很熟悉：a的输出模式和与门（$p \wedge q$）一样，而b的输出模式则和异或门完美契合。那么，要建造出实现上述加法运算的机器就很简单了。你只需要把输入分别连接到一个与门和一个独立的异或门上就可以了。于是，你就发明了加法机器，如下：

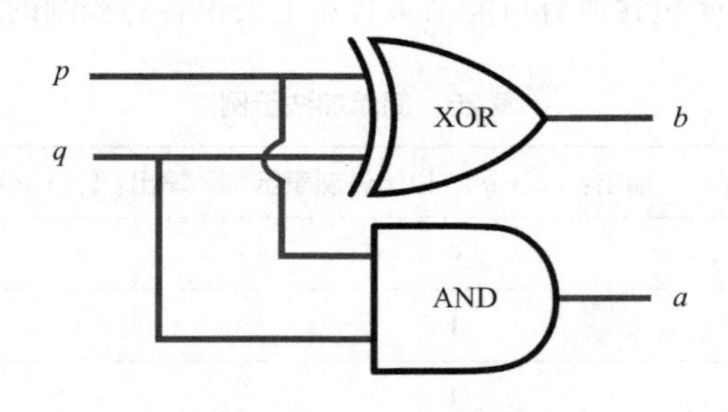

图69 一种能做加法的机器

在这个过程中，你其实也定义了1加1这种机器运算！由于你现在已经知道了1 + 1的结果[②]，这种称为“半加器”的机器可能看上去就没有用了。不过，先让我们再次考察一下加法的工作原理吧。

在你熟悉的十进制数字系统中，7+1等于8，8+1等于9，结果都是个位数，但9+1得出的结果是一个两位数：10。由于我们只有0~9这几个数字，当数字不断变大时，就不得不“进一位”并开始新的一列，也就是两位数10，而不是个位数9。同样的规则也适用于二进制系统，但在二进制中，我们不是得到10就新开一列，而是得到2就新开一列。出于这个原因，我们就要给输出a和b重新起名，换个更准确的名字，称之为s（代表“总和”）和c（代表“进位”）。如果c为1，那就把1提到前面形成一个新的二进制数。

如果你现在取一个半加器，用一个异或门将其与另一个半加器相连，

① 没错，你大概已经注意到了，虽然我们已经定义了这些门应该做什么，但我们仍然没有想出可以真正把它们造出来的方法。别着急：我们会走到那一步的！非常有可能！

② 结果是2。我们真的以为你知道答案呢。

就会发生一些很有趣的事。我们把这个新机器叫作“全加器”，如下：

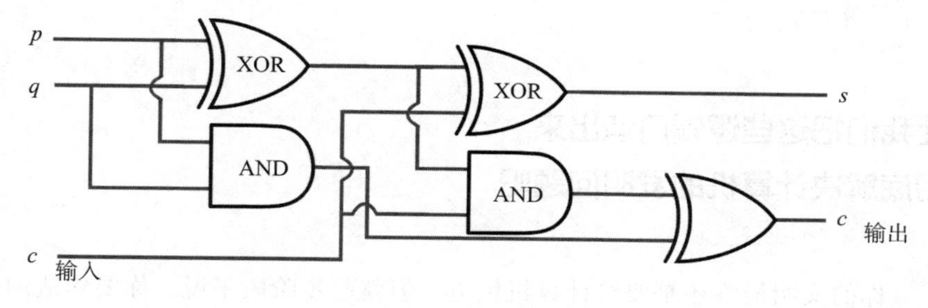

图 70 一种全加器

这种全新的机器仍旧像之前一样会输出结果s和c（要记住，它们分别代表“总和”与“进位”），但现在它输出的c不一样了。这个c让你在另一个全加器的结果中“进一位”，然后再把它加入我们想要的这个结果。因此，你就能把全加器连在一起了！

奇迹发生了。你的这部机器里每增加一个全加器，它能处理的最大数字就会翻倍。一个全加器能输出两个二进制数字，也就是表示 4 个数（二进制中的 0，1，10，11），相当于十进制中的 0~3。两个全加器就能输出 3 个二进制数字，表示 8 个不同的数。3 个全加器能表示 16 个，4 个全加器能表示 32 个，接下来是 128，256，512，1024，2048，4096，8192，16384……依此类推，每增加一个全加器，能表示的数字就翻倍。等到你把 42 个全加器连在一起的时候，这部机器能表示的数的数量，就足以给可见宇宙中的每一颗星星都分配一个只属于它的数。这对你刚刚想出来的那一堆奇怪的虚拟门来说，真是棒极了。

这些加法器就是计算机的核心。若要做乘法、减法和除法，只需要做加法[①]；若要做加法，只需要做全加器；若要做全加器，只需要建造你已发

---

① 你或许已经注意到了，这些全加器只能处理正整数。没错，的确如此！但你只要再设置一个二进制数字（也就是把它放在最左端）作为符号标记就能解决这个问题，比如我们用 0 代表正数，用 1 代表负数。此外，要处理像 2.452 262 这样的非整数，只需记住你想要小数点出现在二进制数中的哪个位置，其他各种情况都可以用同样的方法处理。

明的逻辑门的真实版。也就是说，你如果真的能把这些门造出来，你就发明了计算机。

让我们把这些逻辑门造出来
彻底解决计算机的发明问题吧

你的文明最终还是要给计算机供电，但就起步阶段来说，你要建造的计算机最好以一些比看不见的电流更好控制的能源为基础。在此，我们要教你如何建造一部靠水供能的计算机。

这听上去可能颇有困难（确实如此，建造一个能把 0 转换成 1 的非门，或者换句话说，建造一台没有水流入却能通过某种方式释放水的机器，确实有些不可思议），不过，全加器只使用与门和异或门，而你现在马上就要用一项技术把这两类门同时发明出来。这项技术是这样的：

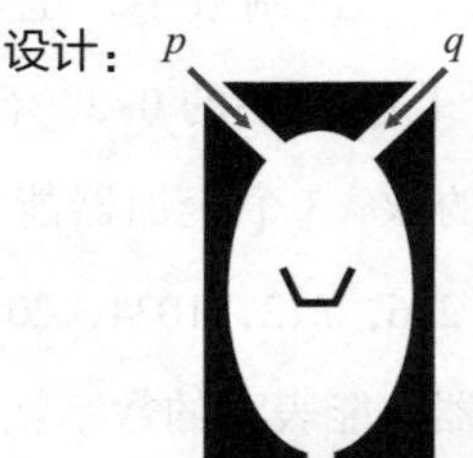

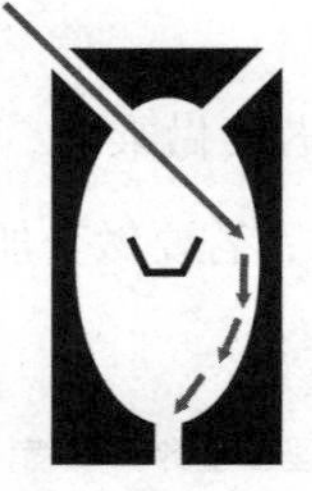

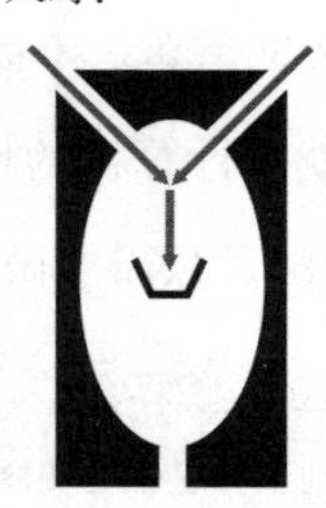

图 71 一种既能起到流体“与门”作用，又能起到流体“异或门”作用的装置

如果只有一个输入端口有水流入，水流就会从顶部一路倾斜往下，击打在机器侧边内壁上，最后从底部流出。然而，如果两个输入端口都有水流入，这两股水流就会在机器中部发生碰撞，被该处的水桶接住后流出。底部的输出相当于输入做了异或运算，而中部的输出则相当于输入做了与运算。你只需要造出这种能把异或门和与门结合在一起的机器，就能凭此创造全加器，并进而发明以水为能源的计算机。换句话说，执行计算机计算任务的全部条件就是正确配置的水。[①]

大功告成。

不过，显而易见，一台以水为能源的计算机的处理速度一定会比你记忆中的那种以电为能源的计算机慢，而且即便这种计算机能够代替风靡市场的最新款便携式音乐播放器，也用不了很长时间。不过，即便是这种基础的运算机器，人类也迟至 17 世纪末才正式开始研究。另外，未来将要出现的微型计算机、电子计算机、半导体计算机等一切计算机技术都将以你刚才发明的这种机器为基础。你不仅想出了机器运算的基本原理，还建造了一部能运用这些原理解决数学问题的机器。

另外，你不必只以水为能源！记住：任何得出你想要的输出的机器都像门那样工作，并且，除了你已经拥有的以水为能源的门以及你未来会创造出来的以电为能源的门以外，还可以探索其他各种媒介：在凹槽中滚动的弹珠、绳索和滑轮[②]，甚至活螃蟹[③]都可以用来构建逻辑门。值得注意的

---

① 另外，有了这种异或门，你就会发现流体非门其实并不像听上去那样完全不可实现。为“p 异或 1”这个运算构建真值表（也就是一个输入端口只有 p 或者或 p，另一个输入端口总有水流入），就能看到其输出和 $\neg p$ 其实是一模一样的。

② 这种计算机的基本构思是：把滑轮两侧重物位置的上和下标定为 1 和 0。也就是说，若重物位于下方则标记为 0，位于上方则标记为 1。对于一个竖直悬挂的滑轮，把位于上方那一侧的绳索往下拉，另一侧的重物就会上升：这就是非门的基本原理。增加额外的绳索和重物，你就能轻松构建出与门和或门，于是你就有了一个基本门集合。

③ 2012 年，人们发现生活在日本某些岛屿的沙滩及潟湖中的寄居蟹（这种螃蟹颜色多种多样，从苍白色到深蓝色都有，且会越长越亮，外壳长度为 8~16 毫米）举止怪异。科学地说，这些螃蟹会贴着墙壁成群地移动。当两群螃蟹相遇时，它们就会合并为一群（接下页）

是，这些用其他媒介造出的门大部分都是在我们发明了电子计算机之后才出现的：一旦人类掌握了二进制逻辑的基本原理，他们就开始寻找用各种物质建造计算机的方法。

下一项重大技术创新就是通用计算机。刚才你发明的这些计算机功能都很单一，而一旦你掌握了用数字给计算机编程的技术（而不是借助于那些会发生物理运动的门），数字代表事物和数字操作事物之间的界限便会开始模糊。这让计算机得以在运行时改变自己的程序设置。而这种情况一旦出现，机器运算的潜力就会释放，计算机能力就会爆炸式增长，世界从此改变。

那真是太棒了！

（接上页）

并且朝着某种综合了原来各自行进路线的方向移动。只要让这种螃蟹按Y形路径移动就能轻松构建一个或门：两群螃蟹从Y形顶部进入，哪怕相遇也会从底部出去。与门则是X形，不过X的中间还要加上一条从中部交叉点延伸到底部的竖线。两群螃蟹沿着对角线进入X形顶部，然后按照原来的路径从底部出去，但它们相遇时则会沿着你刚才画出的那条竖线出去：这就是“与门”的输出。科学家在发现了这种螃蟹可作为机器进行运算的潜力后还注意到，它们有时会犯错（毕竟，活碰乱跳的动物总不会像水流和电流那样行为完全可以预测）。这表明，如果你想让这些孩子气的寄居蟹实现你的大规模机器运算之梦，那么还有一些困难等待你去应对。（至少还有一个困难需要你克服：目前还没有找到用这种螃蟹构建非门的方法。有了非门，你才能构建出一个基本门集合。）

结 语

现在，你应该活得挺滋润了，不用谢！

事实证明，掌握足以在遥远的过去生存下去的知识与技能……只不过是一个时间问题。

这本指南到这里就要结束了，真是有些不舍。你已经在这本指南里找到了一些人类曾经问过且足以改变人类生活的最深刻问题的答案，其中包括“宇宙由何构成”（第11章），“我怎么才能舒服地生活下去且保证短时间内不会死”（第5章），以及“我总是拉个不停（腹泻），想要缓解这种状况，我该怎么办”（第14章）。我们可以肯定，这些知识能够在未来的“日日月月年年”里让你获益匪浅。

当你步出FC3000™民用时光机，准备探索这个未知的地球（很快，你就会把它改造成你的家园、社区、文明）时，我们羡慕不已。你即将进入的这个世界，充斥着未知的可能和奇迹，而且你会带着其他人从不曾拥有的天赋面对这个世界，这项天赋就是远见。睿智地使用这种天赋，你就能避开我们遭遇过的所有可怕且危害巨大的陷阱，同时达到我们从未梦想过的高度。

阅读这本指南，你就已经把人类最伟大的成就的相关知识铭记于心。之前我们曾特别提到，一旦你被困在过去，这本书就将成为这个星球上最强大但也最危险的事物，没有之一。而现在，这句话已不再正确。

你才是（这个星球上最强大但也最危险的事物，没有之一）。

开始行动，拿下这一切吧，你就是刚下山的猛虎。

图 72 笑看千古事的 FC3000™ 时光机

克罗诺迪克斯解决方案公司的朋友们向你致以最诚挚、最专业的问候。

附录A

技能树

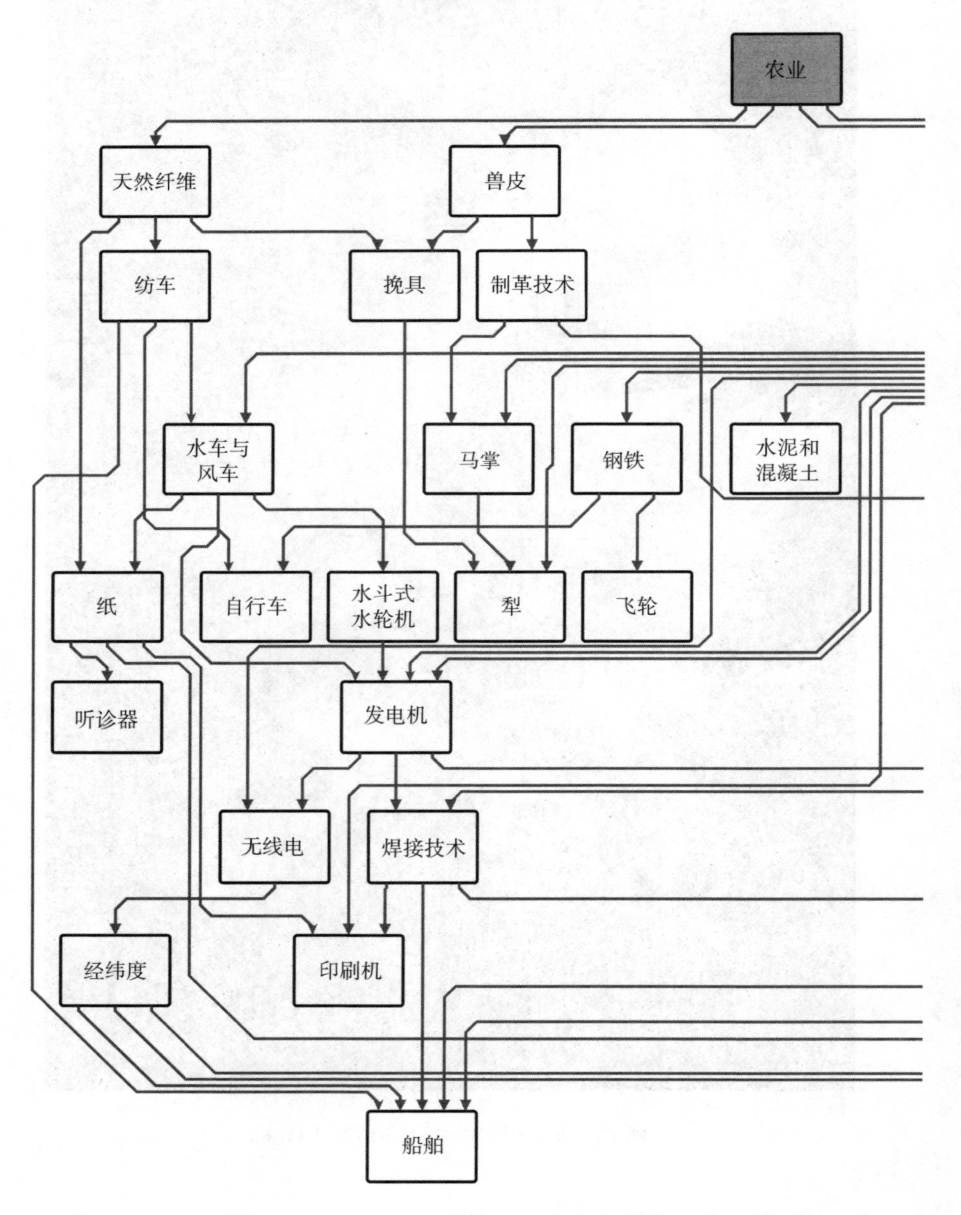

农业
天然纤维
兽皮
纺车
挽具
制革技术
水车与
风车
马掌
钢铁
水泥和
混凝土
纸
自行车
水斗式
水轮机
犁
飞轮
听诊器
发电机
无线电
焊接技术
经纬度
印刷机
船舶

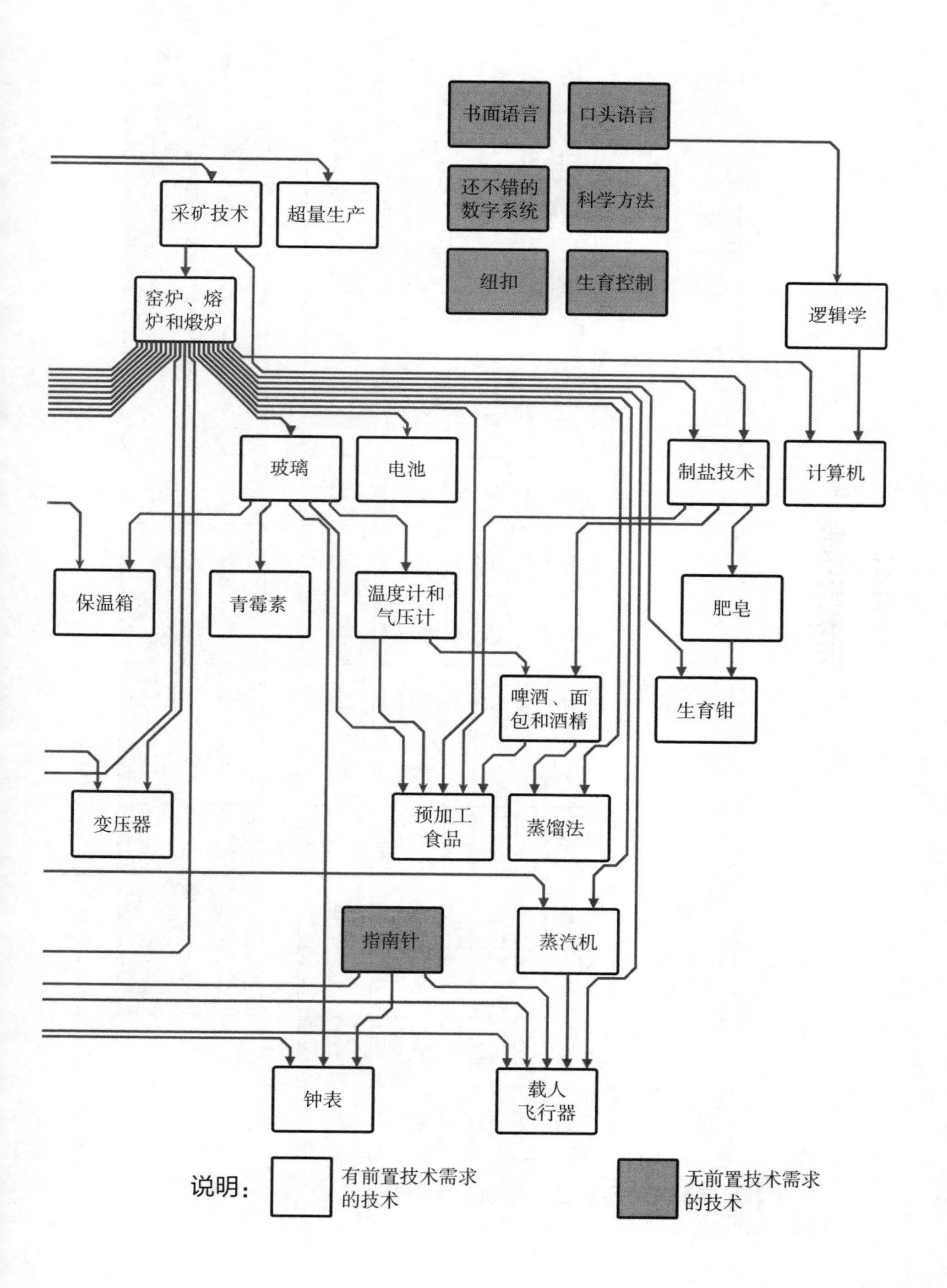
书面语言
口头语言
还不错的数字系统
科学方法
纽扣
生育控制
采矿技术
超量生产
窑炉、熔炉和煅炉
逻辑学
玻璃
电池
制盐技术
计算机
保温箱
青霉素
温度计和气压计
肥皂
啤酒、面包和酒精
生育钳
变压器
预加工食品
蒸馏法
指南针
蒸汽机
钟表
载人飞行器
说明：
有前置技术需求的技术
无前置技术需求的技术

附录B

元素周期表[40]

原子序数 — 1；H — 元素符号；氢 — 元素中文名称；hydrogen — 元素英文名称；1.008 — 惯用原子量；[1.0078, 1.0082] — 标准原子量

1	2	3	4	5	6	7	8	9	10	11	12	13	14	15	16	17	18
1 H 氢 hydrogen 1.008 [1.0078, 1.0082]																	2 He 氦 helium 4.0026
3 Li 锂 lithium 6.94 [6.938, 6.997]	4 Be 铍 beryllium 9.0122											5 B 硼 boron 10.81 [10.806, 10.821]	6 C 碳 carbon 12.011 [12.009, 12.012]	7 N 氮 nitrogen 14.007 [14.006, 14.008]	8 O 氧 oxygen 15.999 [15.999, 16.000]	9 F 氟 fluorine 18.998	10 Ne 氖 neon 20.180
11 Na 钠 sodium 22.990	12 Mg 镁 magnesium 24.305 [24.304, 24.307]											13 Al 铝 aluminium 26.982	14 Si 硅 silicon 28.085 [28.084, 28.086]	15 P 磷 phosphorus 30.974	16 S 硫 sulfur 32.06 [32.059, 32.076]	17 Cl 氯 chlorine 35.45 [35.446, 35.457]	18 Ar 氩 argon 39.95 [39.792, 39.963]
19 K 钾 potassium 39.098	20 Ca 钙 calcium 40.078(4)	21 Sc 钪 scandium 44.956	22 Ti 钛 titanium 47.867	23 V 钒 vanadium 50.942	24 Cr 铬 chromium 51.996	25 Mn 锰 manganese 54.938	26 Fe 铁 iron 55.845(2)	27 Co 钴 cobalt 58.933	28 Ni 镍 nickel 58.693	29 Cu 铜 copper 63.546(3)	30 Zn 锌 zinc 65.38(2)	31 Ga 镓 gallium 69.723	32 Ge 锗 germanium 72.630(8)	33 As 砷 arsenic 74.922	34 Se 硒 selenium 78.971(8)	35 Br 溴 bromine 79.904 [79.901, 79.907]	36 Kr 氪 krypton 83.798(2)
37 Rb 铷 rubidium 85.468	38 Sr 锶 strontium 87.62	39 Y 钇 yttrium 88.906	40 Zr 锆 zirconium 91.224(2)	41 Nb 铌 niobium 92.906	42 Mo 钼 molybdenum 95.95	43 Tc 锝 technetium	44 Ru 钌 ruthenium 101.07(2)	45 Rh 铑 rhodium 102.91	46 Pd 钯 palladium 106.42	47 Ag 银 silver 107.87	48 Cd 镉 cadmium 112.41	49 In 铟 indium 114.82	50 Sn 锡 tin 118.71	51 Sb 锑 antimony 121.76	52 Te 碲 tellurium 127.60(3)	53 I 碘 iodine 126.90	54 Xe 氙 xenon 131.29
55 Cs 铯 caesium 132.91	56 Ba 钡 barium 137.33	57-71 镧系 lanthanoids	72 Hf 铪 hafnium 178.49(2)	73 Ta 钽 tantalum 180.95	74 W 钨 tungsten 183.84	75 Re 铼 rhenium 186.21	76 Os 锇 osmium 190.23(3)	77 Ir 铱 iridium 192.22	78 Pt 铂 platinum 195.08	79 Au 金 gold 196.97	80 Hg 汞 mercury 200.59	81 Tl 铊 thallium 204.38 [204.38, 204.39]	82 Pb 铅 lead 207.2	83 Bi 铋 bismuth 208.98	84 Po 钋 polonium	85 At 砹 astatine	86 Rn 氡 radon
87 Fr 钫 francium	88 Ra 镭 radium	89-103 锕系 actinoids	104 Rf 𬬻 rutherfordium	105 Db 𬭊 dubnium	106 Sg 𬭳 seaborgium	107 Bh 𬭛 bohrium	108 Hs 𬭶 hassium	109 Mt 鿏 meitnerium	110 Ds 𫟼 darmstadtium	111 Rg 𬬭 roentgenium	112 Cn 鿔 copernicium	113 Nh 鿭 nihonium	114 Fl 𫓧 flerovium	115 Mc 镆 moscovium	116 Lv 𫟷 livermorium	117 Ts 鿬 tennessine	118 Og 鿫 oganesson

57 La 镧 lanthanum 138.91	58 Ce 铈 cerium 140.12	59 Pr 镨 praseodymium 140.91	60 Nd 钕 neodymium 144.24	61 Pm 钷 promethium	62 Sm 钐 samarium 150.36(2)	63 Eu 铕 europium 151.96	64 Gd 钆 gadolinium 157.25(3)	65 Tb 铽 terbium 158.93	66 Dy 镝 dysprosium 162.50	67 Ho 钬 holmium 164.93	68 Er 铒 erbium 167.26	69 Tm 铥 thulium 168.93	70 Yb 镱 ytterbium 173.05	71 Lu 镥 lutetium 174.97
89 Ac 锕 actinium	90 Th 钍 thorium 232.04	91 Pa 镤 protactinium 231.04	92 U 铀 uranium 238.03	93 Np 镎 neptunium	94 Pu 钚 plutonium	95 Am 镅 americium	96 Cm 锔 curium	97 Bk 锫 berkelium	98 Cf 锎 californium	99 Es 锿 einsteinium	100 Fm 镄 fermium	101 Md 钔 mendelevium	102 No 锘 nobelium	103 Lr 铹 lawrencium

表格来源：中国化学会官网，2019年1月23日最新版

附录C

有用化学物质概况、制法及危害一览

本部分介绍了这本指南用到的所有化学物质的制法，包括一些正文中虽没提到但对你构建文明非常有用的物质。我们会先介绍最常用、最基础的化学物质，这样一来，后面介绍的物质就可以利用已经介绍过的物质制成了。在你太过兴奋而不管不顾地开始制造这些化学物质之前，你得先知道为什么我们要在下文中介绍每种物质时添上一个“一不小心，它就会置你于死地”栏目。这是因为它们都非常危险，在意外情况下可置你于死地。请千万小心，除非你被困在过去且真的非常需要它，才去制造它！

C.1 氨气

化学式

NH_3

外观

一种无色的气体

最早人工合成时间

1774 年

概述

这是一种极其有用的物质，在文明中得到广泛应用，同时也是现代社会产量最大的化学物质之一。氨气可以用作肥料、制冷剂、防腐剂，溶于水后还会变成一种不会留下痕迹的强力清洁剂。每次用它清洁后，你都会光彩照人。

如何生产

氨（NH_3）由氮和氢构成，这两种元素在地球上的丰度都很高。我们用“丰度高”这个词是因为：氮气是大气层中含量最高的气体，而氢更是整个宇宙中最常见的元素。然而，在氮气分子（N_2）中，氮原子已相互紧密地结合在了一起，不想和其他物质发生反应。因此，你周围的氮气对生产氨毫无用处。

不过，你还是可以从地面上收集天然的氯化铵（NH_4Cl），这种盐是由火山气体天然形成的，因此，你常常会在火山口附近发现这些白色晶体。如果你不擅长在火山上开矿，那你也能在骆驼粪便中找到这种盐：骆驼非常耐渴，这意味着它们摄入了很多氯，因此我们能在它们的粪便中找到氯化铵。把骆驼粪晒干并放在封闭的空间中焚烧（理想状态是只留一个出口排烟），然后把一些温度较低的东西（玻璃或岩石）放在出烟口，帮助它冷凝，冷凝物上会形成氯化铵晶体。把熟石灰添加到氯化铵晶体中，然后加热，你就得到了氨气。

如果你既找不到天然氯化铵也找不到骆驼，那就干馏鹿角和鹿蹄，这样也能获取氨。不过，此时你得到的是含碳酸铵的灰，而不是氯化铵。把这些灰加热到 60℃以上，碳酸铵就会分解成氨气、二氧化碳以及水。因此，碳酸铵是一个非常好用的获取氨的渠道，并且你还可以把这种物质当作小苏打的替代物，用来发酵面包。

如果上面这些你都没有，那你还可以从自己的尿液中获取氨。所有哺乳动物都会以尿液的形式排出体内的过量氮，而尿液中的细菌又会把氮转换成氨，这就是你（过去）常常会在卫生状况不佳的厕所里闻到难闻的气味的原因，当然，厕所已经是你（再也回不去）的个人回忆了。你只需要让自己的尿液发酵，然后收集产生的气体就可以了。

这些方法速度比较慢并且只能产生少量氨。要想把规模扩大到工业水平，就要发明高压锅（其实就是一种密封性优良的金属罐），把它加热到 450℃并且产生 200 个大气压左右的高压，就能让那些丰度很高的氮气和氢气发生反应并形成氨。这是一种非常高效的产氨方法，但要做的工作要比“收集粪便焚烧”更多。

一不小心，它就会置你于死地

人类的确有办法把过量氨排出体外（尿出来，这就是你能从尿液中获取氨的原因），因此，你不用担心摄入过量氨！睡个好觉吧，爱氨的人！不过，高浓度氨气具有腐蚀性，会摧毁你的肺，所以你还是别睡得太死比较好。

C.2 碳酸钙

别名

白垩

化学式

$CaCO_3$

外观

白色精细粉末

首次人工合成时间

公元前 7200 年（利用自然资源生成，非人工合成）

概述

往硅里加入苏打粉，玻璃就会产生一点儿水溶性，但加点儿碳酸钙就能解决这个问题！也可以往土壤里加入碳酸钙，可帮助植物吸收氮，为它们提供钙，同时减少过酸土壤的酸性。碳酸钙是最容易生产的碱之一。

如何生产

有几种岩石的主要成分就是碳酸钙，比如方解石（纯碳酸钙）、石灰石、白垩以及大理石。这些石头占据了地壳的 4%，因此要找到它们并不算太难。蛋壳、蜗牛壳以及大多数贝壳也都富含碳酸钙：光是蛋壳的碳酸钙占比就约为 94%。只要把它们清洗干净、晒干然后碾碎就好了。制作碱液时也会产生碳酸钙（参见 C.8）。

一不小心，它就会置你于死地

实际上，你可以通过食用碳酸钙来补充钙质，也可以以此中和过量酸，但摄入过量就会出问题并且可能会致命。

C.3 氧化钙

别名

石灰、生石灰

化学式

CaO

外观

白色或浅黄色粉末

首次人工合成时间

公元前 7200 年（利用自然资源生成，而非合成）

概述

制造玻璃时会用到生石灰。生石灰燃烧时会发出一股强光。（俗语说“在聚光灯下”，过去的聚光灯又叫石灰光灯。在电力照明出现之前，剧院里常常使用这种灯，这倒是很符合你现在的需求。）

如何生产

取一些含有碳酸钙的物质（石灰石、贝壳等），放在窑炉里加热到 850℃，就能生成生石灰。这个过程会让碳酸钙和氧气发生反应，生成生石灰和二氧化碳。不过，生石灰并不稳定，它随着时间的推移会和空气中的二氧化碳发生反应并变回碳酸钙。因此，如果你现在不是马上要用生石灰，那就把它变成熟石灰（参见C.4）。生产 1 千克生石灰大概需要 1.8 千克石灰石。

一不小心，它就会置你于死地

由于生石灰会和水发生反应，并且人体内部非常“潮湿”，当你误食生石灰或者你水汪汪的大眼睛里进了生石灰之后，这种物质就会引起严重的炎症。生石灰还会引起化学烧伤，这种烧伤甚至会烧穿你的鼻子，让两个鼻孔彻底分家，所以千万别吸入生石灰。

C.4 氢氧化钙

别名

熟石灰

化学式

$Ca(OH)_2$

外观

白色粉末

首次人工合成时间

公元前 7200 年（利用自然资源生成，非合成）

概述

熟石灰是一种人类已经使用了几千年的物质，应用广泛并且易于生产。它可以用作砂浆、石膏，把熟石灰加到黏土中就会产生一种会逐渐变硬的物质。熟石灰可以放在果汁里充当钙补充剂，也可以用作小苏打的替代物。此外，熟石灰还有促使凝结的作用，因此有助于除去液体中的杂质，这一点在净化水以及污水处理方面有诸多应用。

如何生产

只要混合氧化钙和水就可以了。不过，这个反应会产生大量热，所以要千万小心！实际上，混合任何化学物质时都一定要小心。你要面对的问题已经够多了，可别再惹出什么麻烦了。另外，如果你想让这个反应逆向发生，好重新得到生石灰，那就把熟石灰加热到脱水为止，此时温度大概是 512℃。

一不小心，它就会置你于死地

接触熟石灰会导致化学烧伤，极端情况下会导致失明或肺损伤——如果你傻到直接去吃这些你正在发明的奇怪物质的话。

C.5　碳酸钾

别名

草碱、草木灰

化学式

K_2CO_3

外观

白色粉末

首次人工合成时间

200 年

概述

这是一种在漂白衣物、制造玻璃和肥皂时非常有用的添加剂，也可以用于许多其他物质的生产。你还可以把它用作面包的发酵剂！

如何生产

收集植物燃烧后留下的灰烬（木材的效果很好，硬木的效果更好，只要确保它们燃起的火不被水浇灭就可以了，否则在你收集这些灰烬时，你想到的化学物质就会被冲走），把它们溶于水，接着再煮干（或者把它放到太阳底下晒干）。此时，锅底的灰白色残渣儿——你也可以叫它“锅灰”——就是草木灰。

要烧很多木头才能得到一点点草木灰：烧 1 千克木头大概只能得到 1 克草木灰。不过，这个生产过程倒是很简单，而且在制作草木灰的同时，你还可以把生起来的这堆火，充分利用在其他生产项目上。

一不小心，它就会置你于死地

草碱具有腐蚀性，因此，别把它弄到眼睛里、擦到皮肤上或者食用。吃多了草碱就会有大麻烦，但我们不会告诉你究竟吃多少会引起大麻烦，因为你一点儿都不碰！这只不过是煮干了的木头灰烬而已！不是食物！

C.6　碳酸钠和碳酸氢钠

别名

苏打（碳酸钠）、小苏打（碳酸氢钠）

化学式

Na_2CO_3（碳酸钠），$NaHCO_3$（碳酸氢钠）

外观

白色粉末

首次人工合成时间

200 年（从自然资源中提取出碳酸钠），1791 年（人工合成碳酸钠），1861 年（高效碳酸钠合成法）

概述

碳酸钠会降低硅的熔点，这在制造玻璃时很有用。你还可以用碳酸钠制造肥皂和软水！碳酸氢钠能让你的面包在不使用酵母的情况下膨胀，它能治疗胃烧灼、生产抗斑牙膏、治疗狐臭，还能杀蟑螂（它真是太有用了！）。

如何生产

碳酸钠的生产过程和草木灰的生产过程一样，但是原料要用生长在富钠土壤中的树木——海带（即海藻）就可以，长在盐碱地里的植物也是不错的选择。如果你（或你的文明）想要做得更好，可以用一种 1861 年才正式出现的方法（索耳末法）把产量提高到工业规模。

首先，建造一座大约 25 米高的水塔：钢材效果很好。从水塔底部加热石灰石，生产出生石灰和二氧化碳（参见 C.3）。在这堆反应物上放置含有高浓度氨和盐的溶液。当底下的二氧化碳冒上来在溶液中形成气泡时，氨就会变成氯化铵（NH_4Cl，这不是我们要生产的物质，但还是留下它），而碳酸氢钠（$NaHCO_3$，也称“小苏打”）则会从溶液中析出，在溶液底部集中。你可以现在就收集并使用碳酸氢钠，但如果你继续加热的话，它会分解成碳酸钠（这正是我们想要的物质）、水和二氧化碳。剩下的就是氯化铵了。如果你不想生产吗啡，就往里面加入熟石灰：这个反应会产生纯氨、纯水以及一些氯化钙（$CaCl_2$）。这个过程的优势在于，反应结束你还可以回收氨，可谓相当经济了！

氯化钙可以当作废料丢弃，或者用作除冰剂（氯化钙能降低水的凝固点，因此，如果你的文明中已经出现了道路的话，它是一种很好的化冰剂）、制作风味腌菜（氯化钙吃起来很咸，但其实根本不含钠）或活性炭（其实就是表面积更大的木炭）。在开始制作木炭前，把木头浸泡到氯化钙溶液里就可以制作出活性炭。

如果你将二氧化碳气体通入一个密封的水容器里，容器中的压力就会变大，里面的水就会吸收一部分二氧化碳！容器打开、压力变小后，这些溶于水的二氧化碳就会慢慢地以气泡形式跑出。这就是**苏打水**。碳酸饮料直到1767年才出现，但任何时代的人类都会喜欢它的！

一不小心，它就会置你于死地

只要不过度摄入，这两种物质都很安全，而且你很可能已经吃过了。我们终于找到了一种可以用来制作曲奇的、安全的化学物质！

C.7 碘

化学式

I_2

外观

紫色气体，灰色金属固体

首次人工合成时间

1811年（首次发现）

概述

碘是一种防腐剂，把它和水混合能杀死细菌，把这种碘水涂到伤口上能预防感染。碘也是人体必需的元素。没有碘，你的甲状腺会肿大，然后死亡！

如何生产

用植物灰生产碳酸钠时，在剩下的废料中加入硫酸：如果加入的硫酸足够多，你就会看到紫色的气体云。这种气体遇冷就会变成晶体，即纯碘。

碘微溶于水（加热到50℃，1.3升水能吸收大约1克碘）。要想溶解更多碘，可以把它加到氢氧化钾里，得到碘化钾，这种化学物质能够让更多的碘溶于水。

一不小心，它就会置你于死地

没有碘，你就活不下去，但纯碘也有毒。如果你没有事先稀释而直接食用碘的话，它会刺激皮肤，浓度够高的话还会导致组织损伤。

C.8 氢氧化钠和氢氧化钾

别名

苛性钠（氢氧化钠）、苛性钾（氢氧化钾）、碱液（两者都是）

化学式

NaOH（氢氧化钠）、KOH（氢氧化钾）

外观

白色固体

首次人工合成时间

200 年

概述

氢氧化钠和氢氧化钾都可用于制作肥皂。由于它们能溶于有机溶剂，所以常常用来清洗酿酒用的大木桶等！

如何生产

历史上，这两种东西都有过“碱液”的名字，因为在大多数情况下，这两种物质可以互相代替。用少量盐水和电就能生产氢氧化钠，木灰也可以用来生产这种物质。用水冲洗木灰（详细操作参考C.5 和C.6），然后再加入熟石灰（参见C.4），就可以生产出碱液（既可以是氢氧化钾也可以是氢氧化钠，这取决于你用的是碳酸钾还是碳酸钠），碳酸钙则会沉到底部。

一不小心，它就会置你于死地

听好，这两种化学物质是出了名的“腐蚀性物质”，因为它们能溶解活体组织中的蛋白质和脂肪。你就是由活体组织构成的，这意味着你绝对不想碰上碱液或者靠近碱液。一旦接触，它就会造成化学烧伤，如果弄到了眼睛里，就会令人失明。腐蚀性物质可以把有机组织溶解成浆状，所以这两种物质可以用来处理尸体！

文明进步贴士： 如果没出什么大事，你绝对不需要摆脱这副躯体。

C.9 硝酸钾

别名

硝石

化学式

KNO_3

外观

白色固体

首次人工合成时间

1270 年

概述

硝石可以食用，因此，你可以用它来腌制肉类、软化食物以及制作浓汤。硝石也可以用作肥料（氮的一种来源）。人们甚至已经用它来根除树桩了，原理非常简单：硝石会促进真菌生长，而真菌则会“吃掉”树桩。硝石还可以用于治疗哮喘、高血压，还可以制作适合牙齿敏感人士使用的牙膏。

如何生产

生产硝酸钾有很多种方法，具体用哪种取决于哪种比较方便。

- 把从洞穴里收集来的蝙蝠粪便浸泡在水里一天，然后过滤，加入碱液，煮沸直到溶液变得浓稠，冷却后收集针状长晶体，那就是硝酸钾。蝙蝠早在公元前 5500 万年就已经出现了，所以，只要是有人类存在的时代，就一定有蝙蝠。
- 把人类粪便和木灰及稻草混在一起，让它变得更加透气，并以此制作一个大约 1.2 米高、7 米宽、4.5 米长的粪草堆。别让粪草堆淋到雨，用尿液让它保持湿润，但不能太潮湿。偶尔搅拌一下可加速分解。大约 1 年后，用水浸没它（用水冲洗粪草堆，然后收集被冲下来的物质），你就得到了硝酸钙。把碳酸钙放在碳酸钾溶液中过滤，就得到了硝酸钾。

一不小心，它就会置你于死地

无论是提取这种物质还是站在附近，硝酸钾都很安全。真不错！

C.10 乙醇

别名

酒精

化学式

C_2H_6O

外观

无色液体

首次人工合成时间

公元前 10000 年（这是人们生产这种物质的时间，但任何腐烂的水果都能产生乙醇）

概述

你可以饮用乙醇变得更加善于交际或悲伤。乙醇也是一种防腐剂，可以用作燃料，也是制作温度计的好材料

如何生产

前文介绍了如何酿造酒精，蒸馏酒精即可得到乙醇。

一不小心，它就会置你于死地

摄入过多的话，乙醇就会成为一种可成瘾的精神类药物和神经毒素。

C.11 氯气

化学式

Cl_2

外观

淡黄色气体

首次人工合成时间

1630 年

概述

氯气是一种化学性质非常活泼的气体，可以用作消毒剂（尤其常用于水池

和饮用水中)，但对任何活性器官来说都具有强烈的毒性。

如何生产

给海水（也就是盐水）通电，正极附近冒出的气泡就是氯气，负极附近出现的气泡则是氢气，水中还会生成氢氧化钠（参见C.8）。

一不小心，它就会置你于死地

战争时期，人们曾把氯气当作毒气使用，所以你肯定不想待在氯气附近。高温下，氯气也会和铁反应产生氯铁火。这种物质的安全程度就和它的名字给人的感觉一样（极其不安全）。

C.12 硫酸

化学式

H_2SO_4

外观

无色液体

首次人工合成时间

公元前3000年[41]

概述

一种高度腐蚀性的酸，应用广泛，小至“制作电池”，大至“溶解各种物质”。硫酸现在是这个星球上产量最多的化学物质！

如何生产

找到一些黄铁矿（FeS_2，也称“愚人金”），那是一种颜色像金子一样的晶体状矿石。这应该不难做到：愚人金是这个星球上最常见的铁硫化合物，通常能在石英块矿脉、沉积岩层以及煤层中找到。不幸的是，在地表上我们是找不到这种矿物的，因为暴露在空气和水中时，它就会分解，但地下的愚人金总在不断生成。

烘烤愚人金，并收集冒出来的气体，就是二氧化硫（SO_2）。把二氧化硫气体和氯气混合到一起并加入一点儿碳（催化剂），你就得到了一种新液体，也就是硫酰氯（SO_2Cl_2）。蒸馏这种液体，使之浓缩，接着（小心翼翼地）加入水：这个反应能产生硫酸和氯化氢气体。（把这种气体收集起来并通入水中就会得到盐酸——HCl，真是一箭双雕啊！）硫酸的化学性质非常活泼、腐蚀性极强，储存和使用时都必须非常小心。

好消息是，只要你生产出了少量硫酸，就能用来鉴定愚人金并且生产出更多硫酸！在愚人金上滴一滴硫酸就会发出嘶嘶声，而散发出的味道就像坏掉的鸡蛋。

一不小心，它就会置你于死地

硫酸沾到皮肤上会造成严重烧伤，溅到眼睛里你就会永远失明。吞咽硫酸会造成无可挽回的损失。千万不要触摸、吞咽本附录中的任何化学物质，也别让它们溅到你的眼睛里，明白吗？

C.13 盐酸

别名

盐精

化学式

HCl

外观

无色液体

首次人工合成时间

800 年

概述

非常好用的家用清洁剂，也可以除去钢铁上的锈迹！

如何生产

把氯化氢气体通入水中（参见 C.12），或者把盐加入硫酸里。

一不小心，它就会置你于死地

高浓度盐酸会产生一种酸雾，对你以及你珍贵的器官造成不可逆的伤害，非雾形式的盐酸也同样有害。

C.14 乙醚

化学式

$(C_2H_5)_2O$

外观

无色透明的液体

首次人工合成时间

8 世纪

概述

乙醚是一种吸入式麻醉剂，人吸入后就会失去意识，但见效较慢并且会引起恶心。麻醉剂的出现使得手术不再是病人梦魇般的经历。在麻醉剂出现之前，你只能在完全清醒的情况下躺到手术台上任由别人切开你颤抖的身体。因此，手头上备一点儿乙醚真的很有用！

如何生产

混合乙醇和硫酸，然后蒸馏，就能提取出乙醚。注意这个过程中温度要保持在 150℃以下，防止乙醇形成乙烯（C_4H_4）——除非你想要这种物质。可以用乙烯催熟水果。按 85% 乙烯和 15% 氧气的比例混合这两种气体，也能得到一种麻醉剂。

一不小心，它就会置你于死地

在有氧气的环境中（通常都会有的），乙醚极易燃烧。

C.15 硝酸

化学式

HNO_3

外观

无色或黄色（或）红色（或）生烟液体

首次人工合成时间

13 世纪

概述

一种强力氧化剂，常用作火箭燃料（你很可能用不着），也用于人工老化松树和枫树（这也很可能不是你要考虑的紧迫问题），还可用于制作硝酸铵。

如何生产

把硫酸和硝石放在一起反应。要小心：硝酸会和有机物发生剧烈反应并且分解活体组织，所以千万别把这东西弄到身上。如果你实在不小心弄到身上，请立即用水冲洗至少 15 分钟！

一不小心，它就会置你于死地

不知道还能说些什么比“硝酸会和有机物发生剧烈反应并且分解活体组织”这种语气更严重、更能强调它的危险性的话。绝对不能靠近这种物质。

C.16 硝酸铵

化学式

NH_4N0_3

外观

白色或灰色固体

首次人工合成时间

1659 年

概述

一种高氮肥料，可用于制造笑气（参见 C.17），同时也是一种爆炸物。硝酸铵是提高土地产出的关键所在，而土地产出的提高会让你的文明比其他文明拥有更多有智慧的人类。

如何生产

混合氨气和硝酸即可。完成！非常简单！或者说应该非常简单，条件是氨气和硝酸没有剧烈反应并且产生大量热量，否则就有可能引发爆炸。所以，要千万小心！

一不小心，它就会置你于死地

硝酸铵的爆炸性极强，一点点热量或者火花就有可能点爆。1916 年、1921 年、1942 年、1947 年、2004 年以及 2015 年都发生过轰动一时的硝酸铵爆炸事故，而且上述这些还只是遇难人数不少于 100 人的事故！

C.17　一氧化二氮

别名

笑气

化学式

N_2O

外观

无色气体

首次人工合成时间

1772 年

概述

这是一种能让你愉悦的气体，你更易受到心理暗示，可缓解痛苦，放松肌肉。但是，如果你吸入过多，会晕死过去。因此，笑气也可以用作麻醉剂！把笑气和其他麻醉剂（比如乙醚）结合起来使用，效果更佳。

如何生产

小心、缓慢地加热硝酸铵，就会产生一氧化二氮气体。将其通入水中即可冷却并清除其中的杂质。不过，加热时一定要小心，因为你加热的可是一种爆炸物——如果硝酸铵温度超过 240℃，就有可能发生爆炸。

一不小心，它就会置你于死地

很多操作都会酿成大祸，毕竟你加热的可是爆炸物啊！

附录D

逻辑论证形式

本部分介绍的是一些你可以用于符号逻辑推理的逻辑论证形式，仅供参考。这里使用的符号包括：→代表“若……则……”，若前项为真则后项也为真；∴ 代表“则”“那么”“因此”；¬代表“非”；∧ 代表“与”“且”；∨代表“或”；而↔表示“等于”或者“可以互换”。

表 28 逻辑论证形式概览

符号形式	语言形式
$p \therefore \neg\neg p$	若p为真，则非p也为真：换句话说，这里只允许出现真和假两个值，且真和假对立
$p \therefore (p \vee p)$	若p为真，则（p或p）也为真
$p \therefore (p \wedge p)$	若p为真，则（p与p）也为真
$(p \vee \neg p) \therefore \text{true}$	（p或非p）总为真
$\neg(p \wedge \neg p) \therefore \text{true}$	非（p与非p）总为真
$(p \wedge q) \therefore p$	若p与q均为真，则p也为真
$p \therefore (p \vee q)$	若p为真，则（p或q）也为真
$p, q \therefore (p \wedge q)$	若p和q分别为真，则p与q也为真
$(p \vee q) \therefore (q \vee p)$	（p或q）和（q或p）是一样的：在这里顺序无关紧要
$(p \wedge q) \therefore (q \wedge p)$	（p与q）和（q与p）是一样的：在这里顺序也无关紧要
$(p \leftrightarrow q) \therefore (q \leftrightarrow p)$	（p等于q）和（q等于p）是一样的：在这里顺序也无关紧要，太棒了
$(p \rightarrow q) \therefore (\neg q \rightarrow \neg p)$	若p为真可导出q为真，则非q可导出非p
$(p \rightarrow q) \therefore (\neg p \vee q)$	若p为真可导出q为真，则要么非p为真，要么q为真
$[(p \rightarrow q) \wedge p] \therefore q$	若p可导出q为真，且p为真，则q为真
$[(p \rightarrow q) \wedge \neg q] \therefore \neg p$	若p可导出q，且非q为真，则非p为真
$[(p \rightarrow q) \wedge (q \rightarrow \text{r})] \therefore (p \rightarrow \text{r})$	若p可导出q，且q可导出r，则p可导出r

（续表）

符号形式	语言形式
$[(p \lor q) \land \neg p] \therefore q$	若p或q为真，且非p为真，则q为真
$[(p \to q) \land (r \to s) \land (p \lor r)] \therefore (q \lor s)$	若p可导出q，且r可导出s，且p或r为真，则q或s为真
$[(p \to q) \land (r \to s) \land (\neg q \lor \neg s)] \therefore (\neg p \lor \neg r)$	若p可导出q，且r可导出s，且非q或非s为真，则非p或非r为真
$[(p \to q) \land (r \to s) \land (p \lor \neg s)] \therefore (q \lor \neg r)$	若p可导出q，且r可导出s，且非p或非s为真，则q或非r为真
$[(p \to q) \land (p \to r)] \therefore [p \to (q \land r)$	若p可导出q，且p可导出r，则p可导出q与r
$\neg(p \land q) \therefore (\neg p \lor \neg q)$	非（p与q）与（非p或非q）是一样的
$\neg(p \lor q) \therefore (\neg p \land \neg q)$	非（p或q）与（非p与非q）是一样的
$[p \lor (q \lor r)] \therefore [(p \lor q) \lor r]$	［p或（q或r）］和［（p或q）或r］是一样的：一个全为“或”的命题，可以随意改动括号的位置
$[p \land (q \land r)] \therefore [(p \land q) \land r]$	［p与（q与r）］和［（p与q）与r］是一样的：一个全为“与”的命题，也可以随意改动括号的位置
$[p \land (q \lor r)] \therefore [(p \land q) \lor (p \land r)]$	［p与（q或r）］和（p与q）或（p与r）是一样的
$[p \lor (q \land r)] \therefore [(p \lor q) \land (p \lor r)]$	［p或（q与r）］和（p或q）与（p或r）是一样的
$(p \leftrightarrow q) \therefore [(p \to q) \land (q \to p)]$	p等于q和说（p可导出q）与（q可导出p）是一样的
$(p \leftrightarrow q) \therefore [(p \land q) \lor (\neg p \land \neg q)]$	若p等于q，则要么（p与q为真）为真，要么（非p与非q为真）为真
$(p \leftrightarrow q) \therefore [(p \lor \neg q) \land (\neg p \lor q)]$	若p等于q，则（p或非q为真）为真和（非p或q为真）均为真
$[(p \land q) \to r] \therefore [p \to (q \to r)]$	若（p与q）可导出r，则p可导出（q可导出r）
$[p \to (q \to r)] \therefore [(p \land q) \to r]$	若p可导出（q可导出r），则（p与q）可导出r

这张表列出了人类花了几千年时间才想出的正确逻辑论证形式，现在我将它们浓缩到区区两页纸上。请充分欣赏并利用它吧。

附录E

三角函数表——在你发明日晷时有用，发明三角学时当然也有用

这本书可指导你从零开始重现文明。尽管你的文明最终会想要发明三角学，但在这个吃了上顿没下顿（因为你还没想明白农业究竟是什么）的时代，你大概不会马上用到它们。因此，我们不会在这里把三角学全部介绍给你，而是在这篇附录中把部分最有用且最唾手可得的三角学成果教给你。这些成果已足够用于实践，也足以向你指出未来探索的道路。

三角学可让你运用一些三角中的已知量计算未知量。说到这里，我们必须暂停一下，因为我们已经听到你喃喃自语："得了吧，我要到什么时候才会用上这东西？"下面我们就来讲讲你啥时候会用到这些东西：导航、天文学、音乐、数论、机械工程、电子学、物理学、建筑学、光学、统计学、地图学等。造一个准确的日晷就已经需要用到三角学了，因此，我们得到了一条三角学的非官方推广口号："好吧，我觉得无论如何，三角学都非常重要。"

三角学只处理直角三角形（两条边呈直角的三角形，我们用一个小正方形标记这个角），不过，由于任何三角形都可以分割成两个直角三角形（你不妨试试看，这是真的），这种限制也没有什么问题。直角三角形如下图所示：

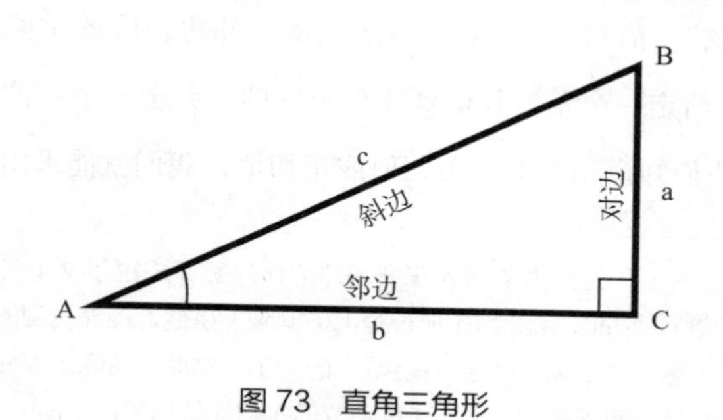

图73　直角三角形

我们称最长的那条边为“斜边”（c，总是对着直角）。接着再选出一个角（上图中我们选了角A），把与角A相对的那条边称为“对边”，与角A相邻的那条（非斜边的）边则称为“邻边”。巧合的是，任何三角形的三个角加起来都等于180°。因此，鉴于我们已经知道直角等于90°，那么要想知道另一个角的大小只需求出其中一个角的大小。下面是一条有关直角三角形的非常有用的定理：

$$a^2 + b^2 = c^2$$

这就是我们常说的“毕达哥拉斯定理”，以一个生活在公元前500年左右的古希腊人（毕达哥拉斯）的名字命名，但他本人也说，自己并不是第一个想出这条定理的人。在那个时期前后，全世界各个地方都有人独立发现了这条定理。这条定理是说，两条短边长度的平方和等于斜边的平方。这就让你能够用部分已知数据计算出直角三角形的所有变量——我们刚才说过，这就是三角学的全部。

如果你知道了直角三角形的三个角，你就知道了它的形状，因为这些角度构成三角形的方式只有一种。反过来也成立：如果你知道了直角三角形的三条边长，那你就知道了它的所有角。这就能让我们定义一些有用的操作。对边长度和斜边长度的比值叫作“正弦函数”，简写为“sin”[①]；邻边长度和斜边长度的比值称为“余弦”，简写为“cos”；对边长度和邻边长度的比值称为“正切”，简写为“tan”。给定一个角，我们就能求出它的正弦值、余弦值及正切值。反过来说，如果我们知道正弦值、余弦值或正切值，我们就能求出这些值代表的

---

① 我们把它称为“sine”是因为欧洲人在把阿拉伯作品翻译成拉丁文（因为它的确是拉丁文）时，拉丁单词“sinus”（意为托加长袍上的褶皱）是他们能够找到的最接近对应阿拉伯单词“jaib”（意为“口袋、褶皱或钱包”）的词了。然而，实际上那件作品中根本没用“jaib”这个词！用的其实是“jyb”，这是阿拉伯人翻译梵语单词“jya-”的方法。而那个梵语单词则源于一个意为“绳子”的古希腊语单词。无论如何，放心大胆地用其他名称命名这种函数吧，毕竟你也不太可能想出一个比sin还抽象的词了。

角。我们用一个小小的$^{-1}$标记这种反函数，于是又有$\sin^{-1}$、$\cos^{-1}$和$\tan^{-1}$。

当你深入探索三角学时就会发现：三角和圆有关（在你的三角形周围画出一个圆，你就能看到π和正弦、余弦以及正切函数之间的关系），和周期函数有关（用图表把余弦、正弦以及正切的值表示出来，你会看到它们重复的规律），甚至三角函数之间也有关联（比如某个角的正切值等于它的正弦值除以余弦值）。如此种种都是在告诉你：如果你对三角学感兴趣，这门学科有很多值得探索的东西，而很多人都把毕生的精力花在了比之更小、更微不足道的课题[①]上了。

然而，关键是，计算正弦、余弦以及正切值很复杂，算出一次之后，就要马上记下来。因此，让克罗诺迪克斯解决方案公司的朋友为你代劳了。我们在下面几页中为你提供了完整的三角函数表。给定一个角a，你就能在表中找到sin a，cos a以及tan a的值。要计算它们的反函数（$\sin^{-1}$、$\cos^{-1}$和$\tan^{-1}$），只需要找到符合你手上的相应值的角就可以了。

下面这些就是你在探索三角学、发现新定理和三角方程，以及（最重要的）制作日晷时所需的信息。

表 29　三角函数表

角a	sin a	cos a	tan a	角a	sin a	cos a	tan a
0	0.0000	1.0000	0.0000				
1	0.0175	0.9998	0.0175	46	0.7193	0.6947	1.0355
2	0.0349	0.9994	0.0349	47	0.7314	0.6820	1.0723
3	0.0523	0.9986	0.0524	48	0.7431	0.6691	1.1106
4	0.0698	0.9976	0.0699	49	0.7547	0.6561	1.1504
5	0.0872	0.9962	0.0875	50	0.7660	0.6428	1.1918
6	0.1045	0.9945	0.1051	51	0.7771	0.6293	1.2349
7	0.1219	0.9925	0.1228	52	0.7880	0.6157	1.2799

① 比如我，这个撰写时光机维修手册，只为将来在法庭上少承担些罪责的人。

（续表）

角a	sin a	cos a	tan a	角a	sin a	cos a	tan a
8	0.1392	0.9903	0.1405	53	0.7986	0.6018	1.3270
9	0.1564	0.9877	0.1584	54	0.8090	0.5878	1.3764
10	0.1736	0.9848	0.1763	55	0.8192	0.5736	1.4281
11	0.1908	0.9816	0.1944	56	0.8290	0.5592	1.4826
12	0.2079	0.9781	0.2126	57	0.8387	0.5446	1.5399
13	0.2250	0.9744	0.2309	58	0.8480	0.5299	1.6003
14	0.2419	0.9703	0.2493	59	0.8572	0.5150	1.6643
15	0.2588	0.9659	0.2679	60	0.8660	0.5000	1.7321
16	0.2756	0.9613	0.2867	61	0.8746	0.4848	1.8040
17	0.2924	0.9563	0.3057	62	0.8829	0.4695	1.8807
18	0.3090	0.9511	0.3249	63	0.8910	0.4540	1.9626
19	0.3256	0.9455	0.3443	64	0.8988	0.4384	2.0503
20	0.3420	0.9397	0.3640	65	0.9063	0.4226	2.1445
21	0.3584	0.9336	0.3839	66	0.9135	0.4067	2.2460
22	0.3746	0.9272	0.4040	67	0.9205	0.3907	2.3559
23	0.3907	0.9205	0.4245	68	0.9279	0.3746	2.4751
24	0.4067	0.9135	0.4452	69	0.9336	0.3584	2.6051
25	0.4226	0.9063	0.4663	70	0.9397	0.3420	2.7475
26	0.4384	0.8988	0.4877	71	0.9456	0.3256	2.9042
27	0.4540	0.8910	0.5095	72	0.9511	0.3090	3.0779
28	0.4695	0.8829	0.5317	73	0.9563	0.2924	3.2709
29	0.4848	0.8746	0.5543	74	0.9613	0.2756	3.4874
30	0.5000	0.8660	0.5774	75	0.9659	0.2588	3.7321
31	0.5150	0.8572	0.6009	76	0.9703	0.2419	4.0108
32	0.5299	0.8480	0.6249	77	0.9744	0.2250	4.3315
33	0.5446	0.8387	0.6494	78	0.9781	0.2079	4.7046

（续表）

角a	sin a	cos a	tan a	角a	sin a	cos a	tan a
34	0.5592	0.8290	0.6745	79	0.9816	0.1908	5.1446
35	0.5736	0.8192	0.7002	80	0.9848	0.1736	5.6713
36	0.5878	0.8090	0.7265	81	0.9877	0.1564	6.3138
37	0.6018	0.7986	0.7536	82	0.9903	0.1391	7.1154
38	0.6157	0.7880	0.7813	83	0.9925	0.1219	8.1443
39	0.6293	0.7771	0.8098	84	0.9945	0.1045	9.5144
40	0.6428	0.7660	0.8391	85	0.9962	0.0872	11.4301
41	0.6561	0.7547	0.8693	86	0.9976	0.0698	14.3007
42	0.6691	0.7431	0.9004	87	0.9986	0.0523	19.0811
43	0.6820	0.7314	0.9325	88	0.9994	0.0349	28.6363
44	0.6947	0.7193	0.9657	89	0.9998	0.0175	57.2900
45	0.7071	0.7071	1.0000	90	1.0000	0.0000	无穷大

附录F

一些研究了好一阵才确认的物理常数——你现在可以用自己的名字为之命名了

表30 对你有实用价值的一些常数

常数	值	描述	注意事项
光速	299 792 458 m/s	这是在真空中传播的光速，也是宇宙的终极速度限制。光、电磁辐射、引力波等，它们都只能走这么快，无法更快	在不同介质中传播的光速要更慢一些，例如：在玻璃中，你需要把这个数除以1.5。不过，即便是这样，光的传播速度也是极快的，以至直到1676年才有人成功证明光不是瞬时传播的！
声速	343 m/s	声音的速度取决于其传播的介质：这个数值是声音在20℃的干燥空气中传播的速度。声音在液体中传播得更快，在固体中传播比在液体中还快	这个声速值是在1709年计算出来的。当时采用的方法是：晚上开一枪，并用已知距离外的望远镜观察，然后计算看到开枪时的光后隔了多久才听到声音，以此得到结果。现在你已经掌握了这个知识点，可以早点儿上床睡觉啦，不用做这桩麻烦事了！

（续表）

常数	值	描述	注意事项
π	3.1415926535897932384 626433832795028841971 693993751058209749445 923078164062862089986 280348253421170679821 480865132823066470938 446095505822317253594 081284811174502841027 019385211055596446229 489549303819644288109 756659334461284756482 337867831652712019091 456485669234603486104 543266482133936072602 491412737245870066063 155881748815209209628 29254091715364367892 590360011330530548820 466521384146951941511 609433057270365759591 953092186117381932611 793105118548074462379 962749567351885752724 891227938183011949129 833673362440656643086 021394946395224737190 702179860943702770539 217176293176752384674 818467669405132000568 127145263560827785771 342757789609173637178 721468440901224953430 01465495853710507922 796892589235420199561 1212902196086403441 8 15981362977477130996 051870721134999999……	π是圆的周长（绕其边缘走一圈的长度）与其直径（任何一条从中间把圆两等分的线段的长度）的比值。这是一个无理数，这意味着如果你想用有理数（也就是你知道的这种数）把π写出来，那就永远也写不完。π永不结束，也永不重复。	我们在此给出了π的前768位数字，因为这个时候，连续出现了6个9（完全是巧合）。如果你决定记住π的值并向别人背诵，这是一个非常重要的节点，过去很多数学家都是到此为止的：他们假装还记得更多位数字，以“9，9，9，9，9，9等”来收尾。[42]
地球重力加速度	约 $9.8m/s^2$	这是你在地球上自由下落时的加速度。这个值是会变化的，具体取决于空气密度及其他相关因素，通常会在 $9.764\sim9.834m/s^2$ 之间波动。如果你想计算某物经过多长时间掉到地上，你首先要知道这个数！	在没有空气阻力的情况下，一块砖和一个羽毛掉落的速度是相同的——虽然人类直到1634年才证明了这一点。

（续表）

常数	值	描述	注意事项
引力常数	$6.674\ 08 \times 10^{-11}\ m^3 kg^{-1} s^{-2}$	在经典物理学中，两个粒子之间的引力与它们的质量的乘积成正比，与他们之间的距离成反比。但你需要把这些数值都乘以一个数——宇宙引力常数——才能得到正确的引力。	如果改变宇宙引力常数，你的体重就终于可以降下来了，但代价会极其惨重。
电子质量	$9.109\ 383\ 56 \times 10^{-31}$ kg	所有电子都是一样的，简直像是为了这本书能节省空间才这样的，这真的很方便！	在我们发现所有电子都一样这一点之前，有一个理论说：所有电子实际上都是同一个电子，它只是在宇宙的整个生命周期中不停穿越时间，来回运动而已。这个理论的疯狂程度就和它的错误程度一样，只能用一个词形容：完全离谱！[43]

附录G

不同音符的发声频率，有了这些你就可以演唱我们给你准备的歌了

音符（基本八度音，通常是钢琴上最低的那个八度）	频率（Hz）
C	16.352
$C^{\#}$	17.325
D	18.354
$D^{\#}$	19.445
E	20.602
F	21.827
$F^{\#}$	23.125
G	24.500
$G^{\#}$	25.957
A	27.500
$A^{\#}$	29.135
B	30.868

音符（第一个八度）	频率（Hz）
C	32.703
$C^{\#}$	34.648
D	36.708
$D^{\#}$	38.891
E	41.203
F	43.654
$F^{\#}$	46.249
G	48.999
$G^{\#}$	51.913
A	55.000
$A^{\#}$	58.270
B	61.735

音符（第二个八度）	频率（Hz）
C	65.406
C#	69.296
D	73.416
D#	77.782
E	82.407
F	87.307
F#	92.499
G	97.999
G#	103.83
A	110.00
A#	116.54
B	123.47

音符（第三个八度）	频率（Hz）
C	130.81
C#	138.59
D	146.83
D#	155.56
E	164.81
F	174.61
F#	185.00
G	196.00
G#	207.65
A	220.00
A#	233.08
B	246.94

音符（第四个八度）	频率（Hz）
C	261.63
C#	277.18
D	293.66
D#	311.13
E	329.63
F	349.23
F#	369.99
G	392.00
G#	415.30
A	440.00
A#	466.16
B	493.88

音符（第五个八度）	频率（Hz）
C	523.25
C#	554.37
D	587.33
D#	622.25
E	659.26
F	698.46
F#	739.99
G	783.99
G#	830.61
A	880.00
A#	932.33
B	987.77

音符（第六个八度）	频率（Hz）
C	1046.5
C#	1108.7
D	1174.7
D#	1244.5
E	1318.5
F	1396.9
F#	1480.0
G	1568.0
G#	1661.2
A	1760.0
A#	1864.7
B	1975.5

音符（第七个八度）	频率（Hz）
C	2093.0
C#	2217.5
D	2349.3
D#	2489.0
E	2637.0
F	2793.8
F#	2960.0
G	3136.0
G#	3322.4
A	3520.0
A#	3729.3
B	3951.1

附录H

一些好用的齿轮及其他基础机械

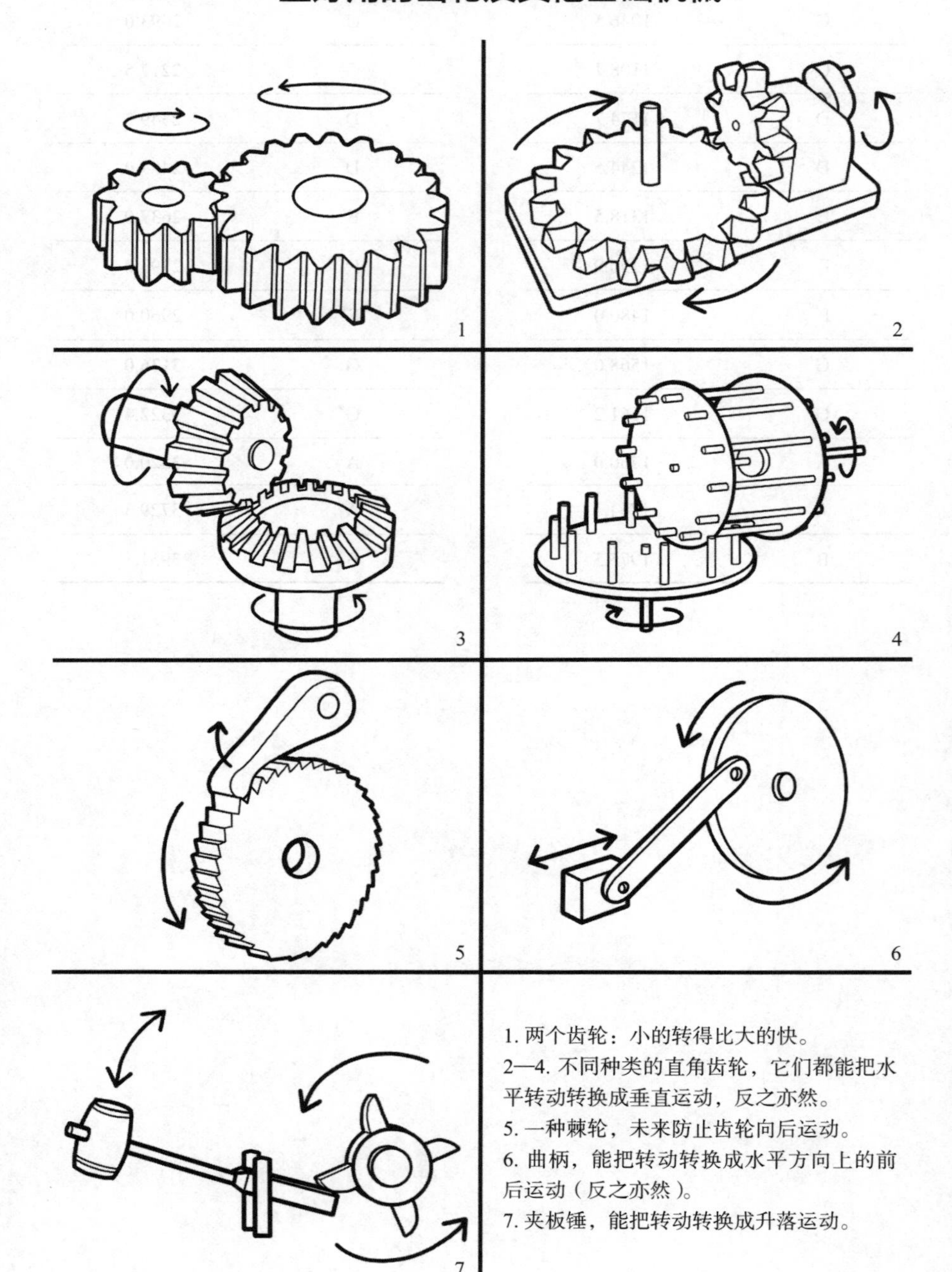

1. 两个齿轮：小的转得比大的快。

2—4. 不同种类的直角齿轮，它们都能把水平转动转换成垂直运动，反之亦然。

5. 一种棘轮，未来防止齿轮向后运动。

6. 曲柄，能把转动转换成水平方向上的前后运动（反之亦然）。

7. 夹板锤，能把转动转换成升落运动。

附录I

重要人体结构及功能简介

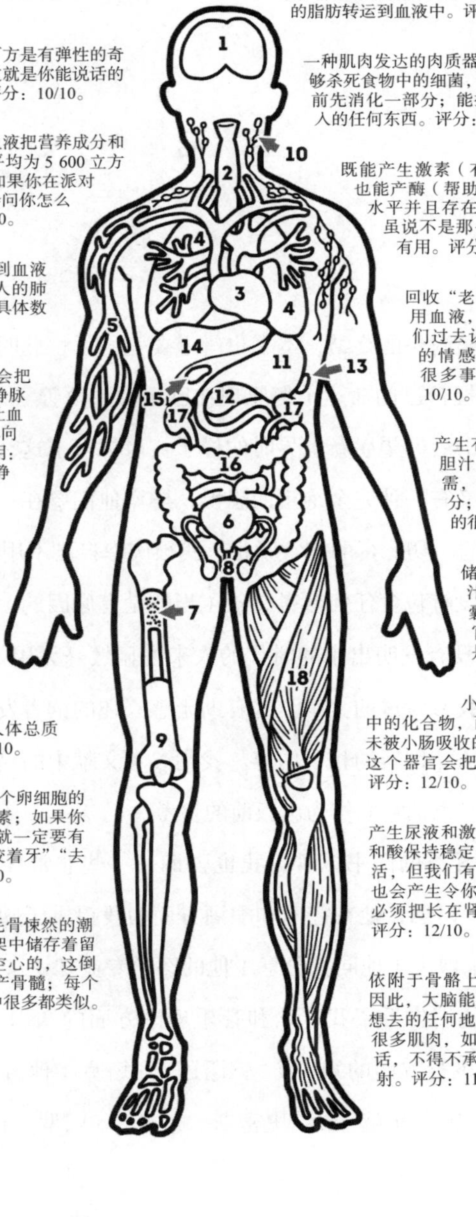

1. 大脑
身处魅力四射的头盖骨中且具有自我意识的多脂肉块；没有它，你就活不下去；擅长让你在凌晨2点也保持清醒，只为了回忆多年前你说过的那些蠢话。评分：6/10。

2. 咽喉
吸入空气、摄入食物的管道；下方是有弹性的奇怪肉褶，振动时会发出声音，这就是你能说话的基础；咽喉阻塞会令你死亡。评分：10/10。

3. 心血管系统
心脏把血液输送到身体各处；血液把营养成分和氧输送出去；人体含有的血量平均为5 600立方厘米，知道这个常识很酷，但如果你在派对上主动说出这件事，大家肯定会问你怎么会知道得这么清楚。评分：12/10。

4. 肺
从空气中提取氧，再把氧转移到血液里，排出废料二氧化碳；成年人的肺可容纳6升空气（甚至更多），具体数量和体重相关。评分：11/10。

5. 动脉和静脉
动脉是内部压力较高的血管，会把血液从心脏输送到身体各处；静脉则是内部压力较低的血管，会让血液流回心脏；大多数静脉都有单向阀门，起到阻止血液回流的作用：真是很贴心啊。评分：10/10（静脉）；12/10（动脉）。

6. 膀胱
这个方便好用的弹性囊可以储存多达800立方厘米的温热尿液；能让你尿在任何你想尿的地方：这是其他所有器官都没有的功能。评分：11.5/10。

7. 骨髓
每天都会产生大约5 000亿个细胞，其中包括红细胞（将氧输送到身体各处）以及白细胞（对抗感染）；骨髓占人体总质量的4%：很合理。评分：9.99/10。

8. 生殖系统
3 900万个精子细胞和多达50万个卵细胞的家园，具体多少取决于很多因素；如果你想要小孩或者延续种族的话，就一定要有性生活，因此，你最好还是“咬着牙”“去做爱吧”。评分：9.5/10~9.725/10。

9. 骨架
每个人体内都隐藏着一具令人毛骨悚然的潮湿骨架，想想就觉得可怕；骨架中储存着留待后续使用的矿物质，骨架是空心的，这倒是很神秘，其内部物质用于生产骨髓；每个人体内都有206块骨骼，但其中很多都类似。评分：8/10。

10. 淋巴结
淋巴是水和白细胞的混合物，可以对抗感染；当感染出现时，身体中的某些组织会肿胀以阻止感染扩散，淋巴结就是其中之一；淋巴结还会把小肠中的脂肪转运到血液中。评分：10/10。

11. 胃
一种肌肉发达的肉质器官，含有盐酸和酶；能够杀死食物中的细菌，并且能在食物进入小肠前先消化一部分；能搅拌、挤压并混合你摄入的任何东西。评分：12.5/10。

12. 胰腺
既能产生激素（有助于调节身体机能），也能产酶（帮助消化）；负责维持血糖水平并且存在于所有脊椎动物体内，虽说不是那么不可或缺，但真的很有用。评分：9/10。

13. 脾脏
回收“老旧”血细胞并且储存备用血液，方便你随时取用；人们过去认为脾脏负责管控人类的情感，但人们过去认为的很多事情；都是错的。评分：10/10。

14. 肝脏
产生有助于小肠消化食物的胆汁；储存糖分以备不时之需，将储存的脂肪转化成糖分；分解毒素；这个器官真的很优秀。评分：13/10。

15. 胆囊
储存并浓缩肝脏产生的胆汁，以便消化；没有胆囊，你也能活；这个器官的可替代性导致它不是那么重要。5/10。

16. 肠道
小肠会分解食物并吸收其中的化合物，而大肠则吸收水分以及未被小肠吸收的营养物质；换句话说，这个器官会把食物转化成能量和屎。评分：12/10。

17. 肾脏
产生尿液和激素，使血液中的盐、水和酸保持稳定；只要一个肾，你就能活，但我们有两个：真是奢侈啊；肾也会产生令你极度痛苦的肾结石，你必须把长在肾里的这种石头尿出来。评分：12/10。

18. 肌肉系统
依附于骨骼上的组织，由大脑控制，因此，大脑能对骨骼发号施令，去它想去的任何地方；人体全身上下长了很多肌肉，如果我们“坦诚”相见的话，不得不承认有些肌肉真的魅力四射。评分：11/10。

后　记

随着最后一篇附录的终结，本书也马上要完结了，此时我们将任由被困住的时间旅行者掌握自己的命运（但愿现在已经大大改善了）。我几乎可以感受到他们在读完本书后仰望崭新世界时的样子：对学习了这么多知识和技术感到心满意足，同时又有一种完全绝望的恐惧，毕竟他们要在一个完全随机的历史时期从头开始重建一切。真的非常紧张！我很庆幸自己不用担心这事！

虽然正文中没有包含任何参考文献（当然是有原因的，因为参考文献对于任何困在连书都没有发明出来的时代的人来说显然毫无用处），但我还是决定在下面几页加上我参考过的文献。这有助于感兴趣的读者发现更多这本指南中描述的技术、想法、创新的相关内容。我用参考文献中的这些书来检验你刚刚读过的文字，同时也把它们作为出版前的参考。

除了这些很优秀的图书以外，我也咨询了一些非常优秀的人。我想感谢我的兄弟维克托·诺思，他在艺术和酿酒方面为我提供了知识援助，感谢我的朋友普里亚·拉朱博士（他同我分享了他的医学专业知识），感谢艾伦·乔姆和威尔·沃德利（他们告诉了我音乐和音乐理论方面的知识），感谢戴维·马勒基（他告诉了我飞行方面的知识），感谢迈克·塔克（他告诉了我船舶方面的知识）。还要非常感谢扎赫·韦纳史密斯、兰道尔·门罗、让·克吕、米克·塔克、埃米莉·霍恩以及我的父亲，他们都试读了我的这本书。这里还要特别感谢兰道尔，他不假思索地立刻提醒我，如果今天下午地球上所有冰盖都融化，有多少土地会被淹没。实际上，在我还没开口之前，他就主动把这个信息告诉我了。感谢埃莱娜·德瓦尔博士，她帮助我研究了1670年法国政府对那具受到犯罪指控的尸体保护行为背后的法律背景。感谢塞尔希奥·阿拉贡内斯，他在我询问他那有关冷藏库的经历时表现得特别和善。最后还要感谢我的编辑考特尼·扬，她的工作非常有价值，每个作者都应该跟她合作，因为她实在太棒了。不过你们还是算了吧，我还想让她继续和我一起工作呢。

若本书中仍有错误，都应归咎于我。重新审阅本指南后，我一定会把它们一一勘误。

瑞安·诺思

于多伦多

2018年

参考文献

Adams, Thomas F. 1861 CE. *Typographia; or, The printer's instructor: a brief sketch of the origin, rise, and progress of the typographic art, with practical directions for conducting every department in an office, hints to authors, publishers, &c.* Philadelphia: L. Johnson & Co.

Agarwal, Rishi Kumar. 1971 CE. "Origin of Spectacles in India." *British Journal of Ophthalmology* 55, 128–29.

American Galvanizers Association. 2017 CE. "Corrosion Rate." *Corrosion Science*. https://www.galvanizeit.org/corrosion/corrosion-process/corrosion-rate.

Anderson, Frank E., et al. 2017 CE. "Phylogenomic Analyses of Crassiclitellata Support Major Northern and Southern Hemisphere Clades and a Pangaean Origin for Earthworms." *BMC Evolutionary Biology* 17(123) doi:10.1186/s12862-017-0973-4.

Anderson, Patricia C. 1991 CE. "Harvesting of Wild Cereals During the Natufian as Seen from Experimental Cultivation and Harvest of Wild Einkorn Wheat and Microwear Analysis of Stone Tools." In *The Natufian Culture in the Levant*, by Ofer Bar-Yosef and François R. Valla, 521–52. International Monographs in Prehistory.

Barbier, André. 1950 CE. "The Extraction of Opium Alkaloids." United Nations Office on Drugs and Crime. https://www.unodc.org/unodc/en/data-and-analysis/bulletin/bulletin_1950-01-01_3_page004.html.

Bardell, David. 2004 CE. "The Invention of the Microscope." *BIOS: A Quarterly Journal of Biology* 75 (2): 78–84.

Barker, Graeme. 2009 CE. *The Agricultural Revolution in Prehistory: Why Did Foragers Become Farmers?* Oxford University Press.

Basalla, George. 1988 CE. *The Evolution of Technology*. Cambridge University Press.

Benjamin, Craig G. 2016 CE. "The Big History of Civilizations." The Great Courses.

Berger, A. L. 1976 CE. "Obliquity and Precession for the Last 5,000,000 Years." *Astronomy and Astrophysics* 51 (1): 127–35.

Biss, Eula. 2014 CE. *On Immunity: An Inoculation*. Graywolf Press.

Bowern, Claire. 2008 CE. *Linguistic Fieldwork: A Practical Guide*. Palgrave Macmillan.

Bowler, Peter J., and Iwan Rhys Morus. 2005 CE. *Making Modern Science*. The University of Chicago Press.

Bradeen, James M., and Philipp W. Simon. 2007 CE. "Carrot." In *Genome Mapping and Molecular Breeding in Plants: Vegetables*, by Chittaranjan Kole, 161–84. Springer-Verlag Berlin Heidelberg. doi:10.1007/978-3-540-34536-7.

Bradshaw, John L. 1998 CE. *Human Evolution: A Neuropsychological Perspective*. Psychology Press.

Brown, Henry T. 2005 CE. *507 Mechanical Movements: Mechanisms and Devices*. Dover Publications.

Bunch, Bryan, and Alexander Hellemans. 1993 CE. *The Timetables of Technology: A Chronology of the Most Important People and Events in the History of Technology*. Simon & Schuster.

Bunney, Sarah. 1985 CE. "Ancient Trade Routes for Obsidian." *New Scientist* 26.

Burdock Group. 2007 CE. "Safety Assessment of Castoreum Extract as a Food Ingredient." *International Journal of Toxicology* 26 (1): 51–55. doi:10.1080/10915810601120145.

Cegłowski, Maciej. 2010 CE. "Scott and Scurvy." *Idle Words*. March. http://idlewords.com/2010/03/scott_and_scurvy.htm.

Chaline, Eric. 2015 CE. *Fifty Animals that Changed the Course of History*. Firefly Books.

Civil, M. 1964 CE. "A Hymn to the Beer Goddess and a Drinking Song." *Studies Presented to A. Leo Oppenheim*, 67–89.

Clement, Charles R., et al. 2010 CE. "Origin and Domestication of Native Amazonian Crops." *Diversity*, 72–106. doi:10.3390/d2010072.

Cook, G. C. 2001 CE. "Construction of London's Victorian Sewers: The Vital Role of Joseph Bazalgette." *Postgraduate Medical Journal* 77 (914): 802. doi:10.1136/pmj.77.914.802.

Cornell, Kit. 2017 CE. *How to Find and Dig Clay*. http://www.kitcornellpottery.com/teaching/clay.html.

Crump, Thomas. 2002 CE. *A Brief History of Science As Seen Through the Development of Scientific Instruments*. Constable & Robinson Ltd.

Dartnell, Lewis. 2014 CE. *The Knowledge: How to Rebuild Civilization in the Aftermath of a Cataclysm*. Penguin Books.

Dauchy, Serge. 2000 CE. "Trois procès à cadavre devant le Conseil souverain du Québec (1687–1708): Un exemple d'application de l'ordonnance de 1670 dans les colonies." *Juges et criminels, l'Espace Juridique*, 37–49.

Dawson, Gloria. 2013 CE. "Beer Domesticated Man." *Nautilus*, December 19. http://nautil.us/issue/8/home/beer-domesticated-man.

De Decker, Kris. 2013 CE. "Back to Basics: Direct Hydropower." *Low-Tech Magazine*. August 11. http://www.lowtechmagazine.com/2013/08/direct-hydropower.html.

De Morgan, Augustus. 1847 CE. *Formal Logic, or, The Calculus of Inference, Necessary and Probable*. Taylor and Walton.

Derry, T. K., and Trevor I. Williams. 1993 CE. *A Short History of Technology, from the Earliest Times to A.D. 1900*. Oxford University Press.

Devine, A. M. 1985 CE. "The Low Birth-Rate in Ancient Rome: A Possible Contributing Factor." *Rheinisches Museum für Philologie* 313–17.

Diamond, Jared. 1999 CE. *Guns, Germs, and Steel: The Fates of Human Societies.* W. W. Norton.

Dietitians of Canada / Les diététistes du Canada. 2013 CE. "Factsheet: Functions and Food Sources of Common Vitamins." *Dietitians of Canada*. February 6. https://www.dietitians.ca/Your-Health/Nutrition-A-Z/Vitamins/Functions-and-Food-Sources-of-Common-Vitamins.aspx.

DK Publishing. 2012 CE. *The Survival Handbook: Essential Skills for Outdoor Adventure*. DK Publishing.

Douglas, George H. 2001 CE. *The Early Days of Radio Broadcasting*. McFarland & Co. Inc. Publishing.

Dunn, Kevin M. 2003 CE. *Caveman Chemistry: 28 Projects, from the Creation of Fire to the Production of Plastics*. uPublish.com.

Dyson, George. 2012 CE. *Turing's Cathedral*. Vintage Books.

Eakins, B. W., and G. F. Sharman. 2012 CE. "Hypsographic Curve of Earth's Surface from ETOPO1." *National Oceanic and Atmospheric Administration National Geophysical Data Center.* https://www.ngdc.noaa.gov/mgg/global/etopo1_surface_histogram.html.

Eisenmann, Vera. 2003 CE. "Gigantic Horses." *Advances in Vertebrate Paleontology,* 31–40.

Ekko, Sakari. 2015 CE. *Latitude Gnomon and Quadrant for the Whole Year.* https://www.eaae-astronomy.org/workshops/172-latitude-gnomon-and-quadrant-for-the-whole-year.

Faculty of Oriental Studies, University of Oxford. 2006 CE. *The Electronic Text Corpus of Sumerian Literature*. http://etcsl.orinst.ox.ac.uk.

Fang, Janet. 2010 CE. "A World Without Mosquitoes." *Nature* (466): 432–34. doi:10.1038/466432a.

Farey, John. 1827 CE. *A Treatise on the Steam Engine: Historical, Practical, and Descriptive.* London: Longman, Rees, Orme, Brown, and Green. https://archive.org/details/treatiseonsteame01fareuoft.

Fattori, Victor, et al. 2016 CE. "Capsaicin: Current Understanding of Its Mechanisms and Therapy of Pain and Other Pre-Clinical and Clinical Uses." *Molecules* 21 (7). doi:10.3390/molecules21070844.

Ferrand, Nuno. 2008 CE. "Inferring the Evolutionary History of the European Rabbit (*Oryctolagus cuniculus*) from Molecular Markers." *Lagomorph Biology* 47–63. doi:10.1007/978-3-540-72446-9_4.

Feyrer, James, Dimitra Politi, and David N. Weil. 2017 CE. "The Cognitive Effects of Micronutrient Deficiency: Evidence from Salt Iodization in the United States." *Journal of the European Economic Association* 15 (2): 355–87. doi:10.3386/w19233.

Francis, Richard C. 2015 CE. *Domesticated: Evolution in a Man-Made World*. W. W. Norton.

Furman, C. Sue. 1997 CE. *Turning Point: The Myths and Realities of Menopause*. Oxford University Press.

Gainsford, Peter. 2017 CE. "Salt and Salary: Were Roman Soldiers Paid in Salt?" *Kiwi Hellenist: Modern Myths About the Ancient World*. January 11. http://kiwihellenist.blogspot.ca/2017/01/salt-and-salary.html.

Gearon, Eamonn. 2017 CE. "The History and Achievements of the Islamic Golden Age." The Great Courses.

Gerke, Randy. 2009 CE. *Outdoor Survival Guide*. Human Kinetics.

Glenn, Edward P., J. Jed Brown, and Eduardo Blumwald. 1999 CE. "Salt Tolerance and Crop Potential of Halophytes." *Critical Reviews in Plant Sciences* 18 (2): 227–55. doi:10.1080/07352689991309207.

Goldstone, Lawrence. 2015 CE. *Birdmen: The Wright Brothers, Glenn Curtiss, and the Battle to Control the Skies*. Ballantine Books.

Graham, C., and V. Evans. 2007 CE. "History of Mining." *Canadian Institute of Mining, Metallurgy, and Petroleum*. August. http://www.cim.org/en/Publications-and-Technical-Resources/Publications/CIM-Magazine/2007/august/history/history-of-mining.aspx.

Grossman, Dan. 2017 CE. "Hydrogen and Helium in Rigid Airship Operations." *Airships.net: The Graf Zeppelin, Hindenburg, U.S. Navy Airships, and Other Dirigibles*. June. http://www.airships.net/helium-hydrogen-airships.

Gugliotta, Guy. 2008 CE. "The Great Human Migration." *Smithsonian*, July.

Gurstelle, William. 2014 CE. *Defending Your Castle: Build Catapults, Crossbows, Moats, Bulletproof Shields, and More Defensive Devices to Fend Off the Invading Hordes*. Chicago Review Press.

Hacket, John. 1693 CE. *Scrinia Reserata: A Memorial Offer'd to the Great Deservings of John Williams, D. D., Who Some Time Held the Places of Lord Keeper of the Great Seal of England, Lord Bishop of Lincoln, and Lord Archbishop of York*. London: Edward Jones, for Samuel Lowndes, over against Exeter-Exchange in the Strand. https://hdl.handle.net/2027/uc1.31175035164386.

Halsey, L. G., and C. R. White. 2012 CE. "Comparative Energetics of Mammalian Locomotion: Humans Are Not Different." *Journal of Human Evolution* 63: 718–22. doi:10.1016/j.jhevol.2012.07.008.

Han, Fan, Andreas Wallberg, and Matthew T. Webster. 2012 CE. "From Where Did the Western Honeybee (Apis mellifera) Originate?" *Ecology and Evolution* 8:1949–57. doi:10.1002/ece3.312.

Harari, Yuval Noah. 2014 CE. *Sapiens: A Brief History of Humankind*. McClelland & Stewart.

Heidenreich, Conrad E., and Nancy L. Heidenreich. 2002 CE. "A Nutritional Analysis of the Food Rations in Martin Frobisher's Second Expedition, 1577." *Polar Record* 23–38. doi:10.1017/S0032247400017277.

Hellemans, Alexander, and Bryan Bunch. 1991 CE. *The Timetables of Science: A Chronology of the Most Important People and Events in the History of Science*. Touchstone Books.

Herodotus. 2013 CE. *Delphi Complete Works of Herodotus (Illustrated)*. Delphi Classics.

Hess, Julius H. 1922 CE. *Premature and Congenitally Diseased Infants*. Lea & Febiger. http://www.neonatology.org/classics/hess1922/hess.html.

Hobbs, Peter R., Ian R. Lane, and Helena Gómez Macpherson. 2006 CE. "Fodder Production and Double Cropping in Tibet: Training Manual." *Food and Agriculture Organization of the United Nations*. http://www.fao.org/ag/agp/agpc/doc/tibetmanual/cover.htm.

Hogshire, Jim. 2009 CE. *Opium for the Masses: Harvesting Nature's Best Pain Medication*. Feral House.

Horn, Susanne, et al. 2011 CE. "Mitochondrial Genomes Reveal Slow Rates of Molecular Evolution and the Timing of Speciation in Beavers (Castor), One of the Largest Rodent Species." *PLoS ONE* 6(1). doi:10.1371/journal.pone.0014622.

Hublin, Jean-Jacques, et al. 2017 CE. "New Fossils from Jebel Irhoud, Morocco and the Pan-African Origin of *Homo sapiens*." *Nature* 546: 289–92. doi:10.1038/nature22336.

Hyslop, James Hervey. 1899 CE. *Logic and Argument*. Charles Scribner's Sons.

Iezzoni, A., H. Schmidt, and A. Albertini. 1991 CE. "Cherries (Prunus)." *Acta Horticulturae: Genetic Resources of Temperate Fruit and Nut Crops*. doi:10.17660/ActaHortic.1991.290.4.

Johnson, C. 2009 CE. "Sundial Time Correction—Equation of Time." January. http://mb-soft.com/public3/equatime.html.

Johnson, Steven. 2014 CE. *How We Got to Now: Six Innovations That Made the Modern World*. Riverhead Books.

———. 2010 CE. *Where Good Ideas Come From: The Natural History of Innovation*. Riverhead Books.

Kean, Sam. 2010 CE. *The Disappearing Spoon and Other True Tales of Madness, Love, and the History of the World from the Periodic Table of the Elements*. Little, Brown and Company.

Kennedy, James. 2016 CE. *(Almost) Nothing Is Truly "Natural."* February 19. https://jameskennedymonash.wordpress.com/2016/02/19/nothing-in-the-supermarket-is-natural-part-4.

Kislev, Mordechai E., Anat Hartmann, and Ofer Bar-Yosef. 2006 CE. "Early Domesticated Fig in the Jordan Valley." *Science* 312 (5778): 1372–74. doi:10.1126/science.1125910.

Kolata, Gina. 1994 CE. "In Ancient Times, Flowers and Fennel for Family Planning." *The New York Times*, March 8.

Kowalski, Todd J., and William A. Agger. 2009 CE. "Art Supports New Plague Science." *Clinical Infectious Diseases* 48 (1): 137–38. doi:10.1086/595557.

Kurlansky, Mark. 2017 CE. *Paper: Paging Through History*. W. W. Norton.

———. 2002 CE. *Salt: A World History*. Vintage Canada.

Lakoff, George, and Mark Johnson. 2003 CE. *Metaphors We Live By*. University of Chicago Press.

Lal, Rattan. 2016 CE. *Encyclopedia of Soil Science*. Third edition. CRC Press.

Laws, Bill. 2015 CE. *Fifty Plants that Changed the Course of History*. Firefly Books.

LeConte, Joseph. 1862 CE. *Instructions for the Manufacture of Saltpetre*. Charles P. Pelham, State Printer. http://docsouth.unc.edu/imls/lecontesalt/leconte.html.

Lemley, Mark A. 2012 CE. "The Myth of the Sole Inventor." *Michigan Law Review* 110 (5): 709–60. doi:10.2139/ssrn.1856610.

Lewis, C. I. 1914 CE. "The Matrix Algebra for Implications." Edited by Frederick J. E. Woodbridge and Wendell T. Bush. *Journal of Philosophy, Psychology, and Scientific Methods* (The Science Press) XI: 589–600.

Liggett, R. Winston, and H. Koffler. 1948 CE. "Corn Steep Liquor in Microbiology." *Bacteriological Reviews* 297–311.

"List of Zoonotic Diseases." 2013 CE. *Public Health England*. March 21. https://www.gov.uk/government/publications/list-of-zoonotic-diseases/list-of-zoonotic-diseases.

Livermore, Harold. 2004 CE. "Santa Helena, a Forgotten Portuguese Discovery." *Estudos em Homenagem a Louis Antonio de Oliveira Ramos,* 623–31.

Lundin, Cody. 2007 CE. *When All Hell Breaks Loose: Stuff You Need to Survive When Disaster Strikes*. Gibbs Smith.

Lunge, Georg. 1916 CE. *Coal-Tar and Ammonia*. D. Van Nostrand. https://archive.org/details/coaltarandammon04lunggoog.

Maines, Rachel P. 1998 CE. *The Technology of Orgasm: "Hysteria," the Vibrator, and Women's Sexual Satisfaction*. The Johns Hopkins University Press.

Mann, Charles C. 2006 CE. *1491: New Revelations of the Americas Before Columbus*. Vintage.

Marchetti, C. 1979 CE. "A Postmortem Technology Assessment of the Spinning Wheel: The Last Thousand Years." *Technological Forecasting and Social Change*, 91–93.

Martin, Paula, et al. 2008 CE. "Why Does Plate Tectonics Occur Only on Earth?" *Physics Education* 43 (2): 144–50. doi:10.1088/0031-9120/43/2/002.

Martín-Gil, J., et al. 1995 CE. "The First Known Use of Vermillion." *Experientia* 759–61. doi:10.1007/BF01922425.

McCoy, Jeanie S. 2006 CE. "Tracing the Historical Development of Metalworking Fluids." In *Metalworking Fluids: Second Edition*, by Jerry P. Byers, 480. Taylor & Francis Group.

McDowell, Lee Russell. 2000 CE. *Vitamins in Animal and Human Nutrition, Second Edition*. Wiley-Blackwell.

McElney, Brian. 2001 CE. "The Primacy of Chinese Inventions." *Bath Royal Literary and Scientific Institution*. September 28. Accessed July 1, 2017 CE. https://www.brlsi.org/events-proceedings/proceedings/17824.

McGavin, Jennifer. 2017 CE. "Using Ammonium Carbonate in German Baking." *The Spruce*. May 1. https://www.thespruce.com/ammonium-carbonate-hartshorn-hirschhornsalz-1446913.

McLaren, Angus. 1990 CE. *History of Contraception: From Antiquity to the Present Day*. Basil Blackwell.

McNeil, Donald G. Jr. 2006 CE. "In Raising the World's I.Q., the Secret's in the Salt." *The New York Times*, December 16.

Mechanical Wood Products Branch, Forest Industries Division, FAO Forestry Department. 1987 CE. "Simple Technologies for Charcoal Making." *Food and Agriculture Organization of the United Nations*. http://www.fao.org/docrep/x5328e/x5328e00.htm.

Miettinen, Arto, et al. 2008 CE. "The Palaeoenvironment of the 'Antrea Net Find.'" *Iskos* 16:71–87.

Moore, Thomas. 1803 CE. *An essay on the most eligible construction of ice-houses: also, a description of the newly invented machine called the refrigerator*. Baltimore: Bonsal & Niles.

Morin, Achille. 1842 CE. *Dictionnaire du droit criminel: répertoire raisonné de législation et de jurisprudence, en matière criminelle, correctionnelle et de police*. Paris: A. Durand.

Mott, Lawrence V. 1991 CE. *The Development of the Rudder, A.D. 100–1600: A Technological Tale*. http://nautarch.tamu.edu/pdf-files/Mott-MA1991.pdf.

Mueckenheim, W. 2005 CE. "Physical Constraints of Numbers." *Proceedings of the First International Symposium of Mathematics and Its Connections to the Arts and Sciences*, 134–41.

Munos, Melinda K., Christa L. Fischer Walker, and Robert E. Black. 2010 CE. "The Effect of Oral Rehydration Solution and Recommended Home Fluids on Diarrhoea Mortality." *International Journal of Epidemiology* 39:i75–i87. doi:10.1093/ije/dyq025.

Murakami, Fabio Seigi, et al. 2007 CE. "Physicochemical Study of $CaCO_3$ from Egg

Shells." *Food Science and Technology* 27 (3): 658–62. doi:10.1590/S0101-20612007000300035.

Nancy Hall. 2015 CE. "Lift from Flow Turning." *National Aeronautics and Space Administration: Glenn Research Center.* May 5. https://www.grc.nasa.gov/www/k-12/airplane/right2.html.

National Coordination Office for Space-Based Positioning, Navigation, and Timing. 2016 CE. "Selective Availability." *GPS: The Global Positioning System*. September 23. http://www.gps.gov/systems/gps/modernization/sa.

National Oceanic and Atmospheric Administration's Office of Response and Restoration. n.d. *Chemical Datasheets*. https://cameochemicals.noaa.gov.

Naval Education. 1971 CE. *Basic Machines and How They Work*. Dover Publications.

Nave, Carl Rod. 2001 CE. *Hyperphysics*. http://hyperphysics.phy-astr.gsu.edu.

Nelson, Sarah M. 1998 CE. *Ancestors for the Pigs: Pigs in Prehistory*. University of Pennsylvania Museum of Archaeology and Anthropology.

North American Sundial Society. 2017 CE. *Sundials for Starters*. http://sundials.org.

Nuwer, Rachel. 2012 CE. "Lice Evolution Tracks the Invention of Clothes." *Smithsonian*, November 14.

O'Reilly, Andrea. 2010 CE. *Encyclopedia of Motherhood*. Vol. 1. SAGE Publications, Inc.

Omodeo, Pietro. 2000 CE. "Evolution and Biogeography of Megadriles (Annelida, Clitellata)." *Italian Journal of Zoology* 67 (2): 179–207. doi:10.1080/11250000009356313.

OpenLearn. 2007 CE. "DIY: Measuring Latitude and Longitude." The Open University. September 27. http://www.open.edu/openlearn/society/politics-policy-people/geography/diy-measuring-latitude-and-longitude.

Pal, Durba, et al. 2009 CE. "Acaciaside-B-Enriched Fraction of Acacia Auriculiformis Is a Prospective Spermicide with No Mutagenic Property." *Reproduction* 138 (3): 453–62. doi:10.1530/REP-09-0034.

Pidanciera, Nathalie, et al. 2006 CE. "Evolutionary History of the Genus Capra (Mammalia, Artiodactyla): Discordance Between Mitochondrial DNA and Y-Chromosome Phylogenies." *Molecular Phylogenetics and Evolution* 40 (3): 739–49. doi:10.1016/j.ympev.2006.04.002.

Pinker, Steven. 2007 CE. *The Language Instinct: How the Mind Creates Language*. Harper Perennial Modern Classics.

Planned Parenthood. 2017 CE. "About Birth Control Methods." *Planned Parenthood*. https://www.plannedparenthood.org/learn/birth-control.

Pollock, Christal. 2016 CE. "The Canary in the Coal Mine." *Journal of Avian Medicine and Surgery* 30 (4): 386–91. doi:10.1647/1082-6742-30.4.386.

Preston, Richard. 2003 CE. *The Demon in the Freezer: A True Story*. Fawcett.

Price, Bill. 2014 CE. *Fifty Foods that Changed the Course of History*. Firefly Books.

Pyykkö, Pekka. 2011 CE. "A Suggested Periodic Table up to Z ≤ 172, Based on Dirac–Fock Calculations on Atoms and Ions." *Physical Chemistry Chemical Physics* 13 (1): 161–68. doi:10.1039/c0cp01575j.

Rehydration Project. 2014 CE. *Oral Rehydration Therapy: A Special Drink for Diarrhoea*. April 21. http://rehydrate.org.

Rezaei, Hamid Reza,et al. 2010 CE. "Evolution and Taxonomy of the Wild Species of the Genus Ovis." *Molecular Phylogenetics and Evolution,* 315–26. doi:10.1016/j.ympev.2009.10.037.

Richards, Matt. 2004 CE. *Deerskins into Buckskins: How to Tan with Brains, Soap or Eggs*. Backcountry Publishing.

Riddle, John M. 2008 CE. *A History of the Middle Ages, 300–1500*. Rowman & Littlefield.

———. 1992 CE. *Contraception and Abortion from the Ancient World to the Renaissance*. Harvard University Press.

Rosenhek, Jackie. 2014 CE. "Contraception: Silly to Sensational: The Long Evolution from Lemon-Soaked Pessaries to the Pill." *Doctor's Review*. August. http://www.doctorsreview.com/history/contraception-silly-sensational/.

Rothschild, Max F., and Anatoly Ruvinsky. 2011 CE. *The Genetics of the Pig*. CABI.

Russell, Bertrand. 1903. *The Principles of Mathematics*. Cambridge University Press.

Rybczynski, Witold. 2001 CE. *One Good Turn: A Natural History of the Screwdriver and the Screw*. Scribner.

Sawai, Hiromi, et al. 2010 CE. "The Origin and Genetic Variation of Domestic Chickens with Special Reference to Junglefowls *Gallus g. gallus* and *G. varius*." *PLoS ONE* 5(5). doi:10.1371/journal.pone.0010639.

Schmandt-Besserat, Denise. 1997 CE. *How Writing Came About*. University of Texas Press.

Shaw, Simon, Linda Peavy, and Ursula Smith. 2002 CE. *Frontier House*. Atria.

Sheridan, Sam. 2013 CE. *The Disaster Diaries: One Man's Quest to Learn Everything Necessary to Survive the Apocalypse*. Penguin Books.

Singer-Vine, Jeremy. 2011 CE. "How Long Can You Survive on Beer Alone?" *Slate*, April 28. http://www.slate.com/articles/news_and_politics/explainer/2011/04/how_long_can_you_survive_on_beer_alone.html.

Singh, M. M., et al. 1985 CE. "Contraceptive Efficacy and Hormonal Profile of Ferujol: A New Coumarin from Ferula jaeschkeana." *Planta Medica* 51 (3): 268–70. doi:10.1055/s-2007-969478.

Smith, Edgar C. 2013 CE. *A Short History of Naval and Marine Engineering*. Cambridge University Press.

Société Académique de Laon. 1857 CE. *Bulletin: Volume 6*. Paris: V. Baston.

Sonne, O. 2015 CE. "Canaries, Germs, and Poison Gas. The Physiologist J. S. Haldane's Contributions to Public Health and Hygiene." *Dan Medicinhist Arbog*, 71–100.

St. Andre, Ralph E. 1993 CE. *Simple Machines Made Simple*. Libraries Unlimited.

Standage, Tom. 2006 CE. *A History of the World in 6 Glasses*. Walker & Company.

Stanger-Hall, Kathrin F., and David W. Hall. 2011 CE. "Abstinence-Only Education and Teen Pregnancy Rates: Why We Need Comprehensive Sex Education in the U.S." *PLoS ONE* 6 (10). doi:10.1371/journal.pone.0024658.

Starkey, Paul. 1989 CE. *Harnessing and Implements for Animal Traction*. Friedrich Vieweg & Sohn Verlagsgesellschaft mbH.

Stephenson, F. R., L. V. Morrison, and C. Y. Hohenkerk. 2016 CE. "Measurement of the Earth's Rotation: 720 BC to AD 2015." *Proceedings of the Royal Society A: Mathematical, Physical, and Engineering Sciences* 472 (2196). doi:10.1098/rspa.2016.0404.

Sterelny, Kim. 2011 CE. "From Hominins to Humans: How Sapiens Became Behaviourally Modern." *Philosophical Transactions of the Royal Society: Biological Sciences* 366 (1566). doi:10.1098/rstb.2010.0301.

Stern, David P. 2016 CE. *Planetary Gravity-Assist and the Pelton Turbine*. October 26. http://www.phy6.org/stargaze/Spelton.htm.

Stone, Irwin. 1966 CE. "On the Genetic Etiology of Scurvy." *Acta Geneticae Medicae et Gemellologiae* 16: 345–50.

Stroganov, A. N. 2015 CE. "Genus Gadus (Gadidae): Composition, Distribution, and Evolution of Forms." *Journal of Ichthyology* 316–36. doi:10.1134/S0032945215030145.

Stubbs, Brett J. 2003 CE. "Captain Cook's Beer: The Antiscorbutic Use of Malt and Beer in Late 18th Century Sea Voyages." *Asia Pacific Journal of Clinical Nutrition* 129–37.

The Association of UK Dieticians. 2016 CE. "Food Fact Sheet: Iodine." *BDA*. May. https://www.bda.uk.com/foodfacts/Iodine.pdf.

The National Society for Epilepsy. 2016 CE. "Step-By-Step Recovery Position." *Epilepsy Society*. March. https://www.epilepsysociety.org.uk/step-step-recovery-position.

The Royal Society of Chemistry. 2012 CE. *The Chemistry of Pottery*. July 1. https://eic.rsc.org/feature/the-chemistry-of-pottery/2020245.article.

Ueberweg, Freidrich. 1871. *System of Logic and History of Logical Doctrines*. Longmans, Green, and Company.

Ure, Andrew. 1878 CE. *A Dictionary of Arts, Manufactures, and Mines: Containing a Clear Exposition of Their Principles and Practice*. London: Longmans, Green. https://archive.org/details/b21994055_0003.

US Department of Agriculture. 2016 CE. "The Rescue of Penicillin." *United States Department of Agriculture: Agricultural Research Service*. https://www.ars.usda.gov/oc/timeline/penicillin.

Usher, Abbott Payson. 1988 CE. *A History of Mechanical Inventions*. Dover Publications.

Vincent, Jill. 2008 CE. "The mathematics of sundials." *Australian Senior Mathematics Journal* 22 (1): 13–23.

von Petzinger, Genevieve. 2016 CE. *The First Signs: Unlocking the Mysteries of the World's Oldest Symbols*. Atria.

Warneken, Felix, and Alexandra G. Rosati. 2015 CE. "Cognitive capacities for cooking in chimpanzees." *Proceedings of the Royal Society of London B: Biological Sciences* 282 (1809). doi:10.1098/rspb.2015.0229.

Watson, Peter R. 1983 CE. *Animal Traction*. Artisan Publications.

Wayman, Erin. 2011 CE. "Humans, the Honey Hunters." *Smithsonian*, December 19.

Weber, Ella. 2012 CE. "Apis mellifera: The Domestication and Spread of European Honey Bees for Agriculture in North America." *University of Michigan Undergraduate Research Journal* (9): 20–23.

Welker, Bill. 2016 CE. "Hydrogen for Early Airships." *Then and Now*. December. http://welweb.org/ThenandNow/Hydrogen%20Generation.html.

Werner, David, Carol Thuman, and Jane Maxwell. 2011 CE. *Where There Is No Doctor: A Village Health Care Handbook*. Macmillan.

White Jr., Lynn. 1962 CE. "The Act of Invention: Causes, Contexts, Continuities and Consequences." *Technology and Culture: Proceedings of the Encyclopaedia Britannica Conference on the Technological Order* 486–500. doi:10.2307/3100999.

Wicks, Frank. 2011 CE. "100 Years of Flight: Trial by Flyer." *Mechanical Engineering*. https://web.archive.org/web/20110629103435/http://www.memagazine.org/supparch/flight03/trialby/trialby.html.

Wickstrom, Mark L. 2016 CE. "Phenols and Related Compounds." *Merck Veterinary Manual*. http://www.merckvetmanual.com/pharmacology/antiseptics-and-disinfectants/phenols-and-related-compounds.

Williams, George E. 2000 CE. "Geological Constraints on the Precambrian History of Earth's Rotation and the Moon's Orbit." *Reviews of Geophysics* 38 (1): 37–60. doi:10.1029/1999RG900016.

Wilson, Bee. 2012 CE. *Consider the Fork: A History of How We Cook and Eat*. Basic Books.

World Health Organization. 2007 CE. "Food Safety: The 3 Fives." *World Health Organization*. http://www.who.int/foodsafety/areas_work/food-hygiene/3_fives/en/.

———. 2017 CE. "WHO Model Lists of Essential Medicines." *World Health Organization*. http://www.who.int/medicines/publications/essentialmedicines/en/.

Wragg, David. 1974 CE. *Flight Before Flying*. Osprey Publishing.

Wright, Jennifer. 2017 CE. *Get Well Soon: History's Worst Plagues and the Heroes Who Fought Them*. Henry Holt and Co.

Yong, Ed. 2016 CE. "A New Origin Story for Dogs." *The Atlantic*, June 2.

Zizsser, Hans. 2008 CE. *Rats, Lice and History*. Willard Press.

我本人（这条时间线上的瑞安·诺思）撰写的尾注

1. 2017 年，科学家发现了一具残破不全的遗骸。这具骸骨看上去和解剖学意义上的现代人类**几乎**没有什么差别，但时间却可以追溯到公元前 30 万年左右。这些过渡阶段的古人骨骼与我们现代人类相比，还是有一些明显区别的：他们的下腭要比我们大，脑壳也更加修长。不过，科学家当时并没有期待能够发现历史如此久远且与现代人类如此相似的古人类骨骼。在我们的世界中，科学界为了确认这具遗骸的具体年份仍在进行相关测试和检查，如果最后证实它确实来自公元前 30 万年，那就削弱了“人类诞生于非洲的某个地方，然后逐步向外扩张”这种人类早期史前史观点，加强了“史前人类是某个在整片非洲大陆上演化的大型杂交群体的一部分”的这种观点。更多信息请见参考文献中让–雅克·于布兰（Jean-Jacques Hublin）等人撰写的《杰贝尔罗伊遗址的新化石与智人的泛非洲起源》（New fossils from Jebel Irhoud, Morocco and the pan-African origin of *Homo sapiens*）一文。
2. 公元前 5 万年这个日期最接近我的研究结果，但这个时间并非盖棺定论，不同的科学家、不同的研究模型以及对“行为现代”的不同定义都会得出略有不同的结果。虽然我对公元前 5 万年这个时间颇为满意，但某些研究者认为“现代行为”的起源可以追溯到公元前 10 万年。不论选择哪个时间点，人类从解剖学现代迈向行为现代的这段时间都是时间旅行者能够对人类历史产生最大影响的时期。

3. 虽然这个说法或许没错，但在我们自己的这条时间线上，究竟是什么推动人类从解剖学现代步入行为现代尚无定论。实际上，也许只有乘坐时光机回到过去一探究竟才能解决这个问题。不过，有一点没什么疑问，那就是能够证明人类行为现代的某些证据的确在某些个例中出现过，但还没来得及在全球人类中普及开来就又消失了。行为现代性在历史记录上出现的这些差异必须有一个生物学解释，并且这个解释只能有一个，不应存在争议。
4. 在我们的这条时间线上，量子物理还没有打开后量子时代的超等物理之门——目前还没有。
5. 本书以公元前10500年作为人类农业开始的时间点。不过，我自己的研究结果和这个日期存在2 000年左右的差异。
6. 华伦海特先生使用的冰、盐和水的混合物并没有听上去那么随机。这其实是一种“制冷混合物”。只要制冷混合物中尚有组分没有消耗完，这种混合物就会在某个特定温度左右稳定下来。不论各组分的初始温度为何，冰水混合物稳定时的温度都是0℃左右，而冰水盐混合物稳定时的温度大约是–17.8℃——或者，如果你坚持用华氏度的话，那就是0 ℉。
7. 截至本书英文原著出版时（2018年），情况仍然如此！然而，国际计量大会——也就是负责此类事宜的国际组织——将会在2018年11月投票选出千克这个单位的新定义，该定义将会在2019年5月20日正式生效。如果一切顺利的话，千克的定义将会从法国储藏的实体标准器改为基于普朗克常数（这个常数是量子力学的一个核心常数）确定的一个新数值。届时，和其他标准单位的现代定义一样，这个新定义对被困在过去（或者说现在，对的确受困在过去的你来说）的任何人都没什么大用。毕竟，这些时间旅行者不会有时间、金钱以及动力去测量光子的线性动量。
8. 对我们这些非时间旅行者来说，遗憾的是，这意味着在我们的时间线上，你我仍旧没弄明白为什么这些千克标准器的质量会变化。哦，好吧！请记录下这些文字："想想那些你过去曾经思考过的科学未解之谜，我们现在已经解决了""太阳的磁场从哪来？""为什么只有在地球上才看到了板块构造？""我们其实真的不知道为什么要睡觉，也不知道睡觉有什么生物学功能，我们就是把人生的1/3都用来做这事了，那又怎么了，我确信这没什么大不了的。"这样是不是可以让你对千克标准器质量变化之谜有点儿释怀了？

9. 感谢詹姆斯·肯尼迪（James Kennedy）所做的研究，有了他的研究结果，我才能验证这条信息。你可以在参考文献 *(Almost) Nothing Is Truly"Natural"* 中找到他的相关工作！
10. 如果你对植物感兴趣，就去看看参考文献中比尔·劳斯（Bill Laws）的《50种改变历史进程的植物》（*Fifty Plants that Changed the Course of History*）和比尔·普莱斯（Bill Price）的《50种改变历史进程的食物》（*Fifty Foods that Changed the Course of History*）。本书中提到的植物的更多信息以及其他许多没提到的植物的信息，都可以在这两本书中找到。如果本书不是来自未来某条时间线的人类作品，你甚至会怀疑我在写作这一章时大量参考了这两本书中的内容。真是奇怪。
11. 大多数研究人员都觉得事实就是这样，但我找不到除了乘坐时光机回到过去一探究竟之外的证明方法。
12. 好的，这一点我可以证明！我们这条时间线上也开展了驯化野生小麦的实验，并且得到了类似的结果。更多信息请看参考文献中帕特丽夏·C. 安德森（Patricia C. Anderson）的《从野生小麦的试验栽培与收获以及石器的微磨损分析考察纳图夫人时期野生小麦的收获》（Harvesting of Wild Cereals During the Natufian as Seen from Experimental Cultivation and Harvest of Wild Einkorn Wheat and Microwear Analysis of Stone Tools）一文。
13. 这块黏土板保存到了现代，只不过有一点儿损坏。尤其是"高品质麦芽浸出液"的最后两行看不见了。不过，由于赞美诗小节间的重复特性，很容易就能猜出缺失的那两行是什么。有趣的是，这首赞美诗的这个译本与M.

西维尔（M. Civil）的《酒神赞美诗》（*A Hymn to the Beer Goddess*，见参考文献）一模一样。这要么是一个神奇的巧合，证明这位“M. 西维尔”通过某种方式成了各条时间线上都存在的人物，要么就证明把古苏美尔语啤酒配方翻译成英语的方法就这么多。

14. 这件事显然无法证明，因为没有任何过硬的证据表明双门齿兽可以被驯服，而且我们连体型比双门齿兽小得多的现代袋熊都还没驯服。不过，现代袋熊住在洞穴里（这点显然不像是河马大小的双门齿兽会干的事），这就导致我们很难把它们圈在适宜农作的环境中驯养——双门齿兽就没有这个很不利于驯养的习性。此外，袋熊是一种通常喜欢独居的不合群动物（又一个很不利于驯养的习性），而同一地点发现的大量双门齿兽化石表明，它们即便不是真正的群居动物，也至少会在迁徙路途中集体行动。

15. 更多信息，请参见埃里克·沙利纳（Eric Chaline）的《50 种改变历史进程的动物》（*Fifty Animals that Changed the Course of History*）一书。这本书并没有介绍本书提到的所有物种，但它还介绍了几种本书中没提到但也影响了人类历史的动物。只不过这些动物对被困在过去的时间旅行者并没有那么重要。如果你不知道这些细节的话，你一定认为我在写这一章（实际上，我没有写这一章，因为这本书显然来自未来）时，大量参考了沙利纳书中的内容。

16. 对于这件事，我的研究并没有得出肯定的结果：可能是人类的屠杀导致了这些动物的灭绝，但罪魁祸首也有可能是气候变化，或者是这两种因素共同作用的结果。没有时光机的帮助，我们很难下确定的结论。不过，化石记录表明，全球都有这种每当人类在一个地方出现后，大型动物就灭绝的趋势，这相当值得我们怀疑。

17. 我们的世界也在同一时期开展了DNA测序工作，但至于这项工作最终会不会让野牛重现于世，现在还言之过早。

18. 在化石记录中，有一块来自公元前34000年左右的头骨，既不像狗，也不像狼。这个化石引起了巨大争议：有人认为，它是人类驯养犬类初期留下的过渡性犬种头骨；还有人认为，这是人类尝试驯养犬类之初留下的，但这次尝试并没有培育出我们今天看到的犬类，这就解释了它为什么如此与众不同。本文采纳的是后一种解读。我能找到的最早且无争议的关于犬类化石的记录可以追溯到公元前 12700 年。人们在一具人骨旁边发现了它，这明确表明它是一条非常优秀的狗。

19. 科学家相信，犬类确实有可能像本文中说的那样自己驯化自己，但在没有乘坐时光机前往彼时一探究竟之前，我们大概不可能给出肯定的答案了。
20. 第一种变态昆虫出现的时间符合我们现在的认知，但我真的无法确定桑蚕首次出现是在什么时候。
21. 公元前4亿年这个时间只是估算的结果，因为还没有人发现过哪怕一个蚯蚓化石！不过，人们发现了蚯蚓的生迹化石（表明某物种已经存在的化石证据，比如蚯蚓在土里的活动路径）以及卵化石——蚯蚓的卵是产在茧里的。
22. 这也是我们这个世界里的建议，其中包括参考文献中那些加拿大营养师的建议。
23. 在我们的时间线上，人们也是这么描述的！罗伯特·坦普尔（Robert Temple）在《中国的创新精神》（*The Genius of China*）一书中写道："这种老式犁如此低效、如此浪费人力、令人如此精疲力竭。这大概是最浪费人类时间、精力的低效耕作方式了，没有之一。"可怜的人类。
24. 我不确定烟熏是不是就是这么发现的，但似乎很可能是这样。洞穴里很不通风，而人们也已经开始用火照明、生热，这距离人们发现挂在多烟处晒干的肉保存时间更长、味道更好也不远了。有趣的是，我看过的大部分提到食物尝起来"呛人"的参考文献都是在人类开始用不涉及明火的方式烹饪食物之后出现的。在那之前，"呛人"仅仅只在描述熟食味道时使用。
25. 这也是我们这条时间线上提出的理论！基本论点是啤酒也含酒精，这种饮品除了比水更加安全（因为许多细菌不能在酒精中生存）以外，喝起来也更有意思。如果说狩猎采摘也能让你果腹，面包这个诱惑还不足以让你放弃那种生活方式并投入农场耕作的怀抱，那么如果我告诉你农业耕作是获取啤酒的唯一方法呢？你或许就会尝试农作了。更多信息请见参考文献中格洛丽亚 · 道森（Gloria Dawson）的《被啤酒驯化了的男人》（*Beer Domesticated Man*）以及汤姆 · 斯坦迪奇（Tom Standage）的《上帝之饮：六个瓶子里的历史》（*A History of the World in 6 Glasses*）。

26. 根据你现有的历史知识，这一论断并非没有争议。长久以来，人们一直认为玻璃是在 1286 年的意大利由一个姓名未知的发明家发明的，但我在印度文献中找到了有关玻璃（以及用抛光石英而不是玻璃做成的透镜）的参考资料，其时间要比欧洲更早。更多信息请见参考文献中里什 · 库玛尔 · 阿加瓦尔（Rishi Kumar Agarwal）的《印度眼镜起源》（*Origin of Spectacles in India*）。
27. 虽然我成功发现历史学家猜测第一副人造眼镜很可能是偶然间制造出来的，但没有时光机的帮助，我们根本不可能确认这件事。
28. 这件事在我们的历史中也发生了。1922 年 11 月 24 日，周五，南澳大利亚米利森特的《东南时报》（*The South Eastern Times*）刊登了一则题为《推了科学一把的牛》（*COW THAT ASSISTED SCIENCE*）的故事。文章说，佩尔顿在冲洗完奶牛后深受启发，于是，他在“不到一小时”的时间里就把空罐头连上了水车。大多数与科学发明有关的俏皮故事都是以讹传讹，但人们总是对此深信不疑，这是因为比起“这项发现背后是无数辛勤工作、研究的汗水，研究人员们为之付出了一生中最美好的时光”这样的说法，我们更热爱“一瞬间的智慧闪光改变了整个世界”这样的桥段。
29. 没有时光机的帮助，没人可以精准地做出这些测量，但文中列出的这些数据与我找到的A. L. 伯格（A.L. Berger）的这篇题为《最近 500 万年地球转轴倾角与岁差的变化》（Obliquity and Precession for the Last 5 000 000 Years）的文章给出的估计值相符。你可以在参考文献中找到这篇文章的更多信息。
30. 虽然此处的措辞并没有明确说明这部机器是否真的建造于作者的这条时间线上，但我们的计算实际上已经完成了对这样一部机器预测能力的估算。结论与正文中说的一模一样。更多信息请见参考文献中乔治 · 戴森（George

Dyson）的《图灵大教堂》（*Turing's Cathedral*）一书。

31. 我其实没必要告诉你我们已经没有串叶松香草了，但科学家相信，这种植物很可能是阿魏属植物。阿魏属植物现存的成员都含有“ferujol”，这种化学物质几乎能百分之百地防止怀孕，至少在小白鼠身上是这样，但在仓鼠（实验室内常见的另一种实验动物）身上则完全没用。无论如何，科学家已经研究了那些含有串叶松香草的人类避孕配方，并且部分研究人员相信它们的确有效：请见参考文献中约翰 · M. 里德尔（John M. Riddle）的《古代至文艺复兴时期人类的避孕及堕胎》（*Contraception and Abortion from the Ancient World to the Renaissance*）一书。还有一件与串叶松香草相关的事情值得一提，那就是罗马的生育率确实很低，实际上低到了令人发指的地步，以至公元前 18 年，罗马皇帝奥古斯都特意颁布法令惩罚那些未婚或未育的人，试图以此督促更多人生育。
32. 纸首次出现的确切时间其实已经不可知了！这个问题疑云重重，传统上说，我们把纸的发明归功于一位名叫蔡伦（约 62—121）的人。然而，考古学证据表明，纸的出现要早于那个时间，其中某些证据甚至能追溯到公元前 179 年。我能找到的所有研究都表明，此处列出的这个时间最多只能算是一种有根据的推测！
33. 之前就已经有人提出了这样的想法——无线电要是早点儿发明的话，本可以节省大量我们花在发明航海钟上的时间。我在刘易斯 · 达内尔（Lewis Dartnell）的《知识》（*The Knowledge*）一书中就看到了这种说法，你可以在参考文献中找到更多有关这本书的信息。
34. 和许多发明一样，无线电接收器也是许多人同时独立发明出来的。就无线电接收器这项发明来说，有两个人（埃德温 · H. 阿姆斯特朗和李 · 德福雷斯特）为了发明的专利权而争斗多年。正如许多发明之初的技术一样，这些人知道自己的发明有用，但他们有时却完全误解了自己的发明为什么有用。乔治 · H. 道格拉斯（George H. Douglas）在《早期无线电广播》（*The Early Days of Radio Broadcasting*）一书中写道：“德福雷斯特对其发明的几乎每一个理解都是错的。（他的无线电接收器）与其说是一项发明，不如说是一种错误的稳定积累。”天啊！

35. 这里参考的出版物真的是以这个名字出版的，并且一直流传到今天。我把它放到参考文献里了！

36. 实际上，没人可以百分之百地肯定这件事的起因！大多数研究者认为，一枚静电火花导致了这场火灾，但还有许多其他解释，比如发动机回火、有人蓄意破坏以及闪电。

37. 显然，我是无法证明这个说法的，因为想象起来就很困难。但人们过去确实常常用滑翔机来探索动力飞行背后的理论与实践知识，而且滑翔机也确实是发明动力飞行器几乎必不可少的第一步。

38. 虽然氦氖化合物将来可能在每家小药店里都能买到，但目前它们还有点儿难以企及。不过，人们已经在文中提到的那种高压低温环境中把它们（大致）创造出来了。

39. 这里列出的信息与戴维·沃纳（David Werner）等人撰写的《没有医生的地方：乡村医疗手册》（*Where There Is No Doctor: A Village Health Care Handbook*）一书中的内容相符。在我们自己的这条时间线上，这本指南的目的是帮助赤脚医生在没有专业医生的地方（你猜对了）提供医疗服务。你可以在参考文献中找到有关这本书的更多信息。

40. 这张元素周期表明显要比你我熟悉的那张大得多：我们熟悉的元素周期表到 118 号元素就没了，但这张表一直列到了 172 号元素。[①]有趣的是，现有的知识告诉我们 172 号元素或许就是极限了。如果 173 号元素存在，这种原子就太大了，大到最外层电子层上的电子会运动得比光速还快。虽然大部分这些新元素都是以科学家的名字命名的（与我们现在的命名传统相符），但还有一些新元素名称的本质是拉丁语单词，其中包括“inprincipiomium”（最后一种元素，即 172 号元素的名称，意为“开始”），

---

① 作者杜撰了 172 号及之前若干元素，所以有这么一条解释。中文版为避免不必要的误会，引用的是中国化学会审定的最新版（2019 年 1 月）元素周期表。——编者注

"praeviderium"（意为"预见"，表明这种元素可能会用于时间旅行），以及名字听上去令人忧心忡忡的"malaipsanovium"（意为"本身就是坏消息"）。至于为什么这些元素会这么命名，我完全不知。

41. 我的确知道人类在古苏美尔人时期就使用硫酸（当时叫"硫酸油"）了，但我没法确定这一发现的准确时间。
42. 在我们的时间线上，第一个想出这个玩笑的是认知科学教授（同时也是普利策奖得主）侯世达（Douglas Hofstadter）。当然，他能获得普利策奖可不是因为这个玩笑。
43. 这个理论真的出现过，由货真价实的理论物理学家约翰·惠勒（John Wheeler）于 1940 年提出，但没有人当真，甚至包括惠勒本人。为什么所有电子都一模一样？目前还没人知道其中的原因。惠勒用这个理论（电子其实就一个，所以当然一模一样了）回答了这个问题，而代价是引出了无数更有挑战性的问题。